교육의 힘으로
세상의 차이를 좁혀 갑니다
차이가 차별로 이어지지 않는 미래를 위해
EBS가 가장 든든한 친구가 되겠습니다.

모든 교재 정보와 다양한 이벤트가 가득!
EBS 교재사이트 book.ebs.co.kr

본 교재는 EBS 교재사이트에서
eBook으로도 구입하실 수 있습니다.

2026학년도 수능 연계교재

수능완성

과학탐구영역 | **물리학 Ⅱ**

기획 및 개발

권현지
강유진
심미연
조은정(개발총괄위원)

감수

한국교육과정평가원

책임 편집

최난영

본 교재의 강의는 TV와 모바일 APP, EBS*i* 사이트(www.ebsi.co.kr)에서 무료로 제공됩니다.

발행일 2025. 5. 26. **1쇄 인쇄일** 2025. 5. 19. **신고번호** 제2017-000193호 **펴낸곳** 한국교육방송공사 경기도 고양시 일산동구 한류월드로 281
표지디자인 디자인싹 **내지디자인** 다우 **내지조판** 다우 **인쇄** 동아출판㈜
인쇄 과정 중 잘못된 교재는 구입하신 곳에서 교환하여 드립니다. 신규 사업 및 교재 광고 문의 pub@ebs.co.kr

정답과 해설 PDF 파일은 EBS*i* 사이트(www.ebsi.co.kr)에서 내려받으실 수 있습니다.

| 교재 내용 문의 | 교재 및 강의 내용 문의는 EBS*i* 사이트 (www.ebsi.co.kr)의 학습 Q&A 서비스를 활용하시기 바랍니다. | 교재 정오표 공지 | 발행 이후 발견된 정오 사항을 EBS*i* 사이트 정오표 코너에서 알려 드립니다. 교재 → 교재 자료실 → 교재 정오표 | 교재 정정 신청 | 공지된 정오 내용 외에 발견된 정오 사항이 있다면 EBS*i* 사이트를 통해 알려 주세요. 교재 → 교재 정정 신청 |

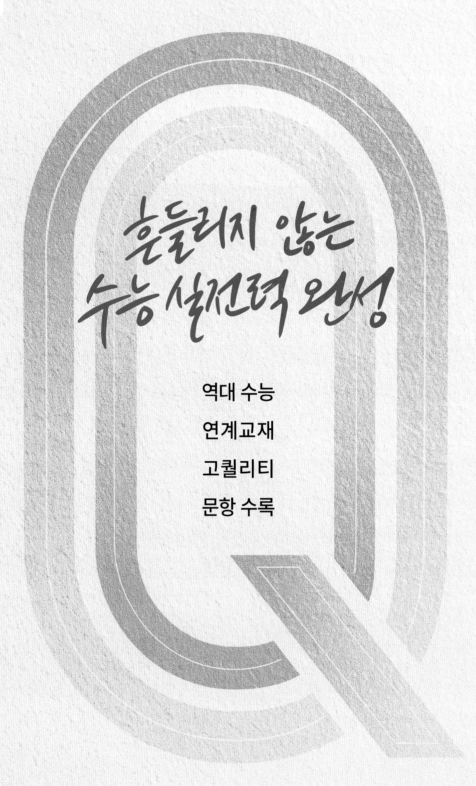

EBS

흔들리지 않는
수능 실전력 완성

역대 수능

연계교재

고퀄리티

문항 수록

14회분
수록

미니모의고사로 만나는 수능연계 우수 문항집

수능특강Q
미니모의고사

국 어	Start / Jump / Hyper
수 학	수학Ⅰ / 수학Ⅱ / 확률과 통계 / 미적분
영 어	Start / Jump / Hyper
사회탐구	사회 · 문화
과학탐구	생명과학Ⅰ / 지구과학Ⅰ

2026학년도 수능 연계교재

수능완성

과학탐구영역 | **물리학 Ⅱ**

이 책의 **차례** CONTENTS

이 책의 **구성과 특징** STRUCTURE

테마별 교과 내용 정리

교과서의 주요 내용을 핵심만 일목 요연하게 정리하고, 하단에 더 알 기를 수록하여 심층적인 이해를 도 모하였습니다.

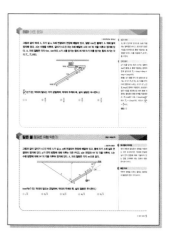

테마 대표 문제

기출문제, 접근 전략, 간략 풀이를 통해 대표 유형을 익힐 수 있고, 함 께 실린 닮은 꼴 문제를 스스로 풀 며 유형에 대한 적응력을 기를 수 있습니다.

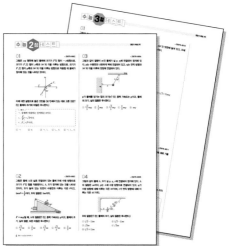

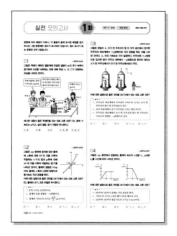

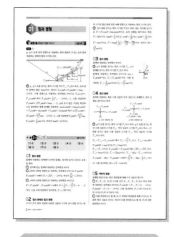

수능 2점 테스트와 수능 3점 테스트

수능 출제 경향 분석에 근거하여 개발한 다양한 유형의 문제들을 수록하였습니다.

실전 모의고사 5회분

실제 수능과 동일한 배점과 난이도의 모 의고사를 풀어봄으로써 수능에 대비할 수 있도록 하였습니다.

정답과 해설

정답의 도출 과정과 교과의 내용을 연결 하여 설명하고, 오답을 찾아 분석함으로 써 유사 문제 및 응용 문제에 대한 대비 가 가능하도록 하였습니다.

학생

인공지능 DANCHOQ
푸리봇 문│제│검│색

EBS*i* 사이트와 EBS*i* 고교강의 APP 하단의 **AI 학습도우미 푸리봇**을 통해 문항코드를 검색하면 푸리봇이 해당 문제의 해설과 해설 강의를 찾아 줍니다. **사진 촬영으로도 검색**할 수 있습니다.

문제별 문항코드 확인 ┈┈┈→ 문항코드 검색

[25070-0001]
1. 아래 그래프를 이해한 내용으로 가장 적절한 것은?

25070-0001

사진 촬영 검색

선생님

EBS 교사지원센터
교재 관련 자│료│제│공

교재의 문항 한글(HWP) 파일과 교재이미지, 강의자료를 무료로 제공합니다.

한글다운로드   교재이미지   강의자료

• 교사지원센터(teacher.ebsi.co.kr)에서 '교사인증' 이후 이용하실 수 있습니다.
• 교사지원센터에서 제공하는 자료는 교재별로 다를 수 있습니다.

1 힘의 합성과 분해

(1) 스칼라량과 벡터량

① **스칼라(scalar)량**: 길이, 질량, 속력, 에너지 등과 같이 크기만으로 표현할 수 있는 물리량이다.

② **벡터(vector)량**: 위치, 변위, 속도, 가속도, 힘, 운동량 등과 같이 크기와 방향을 함께 갖는 물리량이다.

• 벡터량의 표현: 일반적으로 $\vec{A}$와 같이 문자 위에 화살표를 붙여 나타낸다.

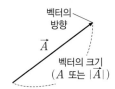

(2) 벡터의 합성

① **평행사변형법**: 두 벡터 $\vec{A}$와 $\vec{B}$를 이웃한 두 변으로 하는 평행사변형을 그리면 평행사변형의 대각선 $\vec{C}$가 벡터의 합이 된다.

② **삼각형법**: $\vec{B}$의 시작점을 $\vec{A}$의 끝점으로 평행 이동시키면 $\vec{A}$의 시작점과 $\vec{B}$의 끝점을 연결한 화살표 $\vec{C}$가 벡터의 합이 된다.

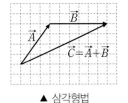

▲ 평행사변형법 　　 ▲ 삼각형법

(3) 벡터의 분해: 벡터의 합성과는 반대로 하나의 벡터를 두 개 이상의 벡터로 나누는 것을 말한다. 일반적으로 직교 좌표를 이용하여 $\vec{A}$를 서로 수직인 벡터 $\vec{A_x}$와 $\vec{A_y}$로 분해한다.

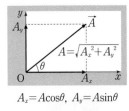
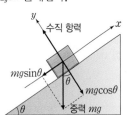

$A_x=A\cos\theta$, $A_y=A\sin\theta$

▲ 벡터의 분해 　　 ▲ 빗면에서 힘의 분해

2 돌림힘

(1) 돌림힘: 물체의 회전 운동을 변화시키는 원인을 돌림힘 또는 토크(τ)라고 한다.

(2) 돌림힘의 크기: 회전 팔의 길이를 r, 회전 팔에 수직으로 작용하는 힘의 크기를 $F\sin\theta$라고 하면, 돌림힘의 크기는 다음과 같다. (θ: F와 r의 방향이 이루는 각)

$$\tau=rF\sin\theta \text{ (단위: N·m)}$$

• 지레와 축바퀴

구분	지레	축바퀴
돌림힘의 적용	질량을 무시할 수 있는 막대가 수평으로 평형을 유지하고 있는 동안 막대에 작용하는 돌림힘의 합은 0이다. $l_1mg-l_2F=0 \Rightarrow F=\dfrac{l_1}{l_2}mg$	축이 정지해 있는 동안 축바퀴에 작용하는 돌림힘의 합은 0이다. $amg-bF=0 \Rightarrow F=\dfrac{a}{b}mg$

3 물체의 평형

(1) 평형 상태: 물체의 운동 상태가 변하지 않는 안정한 상태

(2) 평형 상태의 조건: 다음 두 가지 평형이 모두 이루어져야 한다.

① **힘의 평형**: 물체에 작용하는 알짜힘이 0이다.

② **돌림힘의 평형**: 물체에 작용하는 돌림힘의 합이 0이다.

4 구조물의 안정성

(1) 무게중심: 물체를 구성하는 입자들의 전체 무게가 한 곳에 작용한다고 볼 수 있는 점이다.

① 무게중심의 위치가 낮을수록 안정한 상태이다.

② 물체의 무게중심에서 지표면에 내린 수선이 물체의 밑면의 범위 안에 들어 있는 경우에는 물체가 안정된 상태를 유지할 수 있다.

(2) 구조물의 안정성: 들어 올리는 물체의 무게에 의한 돌림힘으로 기중기가 쓰러지는 것을 방지하기 위해 균형추를 둔다.

균형추

더 알기 　 여러 가지 도구와 일의 원리

• 지레

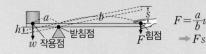

$F=\dfrac{a}{b}w$, $s=\dfrac{b}{a}h$
$\Rightarrow Fs=wh$

• 축바퀴

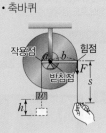

$F=\dfrac{a}{b}w$, $s=\dfrac{b}{a}h$
$\Rightarrow Fs=wh$

| 2025학년도 대수능 |

그림과 같이 막대 A, B가 실 a, b에 연결되어 천장에 매달려 있고, 질량 $4m$인 물체가 A 위에 놓여 정지해 있다. A는 수평을 이루며, 길이가 $6L$인 B는 b에 매달려 A와 $30°$의 각을 이루고 정지해 있다. A, B의 질량은 각각 $6m$, $4m$이다. a가 A를 당기는 힘의 크기와 b가 B를 당기는 힘의 크기는 각각 T_a, T_b이다.

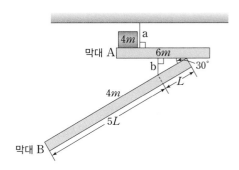

$\dfrac{T_b}{T_a}$는? (단, 막대의 밀도는 각각 균일하며, 막대의 두께와 폭, 실의 질량은 무시한다.)

① 1   ② $\dfrac{6}{7}$ ③ $\dfrac{5}{6}$ ④ $\dfrac{5}{7}$ ⑤ $\dfrac{2}{3}$

접근 전략

A, B가 정지해 있으므로 A에 작용하는 알짜힘은 0이고, A와 B가 닿은 지점을 회전축으로 B에 작용하는 돌림힘은 0이다. 이를 이용해 T_a와 T_b를 구한다.

간략 풀이

a가 A를 당기는 힘의 크기는 질량이 $4m$인 물체, A, B에 작용하는 중력의 합과 같으므로 $T_a = 4mg + 6mg + 4mg = 14mg$이다.

B에는 b가 B를 연직 위 방향으로 당기는 크기가 T_b인 힘, A가 B를 연직 아래 방향으로 누르는 크기가 F_{AB}인 힘, $4mg$인 중력이 작용한다. A와 B가 닿은 지점을 회전축으로 하여 B에 작용하는 돌림힘의 평형 관계를 적용하면 $L \times T_b \cos 30° = 3L \times (4mg) \cos 30°$에서 $T_b = 12mg$이다. 따라서 $\dfrac{T_b}{T_a} = \dfrac{6}{7}$이다.

정답 | ②

닮은 꼴 문제로 유형 익히기

정답과 해설 2쪽

▶ 25070-0001

그림과 같이 길이가 $4L$인 막대 A가 실 p, q에 연결되어 천장에 매달려 있고, 물체 B가 A에 실로 연결되어 정지해 있다. p가 연직 방향에 대해 이루는 각은 θ이고, q는 천장과 $60°$의 각을 이루며, A는 수평 방향에 대해 $30°$의 각을 이루며 정지해 있다. A, B의 질량은 각각 m으로 같다.

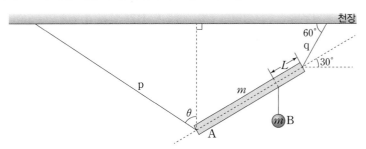

$\tan\theta$는? (단, 막대의 밀도는 균일하며, 막대의 두께와 폭, 실의 질량은 무시한다.)

① $\sqrt{3}$ ② $2\sqrt{3}$ ③ $3\sqrt{3}$ ④ $4\sqrt{3}$ ⑤ $5\sqrt{3}$

유사점과 차이점

힘의 평형과 돌림힘의 평형을 적용하는 것은 유사하지만, 막대에 연결된 실이 연직 방향에 대해 기울어져 있는 점을 고려해야 하는 점에서 대표 문제와 다르다.

배경 지식

역학적 평형을 이루는 물체는 알짜힘과 돌림힘의 합이 각각 0이다.

01

▶25070-0002

그림은 xy 평면에 놓인 물체에 크기가 F인 힘이 $-x$방향으로, 크기가 F_1인 힘이 x축과 $30°$의 각을 이루는 방향으로, 크기가 F_2인 힘이 y축과 $30°$의 각을 이루는 방향으로 작용할 때 물체가 정지해 있는 것을 나타낸 것이다.

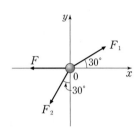

이에 대한 설명으로 옳은 것만을 〈보기〉에서 있는 대로 고른 것은? (단, 물체의 크기와 마찰은 무시한다.)

┌─ 보기 ─────────────────────────┐
ㄱ. 물체에 작용하는 알짜힘은 0이다.

ㄴ. $\dfrac{F_1}{F_2}=\sqrt{3}$이다.

ㄷ. $F_1>F$이다.
└────────────────────────────┘

① ㄱ   ② ㄷ   ③ ㄱ, ㄴ   ④ ㄴ, ㄷ   ⑤ ㄱ, ㄴ, ㄷ

02

▶25070-0003

그림은 물체 A와 실로 연결되어 있는 물체 B에 수평 방향으로 크기가 F인 힘을 작용했더니, A, B가 정지해 있는 것을 나타낸 것이다. B가 놓여 있는 빗면이 수평면과 이루는 각은 θ이고, $\tan\theta=\dfrac{1}{2}$이다. B의 질량은 $3m$이다.

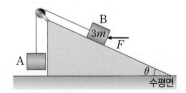

$F=mg$일 때, A의 질량은? (단, 중력 가속도는 g이고, 물체의 크기, 실의 질량, 모든 마찰은 무시한다.)

① $\dfrac{\sqrt{5}}{6}m$ ② $\dfrac{2}{5}m$ ③ $\dfrac{\sqrt{5}}{5}m$ ④ $\dfrac{\sqrt{3}}{3}m$ ⑤ $\dfrac{2}{3}m$

03

▶25070-0004

그림과 같이 질량이 m인 물체가 실 p, q에 연결되어 정지해 있다. p는 수평면과 나란하게 벽에 연결되어 있고, q는 연직 방향과 $30°$의 각을 이루며 천장에 연결되어 있다.

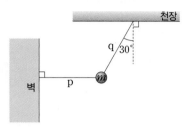

p가 물체를 당기는 힘의 크기는? (단, 중력 가속도는 g이고, 물체의 크기, 실의 질량은 무시한다.)

① $\dfrac{\sqrt{2}}{3}mg$ ② $\dfrac{1}{2}mg$ ③ $\dfrac{\sqrt{3}}{3}mg$ ④ $\dfrac{2}{3}mg$ ⑤ mg

04

▶25070-0005

그림과 같이 물체 A, B가 실 p, q, r에 연결되어 정지해 있다. A의 질량은 m이다. p는 A에 수평 방향으로 연결되어 있고, q가 수평 방향에 대해 이루는 각은 $30°$이며, r가 연직 방향에 대해 이루는 각은 $45°$이다.

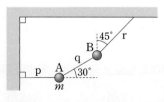

B의 질량은? (단, 물체의 크기, 실의 질량은 무시한다.)

① $(\sqrt{2}-1)m$ ② $(\sqrt{3}-1)m$

③ $\sqrt{2}m$ ④ $\sqrt{3}m$

⑤ $(\sqrt{3}+1)m$

05

▶ 25070-0006

그림과 같이 수평인 책상면에 놓인 길이가 $3L$인 막대에 각각 일정한 크기의 힘 F_1, F_2, F_3, F_4를 작용했더니 막대가 정지해 있다. F_1과 F_4가 이루는 각은 30°이고, 점 O는 막대 위의 점이다.

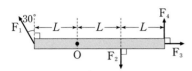

이에 대한 설명으로 옳은 것만을 〈보기〉에서 있는 대로 고른 것은? (단, 막대의 밀도는 균일하며, 막대의 두께와 폭, 모든 마찰은 무시한다.)

┌─ 보기 ─
ㄱ. F_1의 크기는 F_3의 크기보다 크다.
ㄴ. O를 회전축으로 할 때, F_3에 의한 돌림힘은 0이다.
ㄷ. F_2의 크기는 F_4의 크기의 $\frac{3}{2}$배이다.

① ㄱ   ② ㄷ   ③ ㄱ, ㄴ   ④ ㄴ, ㄷ   ⑤ ㄱ, ㄴ, ㄷ

06

▶ 25070-0007

그림과 같이 천장에 실 p, q로 연결되고 물체 A와 실 r, s로 연결된 막대가 수평을 이루며 정지해 있다. 막대의 길이는 $4L$이고, A의 질량은 m이다. 실이 막대를 당기는 힘의 크기는 p가 q의 3배이다. r와 s가 막대와 이루는 각은 각각 60°, 30°이다.

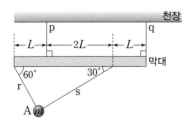

이에 대한 설명으로 옳은 것만을 〈보기〉에서 있는 대로 고른 것은? (단, 중력 가속도는 g이고, 막대의 밀도는 균일하며, 실의 질량, 막대의 두께와 폭은 무시한다.)

┌─ 보기 ─
ㄱ. s가 A를 당기는 힘의 크기는 $\frac{1}{4}mg$이다.
ㄴ. q가 막대를 당기는 힘의 크기는 mg이다.
ㄷ. 막대의 질량은 $4m$이다.

① ㄱ   ② ㄴ   ③ ㄷ   ④ ㄱ, ㄴ   ⑤ ㄴ, ㄷ

07

▶ 25070-0008

그림과 같이 막대 A, B가 실 p, q로 연결되어 수평을 이루며 정지해 있다. A의 오른쪽 끝부분은 B의 왼쪽 끝부분에 있는 받침대 C가 수직으로 떠받치고 있고, B의 오른쪽 끝에는 질량이 M인 물체 D가 실에 매달려 있다. A, B, C의 질량은 각각 $3m$, $3m$, m이고, A, B의 길이는 $3L$로 같다.

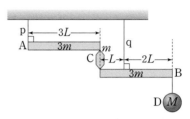

이에 대한 설명으로 옳은 것만을 〈보기〉에서 있는 대로 고른 것은? (단, 중력 가속도는 g이고, 막대의 밀도는 균일하며, 실의 질량, 막대의 두께와 폭은 무시한다.)

┌─ 보기 ─
ㄱ. C가 B를 누르는 힘의 크기는 $\frac{3}{2}mg$이다.
ㄴ. $M = \frac{1}{2}m$이다.
ㄷ. p가 A를 당기는 힘의 크기는 q가 B를 당기는 힘의 크기의 $\frac{1}{4}$배이다.

① ㄱ   ② ㄴ   ③ ㄷ   ④ ㄱ, ㄴ   ⑤ ㄴ, ㄷ

08

▶ 25070-0009

그림은 회전축 P에 연결된 막대가 천장에 연결된 실에 매달려 수평을 이루며 정지해 있는 것을 나타낸 것이다. 막대 위에는 질량이 $2m$인 물체가 P로부터 L만큼 떨어진 지점에 정지해 있다. 막대의 질량은 m이고 길이는 $4L$이다. 실이 막대를 당기는 힘의 크기는 T이고, 실이 수평 방향과 이루는 각은 30°이다. P가 막대에 작용하는 힘의 크기는 F이다.

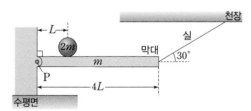

T와 F로 옳은 것은? (단, 중력 가속도는 g이고, 막대의 밀도는 균일하며, P와 물체의 크기, 실의 질량, 막대의 두께와 폭, 모든 마찰은 무시한다.)

	T	F		T	F
①	$\frac{3}{2}mg$	$\sqrt{5}mg$	②	$\frac{3}{2}mg$	$\sqrt{7}mg$
③	$2mg$	$\sqrt{5}mg$	④	$2mg$	$\sqrt{7}mg$
⑤	$\frac{5}{2}mg$	$\sqrt{5}mg$			

01

▶25070-0010

그림과 같이 물체 A, B, C가 실로 연결되어 정지해 있다. A, B는 경사각이 각각 30°, 60°인 빗면에 놓여 있고, B에는 크기가 F인 힘이 수평 방향으로 작용하고 있다. A, B, C의 질량은 각각 m, m, $3m$이다.

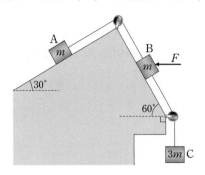

F는? (단, 중력 가속도는 g이고, 물체의 크기, 실의 질량, 모든 마찰은 무시한다.)

① $\dfrac{\sqrt{3}}{3}mg$ ② $\sqrt{3}mg$ ③ $\left(\dfrac{\sqrt{3}}{2}+1\right)mg$ ④ $\left(\dfrac{\sqrt{3}}{2}+3\right)mg$ ⑤ $(\sqrt{3}+5)mg$

02

▶25070-0011

그림과 같이 막대 A와 구 모양의 물체 B가 벽 P, Q와 수평면에 접촉한 채로 정지해 있다. A가 수평면에 대해 기울어진 각도는 60°이다. A, B의 질량은 각각 m, $2m$이다.

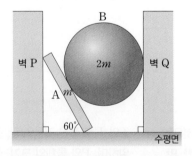

이에 대한 설명으로 옳은 것만을 〈보기〉에서 있는 대로 고른 것은? (단, 중력 가속도는 g이고, A와 B의 밀도는 각각 균일하며, A의 두께와 폭, 모든 마찰은 무시한다.)

┌─ 보기 ┐
ㄱ. P가 A에 작용하는 힘의 크기와 Q가 B에 작용하는 힘의 크기는 같다.
ㄴ. 수평면이 A에 작용하는 힘의 크기는 mg이다.
ㄷ. A가 B에 작용하는 힘의 크기는 $2mg$이다.
└─────┘

① ㄱ   ② ㄴ   ③ ㄷ   ④ ㄱ, ㄴ   ⑤ ㄱ, ㄷ

03

▶25070-0012

그림 (가)는 길이가 $5L$인 막대가 받침대 P, Q 위에 놓여 수평을 이루며 정지해 있는 것을 나타낸 것이다. P, Q는 막대의 왼쪽 끝으로부터 각각 L, $3L$만큼 떨어져 있고, 막대의 왼쪽 끝으로부터 L만큼 떨어진 지점에 질량이 m인 물체 A가 정지해 있다. 그림 (나)는 (가)에서 막대의 오른쪽 끝으로부터 L만큼 떨어진 지점에 A를 옮겨 놓았더니 막대가 수평을 이루며 정지해 있는 것을 나타낸 것이다. P가 막대를 떠받치는 힘의 크기는 (가)에서가 (나)에서의 3배이다.

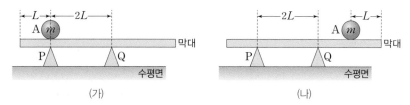

(가)   (나)

이에 대한 설명으로 옳은 것만을 〈보기〉에서 있는 대로 고른 것은? (단, 막대의 밀도는 균일하며, 막대의 두께와 폭, 물체의 크기, 모든 마찰은 무시한다.)

┌─ 보기 ┐
ㄱ. P, Q가 막대를 떠받치는 힘의 크기의 합은 (가)에서와 (나)에서가 같다.
ㄴ. 막대의 질량은 $5m$이다.
ㄷ. Q가 막대를 떠받치는 힘의 크기는 (가)에서가 (나)에서의 $\frac{5}{7}$배이다.
└─────┘

① ㄱ   ② ㄷ   ③ ㄱ, ㄴ   ④ ㄴ, ㄷ   ⑤ ㄱ, ㄴ, ㄷ

04

▶25070-0013

그림 (가)는 천장에 실 p로 연결된 막대가 수평을 이루며 정지해 있는 것을 나타낸 것이다. 막대의 길이는 $5L$이고, 물체 A, B가 막대에 매달려 정지해 있다. A, B의 질량은 각각 $2m$, m이다. 그림 (나)는 (가)에서 A, B를 막대의 양 끝에 매달고, p를 막대의 왼쪽 끝으로부터 x만큼 떨어진 지점에 연결했더니 막대가 수평을 이루며 정지해 있는 것을 나타낸 것이다.

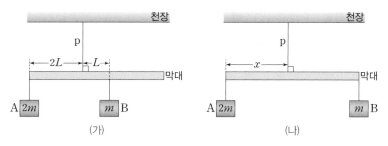

(가)   (나)

이에 대한 설명으로 옳은 것만을 〈보기〉에서 있는 대로 고른 것은? (단, 막대의 밀도는 균일하며, 실의 질량, 막대의 두께와 폭은 무시한다.)

┌─ 보기 ┐
ㄱ. p가 막대를 당기는 힘의 크기는 (가)에서가 (나)에서보다 크다.
ㄴ. 막대의 질량은 $5m$이다.
ㄷ. $x = \frac{20}{9}L$이다.
└─────┘

① ㄱ   ② ㄴ   ③ ㄷ   ④ ㄱ, ㄷ   ⑤ ㄴ, ㄷ

05

▶25070-0014

그림과 같이 천장에 실로 연결된 막대 A, B, C가 수평을 이루며 정지해 있다. A에는 질량이 m인 물체 D가 A의 왼쪽 끝으로부터 x만큼 떨어진 지점에 정지해 있고, C에는 질량이 $3m$인 물체 E가 실에 매달려 있다. A, B, C의 길이는 각각 $6L$, $4a$, $4L$이고, A, C의 질량은 각각 $2m$, $3m$이다.

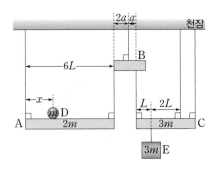

A, B, C가 수평을 이루는 x의 최댓값은? (단, 막대의 밀도는 균일하며, 막대의 두께와 폭, 물체의 크기, 실의 질량은 무시한다.)

① $\dfrac{9}{2}L$　　　　② $\dfrac{19}{4}L$　　　　③ $5L$　　　　④ $\dfrac{21}{4}L$　　　　⑤ $\dfrac{11}{2}L$

06

▶25070-0015

그림과 같이 물체 A가 수평인 막대 B의 점 p에 정지해 있다. B는 받침대 위에 올려져 있고, 축바퀴와 도르래에 연결된 실에 의해 고정되어 있다. 축바퀴의 작은 바퀴와 큰 바퀴의 반지름은 각각 r, $2r$이다. B의 길이는 $6L$이다. B를 수평으로 유지하면서 A를 B의 점 q로 옮겼을 때, B의 오른쪽 끝에 연결된 실이 B를 당기는 힘의 크기는 A가 p에 정지해 있을 때의 $\dfrac{4}{5}$배이다.

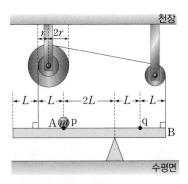

이에 대한 설명으로 옳은 것만을 〈보기〉에서 있는 대로 고른 것은? (단, 중력 가속도는 g이고, 막대의 밀도는 균일하며, 막대의 두께와 폭, 실의 질량, 모든 마찰은 무시한다.)

┌─ 보기 ┐
ㄱ. B의 질량은 $13m$이다.
ㄴ. A가 p에 정지해 있을 때, B의 오른쪽 끝에 연결된 실이 B를 당기는 힘의 크기는 $\dfrac{7}{2}mg$이다.
ㄷ. A가 q에 정지해 있을 때, 받침대가 B를 떠받치는 힘의 크기는 $\dfrac{9}{2}mg$이다.
└──────┘

① ㄱ　　　　② ㄴ　　　　③ ㄷ　　　　④ ㄱ, ㄴ　　　　⑤ ㄱ, ㄷ

1 속도와 가속도

(1) 위치 벡터와 변위

① 위치 벡터: 물체의 위치를 나타내는 벡터로 기준점에서 물체까지의 직선 거리와 방향으로 나타낸다.
- $\vec{r_1}$, $\vec{r_2}$는 각각 점 P, Q의 위치 벡터이다.

② 변위: 물체의 위치 변화를 나타내는 벡터량으로, 물체의 처음 위치와 나중 위치 사이의 직선 거리와 방향으로 나타낸다.
- P에서 Q까지의 변위는 $\Delta\vec{r}=\vec{r_2}-\vec{r_1}$이다.

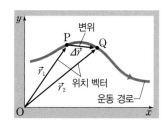

(2) 속도: 단위 시간 동안의 변위로, 크기와 방향을 갖는 벡터량이다.

① 평균 속도: 변위를 걸린 시간으로 나눈 값이다.

$$\vec{v}_{평균}=\frac{\Delta\vec{r}}{\Delta t}$$

② 순간 속도: Δt가 거의 0일 때의 평균 속도이다.

(3) 가속도: 단위 시간 동안의 속도 변화량으로, 크기와 방향을 갖는 벡터량이다.

① 속도 변화량: P와 Q에서의 속도가 각각 $\vec{v_1}$, $\vec{v_2}$이면, P에서 Q까지의 속도 변화량 $\Delta\vec{v}$는 $\Delta\vec{v}=\vec{v_2}-\vec{v_1}$이다.

② 평균 가속도: 속도 변화량을 걸린 시간으로 나눈 값이다.

$$\vec{a}_{평균}=\frac{\Delta\vec{v}}{\Delta t}$$

③ 순간 가속도: Δt가 거의 0일 때의 평균 가속도이다.

④ 가속도의 방향은 물체에 작용하는 알짜힘의 방향과 같다.

2 등가속도 직선 운동

(1) 등가속도 직선 운동: 물체가 일정한 가속도로 직선을 따라 움직이는 운동이다.

① 속도가 일정하게 증가하거나 감소한다.

② 직선상에서 가속도 a로 등가속도 운동을 하는 물체의 처음 속도가 v_0이면, 시간 t가 지났을 때의 속도 v와 변위 s는 다음과 같다.

$$v=v_0+at, \quad s=v_0t+\frac{1}{2}at^2, \quad v^2-v_0^2=2as$$

③ 평균 속도: $v_{평균}=\dfrac{v_0+v}{2}$

(2) 자유 낙하 운동: 중력의 영향만으로 낙하하는 운동이다.

① 물체를 가만히 놓은 후 시간 t가 지났을 때의 속도 v, 낙하 거리 h는 다음과 같다.

$$v=gt, \quad h=\frac{1}{2}gt^2, \quad v^2=2gh \ (g: 중력 가속도)$$

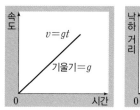 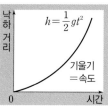 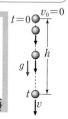

▲ 속도 – 시간 그래프　　▲ 낙하 거리 – 시간 그래프

② 연직 아래로 던진 물체의 운동: 연직 아래 방향을 $(+)$방향으로 정하고 물체를 던진 속도를 v_0이라고 하면, 가속도가 $a=g$인 등가속도 직선 운동을 한다.

$$v=v_0+gt, \quad h=v_0t+\frac{1}{2}gt^2, \quad v^2-v_0^2=2gh$$

③ 연직 위로 던진 물체의 운동: 연직 위 방향을 $(+)$방향으로 정하고 물체를 던진 속도를 v_0이라고 하면, 가속도가 $a=-g$인 등가속도 직선 운동을 한다.

$$v=v_0-gt, \quad h=v_0t-\frac{1}{2}gt^2, \quad v^2-v_0^2=-2gh$$

더 알기 　연직 위로 던진 물체의 운동 분석

- 연직 위로 던진 물체의 운동 그래프

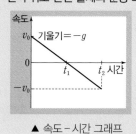 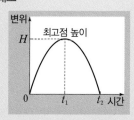

▲ 속도 – 시간 그래프　　▲ 변위 – 시간 그래프

- 최고점에 도달하는 데 걸린 시간 t_1은 $v=v_0-gt$에서 $v=0$일 때이므로 $t_1=\dfrac{v_0}{g}$이고, 지면에 도달하는 데 걸리는 시간 t_2는 $2t_1$이다.
- 최고점 높이 H는 $v^2-v_0^2=-2gH$에서 $v=0$을 대입하면 $H=\dfrac{v_0^2}{2g}$이다.

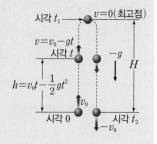

③ 평면에서 등가속도 운동

(1) **등가속도 운동**: 물체의 가속도의 크기와 방향이 일정한 운동으로 물체에 작용하는 알짜힘이 일정하다.

(2) **평면에서 등가속도 운동 분석**

① 가속도에 나란한 방향과 가속도에 수직인 방향으로 분해하면 운동을 쉽게 파악할 수 있다.

② 가속도 방향을 x방향으로 정하면 가속도의 y성분은 0이다. 따라서 y방향으로는 등속도 운동을 하고, x방향으로는 등가속도 운동을 한다.

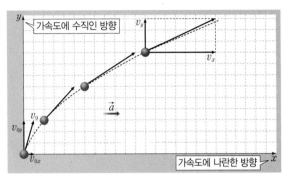

- x방향: $v_x=v_{0x}+at$, $x=v_{0x}t+\dfrac{1}{2}at^2$

- y방향: $v_y=v_{0y}=$일정, $y=v_{0y}t$

(3) **평면에서 등가속도 운동의 경로**: $y=v_{0y}t$에서 $t=\dfrac{y}{v_{0y}}$이다.

$x=v_{0x}t+\dfrac{1}{2}at^2$에 $t=\dfrac{y}{v_{0y}}$를 대입하면 $x=\dfrac{v_{0x}}{v_{0y}}y+\dfrac{a}{2v_{0y}{}^2}y^2$이다. 즉, 물체는 포물선 경로를 따라 운동한다.

④ 포물선 운동

(1) **수평 방향으로 던진 물체의 운동**: 물체를 수평 방향으로 던지면 수평 방향으로는 등속도 운동을 하고, 연직 방향으로는 자유 낙하와 같은 등가속도 운동을 한다.

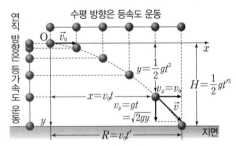

① **수평 방향 운동**: v_0의 속도로 등속도 운동을 하고, t초 후의 속도와 변위는 $v_x=v_0$, $x=v_0t$이다.

② **연직 방향 운동**: 가속도가 g인 등가속도 운동을 하고, t초 후의 속도와 변위는 $v_y=gt$, $y=\dfrac{1}{2}gt^2$이다.

③ **시간 t일 때 물체의 속력(v)**: $v=\sqrt{v_0{}^2+(gt)^2}$

④ **지면에 도달하는 데 걸린 시간(t')**: $H=\dfrac{1}{2}gt'^2 \rightarrow t'=\sqrt{\dfrac{2H}{g}}$

⑤ **수평 도달 거리(R)**: $R=v_0t'=v_0\sqrt{\dfrac{2H}{g}}$

(2) **비스듬히 위로 던진 물체의 운동**: 물체를 수평면과 θ를 이루는 각으로 속력 v_0으로 던지면 포물선 궤도를 따라 운동하며, 수평 방향으로는 등속도 운동을 하고 연직 방향으로는 연직 위로 던진 물체의 운동과 같은 등가속도 운동을 한다.

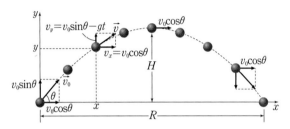

① **수평 방향 운동**: 처음 속도 $v_{0x}=v_0\cos\theta$의 속도로 등속도 운동을 하고, t초 후의 속도와 변위는 $v_x=v_0\cos\theta$, $x=v_{0x}t=v_0t\cos\theta$이다.

② **연직 방향 운동**: 처음 속도 $v_{0y}=v_0\sin\theta$, 가속도 $a=-g$인 등가속도 운동을 하고, t초 후의 속도와 변위는 $v_y=v_0\sin\theta-gt$, $y=v_0t\sin\theta-\dfrac{1}{2}gt^2$이다.

③ **최고점에서의 속도(V)**: $V=v_x=v_0\cos\theta$

④ **최고점 도달 시간(T)과 최고점 높이(H)**: 최고점에서 연직 방향 속도는 0이다.

- **최고점 도달 시간(T)**: $0=v_0\sin\theta-gT \rightarrow T=\dfrac{v_0\sin\theta}{g}$

- **최고점 높이(H)**: $-2gH=0-(v_0\sin\theta)^2 \rightarrow H=\dfrac{v_0{}^2\sin^2\theta}{2g}$

⑤ **수평 도달 거리(R)**: 수평면 도달 시간($2T$) 동안 수평 방향으로 등속도 운동을 한다.

➡ $R=v_{0x}(2T)=v_0\cos\theta\times\dfrac{2v_0\sin\theta}{g}=\dfrac{v_0{}^2\sin2\theta}{g}$

더 알기 ◆ 포물선 운동

- **발사각에 따른 최고점 높이와 수평 도달 거리의 최댓값**

비스듬히 위로 던진 물체의 최고점 높이는 $H=\dfrac{v_0{}^2\sin^2\theta}{2g}$, 수평 도달 거리는 $R=\dfrac{v_0{}^2\sin2\theta}{g}$이다. $\theta=90°$일 때 $\sin\theta=1$이므로 연직 위로 던진 경우와 같은 경우로 최고점 높이는 $H=\dfrac{v_0{}^2}{2g}$이다. $\sin2\theta=\sin(180°-2\theta)=\sin2(90°-\theta)$이므로 던지는 각이 θ일 때와 $90°-\theta$일 때 수평 도달 거리는 같다. $2\theta=90°$일 때 $\sin2\theta=1$이므로 발사각 $\theta=45°$일 때 수평 도달 거리는 $R=\dfrac{v_0{}^2}{g}$으로 최대이다.

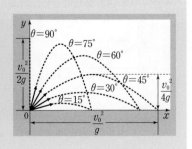

| 2025학년도 대수능 |

그림과 같이 경사면을 따라 내려오던 물체 A가 점 p를 속력 v_A로 지나는 순간, 물체 B를 경사면과 수평면이 만나는 점 q에서 수평면에 대해 $45°$의 각으로 v_B의 속력으로 던졌다. A는 등가속도 직선 운동을 하고 B는 포물선 운동을 하여 경사면 위의 점 r에서 서로 만난다. p, r의 높이는 각각 $2h$, h이고, q에서 r까지 B의 수평 이동 거리는 $3h$이다.

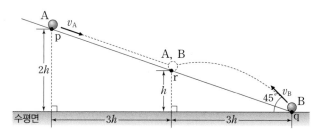

$\dfrac{v_B}{v_A}$는? (단, 물체는 동일 연직면상에서 운동하고, 물체의 크기, 모든 마찰은 무시한다.)

① $\dfrac{3\sqrt{5}}{2}$ ② $\dfrac{5\sqrt{5}}{4}$ ③ $\sqrt{5}$ ④ $\dfrac{3\sqrt{5}}{4}$ ⑤ $\dfrac{\sqrt{5}}{4}$

접근 전략

경사면의 경사각을 θ, 중력 가속도를 g라고 하면, A의 가속도의 크기는 $g\sin\theta$이고 B의 가속도의 크기는 g이다. A는 등가속도 직선 운동을 하고, B는 포물선 운동을 하는 것을 이용해서 p, q에서 각각 A, B의 속력을 구할 수 있다.

간략 풀이

A, B가 각각 p, q를 동시에 지나는 순간부터 r에서 만날 때까지 걸린 시간을 t라고 하자. A의 가속도의 크기는 $g\sin\theta = \dfrac{g}{\sqrt{10}}$이므로 p에서 r까지의 거리는 $\sqrt{10}h = v_A t + \dfrac{1}{2}\left(\dfrac{g}{\sqrt{10}}\right)t^2$ … ①이다. q에서 r까지 B의 연직 방향의 변위는 $h = \dfrac{v_B}{\sqrt{2}}t - \dfrac{1}{2}gt^2$ … ②이고 수평 방향의 변위는 $3h = \dfrac{v_B}{\sqrt{2}}t$ … ③이다. ①, ②, ③을 연립하여 정리하면 $\dfrac{v_B}{v_A} = \dfrac{3\sqrt{5}}{4}$이다.

정답 | ④

닮은꼴 문제로 유형 익히기

정답과 해설 5쪽

▶ 25070-0016

그림과 같이 수평면의 점 p에서 물체 A를 수평면에 대해 $45°$의 각으로 던지는 순간 경사각이 $30°$인 경사면의 점 q에서 물체 B를 가만히 놓는다. A는 포물선 운동을 하고 B는 등가속도 직선 운동을 하여 경사면의 점 r에서 서로 만난다. p에서 r까지 A의 수평 이동 거리는 $3H$이고, q, r의 높이는 각각 H, d이다.

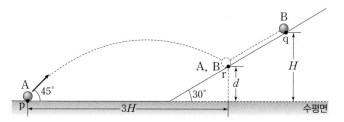

d는? (단, 물체는 동일 연직면상에서 운동하고, 물체의 크기, 모든 마찰은 무시한다.)

① $\dfrac{1}{5}H$ ② $\dfrac{1}{4}H$ ③ $\dfrac{1}{3}H$ ④ $\dfrac{2}{5}H$ ⑤ $\dfrac{\sqrt{3}}{2}H$

유사점과 차이점

등가속도 직선 운동을 하는 물체와 포물선 운동을 하는 물체가 만난다는 점에서 대표 문제와 유사하지만, A는 수평면에서 던져진 점에서 대표 문제와 다르다.

배경 지식

A가 p에서 r까지 운동하는 데 걸린 시간은 B가 q에서 r까지 운동하는 데 걸린 시간과 같다.

01
▶25070-0017

그림은 양궁 선수가 발사한 화살이 점 p, q를 지나며 포물선 운동을 하는 것을 나타낸 것이다.

화살이 p에서 q까지 운동하는 동안, 화살의 운동에 대한 설명으로 옳은 것만을 〈보기〉에서 있는 대로 고른 것은? (단, 화살의 크기는 무시한다.)

┌─ 보기 ┐
ㄱ. 가속도의 방향은 p에서와 q에서가 같다.
ㄴ. 변위의 크기는 이동 거리보다 크다.
ㄷ. 평균 속도의 크기는 평균 속력보다 작다.
└────────┘

① ㄱ　　② ㄴ　　③ ㄷ　　④ ㄱ, ㄷ　　⑤ ㄴ, ㄷ

02
▶25070-0018

그림은 수평면에서 비스듬히 던져진 물체가 점 a를 지난 순간부터 일정한 시간 간격으로 물체의 위치를 나타낸 것이다. 점 b, c, d는 물체의 포물선 경로상의 점이며, b는 최고점이다.

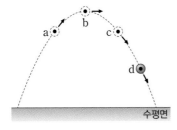

이에 대한 설명으로 옳은 것만을 〈보기〉에서 있는 대로 고른 것은? (단, 물체의 크기는 무시한다.)

┌─ 보기 ┐
ㄱ. 물체의 높이는 a에서와 c에서 같다.
ㄴ. 속도 변화량의 크기는 a에서 c까지가 c에서 d까지보다 크다.
ㄷ. 물체의 변위의 크기는 a에서 b까지가 c에서 d까지보다 크다.
└────────┘

① ㄱ　　② ㄷ　　③ ㄱ, ㄴ　　④ ㄴ, ㄷ　　⑤ ㄱ, ㄴ, ㄷ

03
▶25070-0019

그림은 xy 평면에서 점 a, b, c, d를 지나며 정지하지 않고 운동하는 물체의 운동 경로를 나타낸 것이다. 표는 각 구간에서 운동하는 데 걸린 시간을 나타낸 것이다.

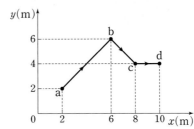

구간	Ⅰ	Ⅱ	Ⅲ
위치	a에서 b까지	b에서 c까지	c에서 d까지
걸린 시간	t	$2t$	t

이에 대한 설명으로 옳은 것만을 〈보기〉에서 있는 대로 고른 것은?

┌─ 보기 ┐
ㄱ. 변위의 크기는 Ⅰ에서가 Ⅱ에서의 2배이다.
ㄴ. 평균 속력은 Ⅲ에서가 Ⅱ에서의 $\sqrt{2}$배이다.
ㄷ. 평균 속도의 x성분의 크기는 a에서 c까지와 c에서 d까지가 같다.
└────────┘

① ㄱ　　② ㄷ　　③ ㄱ, ㄴ　　④ ㄴ, ㄷ　　⑤ ㄱ, ㄴ, ㄷ

04
▶25070-0020

그림은 수평면에서 일정한 속력 $2v$로 운동하던 물체가 높이가 h이고, 경사각이 $60°$인 빗면의 끝점 p를 속력 v로 통과하는 것을 나타낸 것이다. 물체는 빗면에서 등가속도 직선 운동을 하다가 p를 지난 후에는 포물선 운동을 한다.

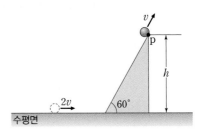

이에 대한 설명으로 옳은 것만을 〈보기〉에서 있는 대로 고른 것은? (단, 중력 가속도는 g이고, 물체의 크기, 모든 마찰, 공기 저항은 무시한다.)

┌─ 보기 ┐
ㄱ. 물체가 빗면을 오르는 순간부터 p까지 운동하는 데 걸린 시간은 $\dfrac{\sqrt{3}v}{2g}$이다.
ㄴ. $v = \sqrt{\dfrac{2}{3}gh}$이다.
ㄷ. p를 지난 물체의 수평면으로부터 최고점의 높이는 $\dfrac{5}{4}h$이다.
└────────┘

① ㄱ　　② ㄴ　　③ ㄷ　　④ ㄱ, ㄷ　　⑤ ㄴ, ㄷ

05

▶25070-0021

그림은 물체가 점 p, q, r, s를 차례로 지나며 운동하는 것을 나타낸 것이다. 물체는 p에서 q까지, r에서 s까지 각각 등가속도 직선 운동을 한다. p와 s, q와 r의 높이는 각각 같다. p에서 q까지 빗면의 경사각은 45°이고, r에서 s까지 빗면의 경사각은 30°이다.

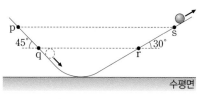

이에 대한 설명으로 옳은 것만을 〈보기〉에서 있는 대로 고른 것은? (단, 물체의 크기, 마찰은 무시한다.)

보기
ㄱ. 물체의 속력은 q에서와 r에서가 같다.
ㄴ. 가속도의 크기는 q에서가 r에서의 $\sqrt{2}$배이다.
ㄷ. r에서 s까지 운동하는 데 걸린 시간은 p에서 q까지 운동하는 데 걸린 시간의 $\sqrt{3}$배이다.

① ㄱ　② ㄷ　③ ㄱ, ㄴ　④ ㄴ, ㄷ　⑤ ㄱ, ㄴ, ㄷ

06

▶25070-0022

그림은 xy 평면에서 운동하는 물체의 속도를 시간에 따라 나타낸 것이다. 물체의 속도의 x성분은 v_x이고, y성분은 v_y이다.

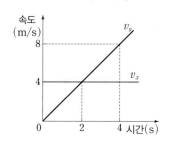

이에 대한 설명으로 옳은 것만을 〈보기〉에서 있는 대로 고른 것은?

보기
ㄱ. 0초부터 2초까지 변위의 크기는 12 m이다.
ㄴ. 속도의 크기는 4초일 때가 2초일 때의 2배이다.
ㄷ. 2초일 때 가속도의 크기는 2 m/s²이다.

① ㄱ　② ㄴ　③ ㄷ　④ ㄱ, ㄴ　⑤ ㄴ, ㄷ

07

▶25070-0023

그림과 같이 물체 A를 수평 방향으로 v의 속력으로 던지는 순간 A의 연직 아래 수평면에 정지해 있던 물체 B가 등가속도 직선 운동을 시작하였다. A는 포물선 운동을 하여 수평면상의 점 p에 B와 동시에 도달한다. 가속도의 크기는 A와 B가 같다. p에 도달하는 순간 A, B의 속력은 각각 v_A, v_B이다.

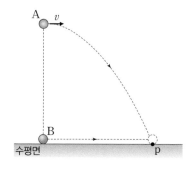

$\dfrac{v_A}{v_B}$는? (단, 물체의 크기는 무시한다.)

① $\dfrac{\sqrt{3}}{4}$　② $\dfrac{\sqrt{5}}{4}$　③ $\dfrac{\sqrt{3}}{2}$　④ $\dfrac{\sqrt{5}}{2}$　⑤ $\sqrt{5}$

08

▶25070-0024

그림은 점 p에서 물체 A를 수평 방향으로 속력 v_A로 던진 후 점 q에서 물체 B를 수평 방향으로 속력 v_B로 던졌더니, A와 B가 각각 포물선 운동을 하여 높이가 $\dfrac{1}{2}h$인 점 r에서 충돌하는 것을 나타낸 것이다. p, q의 높이는 각각 $\dfrac{5}{3}h$, h이다. p, q로부터 r까지의 수평 거리는 각각 $2R$, R이다.

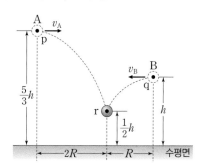

$\dfrac{v_A}{v_B}$는? (단, A, B는 동일 연직면상에서 운동하며, 물체의 크기는 무시한다.)

① $\sqrt{\dfrac{7}{5}}$　② $\sqrt{\dfrac{12}{7}}$　③ $\sqrt{2}$　④ $\sqrt{\dfrac{15}{7}}$　⑤ $\sqrt{3}$

09

▶25070-0025

그림은 물체 A가 점 p에서 수평 방향과 $60°$의 각을 이루며 v_A의 속력으로, 물체 B는 수평면에서 연직 위 방향으로 v_B의 속력으로 동시에 던져지는 것을 나타낸 것이다. A, B는 던져진 순간부터 각각 포물선 운동, 등가속도 직선 운동을 한다. A, B를 던진 지점 사이의 수평 거리는 d이고, B의 속력이 0인 순간 p와 같은 높이인 점 q에서 A와 B가 충돌한다.

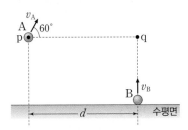

이에 대한 설명으로 옳은 것만을 〈보기〉에서 있는 대로 고른 것은? (단, 물체의 크기는 무시한다.)

보기
ㄱ. $v_A = 2v_B$이다.

ㄴ. q의 높이는 $\sqrt{3}d$이다.

ㄷ. 수평면으로부터 A의 최고점의 높이는 $\dfrac{5\sqrt{3}}{4}d$이다.

① ㄱ　　② ㄴ　　③ ㄷ　　④ ㄱ, ㄴ　　⑤ ㄴ, ㄷ

10

▶25070-0026

그림과 같이 물체 A, B를 각각 점 p, q에서 속력 v, $2v$로 수평 방향과 $45°$의 각을 이루며 동시에 발사했더니, 포물선 운동을 하여 수평면 위의 점 r에 동시에 도달하였다. p와 q 사이의 수평 거리는 h이고, q의 높이는 H이다.

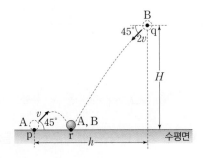

H는? (단, 물체의 크기는 무시한다.)

① $\dfrac{3}{4}h$　　② h　　③ $\dfrac{5}{4}h$　　④ $\dfrac{3}{2}h$　　⑤ $\dfrac{7}{4}h$

11

▶25070-0027

그림은 마찰이 없는 빗면의 점 p에 가만히 놓은 물체가 점 q까지 등가속도 직선 운동을 하다가 q에서부터 포물선 운동을 하여 수평면의 점 r에 도달한 것을 나타낸 것이다. q로부터 p의 높이는 h이고, p에서 q까지 수평 거리와 q에서 r까지 수평 거리는 $2h$로 같다. 물체가 p에서 q까지 운동하는 데 걸린 시간은 t_1이고, q에서 r까지 운동하는 데 걸린 시간은 t_2이다.

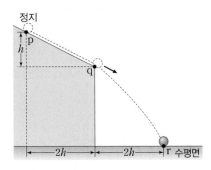

이에 대한 설명으로 옳은 것만을 〈보기〉에서 있는 대로 고른 것은? (단, 중력 가속도는 g이고, 물체의 크기는 무시한다.)

보기
ㄱ. p에서 q까지 물체의 평균 속력은 $\sqrt{gh}$이다.

ㄴ. $t_1 = 2t_2$이다.

ㄷ. 수평면으로부터 q의 높이는 $2h$이다.

① ㄱ　　② ㄴ　　③ ㄷ　　④ ㄱ, ㄴ　　⑤ ㄴ, ㄷ

12

▶25070-0028

그림은 동일 연직선상의 점 p, q에서 물체 A, B를 수평 방향으로 던지는 것을 나타낸 것이다. p, q에서 A, B의 속력은 각각 v_A, v_B이고, p, q의 높이는 각각 h_A, h_B이다. A, B가 각각 p, q에서 던져진 순간부터 수평면의 점 r에 도달할 때

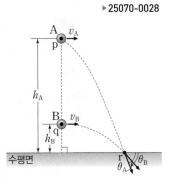

까지 걸린 시간은 각각 $2t$, t이다. r에 도달하는 순간 A, B의 운동 방향이 수평면과 이루는 각은 각각 θ_A, θ_B이다.

이에 대한 설명으로 옳은 것만을 〈보기〉에서 있는 대로 고른 것은? (단, 물체의 크기와 공기 저항은 무시한다.)

보기
ㄱ. $h_A = 4h_B$이다.

ㄴ. $v_A = \dfrac{1}{4}v_B$이다.

ㄷ. $\dfrac{\tan\theta_A}{\tan\theta_B} = \dfrac{4}{3}$이다.

① ㄱ　　② ㄴ　　③ ㄷ　　④ ㄱ, ㄴ　　⑤ ㄴ, ㄷ

01

▶ 25070-0029

그림 (가)는 xy 평면에서 등가속도 운동을 하는 물체가 시간 $t=0$일 때 원점 O를 $+x$방향으로 $2\ \mathrm{m/s}$의 속력으로 지나는 순간의 모습을 나타낸 것이다. 물체의 질량은 $5\ \mathrm{kg}$이다. 그림 (나)는 물체의 가속도의 x성분 a_x, y성분 a_y를 t에 따라 나타낸 것이다.

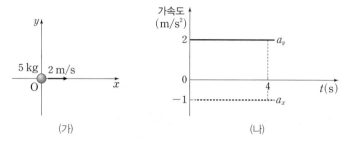

(가)   (나)

이에 대한 설명으로 옳은 것만을 〈보기〉에서 있는 대로 고른 것은?

┌─ 보기 ┌
ㄱ. 1초일 때, 물체에 작용하는 알짜힘의 크기는 $5\sqrt{5}\ \mathrm{N}$이다.
ㄴ. 2초일 때, 물체의 운동 방향은 $+y$방향이다.
ㄷ. 0초부터 4초까지 등가속도 직선 운동을 한다.
└

① ㄱ   ② ㄷ   ③ ㄱ, ㄴ   ④ ㄴ, ㄷ   ⑤ ㄱ, ㄴ, ㄷ

02

▶ 25070-0030

그림은 수평면에서 비스듬히 던져진 물체가 점 p, q, r를 지나며 포물선 운동을 하는 것을 나타낸 것이다. p, q, r에서 물체의 운동 방향이 수평 방향과 이루는 각은 각각 $45°$, $30°$, $60°$이다. p에서 q까지 물체의 수평 이동 거리는 s_1이고, q에서 r까지 물체의 수평 이동 거리는 s_2이다.

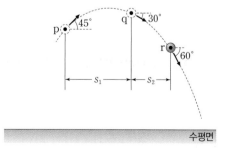

$\dfrac{s_1}{s_2}$은? (단, 물체의 크기는 무시한다.)

① $\dfrac{\sqrt{3}}{4}$ ② $\dfrac{\sqrt{3}}{2}$ ③ $\dfrac{1+\sqrt{3}}{2}$ ④ $\dfrac{1+2\sqrt{3}}{2}$ ⑤ $\dfrac{1+3\sqrt{3}}{2}$

03

▶25070-0031

그림은 수평면의 동일한 지점에서 수평 방향에 대해 각각 θ, 30°의 각을 이루며 던져진 물체 A, B가 포물선 운동을 하는 것을 나타낸 것이다. A, B의 최고점의 높이는 각각 $3h$, h이다. A, B가 수평면에서 발사된 속력은 각각 $\sqrt{2}v$, v 이다.

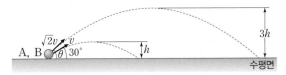

이에 대한 설명으로 옳은 것만을 〈보기〉에서 있는 대로 고른 것은? (단, 물체의 크기는 무시한다.)

> **보기**
>
> ㄱ. 수평면에서 발사된 순간부터 수평면에 도달할 때까지 걸린 시간은 A가 B의 $\sqrt{3}$배이다.
>
> ㄴ. $\cos\theta = \dfrac{3}{4}$이다.
>
> ㄷ. 최고점에서 물체의 속력은 B가 A의 $\dfrac{\sqrt{15}}{5}$배이다.

① ㄱ   ② ㄴ   ③ ㄷ   ④ ㄱ, ㄷ   ⑤ ㄴ, ㄷ

04

▶25070-0032

그림과 같이 수평면으로부터 높이가 H인 점 p에서 물체 A를 수평 방향으로 던진 순간 p의 연직 아래 수평면의 점 q 에서 물체 B를 수평 방향에 대해 60°의 각을 이루며 던졌다. A, B는 포물선 운동을 하다가 B가 최고점에 도달하는 순간 점 r에서 충돌한다.

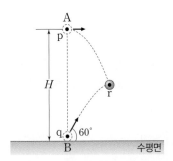

이에 대한 설명으로 옳은 것만을 〈보기〉에서 있는 대로 고른 것은? (단, A, B는 동일 연직면상에서 운동하며 중력 가속 도는 g이고, 물체의 크기는 무시한다.)

> **보기**
>
> ㄱ. q에서 B의 속력은 p에서 A의 속력의 2배이다.
>
> ㄴ. A를 수평 방향으로 던진 순간부터 r에 도달할 때까지 걸린 시간은 $\sqrt{\dfrac{H}{g}}$이다.
>
> ㄷ. r의 높이는 $\dfrac{1}{3}H$이다.

① ㄱ   ② ㄷ   ③ ㄱ, ㄴ   ④ ㄴ, ㄷ   ⑤ ㄱ, ㄴ, ㄷ

05

▶25070-0033

그림은 수평면과 이루는 각이 45°인 빗면 위의 점 p에서 빗면과 수직인 방향으로 속력 v로 던져진 물체가 포물선 운동을 하는 것을 나타낸 것이다. 최고점 q를 지난 물체는 빗면과 수평면이 만나는 점 r에 수평면과 각 θ를 이루며 도달한다. q의 연직 아래의 빗면으로부터 q의 높이는 H이다.

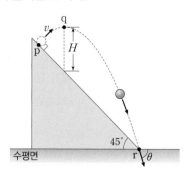

이에 대한 설명으로 옳은 것만을 〈보기〉에서 있는 대로 고른 것은? (단, 중력 가속도는 g이고, 물체의 크기는 무시한다.)

┌ 보기 ┌

ㄱ. p에서 q까지 운동하는 데 걸린 시간은 $\frac{\sqrt{2}v}{2g}$이다.

ㄴ. $H = \frac{3v^2}{4g}$이다.

ㄷ. $|\tan\theta| = 3$이다.

① ㄱ ② ㄷ ③ ㄱ, ㄴ ④ ㄴ, ㄷ ⑤ ㄱ, ㄴ, ㄷ

06

▶25070-0034

그림과 같이 물체가 xy 평면의 원점 O에서 x축에 대해 30°의 각을 이루며 속력 v로 입사한 후 일정한 힘을 받아 포물선 운동을 하여 점 p를 지나 x축상의 점 q에 도달한다. q에서 물체의 운동 방향이 x축과 이루는 각은 60°이다. 물체가 점 p를 지날 때 x축과 물체 사이의 거리는 최대이고, O와 q 사이의 거리는 L이다. 가속도의 x성분의 크기는 a_x이고, y성분의 크기는 a_y이다.

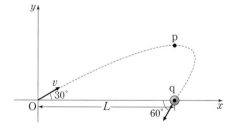

이에 대한 설명으로 옳은 것만을 〈보기〉에서 있는 대로 고른 것은? (단, 물체의 크기는 무시한다.)

┌ 보기 ┌

ㄱ. $a_x = \sqrt{3}a_y$이다.

ㄴ. q에서 물체의 속력은 $\frac{\sqrt{3}}{3}v$이다.

ㄷ. p의 좌표는 $\left(L, \frac{\sqrt{3}}{5}L\right)$이다.

① ㄱ ② ㄴ ③ ㄷ ④ ㄱ, ㄴ ⑤ ㄴ, ㄷ

1 등속 원운동

(1) **등속 원운동**: 물체가 원 궤도를 따라 일정한 속력으로 회전하는 운동으로, 속력은 변하지 않지만 운동 방향이 계속 변하므로 속도가 변하는 가속도 운동이다.

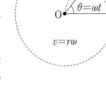

① **주기(T)**: 물체가 원둘레를 1회전하는 데 걸리는 시간이다. 반지름 r, 속력 v로 운동할 때 주기는 다음과 같다.

$$T=\frac{2\pi r}{v}\ [\text{단위: s(초)}]$$

② **진동수(f)**: 단위 시간(1초) 동안 회전하는 횟수이다.

$$f=\frac{1}{T}\ [\text{단위: Hz(헤르츠)}]$$

③ **각속도(ω)**: 단위 시간(1초) 동안 회전한 각이다.

$$\omega=\frac{\theta}{t}\ (\text{단위: rad/s}),\ \theta=\omega t$$

④ **속력(v)**: 접선 방향의 속도의 크기로 일정하다.

$$v=\frac{s}{t}=\frac{r\theta}{t}=r\omega\ (\text{단위: m/s})$$

⑤ 물체가 한 바퀴를 회전하면 회전각은 2π이므로 각속도, 주기, 진동수는 다음 관계가 성립한다.

$$\omega=\frac{2\pi}{T}=2\pi f$$

2 구심 가속도와 구심력

(1) **구심 가속도**

① **속도 변화량($\Delta\vec{v}$)의 방향**: $\Delta\theta$를 매우 작게 하면 $\Delta\vec{v}(=\vec{v_2}-\vec{v_1})$는 $\vec{v_1}$과 직각을 이루기 때문에 원의 중심을 향하게 된다.

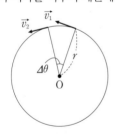
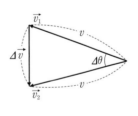

② **구심 가속도($\vec{a}$)의 방향**: 가속도가 $\vec{a}=\frac{\Delta\vec{v}}{\Delta t}$이므로 가속도 $\vec{a}$의 방향은 속도 변화량 $\Delta\vec{v}$의 방향과 같다. 따라서 구심 가속도 $\vec{a}$의 방향은 원의 중심을 향한다.

③ **구심 가속도($\vec{a}$)의 크기**: 속도 변화량 $\Delta\vec{v}$의 크기는 $|\Delta\vec{v}|=v\Delta\theta$이다. 물체가 원운동하는 시간 Δt를 매우 짧게 하면, 구심 가속도의 크기는 $a=\frac{|\Delta\vec{v}|}{\Delta t}=\frac{v\Delta\theta}{\Delta t}$이다. $\frac{\Delta\theta}{\Delta t}=\omega$이고, $v=r\omega$이므로 등속 원운동을 하는 물체의 구심 가속도의 크기는 $a=v\omega=\frac{v^2}{r}=r\omega^2$이다.

(2) **구심력**

① **구심력**: 등속 원운동을 하는 물체에 작용하는 알짜힘의 방향은 가속도의 방향과 같이 원의 중심을 향한다. 이와 같이 원의 중심 방향을 향하는 힘을 구심력이라고 한다.

• 크기: $F=ma=\frac{mv^2}{r}=mr\omega^2$

• 방향: 원운동의 중심 방향

② **여러 가지 구심력**

▲ 지구 주위를 도는 인공위성에 작용하는 중력

▲ 원자 내의 전자에 작용하는 전기력

▲ 수평인 원형 도로에서 자동차의 진행 방향에 수직으로 작용하는 마찰력

▲ 수평면과 나란하게 원운동하는 해머에 작용하는 줄에 의한 힘과 중력의 합력

더 알기 곡선 도로에서 자동차의 속력

대부분의 곡선 도로는 안쪽보다 바깥쪽이 약간 높게 기울어져 있다. 그림과 같이 수평면과 이루는 각이 θ인 곡선 도로에서 자동차가 달릴 때, 자동차의 진행 방향에 수직인 방향의 마찰을 무시하면 자동차에 작용하는 중력($m\vec{g}$)과 도로가 자동차를 접촉면에 수직으로 떠받치는 힘($\vec{N}$)의 합력이 자동차가 곡선 도로를 달리며 회전할 때의 구심력이 되어 자동차는 등속 원운동을 할 수 있다. 자동차의 회전 반지름을 r, 속력을 v라고 하면 다음 관계가 성립한다.

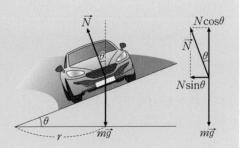

$N\sin\theta=\frac{mv^2}{r}$, $N\cos\theta=mg$ ➡ $\tan\theta=\frac{v^2}{gr}$이므로 자동차의 속력은 $v=\sqrt{gr\tan\theta}$이다.

③ **케플러 법칙**

(1) **타원 궤도 법칙(케플러 제1법칙)**: 태양계 내의 모든 행성들은 태양을 한 초점으로 하는 타원 궤도를 따라 공전한다($p+q=2a$).

- **근일점과 원일점**: 행성이 태양과 가장 가까운 지점을 근일점, 행성이 태양과 가장 먼 지점을 원일점이라고 한다.

(2) **면적 속도 일정 법칙(케플러 제2법칙)**: 행성과 태양을 연결하는 선분이 같은 시간 동안 쓸고 지나가는 면적은 일정하다($S_1=S_2$).

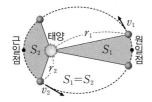

➡ $r_1>r_2$이면 $v_1<v_2$이다.

① 행성이 태양으로부터 가까울 때는 속력이 크고, 멀 때는 속력이 작다. 따라서 행성의 속력은 근일점에서 최대이고, 원일점에서 최소이다.

② 행성이 원일점에서 근일점으로 이동하는 동안에는 행성의 속력이 증가하고, 근일점에서 원일점으로 이동하는 동안에는 행성의 속력이 감소한다.

(3) **조화 법칙(케플러 제3법칙)**: 행성의 공전 주기(T)의 제곱은 타원 궤도의 긴반지름(a)의 세제곱에 비례한다. ➡ $T^2 \propto a^3$
- 공전 궤도 긴반지름이 길수록 공전 주기가 길다.

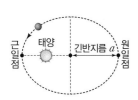 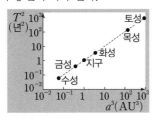

④ **중력 법칙**

(1) **뉴턴 중력 법칙**: 두 물체 사이에 작용하는 중력은 질량의 곱에 비례하고 떨어진 거리의 제곱에 반비례한다. 따라서 그림과 같이 질량이 각각 m_1, m_2이고, 떨어진 거리가 r인 두 물체 사이에 작용하는 중력의 크기 F는 다음과 같다.

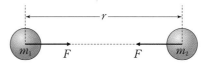

$$F=G\frac{m_1 m_2}{r^2} \quad (G: \text{중력 상수})$$

- 중력은 항상 서로 당기는 방향으로 작용한다.

(2) **중력 가속도**: 물체에 작용하는 중력에 의한 가속도이다. 일반적으로 g로 표시하며, 질량이 m인 물체에 작용하는 중력은 mg이다.

① **지표면에서 중력 가속도**: 물체에 작용하는 중력이 mg이므로 지구의 반지름을 R, 질량을 M이라고 하면 $\frac{GMm}{R^2}=mg$에서 중력 가속도는 $g=\frac{GM}{R^2}$이다.

② 지표면으로부터 높이 h인 곳에서 중력 가속도는 $g'=\frac{GM}{(R+h)^2}$이다.

(3) **케플러 법칙과 중력 법칙**: 태양계의 행성들은 원 궤도에 가까운 타원 궤도를 따라 운동한다. 따라서 태양이 행성에 작용하는 중력이 행성을 원운동하게 하는 구심력이라고 가정하면 케플러 제3법칙을 유도할 수 있다. 질량이 M인 태양을 중심으로 반지름이 r인 원 궤도를 공전하는 주기 T, 질량 m인 행성에 작용하는 구심력의 크기는 $F=\frac{GMm}{r^2}=\frac{mv^2}{r}$이고, $v=\frac{2\pi r}{T}$이므로 $T^2=\frac{4\pi^2 r^3}{GM}$이다. 따라서 $T^2 \propto r^3$이다.

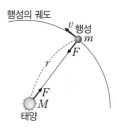

더 알기 ◈ **정지궤도 인공위성**

그림과 같이 지구 중심으로부터 r만큼 떨어진 지점에서 물체를 수평 방향으로 던질 때 물체의 속력이 특정한 조건(중력=구심력)을 만족하면 물체는 지구 주위를 일정한 속력으로 계속 돌게 된다($v_1<v_2<v_3$).
- **인공위성의 운동**: 지구 주위를 등속 원운동 하는 인공위성에는 지구의 중력이 구심력으로 작용한다.
➡ $\frac{GMm}{r^2}=\frac{mv^2}{r}$
- **인공위성의 속력(v)과 주기(T)**: $v=\sqrt{\frac{GM}{r}}$, $T=2\pi\sqrt{\frac{r^3}{GM}}$
- **정지궤도 인공위성의 고도(h)**: 지구의 자전 주기와 인공위성의 공전 주기가 같으면 지표면에서 관찰할 때 인공위성은 항상 같은 위치에 정지해 있는 것으로 보인다. 정지궤도 인공위성의 공전 궤도 반지름이 약 42000 km이므로 지표면으로부터 고도 h는 약 35800 km 정도이다.

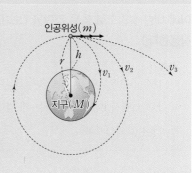

| 2025학년도 대수능 |

그림과 같이 질량이 같은 위성 A, B가 행성을 한 초점으로 하는 타원 궤도를 따라 각각 공전하고 있다. 점 p는 A, B가 행성으로부터 가장 가까운 지점이다. A에 작용하는 중력의 크기는 A가 행성으로부터 가장 가까운 지점에서 $9F_0$이고 가장 먼 지점에서 F_0이다. A, B의 공전 주기는 각각 T, $2\sqrt{2}T$이고, B에 작용하는 중력의 크기의 최솟값은 F_B이다.

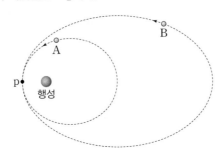

F_B는? (단, 위성에는 행성에 의한 중력만 작용한다.)

① $\dfrac{5}{49}F_0$ ② $\dfrac{1}{7}F_0$ ③ $\dfrac{9}{49}F_0$ ④ $\dfrac{11}{49}F_0$ ⑤ $\dfrac{2}{7}F_0$

접근 전략

위성의 타원 궤도 긴반지름의 세제곱은 위성의 주기의 제곱에 비례한다. 이를 이용하여 A의 긴반지름과 B의 긴반지름을 구하고 B에 작용하는 중력의 크기의 최솟값을 구한다.

간략 풀이

위성의 공전 주기는 B가 A의 $2\sqrt{2}$배이므로 타원 궤도의 긴반지름은 B가 A의 2배이다. A에 작용하는 중력의 크기는 A가 행성으로부터 가장 가까운 지점에서가 가장 먼 지점에서의 9배이므로 행성과 p 사이의 거리를 d라고 하면 A가 행성으로부터 가장 먼 지점까지의 거리는 $3d$이다. A의 타원 궤도 긴반지름은 $2d$이므로 B의 타원 궤도 긴반지름은 $4d$이다. B가 행성으로부터 가장 먼 지점까지의 거리는 $7d$이므로 $F_B = \dfrac{9}{49}F_0$이다.

정답 | ③

닮은 꼴 문제로 유형 익히기

정답과 해설 9쪽

▶25070-0035

그림과 같이 위성 A, B가 행성을 한 초점으로 하는 타원 궤도를 따라 각각 공전하고 있다. 점 p는 A, B가 행성으로부터 가장 가까운 지점이고, 점 q는 B의 타원 궤도상의 지점이며, B의 타원 궤도의 중심 O와 타원 궤도의 점 r는 각각 A와 B가 행성과 가장 먼 지점이다. A, B의 질량은 각각 $2m$, m이다. 표는 A, B가 공전하는 동안 A, B에 작용하는 중력의 최댓값과 최솟값을 나타낸 것이다. A의 공전 주기는 T이다.

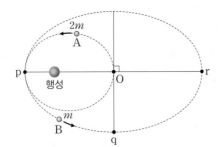

	최댓값	최솟값
A	$50F_0$	ⓛ
B	⑤	F_0

이에 대한 설명으로 옳은 것만을 〈보기〉에서 있는 대로 고른 것은? (단, 위성에는 행성에 의한 중력만 작용한다.)

보기

ㄱ. p에서 가속도의 크기는 A가 B보다 크다.
ㄴ. B가 q에서 r까지 이동하는 데 걸리는 시간은 $\dfrac{\sqrt{2}}{2}T$이다.
ㄷ. ⑤은 ⓛ의 2배이다.

① ㄱ ② ㄴ ③ ㄷ ④ ㄱ, ㄴ ⑤ ㄴ, ㄷ

유사점과 차이점

A, B가 동일한 행성 주위를 공전하는 것은 대표 문제와 유사하나, 위성에 작용하는 중력의 최댓값과 최솟값을 동시에 비교해야 하는 점에서 대표 문제와 다르다.

배경 지식

위성에 작용하는 중력의 크기는 위성의 질량에 비례하고, 행성으로부터 거리의 제곱에 반비례한다.

01

▸25070-0036

그림은 실내용 자전거에서 벨트로 연결된 뒷바퀴의 기어 A와 페달의 기어 B가 일정한 속력으로 회전하는 것을 나타낸 것이다. p, q는 각각 A, B의 가장자리의 한 점이고, 반지름은 A가 B보다 작다.

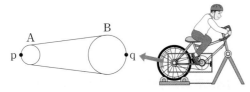

이에 대한 설명으로 옳은 것만을 〈보기〉에서 있는 대로 고른 것은? (단, 기어를 연결한 벨트는 미끄러지지 않는다.)

┌─ 보기 ┌
ㄱ. 속력은 p와 q가 같다.
ㄴ. 각속도는 p가 q보다 크다.
ㄷ. 가속도의 크기는 p가 q보다 작다.
└──────

① ㄱ ② ㄷ ③ ㄱ, ㄴ ④ ㄴ, ㄷ ⑤ ㄱ, ㄴ, ㄷ

02

▸25070-0037

그림 (가)는 물체가 xy 평면에서 원점 O를 중심으로 일정한 속력으로 반지름이 d인 원운동을 하는 것을 나타낸 것이다. 그림 (나)는 (가)에서 물체가 $y=d$를 지나는 순간부터 O를 기준으로 물체의 위치의 y성분을 시간 t에 따라 나타낸 것이다.

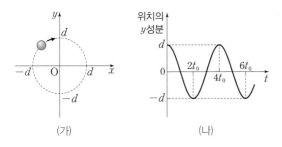

물체의 운동에 대한 설명으로 옳은 것만을 〈보기〉에서 있는 대로 고른 것은? (단, 물체의 크기는 무시한다.)

┌─ 보기 ┌
ㄱ. 각속도는 $\dfrac{\pi}{2t_0}$이다.
ㄴ. $2t_0$일 때, 가속도의 방향은 $-y$방향이다.
ㄷ. 속력은 $\dfrac{\pi d}{t_0}$이다.
└──────

① ㄱ ② ㄴ ③ ㄱ, ㄴ ④ ㄱ, ㄷ ⑤ ㄴ, ㄷ

03

▸25070-0038

그림 (가)는 물체 A, B가 고정된 원판을 회전축 O를 중심으로 일정한 각속도 ω로 회전시키는 것을 나타낸 것이다. O로부터 A, B가 떨어진 거리는 각각 r, $2r$이다. 그림 (나)는 (가)에서 A와 B의 위치를 서로 바꾼 후 원판에 고정시키고 원판을 O를 중심으로 일정한 각속도 2ω로 회전시키는 것을 나타낸 것이다. A, B의 질량은 같다.

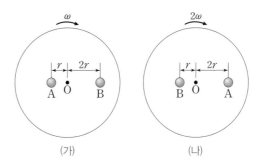

이에 대한 설명으로 옳은 것만을 〈보기〉에서 있는 대로 고른 것은? (단, 물체의 크기는 무시한다.)

┌─ 보기 ┌
ㄱ. (가)에서 속력은 A가 B의 2배이다.
ㄴ. (나)에서 물체의 가속도의 크기는 A가 B의 2배이다.
ㄷ. B에 작용하는 구심력의 크기는 (나)에서가 (가)에서의 2배이다.
└──────

① ㄱ ② ㄴ ③ ㄷ ④ ㄱ, ㄷ ⑤ ㄴ, ㄷ

04

▸25070-0039

그림 (가), (나)는 물체 C와 고정된 관을 통해 실로 연결된 물체 A, B가 각각 등속 원운동을 하는 것을 나타낸 것이다. 각속도는 A와 B가 같다. (가), (나)에서 관 끝의 점 O에서 등속 원운동을 하는 물체까지 실의 길이는 각각 L_A, L_B이고, 실이 수평 방향과 이루는 각은 각각 $30°$, $45°$이다.

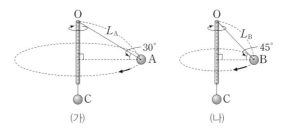

이에 대한 설명으로 옳은 것만을 〈보기〉에서 있는 대로 고른 것은? (단, 물체의 크기, 관의 굵기, 공기 저항, 실의 질량, 모든 마찰은 무시한다.)

┌─ 보기 ┌
ㄱ. 질량은 A가 B보다 작다.
ㄴ. 물체에 작용하는 구심력의 크기는 A가 B의 $\sqrt{3}$배이다.
ㄷ. $L_A = \sqrt{2}L_B$이다.
└──────

① ㄱ ② ㄴ ③ ㄷ ④ ㄱ, ㄷ ⑤ ㄴ, ㄷ

05
▶25070-0040

그림 (가), (나)는 질량이 M인 추에 실로 연결되어 마찰이 없는 수평면 위에서 물체 A, B가 등속 원운동을 하는 것을 나타낸 것이다. A, B의 질량은 각각 $2m$, m이고, 원 궤도의 반지름은 각각 r, $2r$이다.

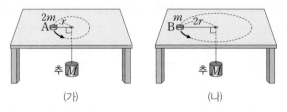

(가)   (나)

이에 대한 설명으로 옳은 것만을 〈보기〉에서 있는 대로 고른 것은? (단, 중력 가속도는 g이고, 물체의 크기, 실의 질량은 무시한다.)

┌ 보기 ┐
ㄱ. 물체에 작용하는 구심력의 크기는 A가 B의 $\sqrt{2}$배이다.
ㄴ. A의 주기는 $2\pi\sqrt{\dfrac{2mr}{Mg}}$이다.
ㄷ. 속력은 B가 A의 2배이다.

① ㄱ   ② ㄴ   ③ ㄷ   ④ ㄱ, ㄷ   ⑤ ㄴ, ㄷ

06
▶25070-0041

다음은 구심력에 관한 실험 과정이다.

[실험 과정]
(가) 그림과 같이 가늘고 매끄러운 유리관을 통과한 실의 한쪽 끝에 고무마개를 연결하고 다른 끝에 추를 연결한다.

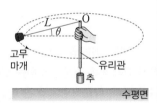

(나) 고무마개에서 유리관 위쪽 끝 O까지의 실의 길이를 L과 실이 수평면과 이루는 각 θ를 일정하게 유지하면서 고무마개를 등속 원운동 시킨다.
(다) 질량이 동일한 추의 개수, L, θ를 변화시키며 과정 (나)를 반복한다.

실험	추의 개수	L	θ
I	1개	d	θ_1
II	2개	$2d$	θ_2
III	2개	d	θ_3

이에 대한 설명으로 옳은 것만을 〈보기〉에서 있는 대로 고른 것은? (단, 실의 질량, 고무마개의 크기, 모든 마찰은 무시한다.)

┌ 보기 ┐
ㄱ. $\theta_1 > \theta_2 = \theta_3$이다.
ㄴ. 고무마개의 각속도는 I 에서와 III에서가 같다.
ㄷ. 고무마개에 작용하는 구심력의 크기는 II에서와 III에서가 같다.

① ㄱ   ② ㄴ   ③ ㄷ   ④ ㄱ, ㄷ   ⑤ ㄴ, ㄷ

07
▶25070-0042

표는 등속 원운동을 하는 물체 A, B, C의 질량, 주기, 궤도 반지름을 나타낸 것이다. 물체에 작용하는 구심력의 크기는 A, B, C가 같다.

물체	질량	주기	궤도 반지름
A	m	$2T$	$2R$
B	㉠	T	R
C	$2m$	$4T$	㉡

이에 대한 설명으로 옳은 것만을 〈보기〉에서 있는 대로 고른 것은?

┌ 보기 ┐
ㄱ. ㉠은 $4m$이다.
ㄴ. ㉡은 $2R$이다.
ㄷ. 속력은 A, B, C가 모두 같다.

① ㄱ   ② ㄴ   ③ ㄷ   ④ ㄱ, ㄷ   ⑤ ㄴ, ㄷ

08
▶25070-0043

그림 (가), (나)는 물체 A, B가 천장에 연결된 실에 매달려 각각 등속 원운동을 하는 것을 나타낸 것이다. A, B의 질량은 각각 $2m$, m이고, 실의 길이는 각각 L, $\dfrac{3}{2}L$이다. (가), (나)에서 실이 연직선과 이루는 각은 각각 $30°$, $60°$이다.

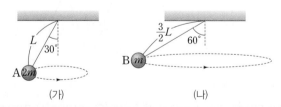

(가)   (나)

이에 대한 설명으로 옳은 것만을 〈보기〉에서 있는 대로 고른 것은? (단, 중력 가속도는 g이고, 물체의 크기, 실의 질량은 무시한다.)

┌ 보기 ┐
ㄱ. 실이 A를 당기는 힘의 크기는 $\dfrac{2\sqrt{3}}{3}mg$이다.
ㄴ. B에 작용하는 구심력의 크기는 $\sqrt{3}mg$이다.
ㄷ. 각속도의 크기는 A와 B가 같다.

① ㄱ   ② ㄴ   ③ ㄷ   ④ ㄱ, ㄴ   ⑤ ㄴ, ㄷ

09

▶25070-0044

그림과 같이 위성이 행성을 한 초점으로 하는 타원 궤도를 따라 운동하고 있다. 점 a에서 점 b까지 위성의 중심과 행성의 중심을 연결한 선분이 쓸고 지나간 면적은 S이고, c에서 d까지 위성의 중심과 행성의 중심을 연결한 직선이 쓸고 지나간 면적은 $3S$이다. 위성의 궤도에서 c는 행성에서 가장 먼 지점이다.

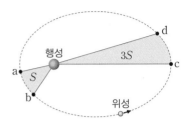

위성의 운동에 대한 설명으로 옳은 것만을 〈보기〉에서 있는 대로 고른 것은?

┌ 보기 ┐
ㄱ. 가속도의 크기는 a에서가 c에서보다 크다.
ㄴ. b에서 c까지 운동하는 동안 속력이 감소한다.
ㄷ. c에서 d까지 운동하는 데 걸린 시간은 a에서 b까지 운동하는 데 걸린 시간의 $\frac{4}{3}$배이다.

① ㄱ   ② ㄷ   ③ ㄱ, ㄴ   ④ ㄴ, ㄷ   ⑤ ㄱ, ㄴ, ㄷ

10

▶25070-0045

그림은 위성 A, B가 동일한 행성을 한 초점으로 하는 각각의 타원 궤도를 따라 한 주기 동안 운동할 때 행성이 A, B에 작용하는 중력의 크기를 행성 중심에서 위성 중심까지의 거리에 따라 나타낸 것이다. A, B의 질량은 각각 m_A, m_B이다.

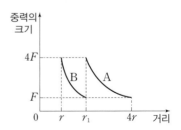

$\frac{m_A}{m_B}$와 r_1로 옳은 것은? (단, 위성에는 행성에 의한 중력만 작용한다.)

	$\frac{m_A}{m_B}$	r_1		$\frac{m_A}{m_B}$	r_1
①	2	$\frac{3}{2}r$	②	4	$\frac{3}{2}r$
③	2	$2r$	④	4	$2r$
⑤	2	$\frac{5}{2}r$			

11

▶25070-0046

그림과 같이 위성 A, B가 행성을 한 초점으로 타원 궤도를 따라 운동한다. A의 궤도에서 점 p는 행성에서 가장 먼 지점이고, 점 q는 행성에서 가장 가까운 지점이다. A의 타원 궤도의 중심인 점 O는 B의 타원 궤도에서 행성에 가장 가까운 지점이고, q는 행성에서 가장 먼 지점이다. q는 두 타원 궤도가 만나는 지점이다. A의 타원 궤도 면적은 S이다.

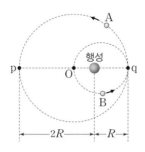

이에 대한 설명으로 옳은 것만을 〈보기〉에서 있는 대로 고른 것은? (단, 위성에는 행성에 의한 중력만 작용한다.)

┌ 보기 ┐
ㄱ. A의 속력은 p에서가 q에서보다 크다.
ㄴ. O에서 B의 가속도의 크기는 p에서 A의 가속도의 크기의 8배이다.
ㄷ. B가 1회 공전하는 동안 A와 행성을 연결한 직선이 휩쓸고 지나간 면적은 $\frac{\sqrt{2}}{4}S$이다.

① ㄱ   ② ㄴ   ③ ㄷ   ④ ㄱ, ㄴ   ⑤ ㄴ, ㄷ

12

▶25070-0047

그림과 같이 위성 A는 행성을 중심으로 하는 원 궤도를 따라 운동하고, 위성 B는 행성을 한 초점으로 하는 타원 궤도를 따라 운동하고 있다. 점 p는 B가 행성으로부터 가장 가까운 지점이고, B가 행성으로부터 가장 먼 지점 q에서 A, B의 궤도가 접한다. 행성의 중심에서 q까지의 거리는 R이다. A, B, 행성의 질량은 각각 m, $2m$, M이고, 공전 주기는 A가 B의 $\sqrt{\frac{27}{8}}$배이다.

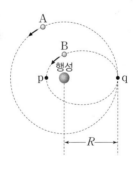

이에 대한 설명으로 옳은 것만을 〈보기〉에서 있는 대로 고른 것은? (단, 중력 상수는 G이고, 위성에는 행성에 의한 중력만 작용한다.)

┌ 보기 ┐
ㄱ. q에서 A의 속력은 $\sqrt{\frac{GM}{R}}$이다.
ㄴ. B의 가속도의 크기는 p에서가 q에서의 9배이다.
ㄷ. p에서 B에 작용하는 중력의 크기는 A에 작용하는 중력의 크기의 18배이다.

① ㄱ   ② ㄷ   ③ ㄱ, ㄴ   ④ ㄴ, ㄷ   ⑤ ㄱ, ㄴ, ㄷ

01

▶ 25070-0048

그림 (가), (나)는 물체 A, B가 수평면에 수직으로 세워진 원뿔의 안쪽 면에서 등속 원운동을 하는 것을 나타낸 것이다. A, B의 질량은 각각 m, $2m$이고, 물체의 높이는 A와 B가 같다. (가), (나)에서 원뿔의 안쪽 면과 수평면이 이루는 각은 각각 $60°$, $45°$이다.

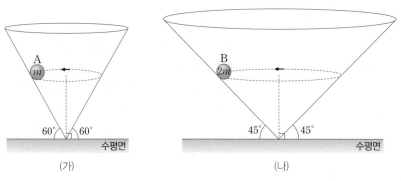

(가)　　　　　　　(나)

이에 대한 설명으로 옳은 것만을 〈보기〉에서 있는 대로 고른 것은? (단, 물체의 크기, 모든 마찰은 무시한다.)

┌─ 보기 ┌
ㄱ. 원뿔의 안쪽 면이 물체를 떠받치는 힘의 크기는 B가 A의 $\sqrt{2}$배이다.
ㄴ. 물체에 작용하는 구심력의 크기는 A가 B의 $\sqrt{3}$배이다.
ㄷ. 운동 에너지는 A와 B가 같다.

① ㄱ　　　　② ㄴ　　　　③ ㄷ　　　　④ ㄱ, ㄴ　　　　⑤ ㄱ, ㄷ

02

▶ 25070-0049

그림은 마찰이 없는 xy 평면에서 실 p, q로 연결된 물체 A, B가 점 O를 중심으로 등속 원운동을 하는 것을 나타낸 것이다. A, B의 원 궤도의 반지름은 각각 r, $2r$이고, 질량은 각각 $3m$, m이다. O, A, B는 일직선을 이루며 등속 원운동을 한다.

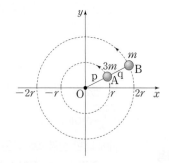

이에 대한 설명으로 옳은 것만을 〈보기〉에서 있는 대로 고른 것은? (단, 물체의 크기, 실의 질량은 무시한다.)

┌─ 보기 ┌
ㄱ. 속력은 B가 A의 2배이다.
ㄴ. 물체에 작용하는 구심력의 크기는 A가 B의 $\frac{9}{4}$배이다.
ㄷ. p가 A를 당기는 힘의 크기는 q가 B를 당기는 힘의 크기의 $\frac{5}{3}$배이다.

① ㄱ　　　　② ㄴ　　　　③ ㄷ　　　　④ ㄱ, ㄴ　　　　⑤ ㄴ, ㄷ

03
▶25070-0050

그림 (가)는 물체 A, B가 xy 평면상의 원점을 중심으로 등속 원운동을 하는 모습을 나타낸 것이다. A, B의 원 궤도의 반지름은 각각 x_A, x_B이다. 그림 (나)는 A, B의 속도의 y성분을 시간 t에 따라 나타낸 것이다.

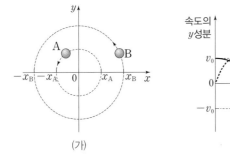
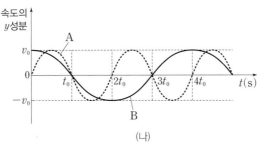

(가)   (나)

이에 대한 설명으로 옳은 것만을 〈보기〉에서 있는 대로 고른 것은? (단, 물체의 크기는 무시한다.)

| 보기 |
ㄱ. 주기는 B가 A의 4배이다.
ㄴ. $x_B = 3x_A$이다.
ㄷ. 가속도의 크기는 A가 B의 2배이다.

① ㄱ ② ㄴ ③ ㄷ ④ ㄱ, ㄷ ⑤ ㄴ, ㄷ

04
▶25070-0051

그림은 행성을 중심으로 원운동을 하는 위성 A와 같은 행성을 한 초점으로 하는 타원 궤도를 따라 운동하는 위성 B를 나타낸 것이다. A, B의 질량은 각각 m, $3m$이다. 점 p, q는 각각 B가 행성으로부터 가장 가까운 지점과 먼 지점이고, p는 A와 B의 궤도가 접하는 지점이다. 위성의 공전 주기는 B가 A의 $2\sqrt{2}$배이다.

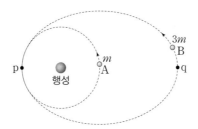

이에 대한 설명으로 옳은 것만을 〈보기〉에서 있는 대로 고른 것은? (단, 위성에는 행성에 의한 중력만 작용한다.)

| 보기 |
ㄱ. B의 속력은 p에서가 q에서보다 크다.
ㄴ. A에 작용하는 중력의 크기는 q에서 B에 작용하는 중력의 크기의 3배이다.
ㄷ. B의 가속도 크기의 최댓값은 최솟값의 9배이다.

① ㄱ ② ㄴ ③ ㄷ ④ ㄱ, ㄴ ⑤ ㄴ, ㄷ

05

▶ 25070-0052

그림과 같이 위성 A, B가 행성을 한 초점으로 하는 타원 궤도를 따라 운동한다. 두 궤도가 만나는 점 p는 A가 행성에서 가장 멀리 떨어진 지점이고 B가 행성에서 가장 가까운 지점이다. 표는 A, B에 작용하는 중력의 크기의 최댓값과 최솟값을 나타낸 것이다.

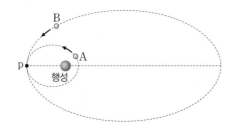

위성	중력의 크기	
	최댓값	최솟값
A	$9F_0$	F_0
B	$32F_0$	$2F_0$

물체의 운동에 대한 설명으로 옳은 것만을 〈보기〉에서 있는 대로 고른 것은? (단, 위성에는 행성에 의한 중력만 작용한다.)

┌ 보기 ┐
ㄱ. p에서 속력은 A가 B보다 크다.
ㄴ. 타원 궤도의 긴반지름은 A가 B의 $\frac{4}{15}$배이다.
ㄷ. 질량은 B가 A의 16배이다.

① ㄱ   ② ㄴ   ③ ㄷ   ④ ㄱ, ㄴ   ⑤ ㄴ, ㄷ

06

▶ 25070-0053

그림은 행성을 중심으로 원운동을 하는 위성 A와 같은 행성을 한 초점으로 하는 타원 궤도를 따라 운동하는 위성 B를 나타낸 것이다. 점 a는 A의 궤도상의 지점이고, B의 궤도상의 지점인 점 b, c는 각각 행성으로부터 가장 가까운 지점과 가장 먼 지점이다. 행성의 중심에서 b, c까지의 거리는 각각 d, $2d$이고, a, b, c는 일직선상에 위치한다. 표는 A, B의 질량과 주기를 나타낸 것이다.

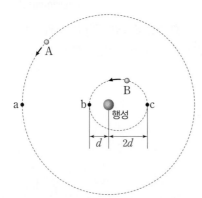

위성	질량	주기
A	$2m$	$3\sqrt{3}T$
B	m	T

이에 대한 설명으로 옳은 것만을 〈보기〉에서 있는 대로 고른 것은? (단, 위성에는 행성에 의한 중력만 작용한다.)

┌ 보기 ┐
ㄱ. B의 속력은 b에서가 c에서보다 크다.
ㄴ. B의 가속도 크기는 b에서가 c에서의 2배이다.
ㄷ. a에서 A에 작용하는 중력의 크기는 c에서 B에 작용하는 중력의 크기의 $\frac{16}{49}$배이다.

① ㄱ   ② ㄴ   ③ ㄷ   ④ ㄱ, ㄴ   ⑤ ㄱ, ㄷ

1 가속 좌표계와 관성력

(1) 가속 좌표계

① 관성 좌표계: 정지 또는 등속도 운동 하는 관찰자를 기준으로 하는 좌표계

② 가속 좌표계: 가속도 운동 하는 관찰자를 기준으로 하는 좌표계

(2) 관성력

① 가속 좌표계에서 뉴턴 운동 제2법칙을 만족하기 위한 가상의 힘

② 가속도가 $\vec{a}$인 가속 좌표계에서 질량이 m인 물체에 작용하는 관성력 $\vec{F}_{관}$의 크기는 ma이고 방향은 계의 가속도와 반대 방향이다.

$$\vec{F}_{관}=-m\vec{a}$$

(3) 관성력의 예

① 지면에 대해 가속도 $\vec{a}$로 가속도 운동을 하는 버스

- 버스 밖의 정지 상태인 관찰자: 그림 (가)에서 추에 작용하는 알짜힘은 $m\vec{a}$이고 추에는 중력 $m\vec{g}$와 줄이 추를 당기는 힘 $\vec{T}$가 작용한다고 관측한다.

$$m\vec{g}+\vec{T}=m\vec{a}$$

- 버스 안의 정지 상태인 관찰자: 그림 (나)에서 추에 작용하는 알짜힘은 0이고, 추에는 중력 $m\vec{g}$, 줄이 추를 당기는 힘 $\vec{T}$, 추에 작용하는 관성력 $\vec{F}_{관}$이 작용한다고 관측한다.

$$m\vec{g}+\vec{T}+\vec{F}_{관}=0$$

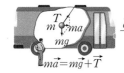 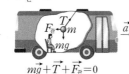

(가) 지면에 서 있는 사람이 본 추에 작용하는 힘

(나) 버스 안에 정지한 사람이 본 추에 작용하는 힘의 평형

② 원운동을 하는 버스

- 버스 밖의 정지 상태인 관찰자: 그림 (가)에서 추에 작용하는 알짜힘은 $m\vec{a}$, 추에는 중력 $m\vec{g}$와 줄이 추를 당기는 힘 $\vec{T}$가 작용한다고 관측한다.

$$m\vec{g}+\vec{T}=m\vec{a}$$

- 버스 안의 정지 상태인 관찰자: 그림 (나)에서 추에 작용하는 알짜힘은 0이고, 추에 작용하는 힘은 중력 $m\vec{g}$, 줄이 추를 당기는 힘 $\vec{T}$, 추에 작용하는 관성력 $\vec{F}_{관}$이 작용한다고 관측한다.

$$m\vec{g}+\vec{T}+\vec{F}_{관}=0$$

- 원심력: 원운동을 하는 좌표계에서 중심에서 멀어지는 방향으로 나타나는 관성력

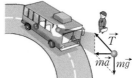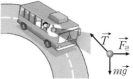

(가) 지면에 정지해 있는 사람이 본 추에 작용하는 힘

(나) 버스 안에 정지한 사람이 본 추에 작용하는 힘의 평형

2 등가 원리와 일반 상대성 이론

(1) 등가 원리

① 등가 원리: 관성력과 중력은 근본적으로 구분할 수 없다는 원리이다.

② 우주선 밖을 볼 수 없는 우주선 안의 관찰자는 포물선 경로를 따라 운동하는 물체의 운동이 중력 때문인지 관성력 때문인지 구분할 수 없다.

③ 우주선의 한쪽 벽면에서 방출된 빛은 그림 (가)와 같이 가속도 운동을 하는 우주선 안의 관찰자가 볼 때 휘어져 진행하며, 등가 원리에 의해 (나)와 같이 지구 표면에 정지해 있는 우주선 안의 관찰자가 볼 때도 휘어져 진행한다.

(가)   (나)

(2) 관성 질량과 중력 질량

① 관성 질량: 운동 법칙 $F=ma$의 관계에서 나타나는 질량

② 중력 질량: 중력 $F=G\dfrac{m_1 m_2}{r^2}$의 관계에서 나타나는 질량

③ 중력 질량과 관성 질량은 같다.

더 알기 ◆ 가속도 운동을 하는 엘리베이터

- 엘리베이터 밖의 관찰자: 그림 (가)에서 관찰자는 용수철의 탄성력 $\vec{F}_k$와 중력 $m\vec{g}$의 합력 $\vec{F}$에 의해 추가 엘리베이터와 같은 가속도 $\vec{a}$로 운동을 하는 것으로 관측한다. ➡ $m\vec{g}+\vec{F}_k=\vec{F}=m\vec{a}$

- 엘리베이터 안의 관찰자: 그림 (나)에서 관찰자는 용수철의 탄성력 $\vec{F}_k$, 중력 $m\vec{g}$, 엘리베이터의 가속 운동에 의한 관성력 $\vec{F}_{관}$이 평형을 이루어 추가 정지한 것으로 관측한다. ➡ $m\vec{g}+\vec{F}_k+\vec{F}_{관}=0$

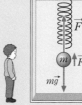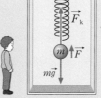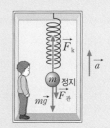

(가) 엘리베이터 밖에 정지한 사람이 본 추의 가속도 운동

(나) 엘리베이터 안에 정지한 사람이 본 힘의 평형

(3) 일반 상대성 이론

① 1915년 아인슈타인은 등가 원리를 바탕으로 새로운 중력 이론인 일반 상대성 이론을 완성하였다.

② 시공간의 휘어짐: 질량에 의해 시공간이 휘어진다.

③ 시간 지연: 시공간이 많이 휘어질수록 시간이 느리게 간다.

④ 중력파: 초신성 폭발과 같은 현상으로 시공간이 요동을 치게 되어 파동의 형태로 퍼져 나가는 것을 중력파라고 한다.

③ 일반 상대성 이론의 증거

(1) 수성의 세차 운동 설명

① 수성의 세차 운동: 뉴턴 중력 법칙을 적용하면 수성의 근일점 세차 운동의 예측값과 관측값이 100년에 약 43″의 오차가 나타난다.

② 태양의 질량에 의해 시공간이 휘어져 있다는 일반 상대성 이론을 적용하여 오차를 설명할 수 있다.

(2) GPS 위성의 시간 보정: 지표면보다 위성이 있는 곳의 중력이 작아 시간이 빠르게 가기 때문에 시간의 차이를 보정해 주어야 한다.

(3) 시공간의 휘어짐

① 태양 주위의 시공간이 휘어져 있다면 태양 근처를 지나는 빛도 휘어진다.

➡ 1919년 영국의 과학자 에딩턴은 일식이 일어날 때 태양 주위에서 관측한 별의 위치와 실제 위치가 차이가 있음을 발견하여 일반 상대성 이론의 예측이 옳음을 증명하였다.

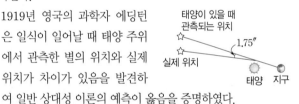

② 중력 렌즈 효과: 먼 곳에 있는 밝은 별에서 나온 빛이 지구에 도달할 때 중간에 질량이 매우 큰 천체가 있으면 빛이 휘어져 별의 상이 여러 개로 보일 수 있다. 이처럼 중력이 렌즈처럼 빛을 휘게 하는 것을 중력 렌즈라고 한다.

예 아인슈타인의 십자가, 아인슈타인의 고리

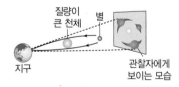

④ 블랙홀

(1) 탈출 속도

① 탈출 속도: 물체가 천체의 중력을 벗어나 무한히 먼 곳까지 가기 위한 최소한의 속도

② 질량이 M이고 반지름이 R인 천체 표면에서의 탈출 속도는 $\sqrt{\dfrac{2GM}{R}}$ (G: 중력 상수)이다.

③ 탈출 속도가 빛의 속도보다 큰 천체에서는 빛조차 천체의 중력을 벗어날 수 없다.

(2) 블랙홀

① 블랙홀: 질량이 아주 큰 별이 진화의 마지막 단계에서 자체 중력이 매우 커서 스스로 붕괴되어 빛조차도 탈출할 수 없는 천체를 블랙홀이라고 한다.

② 사건의 지평선: 중력이 클수록 시간이 느리게 가며, 블랙홀의 어떤 경계에서는 시간이 멈춘 것처럼 보인다.

③ 항성의 밀도에 따른 시공간의 휘어짐: 일반 상대성 이론에 따르면 질량이 큰 천체일수록 주변의 시공간을 휘게 하는 정도가 크며, 중력에 의한 수축으로 극도로 밀도가 큰 천체는 시공간을 극단적으로 휘게 만든다.

④ 별의 질량에 따른 블랙홀의 형성: 태양 정도의 별이 붕괴하면 백색 왜성이 되고, 별이 핵융합 과정을 끝내고 초신성 폭발 이후 남은 질량이 태양 질량의 1.4배보다 큰 별은 중성자별이 되며, 태양 질량의 3배보다 큰 별은 블랙홀이 될 수 있다.

⑤ 블랙홀의 발견: 블랙홀 주변의 물질이 블랙홀로 빨려 들어갈 때 매우 높은 온도로 가열되어 X선을 방출하는데, 이 X선을 관측하여 블랙홀을 발견할 수 있다.

더 알기 탈출 속도

- 천체로부터 무한히 먼 곳에서 물체의 퍼텐셜 에너지
$$U=0$$

- 반지름이 R, 질량이 M인 천체의 중심에서 r만큼 떨어진 곳에 있는 질량이 m인 물체의 퍼텐셜 에너지
$$U=-G\frac{Mm}{r}$$

- 천체 중심으로부터 r만큼 떨어진 곳에서 속력 v로 운동하는 물체의 역학적 에너지
$$E=K+U=\frac{1}{2}mv^2-G\frac{Mm}{r}$$

- 천체 표면에서 속도의 크기 v_0으로 발사된 물체의 역학적 에너지
$$E=K+U=\frac{1}{2}mv_0{}^2-G\frac{Mm}{R}$$

- 물체가 천체로부터 탈출하기 위해서는 역학적 에너지가 $E\geq0$가 되어야 한다.

- 천체 표면에서 발사된 물체의 역학적 에너지가 $E=0$이 되도록 하는 물체의 발사 속도의 크기를 탈출 속력(혹은 탈출 속도)이라고 한다.

- 탈출 속도(v_e)
$$E=\frac{1}{2}mv_e{}^2-G\frac{Mm}{R}=0,\ v_e=\sqrt{\frac{2GM}{R}}$$

| 2025학년도 대수능 |

그림 (가)는 텅 빈 우주 공간에서 정지한 관찰자 P에 대해 우주선이 +y방향으로 직선 운동하고 있는 모습을, (나)는 우주선이 운동하는 동안 P가 관찰한 저울에서 측정된 힘 F를 시간 t에 따라 나타낸 것이다.

$0 \sim t_3$ 동안 P가 관찰한 우주선의 속도 v를 t에 따라 나타낸 것으로 가장 적절한 것은?

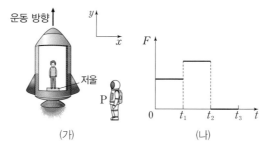

(가)   (나)

① 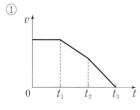   ② 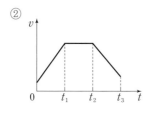   ③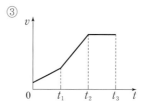

④ 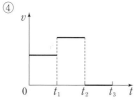   ⑤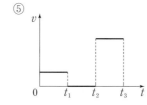

접근 전략

P가 관찰한 저울에서 측정된 힘 F가 P가 관찰한 우주선에 탑승한 사람에 작용하는 알짜힘이다.

속도-시간 그래프의 기울기는 가속도를 의미한다.

간략 풀이

우주선의 가속도의 크기는 $t_1 \sim t_2$ 동안이 $0 \sim t_1$ 동안보다 크고, $t_2 \sim t_3$ 동안은 0이다.

③ P가 관찰한 우주선의 속도의 크기는 $0 \sim t_2$ 동안 증가하며 P가 관찰한 우주선의 속도 v를 시간에 따라 나타낸 그래프에서 그래프의 기울기는 $t_1 \sim t_2$ 동안이 $0 \sim t_1$ 동안보다 크고, $t_2 \sim t_3$ 동안은 0이다.

정답 | ③

정답과 해설 13쪽

▶ 25070-0054

그림 (가)는 텅 빈 우주 공간에서 정지한 관찰자 P에 대해 +y방향으로 직선 운동하는 우주선 내부의 저울에 올라 서 있는 관찰자 Q가 저울에 대해 정지해 있는 모습을, (나)는 우주선이 운동하는 동안 P가 관찰한 우주선의 속도 v를 시간 t에 따라 나타낸 것이다.

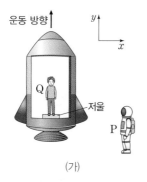   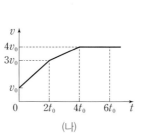

(가)   (나)

이에 대한 설명으로 옳은 것만을 〈보기〉에서 있는 대로 고른 것은?

┌─ 보기 ┐
ㄱ. Q의 좌표계에서, t_0일 때 Q에 작용하는 관성력의 방향은 +y방향이다.
ㄴ. Q의 좌표계에서, Q에 작용하는 관성력의 크기는 t_0일 때가 $3t_0$일 때의 2배이다.
ㄷ. P의 좌표계에서, $5t_0$일 때 저울이 Q에 작용하는 힘은 0이다.
└─────┘

① ㄱ   ② ㄴ   ③ ㄷ   ④ ㄱ, ㄴ   ⑤ ㄴ, ㄷ

유사점과 차이점

문제에 주어진 상황은 유사하나 관성력의 방향을 묻는 점과 관성력의 크기를 정량적으로 비교하는 점은 다르다.

배경 지식

• 가속도의 크기 a로 등가속도 운동하는 가속 좌표계에서 질량 m인 물체에 작용하는 관성력의 크기는 ma이다.
• 물체의 속도-시간 그래프의 기울기는 물체의 가속도를 의미한다.

01
▶25070-0055

그림은 지면에 정지하고 있는 학생 A가 +x방향으로 달리고 있는 자동차의 연직선과 일정한 각을 이루고 있는 손잡이와 자동차 안에 앉아 있는 학생 B를 관찰하고 있는 모습을 나타낸 것이다.

이에 대한 설명으로 옳은 것만을 〈보기〉에서 있는 대로 고른 것은?

〖 보기 〗

ㄱ. B가 관측할 때, 손잡이에 작용하는 알짜힘은 0이다.
ㄴ. B가 관측할 때, 손잡이에 작용하는 관성력의 방향은 −x 방향이다.
ㄷ. A가 관측할 때, 손잡이는 +x방향으로 등가속도 운동을 하고 있다.

① ㄱ   ② ㄷ   ③ ㄱ, ㄴ   ④ ㄴ, ㄷ   ⑤ ㄱ, ㄴ, ㄷ

02
▶25070-0056

그림 (가)는 연직 아래로 내려가는 엘리베이터 안에 놓은 저울 위에 서 있는 질량이 60 kg인 학생 A의 모습을 나타낸 것이고, (나)는 엘리베이터가 연직 아래로 내려가는 동안 엘리베이터의 속력을 시간에 따라 나타낸 것이다.

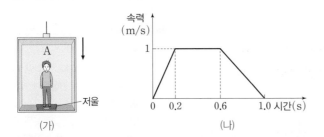

(가)   (나)

이에 대한 설명으로 옳은 것만을 〈보기〉에서 있는 대로 고른 것은? (단, 중력 가속도는 10 m/s^{2}이다.)

〖 보기 〗

ㄱ. 0.1초일 때, A에 작용하는 관성력의 방향은 연직 아래 방향이다.
ㄴ. A에 작용하는 관성력의 크기는 0.1초일 때가 0.8초일 때보다 크다.
ㄷ. 0.1초일 때, 저울이 A에 작용하는 힘의 크기는 300 N이다.

① ㄱ   ② ㄷ   ③ ㄱ, ㄴ   ④ ㄱ, ㄷ   ⑤ ㄴ, ㄷ

03
▶25070-0057

그림과 같이 +x방향으로 달리고 있는 자동차에서 질량이 0.5 kg인 손잡이가 줄로 연결되어 연직선과 60°의 각을 이루고 있고, 학생 A는 자동차 안에 앉아 있다.

이에 대한 설명으로 옳은 것만을 〈보기〉에서 있는 대로 고른 것은? (단, 중력 가속도는 10 m/s^{2}이고, 줄의 질량은 무시한다.)

〖 보기 〗

ㄱ. A의 좌표계에서 손잡이에 작용하는 관성력의 방향은 +x 방향이다.
ㄴ. 손잡이와 연결된 줄이 손잡이에 작용하는 힘의 크기는 10 N이다.
ㄷ. 자동차의 가속도 크기는 10 m/s^{2}이다.

① ㄱ   ② ㄷ   ③ ㄱ, ㄴ   ④ ㄴ, ㄷ   ⑤ ㄱ, ㄴ, ㄷ

04
▶25070-0058

그림은 태양 주변의 시공간을 나타낸 것으로 A, B는 각각 별의 실제 위치와 지구에서 관측되는 별의 위치를 순서 없이 나타낸 것이다. 태양 주위의 점 p, 점 q에서 태양까지의 거리는 p가 q보다 작다.

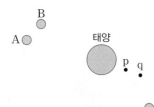

이에 대한 설명으로 옳은 것만을 〈보기〉에서 있는 대로 고른 것은? (단, 천체의 운동은 무시한다.)

〖 보기 〗

ㄱ. A는 별의 실제 위치이다.
ㄴ. 태양에 의한 시공간의 휘어짐은 p에서가 q에서보다 크다.
ㄷ. 일반 상대성 이론을 이용하면 별의 실제 위치와 지구에서 관측되는 위치가 달라지는 까닭을 설명할 수 있다.

① ㄴ   ② ㄷ   ③ ㄱ, ㄴ   ④ ㄱ, ㄷ   ⑤ ㄴ, ㄷ

05
▶ 25070-0059

그림은 텅 빈 우주 공간에서 우주인의 관성계를 기준으로 $+y$방향으로 운동하는 우주선의 모습을 나타낸 것이다. A가 탑승한 우주선은 우주인의 관성계를 기준으로 등속도 운동을 하고, B가 탑승한 우주선은 우주인의 관성계를 기준으로 등가속도 운동을 한다. A와 B가 각각 탑승한 동일한 우주선 내부의 광원에서는 각각 빛이 검출기 P와 Q_1을 향해 발사되고, B가 탄 우주선 내부의 광원에서 발사된 빛은 검출기 Q_2에 도달한다.

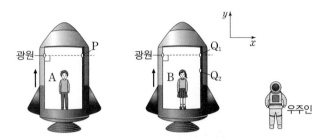

이에 대한 설명으로 옳은 것만을 〈보기〉에서 있는 대로 고른 것은?

> [보기]
> ㄱ. A가 관찰할 때, A가 탑승한 우주선의 광원에서 방출된 빛은 P에 도달한다.
> ㄴ. B의 좌표계에서 B에 작용하는 관성력의 방향은 $-y$방향이다.
> ㄷ. 우주인이 관찰할 때, B가 탑승한 우주선의 가속도 방향은 $-y$방향이다.

① ㄱ　　② ㄴ　　③ ㄱ, ㄴ　　④ ㄱ, ㄷ　　⑤ ㄴ, ㄷ

06
▶ 25070-0060

그림은 태양과 수성 주위의 시공간의 휘어짐에 대해 학생 A, B, C가 대화하는 모습을 나타낸 것이다.

제시한 내용이 옳은 학생만을 있는 대로 고른 것은? (단, 태양과 수성의 운동은 무시한다.)

① A　　② C　　③ A, B　　④ A, C　　⑤ B, C

07
▶ 25070-0061

그림 (가)는 질량이 M, 반지름이 r인 행성 A 주위의 점 p를, (나)는 질량이 $2M$, 반지름이 $2r$인 행성 B 주위의 점 q를 나타낸 것이다. A 중심과 p 사이의 거리와 B 중심과 q 사이의 거리는 서로 같다.

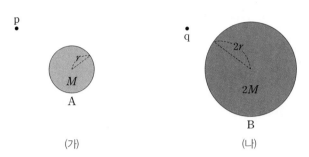

(가)　　　　　　　　(나)

이에 대한 설명으로 옳은 것만을 〈보기〉에서 있는 대로 고른 것은? (단, A, B의 밀도는 균일하다.)

> [보기]
> ㄱ. 시간은 p에서가 q에서보다 느리게 간다.
> ㄴ. 시공간이 휘어진 정도는 p에서가 q에서보다 작다.
> ㄷ. 탈출 속도의 크기는 A의 표면에서가 B의 표면에서보다 크다.

① ㄱ　　② ㄴ　　③ ㄱ, ㄴ　　④ ㄱ, ㄷ　　⑤ ㄴ, ㄷ

08
▶ 25070-0062

다음은 블랙홀에 대한 설명이다.

> 물체가 천체의 중력을 벗어나 무한히 먼 곳까지 가기 위한 최소 속도를 　A　(이)라고 하며 질량이 M, 반지름이 R인 천체 표면에서의 　A　은/는 $\sqrt{\dfrac{2GM}{R}}$이다. 따라서 질량이 M, 반지름이 R인 천체의 표면에서의 　A　이/가 $0.001c$라면 질량 $10M$인 천체가 블랙홀이 되기 위해서는 천체의 반지름이 　B　보다 작게 수축해야 한다.

A, B로 가장 적절한 것은? (단, G는 중력 상수, c는 빛의 속력이다.)

	A	B		A	B
①	종단 속도	$\dfrac{1}{10000}R$	②	종단 속도	$\dfrac{1}{100000}R$
③	탈출 속도	$\dfrac{1}{1000}R$	④	탈출 속도	$\dfrac{1}{10000}R$
⑤	탈출 속도	$\dfrac{1}{100000}R$			

01

▶25070-0063

그림 (가)는 지표면에 정지해 있는 우주선 내부의 광원에서 $+x$방향으로 검출기 P_1을 향해 발사된 빛이 검출기 P_2에 도달하는 모습을, (나)는 중력이 작용하지 않는 공간에서 우주인의 관성계를 기준으로 $+y$방향으로 운동하는 우주선 내부의 광원에서 $+x$방향으로 검출기 Q_1을 향해 발사된 빛이 검출기 Q_2에 도달하는 모습을 나타낸 것이다. (가), (나)의 동일한 우주선에는 각각 학생 A, B가 타고 있고, A의 좌표계에서 P_1과 P_2 사이의 거리는 B의 좌표계에서 Q_1과 Q_2 사이의 거리보다 작다.

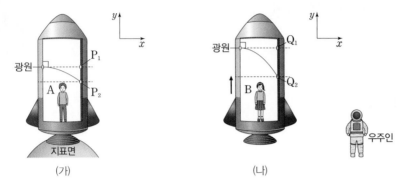

(가)   (나)

(나)에 대한 설명으로 옳은 것만을 〈보기〉에서 있는 대로 고른 것은? (단, 지표면에서 중력 가속도는 g이다.)

보기
ㄱ. B의 좌표계에서 B에 작용하는 관성력의 방향은 $+y$방향이다.
ㄴ. 우주인이 관측할 때, B의 가속도 방향은 $+y$방향이다.
ㄷ. 우주인이 관측할 때, B의 가속도 크기는 g보다 크다.

① ㄴ   ② ㄷ   ③ ㄱ, ㄴ   ④ ㄱ, ㄷ   ⑤ ㄴ, ㄷ

02

▶25070-0064

그림 (가)는 $+x$방향으로 달리고 있는 자동차 안에 앉아 있는 학생 A가 시간 $t=1$초일 때 수평인 자동차 바닥에 가만히 내려 놓은 물체의 운동을 지면에 정지하고 있는 학생 B가 관찰하고 있는 모습을 나타낸 것으로, A의 좌표계에서 물체가 $t=2$초부터 $t=4$초까지 등가속도 직선 운동을 하여 이동한 거리는 s이다. 그림 (나)는 B가 관찰한 자동차 속도의 x성분 v_x를 t에 따라 나타낸 것이다.

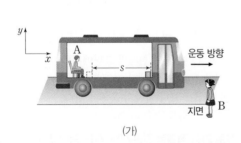   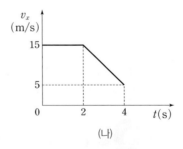

(가)   (나)

이에 대한 설명으로 옳은 것만을 〈보기〉에서 있는 대로 고른 것은? (단, 모든 마찰은 무시한다.)

보기
ㄱ. A의 좌표계에서 $t=3$초일 때 물체에 작용하는 관성력의 방향은 $+x$방향이다.
ㄴ. B의 좌표계에서 $t=2$초부터 $t=4$초까지 물체는 등속도 운동을 한다.
ㄷ. $s=10$ m이다.

① ㄱ   ② ㄷ   ③ ㄱ, ㄴ   ④ ㄴ, ㄷ   ⑤ ㄱ, ㄴ, ㄷ

03
▶25070-0065

그림은 텅 빈 우주 공간에서 정지해 있는 우주인의 관성계를 기준으로 +y방향으로 운동하는 우주선의 모습을 나타낸 것이다. A가 탑승한 우주선은 우주인의 관성계를 기준으로 등속도 운동을 하고, B, C가 탑승한 우주선은 우주인의 관성계를 기준으로 등가속도 운동을 한다. A, B, C는 동일한 공을 우주선 바닥으로부터 같은 높이에서 각각 가만히 놓으며, B, C의 좌표계에서 가만히 놓은 공이 우주선 바닥에 도달하는 데 걸리는 시간은 각각 t_0, $2t_0$이다.

이에 대한 설명으로 옳은 것만을 〈보기〉에서 있는 대로 고른 것은?

┌ 보기 ┐
ㄱ. 우주인의 관성계에서 가속도의 크기는 B가 C의 4배이다.
ㄴ. A가 관찰할 때, A가 가만히 놓은 공은 우주선 바닥 방향으로 운동한다.
ㄷ. 우주인의 관성계에서 B가 가만히 놓은 공은 우주선 바닥에 도달하기 전까지 등속도 운동을 한다.

① ㄱ   ② ㄴ   ③ ㄱ, ㄷ   ④ ㄴ, ㄷ   ⑤ ㄱ, ㄴ, ㄷ

04
▶25070-0066

그림 (가)는 엘리베이터의 천장에 실 p로 매달린 물체 A와 실 q로 A와 연결된 물체 B가 지표면에 고정된 관성 좌표계에 대해 엘리베이터와 함께 정지해 있는 것을 나타낸 것이다. A, B의 질량은 각각 2 kg, 3 kg이다. 그림 (나)는 (가)의 순간부터 엘리베이터가 A, B와 함께 연직 위 방향으로 운동할 때, q가 B에 작용하는 힘의 크기 F를 시간에 따라 나타낸 것이다.

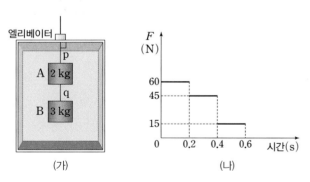

(가)   (나)

이에 대한 설명으로 옳은 것만을 〈보기〉에서 있는 대로 고른 것은? (단, 중력 가속도는 10 m/s²이고, 실의 질량은 무시한다.)

┌ 보기 ┐
ㄱ. 0.1초일 때, 엘리베이터의 좌표계에서는 B에 연직 아래 방향으로 관성력이 작용한다.
ㄴ. 지표면에 고정된 관성 좌표계에서 관찰할 때, 엘리베이터의 가속도 크기는 0.3초일 때와 0.5초일 때가 같다.
ㄷ. 0.5초일 때, p가 A에 작용하는 힘의 크기는 30 N이다.

① ㄱ   ② ㄷ   ③ ㄱ, ㄴ   ④ ㄴ, ㄷ   ⑤ ㄱ, ㄴ, ㄷ

05

▶25070-0067

그림 (가), (나)는 별 A, C에서 방출된 빛이 천체 B, D의 영향으로 휘어진 시공간을 따라 진행하여 A, C가 각각 A′, C′에 위치한 것으로 지구에서 관측되는 모습을 나타낸 것이다. B, D의 반지름은 같고, A와 B 사이의 거리와 C와 D 사이의 거리는 서로 같으며 A에서 방출된 빛이 B 표면에서 휘어지는 정도는 C에서 방출된 빛이 D 표면에서 휘어지는 정도보다 작다.

(가)　　　　　　　　　　(나)

이에 대한 설명으로 옳은 것만을 〈보기〉에서 있는 대로 고른 것은? (단, 별과 천체의 운동은 무시하고, 천체의 밀도는 균일하다.)

┌─ 보기 ┐
ㄱ. 시공간의 휘어진 정도는 B 표면에서가 D 표면에서보다 크다.
ㄴ. 시간은 B 표면에서가 D 표면에서보다 빠르게 간다.
ㄷ. 질량은 B가 D보다 크다.
└──────┘

① ㄴ　　　　　② ㄷ　　　　　③ ㄱ, ㄴ　　　　　④ ㄱ, ㄷ　　　　　⑤ ㄴ, ㄷ

06

▶25070-0068

그림 (가)와 같이 v, v'의 속력으로 수평면의 원형 도로를 따라 등속 원운동 하는 동일한 자동차 A, B가 북쪽 방향, 남쪽 방향으로 도로면의 점 p, q를 지나는 모습을 지면에 정지해 있는 관찰자 C, D가 각각 관찰하고 있다. 그림 (나)는 (가)의 순간, C, D가 관찰한 A, B 천장 중심에 매달린 동일한 손잡이의 모습을 각각 나타낸 것이다. A, B의 손잡이를 자동차 천장과 연결한 줄이 연직선과 이루는 각은 각각 θ_1, θ_2이고, $\theta_2 > \theta_1$이다.

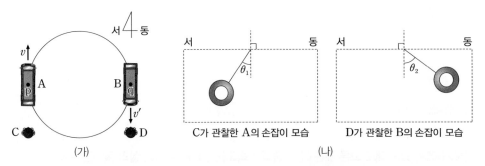

(가)　　　　C가 관찰한 A의 손잡이 모습　　　　D가 관찰한 B의 손잡이 모습

(나)

이에 대한 설명으로 옳은 것만을 〈보기〉에서 있는 대로 고른 것은? (단, 줄의 질량, 자동차의 크기는 무시한다.)

┌─ 보기 ┐
ㄱ. $v > v'$이다.
ㄴ. B가 q를 지나는 순간 D가 관측한 B의 가속도 방향은 서쪽 방향이다.
ㄷ. 줄이 손잡이에 작용하는 힘의 크기는 A의 경우가 B의 경우보다 작다.
└──────┘

① ㄴ　　　　　② ㄷ　　　　　③ ㄱ, ㄴ　　　　　④ ㄱ, ㄷ　　　　　⑤ ㄴ, ㄷ

① 일과 운동 에너지

(1) **일**: 물체가 일직선을 따라 거리 s만큼 움직이는 동안 크기가 F인 일정한 힘을 운동 방향과 θ의 각을 이루며 물체에 작용했을 때, 그 힘이 물체에 한 일 W는 다음과 같다.

$$W = Fs\cos\theta \ [\text{단위}: \text{N}\cdot\text{m} = \text{J(줄)}]$$

(2) **일·운동 에너지 정리**

① 일·운동 에너지 정리: 질량 m인 물체에 일정한 알짜힘(합력) F를 작용하여 거리 s만큼 이동시킬 때, 알짜힘(합력) F가 한 일은 물체의 운동 에너지 변화량(ΔE_k)과 같다.

$$W = Fs = \frac{1}{2}mv^2 - \frac{1}{2}mv_0^2 = \Delta E_k$$

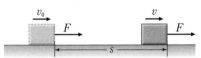

② 물체에 작용한 알짜힘(합력)의 방향이 물체의 운동 방향과 같으면 물체의 운동 에너지는 증가하고, 알짜힘의 방향이 물체의 운동 방향과 반대이면 물체의 운동 에너지는 감소한다.

③ 자유 낙하 하는 물체에 중력이 한 일: 자유 낙하 하는 물체의 높이가 h_1, h_2일 때 속력을 각각 v_1, v_2라고 하면, 중력이 한 일과 운동 에너지의 관계는 다음과 같다.

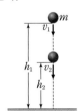

$$W = mg(h_1 - h_2) = \frac{1}{2}mv_2^2 - \frac{1}{2}mv_1^2 = \Delta E_k$$

④ 마찰력이 물체에 한 일: 수평면에서 속력 v_0으로 운동하던 질량 m인 물체에 크기가 f로 일정한 마찰력이 작용하여 물체가 거리 s만큼 이동한 순간 물체의 속력이 v가 되었을 때, 마찰력이 한 일과 운동 에너지의 관계는 다음과 같다.

$$W = -fs = \frac{1}{2}mv^2 - \frac{1}{2}mv_0^2 = \Delta E_k \ (v < v_0, \ \Delta E_k < 0)$$

② 포물선 운동과 역학적 에너지

공기 저항을 무시하고 수평면에서 중력 퍼텐셜 에너지를 0이라 할 때, 수평면에서 수평면과 θ의 각을 이루는 방향으로 속도 $\vec{v_0}$으로 비스듬히 던진 질량이 m인 물체의 역학적 에너지는 보존된다.

(1) 물체가 던져진 수평면에서 물체의 역학적 에너지

① 중력 퍼텐셜 에너지: 0

② 운동 에너지: $\frac{1}{2}mv_0^2 = \frac{1}{2}m(v_{0x}^2 + v_{0y}^2)$

③ 역학적 에너지: $E_0 = \frac{1}{2}mv_0^2 = \frac{1}{2}m(v_{0x}^2 + v_{0y}^2)$

(2) 임의의 시간 t일 때 물체의 역학적 에너지

① 중력 퍼텐셜 에너지: $mg\left(v_{0y}t - \frac{1}{2}gt^2\right)$

② 운동 에너지: $\frac{1}{2}m\{v_{0x}^2 + (v_{0y} - gt)^2\}$

③ 역학적 에너지: $mg\left(v_{0y}t - \frac{1}{2}gt^2\right) + \frac{1}{2}m\{v_{0x}^2 + (v_{0y} - gt)^2\}$

$$= \frac{1}{2}m(v_{0x}^2 + v_{0y}^2) = E_0 \ \Rightarrow \ \text{역학적 에너지는 보존된다.}$$

(3) 임의의 높이 y에서 물체의 역학적 에너지

$$E_0 = \frac{1}{2}mv_0^2 = \frac{1}{2}mv^2 + mgy = \frac{1}{2}m(v_{0x}^2 + v_y^2) + mgy$$

(4) 최고 높이 H에서 물체의 역학적 에너지

$$E_0 = \frac{1}{2}mv_0^2 = mgH + \frac{1}{2}mv_{0x}^2$$

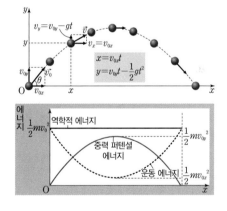

더 알기 ◆ 경사각이 다른 빗면에서 물체에 작용하는 알짜힘이 한 일

그림과 같이 경사각이 다른 빗면의 기준선 P에 가만히 놓은 질량이 m으로 같은 물체 A, B가 빗면을 따라 각각 $3d$, $2d$만큼 운동하여 기준선 Q를 지난다.

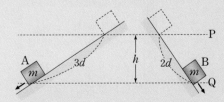

A, B가 P에서 Q까지 운동하는 동안 A, B에 작용하는 알짜힘의 크기, 알짜힘의 방향으로 이동한 직선 거리, 알짜힘이 물체에 한 일, 운동 에너지 변화량은 표와 같다. (단, 중력 가속도는 g이다.)

		알짜힘의 크기	알짜힘의 방향으로 이동한 직선 거리	알짜힘이 물체에 한 일	운동 에너지 변화량
자유 낙하 할 때		mg	h	mgh	mgh
빗면을 따라 운동할 때	A	F_A	$3d$	$3F_Ad$	mgh
	B	F_B	$2d$	$2F_Bd$	mgh

➡ 알짜힘이 A, B에 한 일인 A, B의 운동 에너지 변화량이 서로 같으므로
$$F_A : F_B = 2 : 3 \text{이다.}$$

③ **단진자와 역학적 에너지**

⑴ 단진자 운동과 역학적 에너지: 질량을 무시할 수 있는 줄에 작은 물체를 매달아 작은 진폭에서 놓으면 물체는 연직면에서 왕복 운동하는데, 이를 단진자 운동이라고 한다.

① 역학적 에너지 보존

- 진자가 출발점에서 진동의 중심을 향해 운동할 때
  ➡ 중력 퍼텐셜 에너지 감소량 =운동 에너지 증가량
- 진동의 중심을 지나 위로 운동할 때
  ➡ 운동 에너지 감소량=중력 퍼텐셜 에너지 증가량

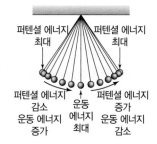

② 진동의 중심(최저점): 복원력과 접선 방향으로의 가속도가 0이고, 속력은 최대이다. 운동 에너지는 최대이고 중력 퍼텐셜 에너지는 최소이다.

③ 진동의 양 끝(최고점): 복원력과 접선 방향으로의 가속도의 크기가 최대이고, 속력은 0이다. 운동 에너지는 0이고, 중력 퍼텐셜 에너지는 최대이다.

⑵ **단진자의 주기**

① 추에 작용하는 접선 방향의 힘(θ는 매우 작다.)

$$F=-mg\sin\theta \fallingdotseq -\frac{mg}{l}x$$

② 진자의 주기

$$T=2\pi\sqrt{\frac{l}{g}}$$

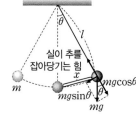

③ 진자의 등시성: 단진자의 주기는 추의 질량에 관계없이 진자의 길이에만 관계된다.

④ **열과 일의 전환**

⑴ 온도와 열

① 온도: 물체의 차고 따뜻한 정도를 수치로 나타낸 물리량

- 물체를 구성하고 있는 분자들의 평균 운동 에너지가 클수록 물체의 온도가 높다.

② 열: 에너지의 한 형태로, 물체 사이의 온도 차에 의해 이동하는 에너지

- 열은 자연적으로 고온에서 저온으로 이동한다.
- 열량의 단위는 kcal 또는 J을 사용한다.

③ 비열과 열용량

- 비열(c): 어떤 물질 1kg의 온도를 1K 높이는 데 필요한 열에너지 (단위: J/kg·K, J/kg·℃, kcal/kg·K, kcal/kg·℃)
- 열용량(C): 어떤 물체의 온도를 1K 높이는 데 필요한 열에너지 (단위: J/K, J/℃, kcal/K, kcal/℃)

④ 열평형

- 열평형 상태: 온도가 서로 다른 물체 A, B를 접촉시켜 놓았을 때, 시간이 지나 A, B의 온도가 같아진 상태
- 열량 보존 법칙: 열평형 상태에 도달할 때까지 고온의 물체가 잃은 열량은 저온의 물체가 얻은 열량과 같다.

⑵ **열과 일의 전환**

① 열이 일로 전환되는 예

- 찌그러진 탁구공을 뜨거운 물속에 넣으면 탁구공이 원래 모양으로 펴진다.
- 증기 기관, 자동차, 제트기의 엔진과 같은 열기관

② 일이 열로 전환되는 예

- 사포로 물체를 문지를 때 열이 발생한다.
- 모래가 들어 있는 통을 여러 번 흔들면 모래의 온도가 올라간다.

⑶ **열역학 제1법칙**

① 내부 에너지(U): 물체를 구성하는 입자들의 운동 에너지와 퍼텐셜 에너지의 총합

② 열역학 제1법칙: 외부에서 계에 가해 준 열량(Q)은 계의 내부 에너지의 변화량(ΔU)과 계가 외부에 해 준 일(W)의 합과 같다.

$$Q=\Delta U+W$$

⑤ **열의 일당량**

⑴ **줄의 실험 장치**: 영국의 물리학자인 줄(Joule)은 단열된 용기에 있는 물에 역학적으로 일을 해 주었을 때 물의 온도가 변하는 것을 보여줌으로써 열이 에너지의 한 형태라는 것을 증명하였다.

⑵ **열의 일당량**(J): 추가 낙하하는 동안 중력이 추에 한 일 W가 모두 열량계에서 회전 날개와 물의 마찰로 발생한 열량 Q로 전환될 때 다음 관계가 성립한다.

$$W=JQ$$

➡ 비례 상수 J를 열의 일당량이라고 한다.

$$J=4.2\times10^3 \text{ J/kcal}$$

더 알기 　　단진자와 역학적 에너지

- 최저점에서 중력 퍼텐셜 에너지: 0
- 최저점에서 운동 에너지: $\frac{1}{2}mv_0^2$
- 최고점에서 중력 퍼텐셜 에너지: $mgh=mgl(1-\cos\theta)$
- 최고점에서 운동 에너지: 0
- 역학적 에너지 보존: $\frac{1}{2}mv_0^2=mgl(1-\cos\theta)$
- 최저점에서 속력: $v_0=\sqrt{2gl(1-\cos\theta)}$

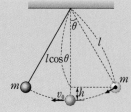 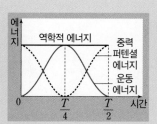

▲ 단진자와 역학적 에너지

| 2025학년도 대수능 |

그림과 같이 경사각이 θ이고 높이가 $6L$인 경사면이 수평면과 만나는 점 p에서 질량 m인 물체를 $3v_0$의 속력으로 발사하였다. 물체는 경사면을 따라 운동하는 동안 길이가 $4L$인 구간 S를 지나고, 점 q에서 v_0의 속력으로 포물선 운동을 시작하여 경사각이 ϕ인 경사면 위에 수직으로 도달한다. 물체는 S를 지나는 동안 크기가 $\dfrac{mg}{2}$인 마찰력을 일정하게 받고, $\tan\theta=\dfrac{3}{4}$, $\tan\phi=\dfrac{1}{2}$이다.

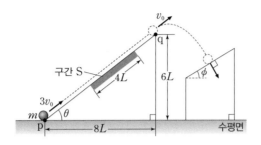

물체가 포물선 운동을 하는 동안 중력이 물체에 한 일은? (단, 물체는 동일 연직면상에서 운동하며, g는 중력 가속도이고, 물체의 크기, 구간 S 외의 모든 마찰은 무시한다.)

① $\dfrac{4}{5}mgL$　　② $\dfrac{8}{5}mgL$　　③ $\dfrac{11}{5}mgL$　　④ $\dfrac{13}{5}mgL$　　⑤ $3mgL$

접근 전략

q에서 물체 속도의 수평 성분은 $\dfrac{4}{5}v_0$, 수직 성분은 $\dfrac{3}{5}v_0$이며 경사각이 ϕ인 경사면에 도달하는 순간 물체 속도의 수직 성분은 $-\dfrac{8}{5}v_0$이다.

물체가 S를 지나는 동안 물체의 역학적 에너지는 $2mgL$만큼 감소한다.

간략 풀이

③ 물체가 포물선 운동을 하는 동안 중력이 물체에 한 일 W만큼 물체의 운동 에너지가 증가하므로 $W=\dfrac{1}{2}\times m\times\left(\dfrac{64}{25}v_0{}^2-\dfrac{9}{25}v_0{}^2\right)=\dfrac{11}{10}mv_0{}^2$이다. 따라서 p, q에서 물체의 역학적 에너지에 대해 $\dfrac{9}{2}mv_0{}^2-2mgL=6mgL+\dfrac{1}{2}mv_0{}^2$의 식이 성립하여 $v_0{}^2=2gL$이므로 $W=\dfrac{11}{5}mgL$이다.

정답 | ③

정답과 해설 16쪽

▶ 25070-0069

그림과 같이 경사각이 $60°$이고 높이가 $6L$인 경사면이 수평면과 만나는 점 p에서 질량 m인 물체를 $2v_0$의 속력으로 발사하였다. 물체는 경사면을 따라 운동하는 동안 길이가 $3L$인 구간 S를 지나고, 점 q에서 v_0의 속력으로 포물선 운동을 시작하여 경사각이 $60°$인 경사면 위에 수직으로 도달한다. 물체는 S를 지나는 동안 크기가 $\dfrac{mg}{2}$인 마찰력을 일정하게 받는다.

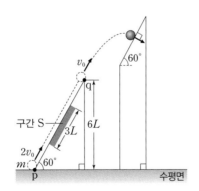

물체가 포물선 운동을 하는 동안 물체의 수평 이동 거리는? (단, 물체는 동일 연직면상에서 운동하며, 물체의 크기, 구간 S 외의 모든 마찰은 무시한다.)

① $\dfrac{5}{3}L$　　② $\dfrac{5\sqrt{2}}{3}L$　　③ $\dfrac{5\sqrt{3}}{3}L$　　④ $\dfrac{10}{3}L$　　⑤ $\dfrac{5\sqrt{5}}{3}L$

유사점과 차이점

물체가 포물선 운동을 하는 상황은 동일하나 포물선 운동을 하는 동안 물체의 수평 이동 거리를 구하는 점은 다르다.

배경 지식

• 물체가 구간 S를 지나는 동안 물체의 역학적 에너지는 감소한다.
• 물체가 포물선 운동을 하는 동안 물체 속도의 수평 성분은 일정하다.

01

▶25070-0070

그림 (가)는 물체 A가 일정한 크기의 마찰력이 작용하는 빗면을 따라 올라가는 모습을, (나)는 A가 (가)의 빗면을 따라 내려가는 모습을 나타낸 것이다. (가)의 p, q에서 A의 운동 에너지는 각각 $4E_0$, E_0이고, (나)의 p, q에서 A의 운동 에너지는 각각 $\frac{8}{3}E_0$, $\frac{2}{3}E_0$이다.

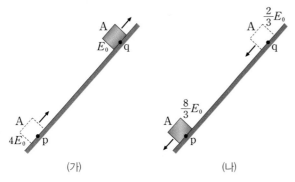

(가)   (나)

A가 p에서 q까지 운동하는 동안 마찰력이 A에 한 일의 크기는? (단, 공기 저항은 무시한다.)

① $\frac{1}{6}E_0$ ② $\frac{1}{4}E_0$ ③ $\frac{1}{2}E_0$ ④ E_0 ⑤ $2E_0$

02

▶25070-0071

그림은 물체 A와 실로 연결하여 일정한 크기의 마찰력이 작용하는 빗면의 점 p에 가만히 놓은 물체 B가 등가속도 운동을 하는 모습을 나타낸 것이다. 빗면과 연직면이 이루는 각은 60°이고 p와 q 사이의 거리는 s이다. B가 빗면의 점 q를 통과하는 순간 B의 속도의 크기는 $\sqrt{\frac{2gs}{3}}$이고, A, B의 질량은 각각 $2m$, m이다.

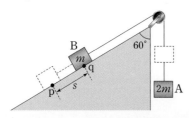

B가 p에서 q까지 운동하는 동안 B에 작용한 마찰력의 크기는? (단, 중력 가속도는 g이고, 실의 질량, 빗면에서 작용하는 마찰력을 제외한 모든 마찰, 공기 저항은 무시한다.)

① $\frac{1}{8}mg$ ② $\frac{1}{4}mg$ ③ $\frac{3}{8}mg$ ④ $\frac{1}{2}mg$ ⑤ $\frac{5}{8}mg$

03

▶25070-0072

그림과 같이 높이가 h인 평면상의 점 p에서 수평면과 θ_1의 각을 이루며 던져진 물체 A가 포물선 운동을 하며 높이가 $2h$인 최고점 q를 지나 수평면과 θ_2의 각을 이루며 수평면에 도달하였다. p, q에서 A의 운동 에너지는 각각 E_0, $\frac{1}{2}E_0$이다.

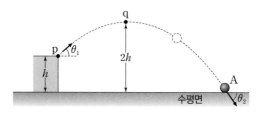

$\tan\theta_2 - \tan\theta_1$의 값은? (단, 물체의 크기와 공기 저항은 무시한다.)

① $\sqrt{2}-1$ ② $\sqrt{2}-\frac{1}{2}$ ③ $2\sqrt{2}-\frac{3}{2}$

④ $2\sqrt{2}-1$ ⑤ $2\sqrt{2}-\frac{1}{2}$

04

▶25070-0073

그림은 높이가 h인 지점에 가만히 놓은 물체가 궤도를 따라 운동하여 길이가 s인 마찰 구간을 지나 높이가 $\frac{5}{8}h$인 지점에서 처음으로 속력이 0이 된 모습을 나타낸 것이다. 마찰 구간에서 물체가 운동하는 동안 크기가 일정한 마찰력이 물체의 운동 방향과 반대 방향으로 물체에 작용한다.

빗면의 높이가 h인 지점에서 출발한 물체가 마찰 구간에서 완전히 정지할 때까지, 물체가 마찰 구간에서 운동한 총 거리는? (단, 물체는 동일 연직면에서 운동하고, 물체의 크기, 마찰 구간을 제외한 모든 마찰, 공기 저항은 무시한다.)

① $\frac{4}{3}s$ ② $\frac{5}{3}s$ ③ $\frac{7}{3}s$ ④ $\frac{8}{3}s$ ⑤ $\frac{10}{3}s$

05

▶25070-0074

그림 (가)는 연직 위로 올라가는 엘리베이터 안에서 실에 연결된 물체가 단진동하고 있는 모습을 나타낸 것이고, (나)는 엘리베이터의 속력을 시간에 따라 나타낸 것이다. 0.3초, 0.5초, 0.7초일 때, 진자의 주기는 각각 $T_{0.3}$, $T_{0.5}$, $T_{0.7}$이다.

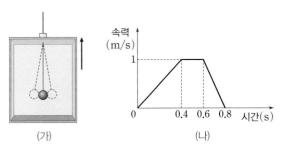

(가)　　　　　(나)

$T_{0.3}$, $T_{0.5}$, $T_{0.7}$을 옳게 비교한 것은? (단, 중력 가속도는 10 m/s^2이고, 실의 질량과 물체의 크기는 무시한다.)

① $T_{0.3} > T_{0.5} > T_{0.7}$　　　② $T_{0.3} > T_{0.7} > T_{0.5}$

③ $T_{0.5} > T_{0.3} > T_{0.7}$　　　④ $T_{0.7} > T_{0.3} > T_{0.5}$

⑤ $T_{0.7} > T_{0.5} > T_{0.3}$

06

▶25070-0075

그림 (가), (나)는 물체 A, B가 길이가 L_0인 실에 연결되어 단진동을 하는 모습을, (다)는 A가 길이가 L인 실에 연결되어 단진동을 하는 모습을 각각 나타낸 것이다. A, B의 질량은 각각 m, $2m$이고 $L > L_0$이다. (가)~(다)에서 A, B의 위치가 단진동의 최고점일 때 실이 연직 방향과 이루는 각은 서로 같다.

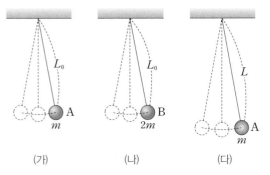

(가)　　　(나)　　　(다)

이에 대한 설명으로 옳은 것만을 〈보기〉에서 있는 대로 고른 것은? (단, 실의 질량과 물체의 크기는 무시한다.)

┌ 보기 ┐
ㄱ. 주기는 (가)의 A와 (나)의 B가 같다.
ㄴ. 최대 속력은 (나)의 B가 (다)의 A보다 작다.
ㄷ. A의 주기는 (가)에서가 (다)에서보다 작다.

① ㄱ　　② ㄷ　　③ ㄱ, ㄴ　　④ ㄴ, ㄷ　　⑤ ㄱ, ㄴ, ㄷ

07

▶25070-0076

그림은 줄의 실험 장치에서 추가 일정한 속력으로 낙하하는 모습을 나타낸 것이고, 표는 열량계 속 액체의 온도 변화량을 추의 질량과 낙하 높이에 따라 나타낸 것이다.

과정	I	II	III
추의 질량	m	$2m$	m
낙하 높이	h	h	$2h$
액체의 온도 변화량	ΔT_1	ΔT_2	ΔT_3

ΔT_1, ΔT_2, ΔT_3을 옳게 비교한 것은? (단, 추의 중력 퍼텐셜 에너지 변화량은 모두 액체의 온도 변화에만 사용된다.)

① $\Delta T_1 > \Delta T_2 > \Delta T_3$　　② $\Delta T_2 > \Delta T_1 > \Delta T_3$

③ $\Delta T_2 > \Delta T_3 > \Delta T_1$　　④ $\Delta T_3 > \Delta T_1 > \Delta T_2$

⑤ $\Delta T_3 = \Delta T_2 > \Delta T_1$

08

▶25070-0077

그림과 같이 빗면의 높이가 $2h$인 지점에 가만히 놓은 질량이 m인 물체가 마찰 구간을 지나 수평면과 이루는 각이 $30°$인 빗면의 높이 h인 지점부터 포물선 운동을 한다. 포물선 운동을 하는 동안 물체의 최고점 높이는 $\frac{9}{8}h$이다. 마찰 구간에서 감소한 물체의 역학적 에너지는 E_0이다.

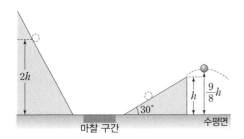

E_0은? (단, 중력 가속도는 g이고, 물체의 크기, 마찰 구간을 제외한 모든 마찰, 공기 저항은 무시한다.)

① $\frac{1}{8}mgh$　② $\frac{1}{4}mgh$　③ $\frac{3}{8}mgh$　④ $\frac{1}{2}mgh$　⑤ $\frac{5}{8}mgh$

09

▶ 25070-0078

그림은 A와 실로 연결한 B를 빗면에 가만히 놓은 후 전동기로 B에 $3mg$의 힘을 작용하여 s만큼 등가속도 운동을 시키는 모습을 나타낸 것이다. 빗면과 연직선이 이루는 각은 $60°$이고, A, B의 질량은 각각 m, $2m$이다. B가 s만큼 이동한 순간 A의 운동 에너지는 E_0이다.

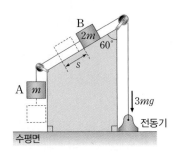

E_0은? (단, 중력 가속도는 g이고, 물체의 크기, 실의 질량, 모든 마찰, 공기 저항은 무시한다.)

① $\frac{1}{5}mgs$ ② $\frac{1}{4}mgs$ ③ $\frac{1}{3}mgs$ ④ $\frac{1}{2}mgs$ ⑤ mgs

10

▶ 25070-0079

그림과 같이 물체가 수평면에서 운동하며 수평면의 점 p, q, r를 차례로 지난다. 물체는 길이가 $2s$, s인 구간 Ⅰ, Ⅱ를 지나는 동안 운동 방향의 반대 방향으로 각각 $2F_0$, F_0의 크기가 일정한 힘을 받으며 p, q, r에서 물체의 속력은 각각 v_0, $\frac{3}{4}v_0$, v이다.

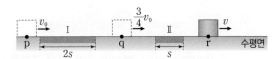

v는? (단, 물체의 크기, 모든 마찰, 공기 저항은 무시한다.)

① $\frac{\sqrt{21}}{8}v_0$ ② $\frac{\sqrt{23}}{8}v_0$ ③ $\frac{5}{8}v_0$ ④ $\frac{3\sqrt{3}}{8}v_0$ ⑤ $\frac{\sqrt{29}}{8}v_0$

11

▶ 25070-0080

그림은 물체 A와 실로 연결한 뒤 빗면의 점 p에 가만히 놓은 물체 B가 등가속도 운동을 하여 빗면의 점 q를 지나는 모습을 나타낸 것이다. A, B가 놓여 있는 빗면이 수평면과 이루는 각은 각각 θ_1, θ_2이고 $2\sin\theta_1 = \sin\theta_2$이다. B가 p에서 q까지 운동하는 동안 감소한 B의 중력 퍼텐셜 에너지는 E_0이고, 증가한 B의 운동 에너지는 E이다.

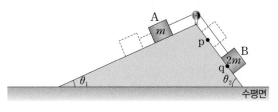

E는? (단, 물체의 크기, 실의 질량, 모든 마찰, 공기 저항은 무시한다.)

① $\frac{1}{5}E_0$ ② $\frac{1}{4}E_0$ ③ $\frac{1}{3}E_0$ ④ $\frac{1}{2}E_0$ ⑤ E_0

12

▶ 25070-0081

그림 (가)와 같이 수평면에서 v의 속력으로 등속도 운동을 하던 물체가 수평면과 이루는 각이 $30°$인 빗면의 높이가 h인 지점부터 포물선 운동을 하여 높이가 $\frac{13}{10}h$인 최고점을 지난다. 그림 (나)는 수평면에서 v의 속력으로 등속도 운동을 하던 (가)의 물체가 수평면과 이루는 각이 $60°$인 빗면의 높이가 h인 지점부터 포물선 운동을 하여 높이가 h'인 최고점을 지나는 모습을 나타낸 것이다.

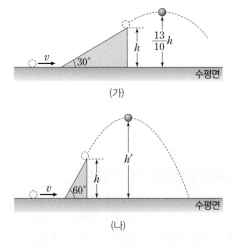

h'는? (단, 물체의 크기, 모든 마찰, 공기 저항은 무시한다.)

① $\frac{9}{5}h$ ② $\frac{19}{10}h$ ③ $2h$ ④ $\frac{21}{10}h$ ⑤ $\frac{11}{5}h$

01

▶25070-0082

그림은 수평인 xy 평면에서 등가속도 운동을 하는 질량이 $0.1\ kg$인 물체의 위치를 0.1초 간격으로 나타낸 것이다. 시간 $t=0$일 때 물체는 원점을 지나고, $t=0.5$초일 때 물체의 운동 방향이 x축과 이루는 각은 θ이다.

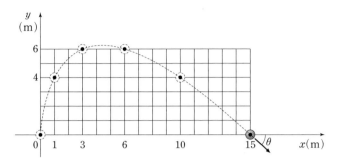

이에 대한 설명으로 옳은 것만을 〈보기〉에서 있는 대로 고른 것은?

┌ 보기 ┌
ㄱ. 물체의 가속도의 크기는 $100\sqrt{5}\ m/s^2$이다.

ㄴ. $\tan\theta = \dfrac{12}{11}$이다.

ㄷ. $t=0.3$초부터 $t=0.5$초까지 물체에 작용한 알짜힘이 한 일은 $210\ J$이다.

① ㄱ   ② ㄴ   ③ ㄱ, ㄷ   ④ ㄴ, ㄷ   ⑤ ㄱ, ㄴ, ㄷ

02

▶25070-0083

그림 (가)와 같이 수평면에서 v의 속력으로 등속도 운동을 하던 질량이 m인 물체가 수평면과 이루는 각이 $60°$인 빗면의 높이가 h인 지점부터 포물선 운동을 하여 높이가 $2h$인 최고점을 지난다. 그림 (나)는 수평면에서 v의 속력으로 등속도 운동을 하던 질량이 m인 물체가 수평면과 이루는 각이 $60°$인 빗면의 구간 A를 지난 뒤 높이가 h인 지점부터 포물선 운동을 하여 높이가 $\dfrac{5}{4}h$인 최고점을 지나는 모습을 나타낸 것이다. 물체가 A를 지나는 동안 물체의 운동 방향과 반대 방향으로 작용하는 힘에 의해 물체의 역학적 에너지는 E_0만큼 감소한다.

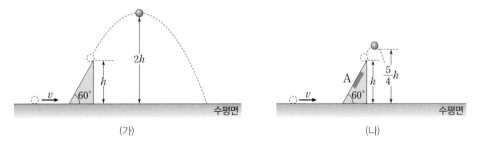

(가)   (나)

이에 대한 설명으로 옳은 것만을 〈보기〉에서 있는 대로 고른 것은? (단, 중력 가속도는 g이고, 물체의 크기, 모든 마찰, 공기 저항은 무시한다.)

┌ 보기 ┌
ㄱ. (가)에서 빗면의 높이가 h인 지점부터 최고점까지의 수평 거리는 $\dfrac{2\sqrt{3}}{3}h$이다.

ㄴ. 빗면의 높이가 h인 지점을 통과하는 물체의 속력은 (가)에서가 (나)에서의 2배이다.

ㄷ. $E_0 = mgh$이다.

① ㄱ   ② ㄷ   ③ ㄱ, ㄴ   ④ ㄴ, ㄷ   ⑤ ㄱ, ㄴ, ㄷ

03

▶25070-0084

그림 (가)와 같이 물체 A와 실로 연결하여 수평면과 이루는 각이 $30°$인 빗면의 높이가 h인 점 p에 가만히 놓은 물체 B가 등가속도 운동을 하여 빗면의 점 q를 지난다. B가 p에서 q까지 운동하는 동안 A의 낙하 거리는 h이다. 그림 (나)는 q를 지나는 순간 A와 연결한 실이 끊어진 B가 빗면의 마찰 구간을 지나 수평면에서 $\sqrt{2gh}$의 속력으로 등속도 운동을 하는 모습을 나타낸 것이다. B가 마찰 구간을 지나는 동안 B의 역학적 에너지는 E_0만큼 감소한다.

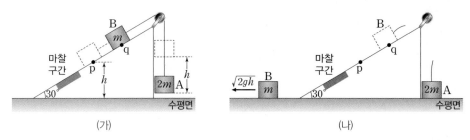

(가)   (나)

E_0은? (단, 중력 가속도는 g이고, 물체의 크기, 실의 질량, 마찰 구간을 제외한 모든 마찰, 공기 저항은 무시한다.)

① $\dfrac{1}{2}mgh$ ② $\dfrac{3}{4}mgh$ ③ mgh ④ $\dfrac{5}{4}mgh$ ⑤ $\dfrac{3}{2}mgh$

04

▶25070-0085

그림 (가)와 같이 길이가 L인 실에 물체가 연결되어 주기가 T인 단진동을 하고 있다. 그림 (나)는 연직선과 이루는 각이 $60°$인 위치에서 가만히 놓은 (가)의 물체가 연직선상의 점 p를 지나는 순간 실이 끊어진 후, p에서 수평면상의 점 q까지 포물선 운동을 하는 모습을 나타낸 것이다. p, q 사이의 수평 거리와 p의 높이는 0.8 m로 동일하다. q에 도달하기 직전 물체의 운동 방향이 수평면과 이루는 각은 θ이다.

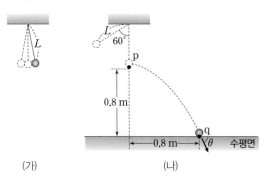

(가)   (나)

이에 대한 설명으로 옳은 것만을 〈보기〉에서 있는 대로 고른 것은? (단, 중력 가속도는 10 m/s^2이고, 물체의 크기, 실의 질량, 모든 마찰, 공기 저항은 무시한다.)

┌── 보기 ──────────────────────────────────
ㄱ. $L=0.4 \text{ m}$이다.

ㄴ. $T=\dfrac{2\pi}{5}$초이다.

ㄷ. $\tan\theta=2$이다.
└───

① ㄱ   ② ㄷ   ③ ㄱ, ㄴ   ④ ㄴ, ㄷ   ⑤ ㄱ, ㄴ, ㄷ

05

▶25070-0086

다음은 열의 일당량에 대한 실험이다.

[실험 과정]
(가) 액체 A를 단열된 열량계에 가득 채운다.
(나) 액체의 질량을 측정하고, 질량이 m인 추를 낙하시킨다.
(다) 동일한 높이의 구간 Ⅰ, Ⅱ에서 낙하하는 추의 속력과 추가 낙하하는 동안 액체의 온도 변화량을 측정한다.
(라) 열량계에 채워진 A를 비우고 액체 B로 가득 채운 후 (나)와 (다)를 반복한다.

[실험 결과]

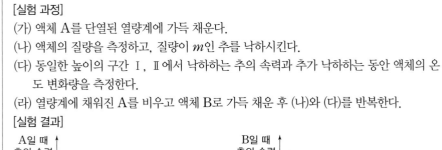

액체	액체의 온도 변화량(℃)		질량(kg)	비열(cal/kg·℃)
	Ⅰ	Ⅱ		
A	ΔT_1	ΔT_2	m_A	c_A
B	ΔT_3	ΔT_4	m_B	c_B

이에 대한 설명으로 옳은 것만을 〈보기〉에서 있는 대로 고른 것은? (단, 중력 가속도는 g이고, 추의 중력 퍼텐셜 에너지 변화량은 추의 운동 에너지, 액체의 온도 변화에만 이용된다.)

┌─ 보기 ┐
ㄱ. $\Delta T_2 > \Delta T_1$이다.　　　　ㄴ. $\dfrac{\Delta T_2}{\Delta T_4} = \dfrac{m_B c_B}{m_A c_A}$이다.　　　　ㄷ. 열의 일당량은 $\dfrac{mgh - mv'^2}{c_B m_B \Delta T_3}$이다.
└──────┘

① ㄱ　　　　② ㄷ　　　　③ ㄱ, ㄴ　　　　④ ㄴ, ㄷ　　　　⑤ ㄱ, ㄴ, ㄷ

06

▶25070-0087

그림 (가)와 같이 빗면의 높이가 $5h$인 지점에서 가만히 놓은 물체가 궤도를 따라 운동하여 수평 구간 Ⅰ, Ⅱ, Ⅲ을 차례로 지난 뒤 높이가 $\dfrac{7}{2}h$인 지점에서 속력이 0이 된다. 그림 (나)는 높이가 $\dfrac{7}{2}h$인 지점에서 출발한 물체가 수평 구간 Ⅲ, Ⅱ, Ⅰ을 차례로 지난 뒤 높이가 $2h$인 지점에서 속력이 0이 된 모습을 나타낸 것이다. Ⅰ, Ⅲ에서 물체가 운동하는 동안 물체의 운동 방향과 반대 방향으로 작용하는 일정한 크기의 힘에 의해 물체의 역학적 에너지는 각각 $E_Ⅰ$, $E_Ⅲ$만큼 감소하며, 물체가 Ⅱ를 지나는 데 걸린 시간은 (나)에서가 (가)에서의 $\dfrac{\sqrt{6}}{2}$배이다.

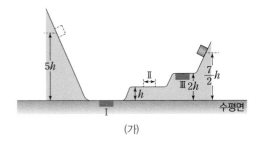

(가)

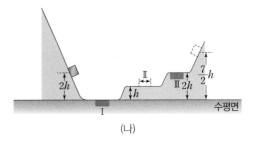

(나)

$\dfrac{E_Ⅰ}{E_Ⅲ}$은? (단, 물체의 크기, 모든 마찰, 공기 저항은 무시한다.)

① $\dfrac{1}{4}$　　　　② $\dfrac{1}{2}$　　　　③ 1　　　　④ $\dfrac{3}{2}$　　　　⑤ 2

① 전기장과 전기력선

(1) 쿨롱 법칙

① 대전과 대전체: 물체가 전기를 띠는 현상을 대전, 전기를 띤 물체를 대전체라고 한다.

② 전하: 모든 전기 현상의 근원을 전하라고 하며, 그 양을 전하량이라고 한다. **예** 기본 전하량(e): 1.602×10^{-19} C

③ 전하의 종류: 양($+$)전하, 음($-$)전하

④ 마찰 전기: 서로 다른 두 물체의 마찰에 의한 전자의 이동으로 형성된 전기를 마찰 전기라고 한다.

예 털가죽과 에보나이트 막대를 마찰시켰을 때 털가죽은 양($+$)전하를, 에보나이트 막대는 음($-$)전하를 띤다.

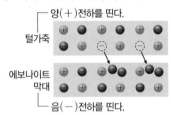

⑤ 전기력: 전하들 사이에 작용하는 힘을 전기력이라고 한다. 같은 종류의 전하 사이에는 미는 힘(척력), 다른 종류의 전하 사이에는 당기는 힘(인력)이 작용한다.

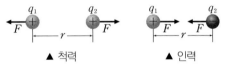

▲ 척력　　　　　▲ 인력

⑥ 쿨롱 법칙: 두 점전하 사이의 전기력의 크기는 각 전하량의 곱에 비례하고 거리의 제곱에 반비례하며, 두 전하를 잇는 직선상에서 작용한다. 거리 r만큼 떨어져 있는 전하량 q_1, q_2인 두 점전하 사이에 작용하는 전기력의 크기는 $F=k\dfrac{q_1 q_2}{r^2}$이다. k는 쿨롱 상수로, $k=8.99 \times 10^9$ N·m²/C²이다.

(2) 전기장: 전하 주위에는 전기장이 형성되어 다른 전하에 전기력이 작용한다. 전기장의 세기와 방향은 단위 양전하($+1$ C)를 놓아 측정할 수 있다.

① 전기장의 세기: 전기장 내의 한 점에 단위 양전하($+1$ C)를 놓았을 때 이 단위 양전하에 작용하는 전기력의 크기를 그 점에서의 전기장의 세기라 하고, 기호 E로 표시한다. 전기장의 세기가 E인 지점에 전하량이 q인 전하를 놓았을 때 전하에 작용하는 전기력의 크기를 F라고 하면 전기장의 세기 E는 다음과 같다.

$$E = \frac{F}{q} \text{ (단위: N/C)}$$

② 전기장의 방향: 전기장 내의 한 지점에 놓여 있는 양($+$)전하에 작용하는 전기력의 방향이다.

예 양($+$)전하 주위에서의 전기장의 방향은 양($+$)전하에서 멀어지는 쪽을 향하고, 음($-$)전하 주위에서의 전기장의 방향은 음($-$)전하를 향한다.

③ 점전하 주위의 전기장: 전하량이 Q인 점전하로부터 떨어진 거리가 r인 곳에서 전하량이 q인 점전하에 작용하는 전기력의 크기를 F라 하면 전하량이 Q인 점전하로부터 떨어진 거리가 r인 곳에서의 전기장의 세기 E는 다음과 같다.

$$E = \frac{F}{q} = k\frac{Q}{r^2}$$

(3) 전기력선

① 전기력선: 양($+$)전하에 작용하는 전기력의 방향을 연속적으로 연결한 선이다.

② 전기력선의 특징

- 양($+$)전하에서 나오는 방향, 음($-$)전하로 들어가는 방향이다.
- 서로 교차하거나 분리되거나 끊어지지 않는다.
- 전기력선 위의 한 점에서 그은 접선의 방향이 그 점에서 전기장의 방향이다.
- 전기력선의 밀도(전기장에 수직인 단위 면적을 지나는 전기력선의 수)가 클수록 전기장의 세기가 큰 곳이다.

더 알기 　균일한 전기장에 수직으로 입사한 전자의 운동

① 균일한 전기장에서 운동하는 전자는 전기장의 방향과 반대 방향으로 일정한 크기의 전기력을 받아 등가속도 운동을 한다. 세기가 E로 균일한 전기장에서 전하량이 $-e$, 질량이 m인 전자가 운동할 때 받는 전기력의 크기는 $F=eE=ma$이다.

② 전자는 $+y$방향으로 형성된 전기장에 수직인 x방향으로는 전기력을 받지 않으므로 등속도 운동을, y방향으로는 가속도의 크기가 $\dfrac{eE}{m}$인 등가속도 운동을 한다. 즉, 전자는 포물선 운동을 한다.

③ v_0의 속력으로 전기장에 수직으로 입사한 전자의 t초 후 x, y방향의 속도의 크기와 변위의 크기는 다음과 같다.

$$v_x = v_0, \quad v_y = at = \frac{eEt}{m}, \quad x_0 = v_0 t, \quad y_0 = \frac{1}{2}\left(\frac{eE}{m}\right)t^2$$

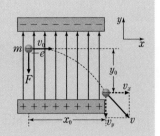

② 정전기 유도와 유전 분극

(1) 도체와 절연체

① **도체**: 비저항이 작아 전류가 잘 흐르는 물질을 도체라고 한다.

  예 구리, 알루미늄, 금과 같은 금속, 탄소 막대, 전해질 수용액 등
  - 도체 내부에서 전기장은 0이다.
  - 도체가 대전되면 전하는 표면에만 분포한다.
  - 금속이나 탄소 막대에는 특정 원자에 속박되지 않고 여러 원자 사이를 자유롭게 이동할 수 있는 자유 전자가 많다.

② **절연체**: 비저항이 커서 전류가 잘 흐르지 못하는 물질을 절연체 또는 부도체라고 한다.

  예 유리, 종이, 고무, 나무, 순수한 물(증류수) 등
  - 절연체의 전자들은 대부분 원자에 구속되어 있으며, 자유 전자가 없다.
  - 절연체에도 열 또는 강한 전기장을 가하거나 불순물을 첨가하면 전류를 흐르게 할 수 있다.

(2) 정전기 유도와 유전 분극

① **도체에서의 정전기 유도**: 대전되지 않은 도체에 대전체를 가까이 하면 도체 내의 자유 전자가 이동하여 대전체와

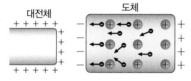

▲ 도체에서의 정전기 유도

가까운 쪽에는 대전체와 다른 종류의 전하가, 먼 쪽에는 대전체와 같은 종류의 전하가 유도되는 현상이다.

② **절연체에서의 정전기 유도(유전 분극)**: 절연체 내부에는 자유 전자가 없기 때문에 도체와 같은 전자의 이동에 의한

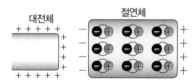

▲ 절연체에서의 정전기 유도(유전 분극)

정전기 유도 현상은 일어나지 않지만 분자나 원자 내부에서 전기력에 의하여 분극이 일어난다. 따라서 절연체에 대전체를 가까이 하면 대전체와 가까운 쪽에는 대전체와 다른 종류의 전하가, 먼 쪽에는 대전체와 같은 종류의 전하가 유도된다.

③ **검전기**: 도체에서의 정전기 유도 현상을 이용하여 대전 유무, 대전된 전하량의 대소 관계, 전하의 종류를 알아보는 기구이다.

(4) 정전기 유도 현상의 이용

① **전기 집진기**: 먼지 제거 기구이다. 집진기 내에 대전된 극판을 배열시키고 방전 극과 집진 극 사이에 높은 전압을 걸어 주면 방전 극에서 발생한 전자에 의해 먼지가 음(−)전하로 대전되어 (+)극인 집진 극으로 끌려가 모인다.

② **정전 도장**: 물체를 접지시키고 페인트를 뿌리는 분무 장치에 강한 (−)극을 걸어 페인트 입자를 음(−)전하로 대전시키면 음(−)전하로 대전된 페인트의 정전기 유도 효과로 접지된 물체는 양(+)전하로 대전되고, 둘 사이에 전기적 인력이 작용하여 페인트가 물체에 달라붙는다.

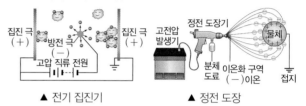

▲ 전기 집진기   ▲ 정전 도장

③ **음식물 포장 랩**: 랩을 분리할 때 대전된 랩이 그릇이나 다른 랩에 유전 분극에 의한 표면 전하를 유도하여 랩끼리 또는 랩과 그릇을 서로 잘 달라붙게 한다.

④ **복사기의 복사 원리**: 종이에서 반사된 빛이 양(+)전하로 대전된 드럼을 비추면 빛이 닿은 부분은 전하를 띠지 않고 빛이 닿지 않은 부분은 그대로 양(+)전하를 띤다. 드럼이 회전하면 음(−)전하를 띠는 토너가 드럼의 양(+)전하로 대전된 부분에 붙는다.

(5) 방전과 접지

① **방전**: 대전된 물체가 전하를 잃고 전기적으로 중성이 되거나, 기체 등의 절연체가 전기장으로 인해 절연성을 잃고 전류가 흐르는 현상이다. 번개는 대전된 구름과 지표 사이의 방전 현상이다.

② **접지**: 감전, 정전기에 의한 화재나 고장 등을 방지할 목적으로 전기 기기를 지면과 도선으로 연결하는 것이다. 접지된 피뢰침을 이용하여 번개에 의한 건물의 피해를 예방하고, 주유기를 접지하여 방전에 의한 화재를 예방한다.

더 알기 ▶ 전기장 영역에서 도체와 절연체 내부의 전기장

전기장에 도체가 놓여 있을 때 도체에서는 정전기 유도가 일어나 외부 전기장과 반대 방향으로 도체 내부에 전기장이 형성된다. 이때 외부 전기장과 내부 전기장의 합이 0이 될 때까지 자유 전자가 이동한다. 따라서 도체 내부의 알짜 전기장은 0이다.

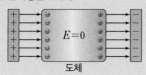

전기장에 절연체가 놓여 있을 때 절연체에서는 유전 분극이 일어나 외부 전기장과 반대 방향으로 절연체 내부에 전기장이 형성된다. 이때 절연체 내부 전기장의 세기는 외부 전기장의 세기보다 작으므로 절연체에서는 내부의 알짜 전기장이 0이 되지는 않는다.

| 2025학년도 대수능 |

그림과 같이 점전하 A, B, C가 xy 평면에서 y축상의 $y=d$, 원점 O, x축상의 $x=d$에 각각 고정되어 있다. 전하량이 $+q$인 A에 작용하는 전기력은 크기가 F이고 방향은 $-x$방향이다. B에 작용하는 전기력의 방향은 x축과 $45°$의 각을 이룬다. xy 평면상의 점 p는 A, C로부터 d만큼 떨어진 점이다.

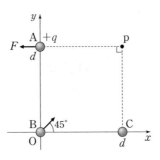

p에서 전기장의 세기는?

① $\dfrac{9F}{2q}$ ② $\dfrac{7F}{2q}$ ③ $\dfrac{5F}{2q}$ ④ $\dfrac{3F}{2q}$ ⑤ $\dfrac{F}{2q}$

접근 전략

B에 작용하는 전기력의 방향으로 볼 때, A와 B 사이에 서로 당기는 전기력이 작용하므로 B는 음(−)전하이고 B와 C 사이에도 서로 당기는 전기력이 작용하므로 C는 양(+)전하이다.

간략 풀이

② A와 B, B와 C 사이의 전기력의 크기를 각각 F_1, F_2라 하면 $F_1=F_2$이므로 C의 전하량은 $+q$이다. A, C 사이의 전기력의 크기가 F_{AC}, B의 전하량의 크기가 q_B일 때, F_{AC}의 y성분의 크기는 F_1과 같고, F는 F_{AC}의 x성분의 크기와 같으므로 $F=F_1=F_{AC}\cos45°$가 성립한다. 즉, $k\dfrac{qq_B}{d^2}=k\dfrac{q^2}{(\sqrt{2}d)^2}\times\dfrac{1}{\sqrt{2}}$이므로 $q_B=\dfrac{q}{2\sqrt{2}}$이고 $F=k\dfrac{q^2}{2\sqrt{2}d^2}$이다. p에서 전기장의 세기는 $\sqrt{2}\times k\dfrac{q}{d^2}-k\dfrac{q}{4\sqrt{2}d^2}=k\dfrac{7\sqrt{2}q}{8d^2}=\dfrac{7F}{2q}$이다.

정답 | ②

닮은꼴 문제로 유형 익히기

정답과 해설 19쪽

▶ 25070-0088

그림 (가)와 같이 점전하 A, B, C가 xy 평면에서 y축상의 $y=d$, 원점 O, x축상의 $x=d$에 각각 고정되어 있다. A의 전하량은 $+q$이고 B에 작용하는 전기력의 방향은 x축과 $45°$의 각을 이룬다. p, q는 각각 $\left(\dfrac{d}{2}, \dfrac{d}{2}\right)$, (d, d)인 점이다. p, q에서 전기장의 방향은 서로 반대 방향이고, 전기장의 세기는 p에서가 q에서의 4배이다. 그림 (나)는 xy 평면에서 질량 m인 B가 x축과 나란한 방향으로 세기가 E인 균일한 전기장 영역에 속력 v_0으로 $+x$방향으로 입사하는 모습을 나타낸 것이다. B는 등가속도 직선 운동을 하여 전기장 영역을 속력 $2v_0$으로 빠져 나간다.

이에 대한 설명으로 옳은 것만을 〈보기〉에서 있는 대로 고른 것은? (단, (나)에서 B에는 균일한 전기장에 의한 전기력만 작용한다.)

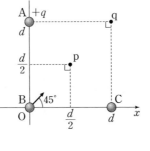

(가)   (나)

┌─ 보기 ┐

ㄱ. C의 전하량은 $+q$이다.

ㄴ. (나)에서 전기장의 방향은 $-x$방향이다.

ㄷ. (나)에서 B가 전기장 영역에서 이동한 거리는 $\dfrac{3mv_0^2}{2qE}$이다.

① ㄱ   ② ㄷ   ③ ㄱ, ㄴ   ④ ㄴ, ㄷ   ⑤ ㄱ, ㄴ, ㄷ

유사점과 차이점

점전하 사이의 전기력을 이용해 점전하의 전하량과 전기장을 구해야 하는 점은 유사하나 균일한 전기장 영역에서 전하의 운동에 대해 분석해야 하는 점은 다르다.

배경 지식

전기장의 세기가 E인 균일한 전기장 영역에서 전하량이 Q인 전하가 전기장과 나란한 방향으로 속력이 증가하는 등가속도 직선 운동을 하여 거리 d만큼 이동했을 때 전기력이 전하에 한 일은 전하의 운동 에너지 변화량(ΔE_k)과 같다.

$$QEd=\Delta E_k$$

01
▶ 25070-0089

그림 (가), (나)는 xy 평면에서의 전기력선을 나타낸 것으로, 전하량과 질량이 같은 두 양(+)전하가 각각 점 a를 같은 속도로 통과한 후 $+x$방향으로 직선 운동을 하여 점 b를 통과하였다. (가), (나)의 a에서 전기장의 세기는 같다.

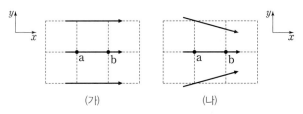

(가)   (나)

이에 대한 설명으로 옳은 것만을 〈보기〉에서 있는 대로 고른 것은? (단, 모눈 간격은 모두 같다.)

┌ 보기 ┐
ㄱ. (가)에서 점전하의 속력은 a에서와 b에서가 같다.
ㄴ. b에서 전기장의 세기는 (나)에서가 (가)에서보다 크다.
ㄷ. b에서 양(+)전하의 속력은 (나)에서가 (가)에서보다 크다.

① ㄱ   ② ㄴ   ③ ㄱ, ㄴ   ④ ㄱ, ㄷ   ⑤ ㄴ, ㄷ

02
▶ 25070-0090

그림 (가)는 원점 O로부터 각각 거리 d만큼 떨어져 x축상에 고정되어 있는 크기가 동일한 두 도체구 A, B 주위의 전기장을 전기력선으로 나타낸 것이고, (나)는 A, B를 접촉시킨 후 (가)에서와 같은 x축상의 위치에 A, B를 고정시킨 것을 나타낸 것이다. p는 x축상의 $x=2d$인 점이다.

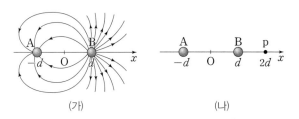

(가)   (나)

이에 대한 설명으로 옳은 것만을 〈보기〉에서 있는 대로 고른 것은?

┌ 보기 ┐
ㄱ. O에서 전기장의 세기는 (가)에서가 (나)에서보다 크다.
ㄴ. A가 B에 작용하는 전기력의 방향은 (가)에서와 (나)에서가 같다.
ㄷ. (나)의 p에서 전기장의 방향은 $+x$방향이다.

① ㄱ   ② ㄷ   ③ ㄱ, ㄴ   ④ ㄱ, ㄷ   ⑤ ㄴ, ㄷ

03
▶ 25070-0091

그림 (가)는 정사각형의 세 꼭짓점에 점전하 A, B, C가 고정되어 있는 것을, (나)는 (가)에서 B만 제거한 것을 나타낸 것이다. A, C의 전하의 종류와 전하량의 크기는 같다. (가), (나)에서 정사각형의 한 꼭짓점 p에 양(+)전하를 띤 입자 D를 가만히 놓았더니 정사각형의 대각선 방향으로 직선 운동을 하였다. 점 q는 정사각형의 중심이며 p에서 D에 작용하는 전기력의 크기는 (가), (나)에서 서로 같고 운동 방향은 서로 반대이다.

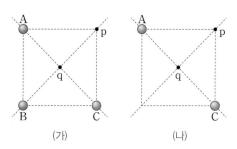

(가)   (나)

이에 대한 설명으로 옳은 것만을 〈보기〉에서 있는 대로 고른 것은?

┌ 보기 ┐
ㄱ. A와 B의 전하의 종류는 같다.
ㄴ. 전하량의 크기는 B가 A의 $4\sqrt{2}$배이다.
ㄷ. (가)에서 전기장의 세기는 q에서가 p에서의 8배이다.

① ㄱ   ② ㄴ   ③ ㄷ   ④ ㄱ, ㄴ   ⑤ ㄴ, ㄷ

04
▶ 25070-0092

그림 (가), (나)와 같이 $-y$방향으로 중력이 작용하고 y축 방향으로 균일한 전기장이 형성되어 있는 xy 평면에서 질량과 전하량이 같은 입자 A, B를 x축에 대해 같은 각도와 속력으로 비스듬히 던졌더니 A, B가 각각 포물선 운동을 하였다. (가), (나)에서 전기장의 세기는 같고, A, B는 양(+)전하로 대전되어 있다.

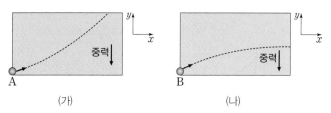

(가)   (나)

이에 대한 설명으로 옳은 것만을 〈보기〉에서 있는 대로 고른 것은? (단, 전자기파의 발생은 무시한다.)

┌ 보기 ┐
ㄱ. 입자의 가속도의 크기는 A가 B보다 크다.
ㄴ. (가)에서 A에 작용하는 전기력의 크기는 중력의 크기보다 크다.
ㄷ. 입자가 같은 시간 동안 운동한 변위의 x성분의 크기는 A가 B보다 크다.

① ㄱ   ② ㄴ   ③ ㄱ, ㄷ   ④ ㄴ, ㄷ   ⑤ ㄱ, ㄴ, ㄷ

05

▶25070-0093

그림 (가)와 같이 xy 평면의 x축상의 $x=-d$, $x=d$에 두 점전하 A, B가 고정되어 있다. p, q는 각각 $(-d, 2d)$, $(d, 2d)$인 점이다. 그림 (나)는 x축상의 $-d<x<d$ 구간에서 전기장 E를 x에 따라 나타낸 것이다. E의 x성분의 크기는 q에서가 p에서의 2배이다.

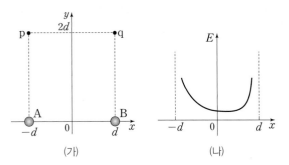

(가)　　　(나)

이에 대한 설명으로 옳은 것만을 〈보기〉에서 있는 대로 고른 것은? (단, E의 방향은 $+x$방향이 양(+)의 방향이다.)

보기
ㄱ. A는 음(−)전하이다.
ㄴ. 전하량의 크기는 A가 B의 2배이다.
ㄷ. E의 y성분의 방향은 p에서와 q에서가 반대이다.

① ㄱ　② ㄴ　③ ㄷ　④ ㄱ, ㄴ　⑤ ㄴ, ㄷ

06

▶25070-0094

그림 (가)와 같이 xy 평면에서 직각 삼각형의 두 꼭짓점에 대전체 A, B를 고정시켰을 때 꼭짓점 p에서 전기장의 방향은 $-y$방향이고, $\tan\theta=\frac{3}{4}$이다. 그림 (나)는 (가)의 A와 B를 절연된 실에 연결하였을 때 같은 높이에 정지해 있는 것을 나타낸 것이다. A, B를 연결한 실이 연직 방향과 이루는 각은 각각 θ_1, θ_2이고, $\theta_1>\theta_2$이다.

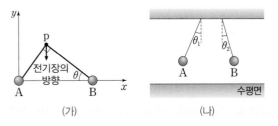

(가)　　　(나)

이에 대한 설명으로 옳은 것만을 〈보기〉에서 있는 대로 고른 것은? (단, 실의 질량과 대전체의 크기는 무시한다.)

보기
ㄱ. A는 양(+)전하이다.
ㄴ. 전하량의 크기는 A가 B의 $\frac{3}{4}$배이다.
ㄷ. 질량은 B가 A보다 크다.

① ㄴ　② ㄷ　③ ㄱ, ㄴ　④ ㄱ, ㄷ　⑤ ㄴ, ㄷ

07

▶25070-0095

그림 (가)는 절연된 실에 매달아 접촉시킨 크기가 동일한 두 도체구 A, B에 음(−)전하로 대전된 막대를 가까이 한 후 손가락을 B에 접촉시킨 것을 나타낸 것이고, (나)는 손가락을 떼고 막대를 치운 후, A, B를 수평면에 놓인 반구형 절연체에 거리 R만큼 떨어뜨려 놓았을 때 A, B가 같은 높이에서 정지해 있는 것을 나타낸 것이다. O는 구의 중심이고, R는 구의 반지름이다.

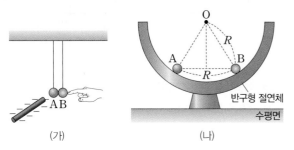

(가)　　　(나)

이에 대한 설명으로 옳은 것만을 〈보기〉에서 있는 대로 고른 것은? (단, (나)에서 전기력은 도체구 사이에만 작용하고 도체구의 크기는 무시한다.)

보기
ㄱ. (가)에서는 손가락에서 B쪽으로 전자가 이동한다.
ㄴ. (나)에서 A와 B 사이에는 서로 미는 전기력이 작용한다.
ㄷ. (나)에서 A에 작용하는 중력의 크기는 A에 작용하는 전기력의 크기의 $\sqrt{3}$배이다.

① ㄱ　② ㄷ　③ ㄱ, ㄴ　④ ㄴ, ㄷ　⑤ ㄱ, ㄴ, ㄷ

08

▶25070-0096

그림 (가)는 절연된 받침대 위에 대전되지 않은 동일한 도체구 A, B를 접촉시킨 후, 대전된 막대 P를 A에 가까이 가져간 것을 나타낸 것이고, (나)는 (가)에서 A와 B를 떼어놓은 후 P를 치운 것을 나타낸 것이다. 그림 (다)는 (나)의 B를 대전되지 않은 물체 C에 가까이 하였을 때 C의 전하 분포를 나타낸 것이다.

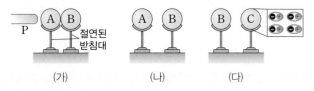

(가)　　　(나)　　　(다)

이에 대한 설명으로 옳은 것만을 〈보기〉에서 있는 대로 고른 것은?

보기
ㄱ. P는 음(−)전하로 대전되어 있다.
ㄴ. (나)에서 대전된 전하의 종류는 A와 B가 같다.
ㄷ. (다)에서 B와 C 사이에는 서로 당기는 전기력이 작용한다.

① ㄱ　② ㄷ　③ ㄱ, ㄴ　④ ㄴ, ㄷ　⑤ ㄱ, ㄴ, ㄷ

01

▸25070-0097

그림 (가)와 같이 점전하 A, B, C가 xy 평면에서 각각 y축상의 $y=2d$와 x축상의 $x=-\sqrt{3}d$, $x=\sqrt{3}d$에 고정되어 있다. y축상의 $y=d$에서 전기장의 방향은 y축과 $60°$의 각을 이룬다. B, C의 전하량의 크기는 같고 A와 B 사이에 작용하는 전기력의 크기는 F_0이다. 그림 (나)는 A, B를 각각 x축상의 $x=-d$, $x=d$에 고정시킨 모습을 나타낸 것이다. p, q는 각각 x축상의 $x=\dfrac{d}{2}$, $x=\dfrac{3}{2}d$인 점이다.

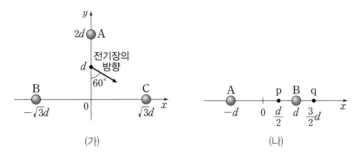

(가)   (나)

이에 대한 설명으로 옳은 것만을 〈보기〉에서 있는 대로 고른 것은?

보기

ㄱ. (가)에서 B와 C 사이에 작용하는 전기력의 크기는 $\dfrac{3}{4}F_0$이다.

ㄴ. (나)에서 전기장의 세기는 q에서가 p에서보다 크다.

ㄷ. (나)에서 전기장의 방향은 p에서와 q에서가 같다.

① ㄴ   ② ㄷ   ③ ㄱ, ㄴ   ④ ㄱ, ㄷ   ⑤ ㄴ, ㄷ

02

▸25070-0098

그림 (가)와 같이 xy 평면상의 정삼각형의 꼭짓점에 점전하 A, B, C가 각각 고정되어 있을 때, C에 A, B가 작용하는 전기력의 방향은 $+y$방향이다. C는 음 $(-)$전하이고, B와 C의 전하량의 크기는 같다. 그림 (나)는 A, B, C를 x축상의 $x=-d$, $x=0$, $x=d$에 각각 고정시킨 모습을 나타낸 것이다. (나)에서 B, C가 A에 작용하는 전기력의 크기는 F_1, A, B가 C에 작용하는 전기력의 크기는 F_2이다.

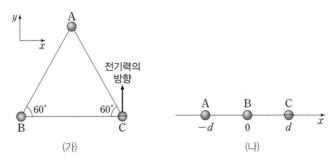

(가)   (나)

$F_1 : F_2$와 (나)에서 A, C가 B에 작용하는 전기력의 방향으로 옳은 것은?

	$F_1 : F_2$	전기력의 방향		$F_1 : F_2$	전기력의 방향
①	$5 : 1$	$-x$방향	②	$3 : 1$	$-x$방향
③	$5 : 1$	$+x$방향	④	$3 : 1$	$+x$방향
⑤	$5 : 3$	$-x$방향			

03

그림 (가)는 서로 다른 전하로 대전된 평행한 금속판에 의해 형성된 세기가 E인 균일한 전기장 영역에 대전되지 않은 도체구 P를 절연된 실에 매달아 설치하고, 도선으로 지면에 연결하여 접지시킨 후 음(−)전하를 띤 금속판 쪽으로 기울였더니 평형을 이루어 정지해 있는 것을 나타낸 것이다. 그림 (나)는 질량이 같은 물체 A와 B를 각각 절연된 실에 연결하여 천장에 매달고 (가)에서 대전된 P를 절연된 받침대 위에 올려 A와 B 사이에 같은 높이로 고정시켰더니 A 와 B가 각각 각 θ_1, θ_2만큼 기울어져 정지해 있는 것을 나타낸 것이다. A와 B는 각각 대전된 도체와 대전되지 않은 절연체를 순서 없이 나타낸 것이고, $\theta_1 > \theta_2$이다.

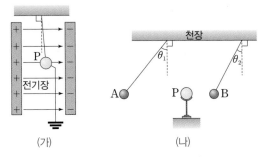

(가)   (나)

이에 대한 설명으로 옳은 것만을 〈보기〉에서 있는 대로 고른 것은? (단, (나)에서 A, B 사이에 작용하는 전기력은 무시한다.)

┌─ 보기 ───
  ㄱ. A는 양(+)전하로 대전되어 있다.
  ㄴ. B는 절연체이다.
  ㄷ. P와 A 사이에 작용하는 전기력의 크기는 P와 B 사이에 작용하는 전기력의 크기보다 크다.
└───

① ㄴ   ② ㄷ   ③ ㄱ, ㄴ   ④ ㄱ, ㄷ   ⑤ ㄱ, ㄴ, ㄷ

04

그림 (가), (나)와 같이 각각 x축과 $60°$, $30°$의 방향을 이루는 균일한 전기장이 형성된 xy 평면에서 y축과 나란한 기준선 P, Q상에 질량이 같은 대전된 입자 A, B를 동시에 가만히 놓았을 때 A, B가 각각 등가속도 직선 운동을 하여 Q, P를 각각 x축과 $30°$, 각 θ를 이루는 방향으로 동시에 통과한다. (가)에서는 A에 전기력과 $-y$방향의 중력이 동시에 작용하며, (나)에서는 B에 전기력만 작용한다. (가), (나)에서 전기장의 세기와 P, Q 사이의 거리는 각각 같다.

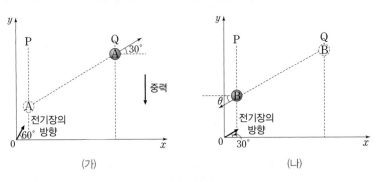

(가)   (나)

이에 대한 설명으로 옳은 것만을 〈보기〉에서 있는 대로 고른 것은?

┌─ 보기 ───
  ㄱ. 전하량의 크기는 A가 B의 $\sqrt{3}$배이다.
  ㄴ. A에 작용하는 중력의 크기는 전기력의 크기의 3배이다.
  ㄷ. $\theta > 30°$이다.
└───

① ㄱ   ② ㄴ   ③ ㄱ, ㄷ   ④ ㄴ, ㄷ   ⑤ ㄱ, ㄴ, ㄷ

05

▶25070-0101

그림 (가)는 x축상에 고정되어 있는 점전하 A, B 주위의 전기장을 방향 표시 없이 전기력선으로 나타낸 것으로, x축 상의 점 p에서 전기장의 방향은 $+x$방향이다. 그림 (나), (다)는 xy 평면의 정사각형의 세 꼭짓점에 A, B와 점전하 C를 고정시킨 것을 나타낸 것이다. q는 정사각형의 한 꼭짓점이고, O는 정사각형의 중심이며 B와 C는 동일한 전하 이다.

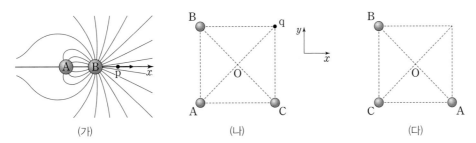

(가)   (나)   (다)

이에 대한 설명으로 옳은 것만을 〈보기〉에서 있는 대로 고른 것은?

┌─┐ 보기 ┌───┐
ㄱ. C는 음($-$)전하이다.
ㄴ. (나)에서 전기장의 방향은 O에서와 q에서가 서로 반대이다.
ㄷ. (다)에서 B와 C 사이에 작용하는 전기력의 크기는 A와 C 사이에 작용하는 전기력의 크기보다 크다.
└──┘

① ㄱ   ② ㄴ   ③ ㄱ, ㄷ   ④ ㄴ, ㄷ   ⑤ ㄱ, ㄴ, ㄷ

06

▶25070-0102

그림 (가), (나)는 절연된 받침대 위에 같은 간격으로 고정되어 놓여 있는 전하량이 각각 $+5Q$, $-2Q$인 도체구 A, B 에 대전되지 않은 도체구 C를 순서대로 접촉시킨 것을 나타낸 것이다. A, B, C는 동일한 도체구이고 (가)에서는 A, B 순서로, (나)에서는 B, A 순서로 C를 접촉시킨다.

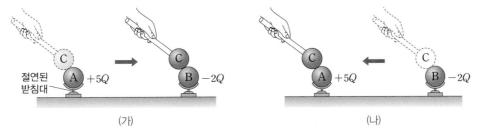

(가)   (나)

(가), (나)에서 도체구와 접촉 후 C를 멀리 치웠을 때, 이에 대한 설명으로 옳은 것만을 〈보기〉에서 있는 대로 고른 것 은? (단, C를 A, B에 접촉시킬 때와 멀리 치웠을 때 다른 도체구의 영향은 무시한다.)

┌─┐ 보기 ┌───┐
ㄱ. C에 대전된 전하량의 크기는 (가)에서가 (나)에서보다 크다.
ㄴ. A, B 사이에 작용하는 전기력의 크기는 (나)에서가 (가)에서보다 크다.
ㄷ. (나)에서 A와 B 사이에 전기장이 0인 지점이 존재한다.
└──┘

① ㄱ   ② ㄴ   ③ ㄱ, ㄷ   ④ ㄴ, ㄷ   ⑤ ㄱ, ㄴ, ㄷ

① 전압(전위차)과 전류

(1) **전위**: 단위 양전하(+1 C)를 전기장 내의 기준점으로부터 어떤 점까지 이동시키는 데 필요한 일로, 단위 양전하(+1 C)가 가지는 전기력에 의한 퍼텐셜 에너지를 나타낸다.

① **전위의 대소 관계**: 양(+)전하 주위는 음(−)전하 주위보다 전위가 높다. 저항이 없는 도체 내부는 전위가 모두 같다.

② **전위차**: 두 지점 사이의 전위의 차를 전위차 또는 전압이라고 한다. 전하량이 +q인 전하를 전기장 내의 한 점 A에서 다른 점 B까지 이동시키는 데 필요한 일을 W라고 하면, 두 지점 사이의 전위차 ΔV는 다음과 같다.

$$\Delta V = V_\mathrm{B} - V_\mathrm{A} = \frac{W}{q} \text{ [단위: V(볼트) 또는 J/C]}$$

(2) **균일한 전기장에서의 일**: 균일한 전기장(E)에서 전하량이 +q인 전하를 극판 A에서 d만큼 떨어진 극판 B까지 옮기는 데 필요한 일 W는 다음과 같다.

$$W = Fd = qEd = q\Delta V, \ \Delta V = Ed$$

(3) **전류**: 전하를 띤 입자의 흐름이다.

① **전류의 방향**: 양(+)전하가 이동하는 방향으로 정한다. 음(−)전하인 전자가 이동하는 방향의 반대 방향이다.

② **전류의 세기(I)**: 단위 시간(1초) 동안 도선의 단면을 통과하는 전하량이다. 도선의 단면을 t 동안 통과한 전하량을 Q라고 하면 전류의 세기 I는 다음과 같다.

$$I = \frac{Q}{t} \text{ [단위: A(암페어) 또는 C/s]}$$

(4) **전기 저항과 옴의 법칙**

① **전기 저항(R)**: 전류의 흐름을 방해하는 정도를 수치로 나타낸 값이다.

$$R = \rho \frac{l}{S} \text{ [단위: Ω(옴), } \rho \text{: 비저항, } l \text{: 길이, } S \text{: 단면적]}$$

② **옴의 법칙**: 저항에 흐르는 전류의 세기 I는 저항에 걸린 전압 V에 비례하고, 저항의 저항값 R에 반비례한다.

$$I = \frac{V}{R}$$

② 저항의 연결

(1) **직렬연결**

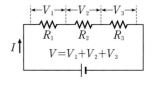

① 전자가 한 개의 닫힌 회로를 따라 이동하므로 전하량 보존 법칙에 따라 각각의 저항에 흐르는 전류의 세기 I는 같다.

② 전체 전압 V는 각 저항에 걸리는 전압의 합과 같다.

$$V = V_1 + V_2 + V_3$$

③ 합성 저항값 R는 $R = R_1 + R_2 + R_3$이다.

④ 각 저항에 걸리는 전압의 비는 각 저항값의 비와 같다.

⑤ 전기 저항의 직렬연결은 저항의 길이가 길어지는 효과이므로 합성 저항값은 저항값이 가장 큰 저항의 저항값보다 크다.

(2) **병렬연결**

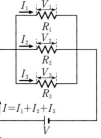

① 각 저항의 양단이 전원에 직접 연결되어 있으므로 각 저항에 걸리는 전압이 같다.

$$V = V_1 = V_2 = V_3$$

② 전하량 보존 법칙에 따라 전체 전류는 각 저항에 흐르는 전류의 합과 같다.

$$I = I_1 + I_2 + I_3$$

③ 합성 저항값 R는 $\frac{1}{R} = \frac{1}{R_1} + \frac{1}{R_2} + \frac{1}{R_3}$이다.

④ 전기 저항의 병렬연결은 저항의 단면적이 커지는 효과이므로 합성 저항값은 저항값이 가장 작은 저항의 저항값보다 작다.

(3) **전기 에너지**: 저항에 세기가 I인 전류가 시간 t 동안 흐르면 이동한 전하량은 q=It가 되므로 이 전하가 받은 일은 다음과 같다.

$$W = qV = VIt = I^2Rt = \frac{V^2}{R}t \text{ [단위: J(줄)]}$$

(4) **전력**: 단위 시간(1초) 동안에 소비하거나 공급되는 전기 에너지

① 저항값이 R인 저항에 걸린 전압이 V일 때 저항에 세기가 I인 전류가 시간 t 동안 흐른다면 전력 P는 다음과 같다.

$$P = \frac{W}{t} = VI = I^2R = \frac{V^2}{R} \text{ [단위: J/s=W(와트)]}$$

② **전류의 열작용**: 저항에 전류가 흐르면 전기 에너지가 열에너지로 전환된다.

더 알기 ◆ 미지의 저항의 저항값을 측정하는 휘트스톤 브리지

휘트스톤 브리지는 4개의 저항을 대칭으로 연결하여 미지의 저항의 저항값을 측정할 수 있는 회로이다. 저항값을 알고 있는 저항의 저항값을 각각 R_1, R_2, 가변 저항의 저항값을 R_x, 미지의 저항의 저항값을 R라고 하자. 그림과 같이 4개의 저항과 검류계를 전원에 연결한 후 가변 저항을 조절하여 검류계에 전류가 흐르지 않도록 한다.

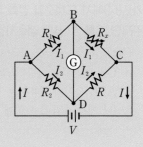

검류계에 전류가 흐르지 않는다는 것은 점 B와 D의 전위가 같다는 것을 의미한다. 즉, 저항값이 각각 R_1, R_2인 저항 양단에 걸리는 전위차가 같다. 저항값이 각각 R_1, R_2인 저항에 흐르는 전류의 세기를 각각 I_1, I_2라고 하면 $I_1R_1 = I_2R_2$이다. 마찬가지로 가변 저항과 미지의 저항 양단에 걸리는 전위차도 같으므로 $I_1R_x = I_2R$이다. 이를 정리하면

$$\frac{I_1}{I_2} = \frac{R_2}{R_1} = \frac{R}{R_x} \text{이므로 } R = \frac{R_2R_x}{R_1} \text{이다.}$$

| 2025학년도 대수능 |

그림과 같이 저항값이 같은 저항 4개, 스위치, 전류계, 전압이 일정한 전원으로 회로를 구성하였다. 스위치를 a에 연결했을 때, 전류계에 흐르는 전류의 세기는 I_0이다.

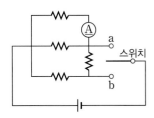

스위치를 b에 연결했을 때, 전류계에 흐르는 전류의 세기는?

① $\frac{1}{6}I_0$ ② $\frac{1}{3}I_0$ ③ $\frac{1}{2}I_0$ ④ $\frac{5}{6}I_0$ ⑤ $\frac{7}{6}I_0$

접근 전략

그림과 같이 각 저항을 순서대로 A, B, C, D라고 할 때, 스위치를 a에 연결하면 C, D가 직렬연결된 상태로 A, B와 병렬연결되어 있다.

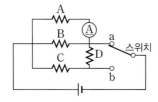

간략 풀이

② 저항의 저항값을 R, 전원의 전압을 V라고 하면. 스위치를 a에 연결했을 때 A 양단에 걸리는 전압이 V이므로 전류계에 흐르는 전류의 세기는 $I_0 = \frac{V}{R}$이다. 스위치를 b에 연결했을 때는 A, B가 병렬연결된 상태에서 D와 직렬연결된다. 이때 A와 B의 합성 저항값이 $\frac{R}{2}$이므로 A 양단에 걸리는 전압은 $\frac{1}{3}V$이다. 따라서 스위치를 b에 연결했을 때 전류계에 흐르는 전류의 세기는 $I = \frac{V}{3R} = \frac{1}{3}I_0$이다.

정답 | ②

닮은꼴 문제로 유형 익히기

정답과 해설 22쪽

▶ 25070-0103

그림과 같이 저항값이 R인 저항 4개, 스위치, 전류계, 전압이 V인 전원으로 회로를 구성하였다. 스위치를 a에 연결했을 때 저항 A 양단에 걸리는 전압은 V_0이고, 저항 B의 소비 전력은 P_0이다.

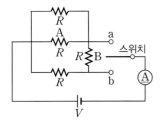

스위치를 b에 연결했을 때, 이에 대한 설명으로 옳은 것만을 〈보기〉에서 있는 대로 고른 것은?

┌─ 보기 ─┐

ㄱ. 전류계에 흐르는 전류의 세기는 $\frac{5V}{3R}$이다.

ㄴ. A 양단에 걸리는 전압은 $\frac{V_0}{6}$이다.

ㄷ. B의 소비 전력은 $\frac{16}{9}P_0$이다.

① ㄱ   ② ㄴ   ③ ㄷ   ④ ㄱ, ㄷ   ⑤ ㄴ, ㄷ

유사점과 차이점

스위치를 a, b에 연결했을 때 저항들의 연결을 분석해야 하는 점은 같으나 전력을 구해야 하는 점은 다르다.

배경 지식

저항값이 R_1, R_2인 두 저항을 병렬연결했을 때 합성 저항값은 $\frac{R_1 R_2}{R_1 + R_2}$이고, 직렬연결했을 때 합성 저항값은 $R_1 + R_2$이다.

01

▶25070-0104

그림은 xy 평면에 $-y$방향으로 크기가 E_0인 균일한 전기장이 형성된 것을 나타낸 것이다. A, B, C는 전기장 내의 점이다.

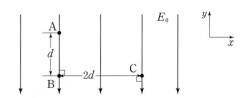

이에 대한 설명으로 옳은 것만을 〈보기〉에서 있는 대로 고른 것은?

┌─ 보기 ┌

ㄱ. 전위는 B에서가 C에서보다 높다.

ㄴ. A와 B 사이의 전위차는 A와 C 사이의 전위차와 같다.

ㄷ. 전하량이 $+q$인 전하가 A에서 C까지 이동하는 동안 전기력이 한 일은 $\sqrt{5}qE_0d$이다.

① ㄱ   ② ㄴ   ③ ㄷ   ④ ㄱ, ㄴ   ⑤ ㄴ, ㄷ

02

▶25070-0105

그림과 같이 저항 A, B, C, 가변 저항 D, 스위치 S_1, S_2, 전류계, 전압이 일정한 전원으로 회로를 구성하였다. S_1, S_2가 열린 상태에서 D의 저항값이 R일 때 전류계에 흐르는 전류의 세기는 I_0이다.

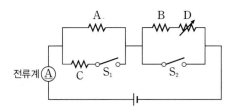

이에 대한 설명으로 옳은 것만을 〈보기〉에서 있는 대로 고른 것은?

┌─ 보기 ┌

ㄱ. S_1, S_2가 열린 상태에서 D의 저항값을 증가시키면 B의 소비 전력은 증가한다.

ㄴ. D의 저항값이 R일 때 S_1만을 닫으면 A의 소비 전력은 감소하고, B의 소비 전력은 증가한다.

ㄷ. D의 저항값이 R일 때 S_2만을 닫으면 전류계에 흐르는 전류의 세기는 I_0보다 증가한다.

① ㄱ   ② ㄴ   ③ ㄷ   ④ ㄱ, ㄴ   ⑤ ㄴ, ㄷ

03

▶25070-0106

그림 (가), (나)와 같이 저항값이 R인 저항 4개, 저항값이 $2R$인 저항 5개를 전압이 일정한 전원에 연결하였다. (가)에서 회로상의 점 a에 흐르는 전류의 세기는 I_0이다.

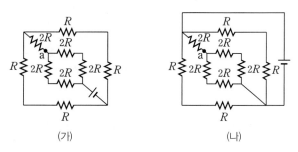

(가)   (나)

(나)에서 a에 흐르는 전류의 세기는?

① $\dfrac{3}{4}I_0$ ② I_0 ③ $\dfrac{5}{4}I_0$ ④ $\dfrac{4}{3}I_0$ ⑤ $2I_0$

04

▶25070-0107

다음은 저항의 연결에 따른 전압과 전류의 관계에 대한 실험이다.

[실험 과정]

(가) 그림과 같이 저항값이 각각 $2R$인 저항 A, B, C, 저항값이 R_1인 저항 D, 전압이 V로 일정한 직류 전원 장치, 전류계, 스위치 S, 전압계로 회로를 구성하였다.

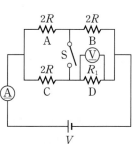

(나) S를 열고 D에 걸린 전압과 전류계에 흐르는 전류의 세기를 측정한다.

(다) S를 닫고 D에 걸린 전압과 전류계에 흐르는 전류의 세기를 측정한다.

[실험 결과]

실험	(나)	(다)
전류의 세기	I	㉠
전압	$\dfrac{2}{3}V$	㉡

이에 대한 설명으로 옳은 것만을 〈보기〉에서 있는 대로 고른 것은?

┌─ 보기 ┌

ㄱ. ㉠은 $\dfrac{36}{35}I$이다.

ㄴ. ㉡은 $\dfrac{4}{7}V$이다.

ㄷ. (다)에서 B와 C의 소비 전력은 같다.

① ㄱ   ② ㄷ   ③ ㄱ, ㄴ   ④ ㄴ, ㄷ   ⑤ ㄱ, ㄴ, ㄷ

05
▶25070-0108

그림 (가), (나)와 같이 균일한 전기장이 형성된 영역 Ⅰ, Ⅱ에 음(−)전하를 띤 입자 A와 양(+)전하를 띤 입자 B를 x축상의 $x=0$, $x=4d$인 점에 각각 가만히 놓았더니 A, B가 각각 $+x$ 방향으로 등가속도 직선 운동을 하였다. A, B는 각각 $x=4d$, $x=6d$인 점을 같은 속력으로 통과한다. 질량은 B가 A의 2배이고, 전하량은 B가 A의 4배이다.

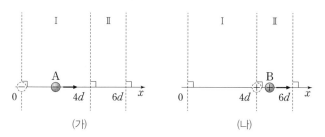

(가)   (나)

이에 대한 설명으로 옳은 것만을 〈보기〉에서 있는 대로 고른 것은? (단, (가), (나)의 $x=0$에서 전위는 0이다.)

┌─ 보기 ┐
ㄱ. 전기장의 세기는 Ⅰ에서와 Ⅱ에서가 같다.
ㄴ. 전위는 $x=2d$에서가 $x=5d$에서보다 높다.
ㄷ. $x=0$에서 $x=4d$까지 전기력이 A에 한 일은 $x=4d$에서 $x=6d$까지 전기력이 B에 한 일의 2배이다.
└──────┘

① ㄱ   ② ㄴ   ③ ㄷ   ④ ㄱ, ㄴ   ⑤ ㄱ, ㄷ

06
▶25070-0109

그림과 같이 전압이 일정한 전원, 저항값이 각각 R, $3R$인 저항, 스위치 S로 회로를 구성하였다. A는 저항값이 $3R$인 저항이다. S를 닫았을 때 회로의 소비 전력은 P_0이고, S를 열었을 때 회로상의 점 a, b 사이의 전위차는 $\frac{3}{4}V$이다.

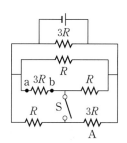

이에 대한 설명으로 옳은 것만을 〈보기〉에서 있는 대로 고른 것은?

┌─ 보기 ┐
ㄱ. S를 열었을 때 회로의 소비 전력은 $\frac{11}{12}P_0$이다.
ㄴ. 전원의 전압은 V이다.
ㄷ. S를 닫았을 때 A만을 저항값이 $4R$인 저항으로 바꾸면 회로의 소비 전력은 감소한다.
└──────┘

① ㄴ   ② ㄷ   ③ ㄱ, ㄴ   ④ ㄱ, ㄷ   ⑤ ㄱ, ㄴ, ㄷ

07
▶25070-0110

그림 (가)는 원통형 금속 막대 A, B, C와 전압이 V인 전원으로 구성한 회로를 나타낸 것이고, (나)는 단면적과 비저항이 같은 A, B를 각각 동일한 전원에 연결하였을 때 전압과 전류의 관계를 나타낸 것이다. C의 길이는 A와 같고 단면적과 비저항은 각각 A의 $\frac{1}{2}$배이다.

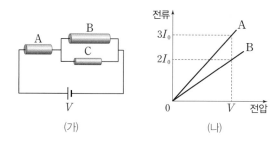

(가)   (나)

이에 대한 설명으로 옳은 것만을 〈보기〉에서 있는 대로 고른 것은?

┌─ 보기 ┐
ㄱ. 저항값은 B가 C의 $\frac{3}{2}$배이다.
ㄴ. 전류의 세기는 A에서가 C에서의 $\frac{5}{3}$배이다.
ㄷ. B와 C에서 소비되는 전력의 합은 A에서 소비되는 전력보다 크다.
└──────┘

① ㄴ   ② ㄷ   ③ ㄱ, ㄴ   ④ ㄱ, ㄷ   ⑤ ㄱ, ㄴ, ㄷ

08
▶25070-0111

그림과 같이 스위치 S_1, S_2, 저항값이 동일한 전구 A, B, C, 저항값이 R인 저항 2개, 전압이 V인 전원, 전류계로 회로를 구성하였다. 표는 S_1, S_2의 열림과 닫힘의 상태를 조건에 따라 나타낸 것이다. Ⅰ에서 A, B, C의 소비 전력은 모두 같다. p, q는 각각 회로상의 한 점이다.

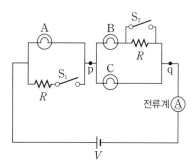

조건	S_1, S_2의 상태
Ⅰ	모두 닫힘
Ⅱ	S_1 닫힘, S_2 열림
Ⅲ	S_1 열림, S_2 닫힘
Ⅳ	모두 열림

이에 대한 설명으로 옳은 것만을 〈보기〉에서 있는 대로 고른 것은?

┌─ 보기 ┐
ㄱ. Ⅱ에서 소비 전력은 A가 B보다 크다.
ㄴ. p, q 사이의 전위차는 Ⅰ에서가 Ⅳ에서의 $\frac{5}{4}$배이다.
ㄷ. 전류계에 흐르는 전류의 세기는 Ⅱ에서가 Ⅲ에서보다 크다.
└──────┘

① ㄱ   ② ㄴ   ③ ㄱ, ㄷ   ④ ㄴ, ㄷ   ⑤ ㄱ, ㄴ, ㄷ

01

▶ 25070-0112

그림과 같이 길이가 l로 같고 단면적이 동일한 원통형 금속 막대 A, B, C와 스위치 S를 전압이 V인 전원에 연결하여 회로를 구성하였다. A, B, C를 전압이 V인 전원에 각각 연결했을 때 1초 동안 A, B, C에서 소모되는 전기 에너지는 각각 $6E_0, 3E_0, 2E_0$이고 A의 저항값은 $2R$이다.

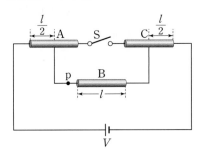

이에 대한 설명으로 옳은 것만을 〈보기〉에서 있는 대로 고른 것은?

┌ 보기 ┐
ㄱ. 비저항은 B가 A의 2배이다.
ㄴ. 회로상의 점 p에 흐르는 전류의 세기는 S를 닫은 후가 S를 닫기 전의 $\frac{2}{3}$배이다.
ㄷ. S를 닫은 후 1초 동안 B에서 소모되는 전기 에너지는 $\frac{E_0}{3}$이다.

① ㄴ   ② ㄷ   ③ ㄱ, ㄴ   ④ ㄱ, ㄷ   ⑤ ㄱ, ㄴ, ㄷ

02

▶ 25070-0113

그림 (가)와 같이 저항값이 같은 6개의 저항과 전류계, 전압이 일정한 전원으로 구성한 회로에서 스위치가 p에 연결되어 있다. 그림 (나)는 (가)에서 스위치를 q에 연결한 것을 나타낸 것이다. (가), (나)에서 전류계에 흐르는 전류의 세기는 각각 I_1, I_2이고, 저항 A의 소비 전력은 각각 P_1, P_2이다.

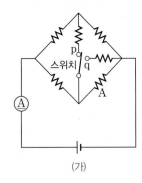
(가)

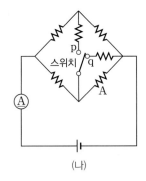
(나)

$I_1 : I_2$와 $P_1 : P_2$로 옳은 것은?

	$I_1 : I_2$	$P_1 : P_2$
①	6 : 7	4 : 9
②	6 : 7	9 : 4
③	7 : 6	4 : 9
④	7 : 6	9 : 4
⑤	1 : 2	4 : 1

03

▶25070-0114

그림과 같이 전구 A_1, A_2, A_3과 전구 B_1, B_2, B_3, 스위치 S를 전압이 100 V인 전원에 연결하여 회로를 구성하였다. p는 회로상의 점이다. 전압이 100 V인 전원에 A_1, A_2, A_3을 각각 단독으로 연결했을 때 소비 전력은 100 W이고, B_1, B_2, B_3을 전압이 100 V인 전원에 각각 단독으로 연결했을 때 소비 전력은 200 W이다.

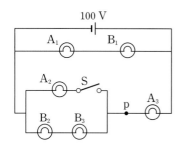

이에 대한 설명으로 옳은 것만을 〈보기〉에서 있는 대로 고른 것은?

┌ 보기 ┐
ㄱ. 저항값은 A_1이 B_1의 2배이다.
ㄴ. S를 닫았을 때 소비 전력은 B_2가 B_1보다 크다.
ㄷ. p에 흐르는 전류의 세기는 S를 닫기 전이 S를 닫은 후의 $\frac{1}{2}$배이다.

① ㄱ   ② ㄴ   ③ ㄱ, ㄷ   ④ ㄴ, ㄷ   ⑤ ㄱ, ㄴ, ㄷ

04

▶25070-0115

그림 (가)는 y축 방향으로 균일한 전기장이 형성된 xy 평면의 영역 Ⅰ, Ⅱ에서의 전위를 위치 y에 따라 나타낸 것이고, (나), (다)는 질량과 전하량이 각각 같은 입자 A, B가 각각 y축상의 $y=y_0$, $y=3d$인 점에서 $+x$방향의 속력 v_0으로 Ⅰ, Ⅱ에 동시에 입사하는 것을 나타낸 것이다. (나), (다)에서 A, B는 각각 등가속도 운동을 하여 좌표 $(2d, 2d)$인 점 p에 동시에 도달한다. A의 질량과 전하량의 크기는 각각 m, q이다.

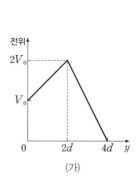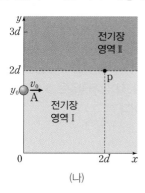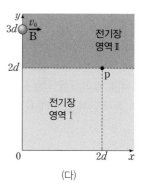

(가)   (나)   (다)

이에 대한 설명으로 옳은 것만을 〈보기〉에서 있는 대로 고른 것은? (단, A, B에는 각각 균일한 전기장에 의한 전기력만 작용한다.)

┌ 보기 ┐
ㄱ. $y_0=\frac{3}{2}d$이다.
ㄴ. A, B가 각각 (나), (다)의 전기장 영역에 입사한 순간부터 p에 도달할 때까지 Ⅱ에서 전기력이 B에 한 일은 Ⅰ에서 전기력이 A에 한 일의 2배이다.
ㄷ. $V_0=\frac{mv_0^2}{2q}$이다.

① ㄱ   ② ㄴ   ③ ㄱ, ㄷ   ④ ㄴ, ㄷ   ⑤ ㄱ, ㄴ, ㄷ

05

▶ 25070-0116

그림과 같이 저항값이 R인 저항 2개, 저항값이 $2R$인 저항 4개로 회로를 구성하였다. 단자 a, b, c 중 b, c를 전압이 V_0인 전원 장치에 연결했을 때 회로의 소비 전력은 P_0이고, 저항값이 R인 저항 A의 양단에 걸린 전압은 V이다. p는 회로상의 점이다.

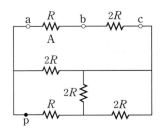

이에 대한 설명으로 옳은 것만을 〈보기〉에서 있는 대로 고른 것은?

| 보기 |
ㄱ. 전압이 V_0인 전원 장치를 a, c에 연결했을 때 회로의 소비 전력은 $\dfrac{P_0}{4}$이다.

ㄴ. 전압이 V_0인 전원 장치를 a, c에 연결했을 때 A 양단에 걸린 전압은 $\dfrac{2}{3}V$이다.

ㄷ. p에 흐르는 전류의 세기는 전압이 V_0인 전원 장치를 a, c에 연결했을 때와 b, c에 연결했을 때가 같다.

① ㄱ   ② ㄴ   ③ ㄱ, ㄷ   ④ ㄴ, ㄷ   ⑤ ㄱ, ㄴ, ㄷ

06

▶ 25070-0117

그림과 같이 저항 R_1, R_2, 원통형 금속 막대 P, Q, 전압계 A, B, 스위치 S를 전압이 일정한 전원 장치에 연결하여 회로를 구성하였다. 표는 P, Q의 비저항, 길이, 단면적을 나타낸 것이다. Q의 저항값은 3 Ω이고, 전압계의 측정값은 S가 열려 있을 때 A가 B의 2배이며, S가 닫혀 있을 때 B가 A의 2배이다.

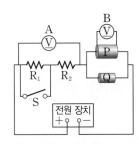

금속 막대	비저항	길이	단면적
P	2ρ	$3l$	$3S$
Q	ρ	$2l$	$2S$

이에 대한 설명으로 옳은 것만을 〈보기〉에서 있는 대로 고른 것은?

| 보기 |
ㄱ. R_1의 저항값은 3 Ω이다.
ㄴ. R_2의 소비 전력은 S가 닫혀 있을 때가 열려 있을 때의 4배이다.
ㄷ. S가 열려 있을 때 R_1에 흐르는 전류의 세기는 P에 흐르는 전류의 세기의 2배이다.

① ㄱ   ② ㄷ   ③ ㄱ, ㄴ   ④ ㄴ, ㄷ   ⑤ ㄱ, ㄴ, ㄷ

테마 08 트랜지스터와 축전기

① 트랜지스터

(1) **트랜지스터**: p-n 접합 반도체에 p형 반도체나 n형 반도체를 추가하여 만든 반도체 소자이다.

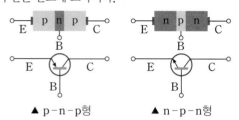

▲ p-n-p형   ▲ n-p-n형

① **구조**: 이미터(E), 베이스(B), 컬렉터(C)의 세 개의 단자가 있고 이미터와 컬렉터 사이의 베이스는 두께가 수 μm 정도로 매우 얇게 제작된다.

② **역할**: 트랜지스터는 회로에서 증폭 작용과 스위칭 작용을 한다.

(2) **트랜지스터의 작동 원리**: 그림과 같이 n-p-n형 트랜지스터의 이미터와 베이스 사이에 순방향 전압 V_{BE}를 걸고 컬렉터와 베이스 사이에 역방향 전압

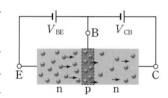

V_{CB}를 걸면 베이스에서 이미터로 전류가 흐른다. 이미터에서 베이스로 이동하는 전자의 대부분이 얇은 베이스를 지나 컬렉터로 이동하여 컬렉터에도 전류가 흐르게 된다. 이미터와 베이스에 역방향 전압을 걸어 베이스에 전류가 흐르지 않으면 컬렉터에 흐르는 전류도 0이 된다. 이처럼 트랜지스터는 베이스에 흐르는 전류를 이용하여 컬렉터에 흐르는 전류를 조절할 수 있다.

- 이미터에 흐르는 전류의 세기 I_E는 베이스에 흐르는 전류의 세기 I_B와 컬렉터에 흐르는 전류의 세기 I_C의 합이다.
  ➡ $I_E = I_B + I_C$

(3) **증폭 작용**: 트랜지스터의 베이스가 매우 얇고, $V_{BE} \ll V_{CB}$이므로 이미터에서 이동한 전자의 대부분은 베이스를 지나 컬렉터로 흐른다. 따라서 $I_B \ll I_C$이고, I_B의 작은 변화가 I_C의 큰 변화를 유도하여 베이스에 흐르는 작은 교류 신호를 컬렉터에서 크게 증폭할 수 있다.

- 전류 증폭률(β): I_B에 대한 I_C의 비이다. ➡ $\beta = \dfrac{I_C}{I_B}$

(4) **스위칭 작용**: 베이스에 전류가 흐르면 컬렉터에도 전류가 흐르고, 베이스에 전류가 흐르지 않으면 컬렉터에도 전류가 흐르지 않는다. 이처럼 트랜지스터를 이용해 회로의 전류 흐름 여부를 조절하는 것을 스위칭 작용이라고 한다. 디지털 논리 회로에서 스위칭 작용을 이용해 회로의 전류 흐름 여부를 제어할 수 있다.

(5) **바이어스 전압**: 트랜지스터를 원활하게 작동시키기 위해서는 이미터와 베이스, 베이스와 컬렉터 사이에 적절한 전압을 걸어 주어야 하는데, 이 전압을 바이어스 전압이라고 한다.

① **바이어스 전압을 걸지 않았을 때**: p-n-p형 트랜지스터에서 이미터와 베이스 단자에 바이어스 전압이 걸려 있지 않은 상태에서는 입력된 교류 신호의 (+)쪽 신호(순방향 전압)에만 반응하여 컬렉터 전류가 흐르고, (-)쪽 신호(역방향 전압)에는 컬렉터 전류가 흐르지 않는다.

② **바이어스 전압을 걸었을 때**: 베이스에 공급되는 신호 전압의 진폭이 0.1 V라고 할 때 이미터와 베이스 사이에 바이어스 전압을 1.0 V 걸어 주면 (+)쪽은 바이어스 전압과 신호 전압이 더한 값인 1.1 V가 되고, (-)쪽은 바이어스 전압에서 신호 전압을 뺀 값인 0.9 V가 되므로 모든 신호가 증폭되어 출력된다.

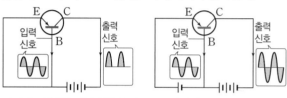

▲ 바이어스 전압을 걸지 않았을 때   ▲ 바이어스 전압을 걸었을 때

③ **증폭 회로에서 바이어스 전압**: n-p-n형 트랜지스터를 전원에 연결하여 일정한 전류 증폭률로 작동시킬 때 베이스와 이미터 사이의 일정한 전압을 V_{BE}로, 컬렉터와 이미터 사이의 일정한 전압을 V_{CE}로 정해 놓고 이때 이미터 단자 전위를 V_E로 정하면, 베이스 단자 전위는 $V_B = V_E + V_{BE}$이고 컬렉터 단자 전위는 $V_C = V_E + V_{CE}$이다.

④ **전압 분할로 바이어스 전압 결정하기**: 그림과 같은 회로에서 I_B가 매우 작다면, V_{CC}를 두 저항 $R_1 : R_2$로 분할하여

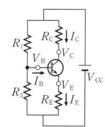

$V_B = \dfrac{R_2}{R_1 + R_2} V_{CC}$가 되도록 하는 R_1과 R_2를 선택한다. 또 $R_E = \dfrac{V_E}{I_E} \fallingdotseq \dfrac{V_E}{I_C}$,

$R_C = \dfrac{V_{CC} - V_C}{I_C}$가 되도록 R_E, R_C를 선택한다. 이처럼 트랜지스터의 각 단자에 적절한 저항을 추가하는 방법으로 V_{CC}를 분할하여 바이어스 전압을 결정할 수 있다.

② 축전기

(1) **평행판 축전기**: 평행한 두 금속판에 전하를 모아 전기 에너지를 저장할 수 있는 장치로, 전하를 모으는 충전 과정과 전하를 방출하는 방전 과정이 있다.

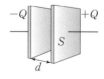

① **전기 용량(C)**: 축전기에 충전되는 전하량 Q는 두 극판 사이의 전위차 V에 비례한다. ➡ $Q = CV$ (C: 전기 용량)

- 전기 용량 C는 극판의 면적 S에 비례하고, 극판 사이의 간격 d에 반비례한다.
  ➡ $C = \varepsilon \dfrac{S}{d}$ (ε: 유전율)

② 축전기 내부에서 전기장: 극판 간격이 d인 평행판 축전기에 전원을 연결하면 두 금속판에는 전원의 전압과 같은 전위차(V)가 형성될 때까지 양($+$)전하, 음($-$)전하가 저장되고, 완전히 충전된 후에는 전류가 흐르지 않는다. 이때 두 금속판 사이에는 균일한 전기장(E)이 형성된다. ➡ $V=Ed$

(2) 유전체의 역할

① 유전체: 유리, 종이, 나무, 플라스틱과 같은 부도체

② 축전기 속에 유전체를 넣으면 유전체의 유전 분극에 의해 축전기에 전하를 더 많이 모을 수 있다.

③ 유전체와 전기 용량: 유전율이 ε인 유전체를 축전기 속에 넣으면 전기 용량은 진공 상태일 때의 $\dfrac{\varepsilon}{\varepsilon_0}$배가 된다.($\varepsilon_0$: 진공의 유전율)

(3) 평행판 축전기에서 극판 간격이 변하는 경우

스위치를 열고 축전기의 극판 간격을 증가시킨 경우	스위치를 닫고 축전기의 극판 간격을 증가시킨 경우
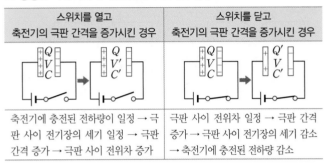	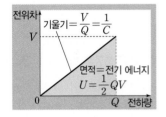
축전기에 충전된 전하량이 일정 → 극판 사이 전기장의 세기 일정 → 극판 간격 증가 → 극판 사이 전위차 증가	극판 사이 전위차 일정 → 극판 간격 증가 → 극판 사이 전기장의 세기 감소 → 축전기에 충전된 전하량 감소

(4) 축전기의 전기 에너지

① 충전 과정: 전기 용량이 C인 축전기에 전압이 일정한 전원을 연결하면 전하가 축전기 극판의 양단에 모이는 동안 전하량 Q와 축전기 양 극판의 전위차 V가 비례하여 충전된다.

기울기$=\dfrac{V}{Q}=\dfrac{1}{C}$

면적$=$전기 에너지 $U=\dfrac{1}{2}QV$

② 전기 에너지: 전위차 – 전하량 그래프 아래의 면적과 같다.

$$U=\frac{1}{2}QV=\frac{1}{2}CV^2=\frac{1}{2}\frac{Q^2}{C}$$

(5) 축전기의 이용

① 에너지 저장 장치로 축전기를 활용한 사례

- 카메라 플래시: 축전기에 저장된 전기 에너지를 이용하여 짧은 시간 동안 강한 빛을 낼 수 있다.
- 자동 제세동기(심장 충격기): 축전기에 저장된 전기 에너지를 순간적으로 한꺼번에 방전시켜 심장 부근에 강한 전류를 흘려 심장 기능을 회복시킬 수 있다.

② 전기 용량의 변화를 활용한 사례

- 키보드: 컴퓨터 키보드의 글자판에는 글자판과 연결된 금속판과 고정된 금속판이 연결되어 나란하게 배치되어 있다. 따라서 글자판을 누르면 두 금속판 사이의 간격이 줄어 전기 용량이 증가하고 전류의 변화를 인식하여 글자를 입력한다.

▲ 키보드

- 콘덴서 마이크: 전지에 연결된 두 금속판이 나란하게 배치되어 있어 소리에 의해 얇은 금속판이 진동할 때 두 금속판 사이의 간격이 달라지면 전기 용량이 변하게 된다.
- 터치스크린: 유리 한쪽 표면의 전도성을 높게 만든 후 작은 전위차를 걸어 주어 균일한 전기장을 만들고 손가락과 같은 도체가 유리 표면에 닿으면 유리 표면의 전하량이 변하여 유리 사이에 형성된 균일한 전기장이 변한다. 이때 유리판의 네 모서리에 있는 센서가 전기장의 변화를 감지하여 손가락의 위치를 인식한다.

더 알기 축전기의 직렬연결과 병렬연결

● 축전기의 직렬연결

① 축전기를 직렬연결하면 전원에 의해 양 끝에 있는 극판에 전하가 충전된다. 이때 중간에 있는 극판 사이에는 정전기 유도에 의해 전하가 유도되어 충전되고, 축전기를 직렬연결하면 두 극판 사이의 간격이 증가하는 것과 같은 효과를 낸다.

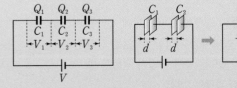

② 전체 전하량은 하나의 축전기에 충전된 전하량과 같다.

$$Q=Q_1=Q_2=Q_3$$

③ $V=V_1+V_2+V_3$이므로 합성 전기 용량 C는 C_1, C_2, C_3 중 가장 작은 것보다 작다.

$$\frac{1}{C}=\frac{1}{C_1}+\frac{1}{C_2}+\frac{1}{C_3}$$

● 축전기의 병렬연결

① 축전기를 병렬연결하면 축전기 양단에 걸리는 전압은 같고, 축전기의 면적이 넓어지는 것과 같은 효과를 낸다.

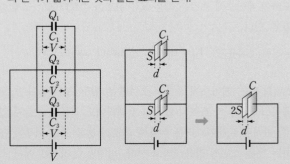

② 전체 전하량은 각 축전기에 충전된 전하량의 합과 같다.

$$Q=Q_1+Q_2+Q_3$$

③ 합성 전기 용량 C는 다음과 같고, C_1, C_2, C_3 중 가장 큰 것보다 크다.

$$C=C_1+C_2+C_3$$

| 2025학년도 대수능 |

그림 (가)는 극판 사이의 간격, 극판의 면적이 같은 평행판 축전기 A, B를 전원 장치에 연결한 것을 나타낸 것이다. B 내부의 절반은 유전율이 ε_1인 유전체로 채워져 있다. 그림 (나)는 (가)에서 축전기에 저장된 전기 에너지를 전원 장치의 전압에 따라 나타낸 것으로, ㉠, ㉡은 각각 A, B 중 하나이다.

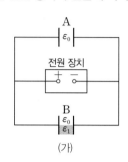
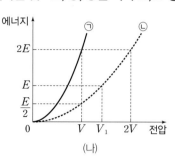

(가)   (나)

이에 대한 설명으로 옳은 것만을 〈보기〉에서 있는 대로 고른 것은? (단, ε_0은 진공의 유전율이고, $\varepsilon_1 > \varepsilon_0$이다.)

┌─ 보기 ┐
ㄱ. $V_1 = \sqrt{2}V$이다.
ㄴ. ㉠은 B이다.
ㄷ. $\varepsilon_1 = 7\varepsilon_0$이다.
└─────┘

① ㄱ　　　② ㄴ　　　③ ㄱ, ㄷ　　　④ ㄴ, ㄷ　　　⑤ ㄱ, ㄴ, ㄷ

접근 전략

축전기의 전기 용량이 C, 축전기 양단에 걸리는 전압이 V일 때, 축전기에 저장된 전기 에너지는 $E = \frac{1}{2}CV^2$이다.

간략 풀이

㉠ 동일한 축전기에 저장된 전기 에너지는 전압의 제곱에 비례한다. 따라서 $V_1 = \sqrt{2}V$이다.

㉡ 축전기 양단에 걸리는 전압이 같을 때 축전기에 저장된 전기 에너지는 축전기의 전기 용량에 비례한다. B의 절반은 유전체로 채워져 있으므로 전기 용량은 A가 B보다 작다. 따라서 ㉠은 B이고 ㉡은 A이다.

㉢ 축전기의 전기 용량은 B가 A의 4배이다. 따라서 $\frac{1}{2}(\varepsilon_0 + \varepsilon_1) = 4\varepsilon_0$에서 $\varepsilon_1 = 7\varepsilon_0$이다.

정답 | ⑤

닮은 꼴 문제로 유형 익히기

정답과 해설 26쪽

▶25070-0118

그림 (가)는 극판 사이의 간격, 극판의 면적이 같은 평행판 축전기 A, B를 전원 장치에 연결한 것을 나타낸 것이다. B 내부의 절반은 유전율이 ε_1인 유전체로 채워져 있다. 그림 (나)는 (가)에서 축전기에 저장된 전하량을 전원 장치의 전압에 따라 나타낸 것으로, ㉠, ㉡은 각각 A, B 중 하나이다.

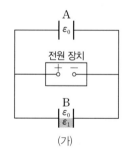
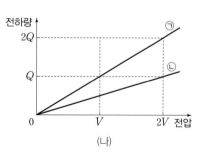

(가)   (나)

이에 대한 설명으로 옳은 것만을 〈보기〉에서 있는 대로 고른 것은? (단, ε_0은 진공의 유전율이고, $\varepsilon_1 > \varepsilon_0$이다.)

┌─ 보기 ┐
ㄱ. ㉠은 B이다.
ㄴ. $\varepsilon_1 = 3\varepsilon_0$이다.
ㄷ. 전원 장치의 전압이 V일 때, 축전기에 저장된 전기 에너지는 B가 A의 4배이다.
└─────┘

① ㄱ　　　② ㄷ　　　③ ㄱ, ㄴ　　　④ ㄴ, ㄷ　　　⑤ ㄱ, ㄴ, ㄷ

유사점과 차이점

평행판 축전기를 전원 장치에 연결한 부분은 동일하나, 축전기에 저장된 전하량을 전원 장치의 전압에 따라 제시한 부분이 다르다.

배경 지식

축전기의 전기 용량이 C, 축전기 양단에 걸리는 전압이 V일 때, 축전기에 저장된 전하량은 $Q = CV$이고, 축전기에 저장된 전기 에너지는 $E = \frac{1}{2}CV^2$이다.

01
▶25070-0119

그림과 같이 반도체 A, B, C를 접합하여 만든 트랜지스터가 전류를 증폭하고 있다. A, B, C가 연결된 도선에는 각각 세기가 I_A, I_B, I_C인 전류가 화살표 방향으로 흐르고 있다. A, B, C는 각각 p형 반도체 또는 n형 반도체 중 하나이다.

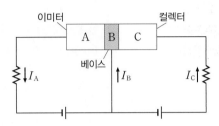

이에 대한 설명으로 옳은 것만을 〈보기〉에서 있는 대로 고른 것은?

보기
ㄱ. A는 p형 반도체이다.
ㄴ. 베이스와 컬렉터 사이에는 역방향의 전압이 걸려있다.
ㄷ. $I_A = I_B + I_C$이다.

① ㄴ ② ㄷ ③ ㄱ, ㄴ ④ ㄱ, ㄷ ⑤ ㄴ, ㄷ

02
▶25070-0120

그림과 같이 트랜지스터, 저항, 전압이 일정한 전원으로 구성된 회로에서 트랜지스터가 전류를 증폭하고 있다.

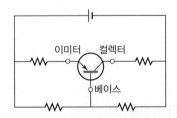

이에 대한 설명으로 옳은 것만을 〈보기〉에서 있는 대로 고른 것은?

보기
ㄱ. 트랜지스터는 p-n-p형 트랜지스터이다.
ㄴ. 이미터 단자의 전위는 베이스 단자의 전위보다 높다.
ㄷ. 이미터 단자에 흐르는 전류의 세기는 컬렉터 단자에 흐르는 전류의 세기보다 크다.

① ㄱ ② ㄴ ③ ㄷ ④ ㄴ, ㄷ ⑤ ㄱ, ㄴ, ㄷ

03
▶25070-0121

그림과 같이 트랜지스터 A와 저항 R_1, R_2, 전압이 일정한 전원으로 구성된 회로에서 트랜지스터가 전류를 증폭하고 있다. E, B, C는 각각 트랜지스터의 이미터, 베이스, 컬렉터에 연결된 단자이고, 트랜지스터의 전류 증폭률은 100이다.

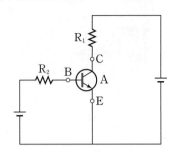

이에 대한 설명으로 옳은 것만을 〈보기〉에서 있는 대로 고른 것은?

보기
ㄱ. A는 n-p-n형 트랜지스터이다.
ㄴ. B는 E보다 전위가 높다.
ㄷ. R_1에 흐르는 전류의 세기는 R_2에 흐르는 전류의 세기의 100배이다.

① ㄱ ② ㄷ ③ ㄱ, ㄴ ④ ㄴ, ㄷ ⑤ ㄱ, ㄴ, ㄷ

04
▶25070-0122

그림은 트랜지스터가 전류를 증폭하여 마이크에 입력된 신호를 스피커로 출력하고 있는 회로를 나타낸 것으로 X는 p형 반도체 또는 n형 반도체 중의 하나이다. R_1은 가변 저항이고, R_2, R_3은 전기 저항값이 일정한 저항이다.

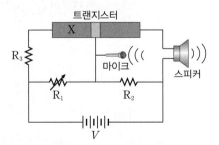

이에 대한 설명으로 옳은 것만을 〈보기〉에서 있는 대로 고른 것은?

보기
ㄱ. X는 p형 반도체이다.
ㄴ. 마이크에 흐르는 전류의 세기는 스피커에 흐르는 전류의 세기보다 작다.
ㄷ. R_1의 전기 저항값을 증가시키면, 이미터와 베이스에 걸리는 바이어스 전압이 감소한다.

① ㄱ ② ㄷ ③ ㄱ, ㄴ ④ ㄴ, ㄷ ⑤ ㄱ, ㄴ, ㄷ

05
▶ 25070-0123

그림 (가)는 극판 사이의 간격이 d이고, 극판의 면적이 같은 평행판 축전기 A, B를 전압이 V로 일정한 전원에 연결하여 완전히 충전시킨 것을 나타낸 것이다. 그림 (나)는 (가)에서 B의 극판 사이의 간격만을 $2d$로 증가시킨 후 A, B를 완전히 충전시킨 것을 나타낸 것이다.

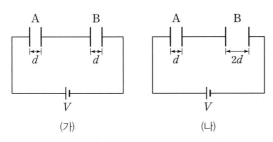

이에 대한 설명으로 옳은 것만을 〈보기〉에서 있는 대로 고른 것은? (단, 축전기 내부는 진공이다.)

보기
ㄱ. (가)에서 A와 B에 충전된 전하량은 같다.
ㄴ. B의 전기 용량은 (가)에서가 (나)에서의 2배이다.
ㄷ. A에 저장된 전기 에너지는 (가)에서와 (나)에서가 같다.

① ㄱ   ② ㄷ   ③ ㄱ, ㄴ   ④ ㄴ, ㄷ   ⑤ ㄱ, ㄴ, ㄷ

06
▶ 25070-0124

그림은 극판의 면적, 극판 사이의 간격이 같은 평행판 축전기 A, B가 전압이 V로 일정한 전원에 연결되어 완전히 충전된 것을 나타낸 것이다. A, B 내부에는 유전율이 각각 ε_0, $2\varepsilon_0$인 유전체가 채워져 있다.

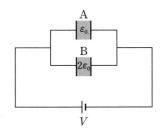

이에 대한 설명으로 옳은 것만을 〈보기〉에서 있는 대로 고른 것은?

보기
ㄱ. 축전기의 전기 용량은 A가 B의 2배이다.
ㄴ. 축전기에 충전된 전하량은 B가 A의 2배이다.
ㄷ. 축전기에 저장된 전기 에너지는 A가 B의 2배이다.

① ㄴ   ② ㄷ   ③ ㄱ, ㄴ   ④ ㄱ, ㄷ   ⑤ ㄴ, ㄷ

07
▶ 25070-0125

그림 (가)는 전압이 V로 일정한 전원에 극판 사이의 간격이 d이고 극판의 면적이 같은 평행판 축전기, 스위치 S를 연결하고 S를 닫아 완전히 충전시킨 것을 나타낸 것이다. 그림 (나)는 (가)에서 S를 열고 극판 사이의 간격을 $2d$로 증가시킨 것을 나타낸 것이다.

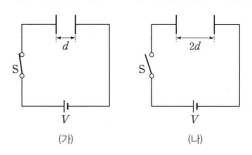

(가)   (나)

이에 대한 설명으로 옳은 것만을 〈보기〉에서 있는 대로 고른 것은? (단, 축전기 내부는 진공이다.)

보기
ㄱ. 축전기의 전기 용량은 (가)에서가 (나)에서의 2배이다.
ㄴ. 축전기에 충전된 전하량은 (가)에서와 (나)에서가 같다.
ㄷ. 축전기에 저장된 전기 에너지는 (가)에서가 (나)에서의 2배이다.

① ㄱ   ② ㄷ   ③ ㄱ, ㄴ   ④ ㄴ, ㄷ   ⑤ ㄱ, ㄴ, ㄷ

08
▶ 25070-0126

다음은 축전기를 이용한 키보드에 대한 설명이다.

컴퓨터 키보드 중 축전기의 원리를 활용하는 정전식 키보드의 글자판 아래에는 글자판과 함께 움직이는 금속판과 고정된 금속판이 평행하게 연결되어 있다. 따라서 글자판을 누르면 두 금속판 사이의 간격이 줄어 축전기의 전기 용량이 (㉠) 컴퓨터가 이 변화를 인식하여 글자를 입력한다.

이에 대한 설명으로 옳은 것만을 〈보기〉에서 있는 대로 고른 것은?

보기
ㄱ. '증가하여'는 ㉠으로 적절하다.
ㄴ. 키보드의 금속판 면적이 증가하면 축전기의 전기 용량이 증가한다.
ㄷ. 키보드에 연결된 전압이 일정할 때, 키보드의 글자판을 누르면 축전기에 저장된 전기 에너지가 증가한다.

① ㄱ   ② ㄷ   ③ ㄱ, ㄴ   ④ ㄴ, ㄷ   ⑤ ㄱ, ㄴ, ㄷ

01

▶25070-0127

그림은 트랜지스터, 저항, 가변 저항 R, 전압이 일정한 전원을 이용하여 구성한 전류 증폭 회로에서 트랜지스터가 전류를 증폭하고 있다. E, B, C는 각각 이미터, 베이스, 컬렉터 단자이고, X는 p형 반도체 또는 n형 반도체 중 하나이다.

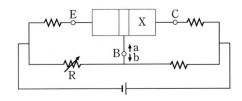

이에 대한 설명으로 옳은 것만을 〈보기〉에서 있는 대로 고른 것은?

보기
ㄱ. X는 p형 반도체이다.
ㄴ. B에 흐르는 전류의 방향은 a이다.
ㄷ. R의 저항값을 증가시키면 E에 흐르는 전류의 세기는 증가한다.

① ㄴ 　　② ㄷ 　　③ ㄱ, ㄴ 　　④ ㄱ, ㄷ 　　⑤ ㄴ, ㄷ

02

▶25070-0128

그림과 같이 마이크의 입력 신호가 트랜지스터 A에 의해 증폭되어 스피커로 전달되는 전류 증폭 회로를 구성하여 전류가 증폭되고 있다. X와 Y는 각각 A의 단자 중 하나이다. ⊙과 ⓒ은 마이크와 스피커를 순서 없이 나타낸 것이다.

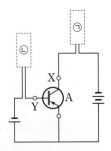

이에 대한 설명으로 옳은 것만을 〈보기〉에서 있는 대로 고른 것은?

보기
ㄱ. A는 n-p-n형 트랜지스터이다.
ㄴ. X에 흐르는 전류의 세기는 Y에 흐르는 전류의 세기보다 크다.
ㄷ. ⓒ은 마이크이다.

① ㄱ 　　② ㄷ 　　③ ㄱ, ㄴ 　　④ ㄴ, ㄷ 　　⑤ ㄱ, ㄴ, ㄷ

03

▶25070-0129

그림 (가)는 평행판 축전기 A, B를 전압이 일정한 전원에 연결하여 완전히 충전시킨 것을 나타낸 것이다. 두 극판의 면적은 A와 B가 같고 두 극판 사이의 간격은 A가 B의 2배이다. A, B의 내부에는 유전율이 각각 2ε, ε인 유전체가 채워져 있다. 그림 (나)는 (가)에서 스위치 S를 연 후, B의 극판 사이의 간격만을 2배로 증가시키고 충분한 시간이 지난 후의 회로를 나타낸 것이다.

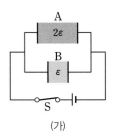
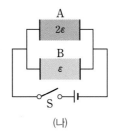

(가)   (나)

이에 대한 설명으로 옳은 것만을 〈보기〉에서 있는 대로 고른 것은?

| 보기 |
ㄱ. (가)에서 축전기의 전기 용량은 A가 B의 4배이다.
ㄴ. B의 양단에 걸리는 전압은 (가)에서가 (나)에서의 $\frac{3}{4}$배이다.
ㄷ. B에 저장된 전기 에너지는 (가)에서가 (나)에서의 $\frac{4}{9}$배이다.

① ㄴ   ② ㄷ   ③ ㄱ, ㄴ   ④ ㄱ, ㄷ   ⑤ ㄴ, ㄷ

04

▶25070-0130

그림 (가)와 같이 평행판 축전기 A, B를 전압이 V로 일정한 전원에 연결하여 완전히 충전시켰다. 그림 (나)는 A, B에 각각 걸리는 전압에 따라 A, B에 충전되는 전하량을 나타낸 것이다.

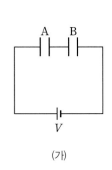
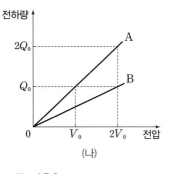

(가)   (나)

이에 대한 설명으로 옳은 것만을 〈보기〉에서 있는 대로 고른 것은?

| 보기 |
ㄱ. (가)에서 축전기에 충전된 전하량은 A가 B의 2배이다.
ㄴ. 축전기의 전기 용량은 A가 B의 2배이다.
ㄷ. (가)에서 축전기에 저장된 전기 에너지는 A가 B의 2배이다.

① ㄱ   ② ㄴ   ③ ㄱ, ㄷ   ④ ㄴ, ㄷ   ⑤ ㄱ, ㄴ, ㄷ

05

▶25070-0131

그림 (가)는 전압이 V로 일정한 전원에 극판 사이의 간격이 d인 평행판 축전기를 연결한 후 스위치 S를 닫아 축전기를 완전히 충전시킨 것을 나타낸 것이고, (나)는 (가)에서 S를 열고 축전기의 극판 사이의 간격을 $2d$로 증가시킨 것을, (다)는 (나)에서 S를 닫은 후 유전율이 $2\varepsilon_0$인 유전체를 채워 축전기를 완전히 충전시킨 것을 나타낸 것이다.

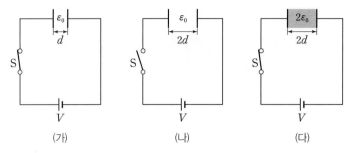

| (가) | (나) | (다) |

이에 대한 설명으로 옳은 것만을 〈보기〉에서 있는 대로 고른 것은? (단, ε_0은 진공의 유전율이다.)

> **보기**
> ㄱ. 축전기의 전기 용량은 (가)에서와 (다)에서가 같다.
> ㄴ. 축전기에 충전된 전하량은 (나)에서가 (다)에서의 2배이다.
> ㄷ. 축전기에 저장된 전기 에너지는 (나)에서가 (다)에서의 2배이다.

① ㄱ   ② ㄴ   ③ ㄱ, ㄷ   ④ ㄴ, ㄷ   ⑤ ㄱ, ㄴ, ㄷ

06

▶25070-0132

그림 (가)는 평행판 축전기 A, B, C, 스위치 S를 전압이 V로 일정한 전원에 연결한 후 S를 열고 A, B가 완전히 충전된 상태를, (나)는 (가)에서 S를 닫고 A, B, C가 완전히 충전된 상태를 나타낸 것이다. A, B, C의 극판의 면적은 같고, 극판 사이의 간격은 각각 d, $2d$, $2d$이다. A, B, C는 유전율이 각각 ε_0, $2\varepsilon_0$, ε_C인 유전체로 완전히 채워져 있고, (나)에서 축전기에 저장된 전기 에너지는 B가 C의 2배이다.

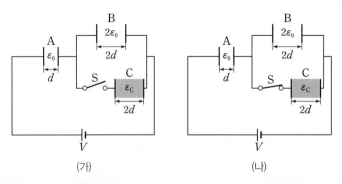

| (가) | (나) |

이에 대한 설명으로 옳은 것만을 〈보기〉에서 있는 대로 고른 것은? (단, ε_0은 진공의 유전율이다.)

> **보기**
> ㄱ. (가)에서 축전기에 저장된 전기 에너지는 A와 B가 같다.
> ㄴ. $\varepsilon_C = \varepsilon_0$이다.
> ㄷ. (나)에서 축전기에 저장되는 전하량은 B와 C가 같다.

① ㄱ   ② ㄷ   ③ ㄱ, ㄴ   ④ ㄴ, ㄷ   ⑤ ㄱ, ㄴ, ㄷ

① 자기장과 자기력선

(1) 자기장

① 자기력: 자석 주위에 쇠붙이나 다른 자석을 가까이 하면 서로 당기거나 미는 힘이 작용하는데, 이렇게 자석이 다른 물체와 상호 작용 하는 힘을 자기력이라 한다.

② 자기장: 자기력의 원인이 되는 장(field)을 자기장이라 한다.

▲ 막대자석 주위의 자기장

(2) 자기력선: 자기력선은 나침반 자침

의 N극이 가리키는 방향을 연속적으로 이은 선으로 자기력선이 조밀한 곳일수록 자기장의 세기가 크다. 막대자석 주위에 철가루를 뿌

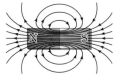

▲ 막대자석에 의한 자기력선

렸을 때, 자석 주위에 배열된 철가루의 모양으로 자기력선의 특징을 알 수 있다.

(3) 자기력선의 특징

① 자석의 N극에서 나와서 S극으로 들어가는 폐곡선이다.

② 서로 교차하거나 도중에 갈라지거나 끊어지지 않는다.

③ 자기력선 위의 한 점에서 그은 접선 방향이 그 점에서 자기장의 방향이다.

④ 같은 극과 다른 극 사이에서의 자기력선: 같은 극 사이에는 서로 밀어내는 방향의 자기력이 작용하고, 다른 극 사이에는 서로 당기는 방향의 자기력이 작용한다. 이때 자석 주위에서 자기력선의 모양은 그림과 같다.

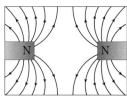

▲ 같은 극 사이의 자기력선　　　▲ 다른 극 사이의 자기력선

② 직선 전류에 의한 자기장

(1) 전류의 자기 작용: 전류가 흐르는 도선 주

위에는 자기장이 형성되며, 이와 같이 전류에 의해 자기장이 형성되는 것을 전류의 자기 작용이라 한다.

(2) 자기장의 세기: 전류가 흐르는 무한히 긴 직선 도선 주위에 만들

어지는 자기장의 세기 B는 전류의 세기 I에 비례하고, 도선으로부터의 거리 r에 반비례한다.

$$B=k\frac{I}{r} \text{ (단위: T, N/A·m, } k=2\times10^{-7} \text{ N/A}^2)$$

(3) 자기장의 방향: 무한히 긴 직선 도선에 전류가 흐르면 도선을 중

심으로 동심원 모양의 자기장이 만들어진다. 자기장의 방향은 오른손의 엄지손가락을 전류의 방향으로 향하게 할 때 나머지 네 손가락으로 도선을 감아쥐는 방향이다. 이것은 오른나사의 끝이 전류의 방향을 향하게 할 때 나사가 회전하는 방향과 일치한다.

(4) 나란한 두 직선 도선에 전류가 흐를 때 자기력선의 모양: 전류가 흐

르는 두 직선 도선이 같은 방향으로 나란하게 놓여 있는 경우 각각의 도선에 흐르는 전류에 의한 자기장이 서로 중첩된다. 이때 도선 주위에서 자기력선의 모양은 그림과 같다.

▲ 서로 반대 방향으로　　　▲ 서로 같은 방향으로
　 전류가 흐를 때　　　　　　전류가 흐를 때

더 알기　　직선 도선에 흐르는 전류에 의한 자기장 합성하기

그림 (가)와 같이 xy 평면에 수직으로 고정된 직선 도선 A, B에 세기가 각각 I_A, I_B인 전류가 흐른다. 원점 O에서 A, B, 점 p까지 거리는 같다.

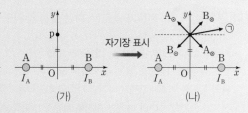

자기장 표시

(가)　　　　　　　　(나)

・p에서 A, B에 의한 합성 자기장의 방향

그림 (나)와 같이 A, B 각각에 의한 자기장을 나타내면 p에서 A, B에 의한 합성 자기장의 방향을 찾기 쉽다. 'A⊗'는 A의 전류의 방향이 xy 평면에 들어가는 방향(⊗)일 때 A에 의한 자기장이다.

① $I_A=I_B$일 때: 합성 자기장은 x축 또는 y축과 나란하다. A, B의 전류의 방향이 모두 '⊗'이면 합성 자기장의 방향은 $+x$방향이다.

② $I_A\neq I_B$일 때: 합성 자기장은 x, y축 모두에 나란하지 않다. 합성 자기장의 방향이 ㉠이면 A, B의 전류의 방향은 모두 '⊗' 이고 $I_A < I_B$이다.

③ 원형 전류에 의한 자기장

(1) 자기장의 모양

① 원형 도선을 매우 작게 자르면 각각의 조각들은 직선 도선에 가깝다. 이 때문에 원형 도선에 전류를 흐르게 하면 이러한 작은 직선 도선에 흐르는 전류에 의해 만들어진 각각의 자기장들이 합성된 자기장이 원형 도선 주위에 생긴다.

② 원형 도선을 이루는 직선 도선 근처에서 자기장의 모양은 원 모양이지만 도선에서 멀어지면 타원 모양이 되다가 원형 도선의 중심에서는 직선 모양이 된다.

(2) 자기장의 세기: 원형 도선 중심에서 자기장의 세기 B는 전류의 세기 I에 비례하고, 도선이 만드는 원의 반지름 r에 반비례한다.

$$B = k' \frac{I}{r} \ (\text{단위: T, N/A·m}, \ k' = 2\pi \times 10^{-7} \, \text{N/A}^2)$$

(3) 자기장의 방향: 원형 도선에 전류가 흐를 때 오른손의 엄지손가락을 전류의 방향으로 향하게 하고 나머지 네 손가락으로 도선을 감아쥘 때 네 손가락이 감아쥐는 방향으로 원형 도선 주위에 회전하는 모양의 자기장이 형성된다. 이때 원형 도선 중심에서 자기장의 방향은 엄지손가락을 제외한 네 손가락이 가리키는 방향이다.

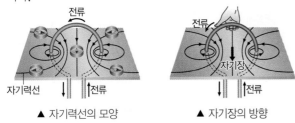

▲ 자기력선의 모양　　▲ 자기장의 방향

④ 솔레노이드에 흐르는 전류에 의한 자기장

(1) 솔레노이드에서의 자기장: 긴 원통에 원형 도선을 촘촘하게 감은 것을 솔레노이드라고 한다. 솔레노이드 내부에서는 솔레노이드의 중심축에 나란하고 균일한 자기장이 형성되고, 솔레노이드 외부에서는 막대자석이 만드는 자기장과 비슷한 모양의 자기장이 형성된다.

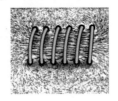

(2) 자기장의 세기: 솔레노이드가 충분히 길 경우, 그 내부에서는 방향과 세기가 일정한 균일한 자기장이 생긴다. 이때 내부에서 자기장의 세기 B는 전류의 세기 I에 비례하고, 단위 길이당 도선의 감은 수 n에 비례한다.

$$B = k''nI \ (\text{단위: T, N/A·m}, \ k'' = 4\pi \times 10^{-7} \, \text{N/A}^2)$$

(3) 자기장의 방향: 오른손의 네 손가락으로 솔레노이드에 흐르는 전류의 방향으로 코일을 감아쥘 때 엄지손가락이 가리키는 방향이 솔레노이드 내부에서의 자기장의 방향이다.

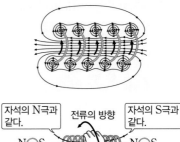

(4) 솔레노이드에 흐르는 전류에 의한 자기장의 특징

① 막대자석에 의한 자기장과 모양이 비슷하다.

② 내부에 균일한 자기장이 만들어진다.

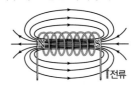 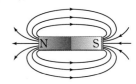

(5) 전자석의 자기장: 솔레노이드 속에 철, 니켈 등과 같은 강자성체로 만들어진 심을 넣으면 심을 넣기 전 솔레노이드에 흐르는 전류에 의한 자기장보다 훨씬 강한 자기장이 생기며 이것이 우리가 생활에서 사용하는 전자석이다.

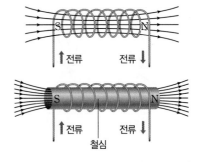

더 알기　전류가 흐르는 원형 도선 주위의 자기장 실험

• 원형 도선의 중심축과 동서를 연결하는 선을 일치시켜 전기 회로를 구성하고 원형 도선의 중심에 나침반을 놓은 후, 스위치를 닫고 가변 저항기의 저항값을 조절하여 전류의 세기를 변화시키면서 나침반 자침의 회전각을 측정한다.

• 전류가 증가함에 따라 나침반 자침의 회전각이 북쪽에서 동쪽 방향으로 점점 증가한다. 자침의 N극이 가리키는 방향은 지구에 의한 자기장 $B_{지구}$와 전류에 의한 자기장 $B_{전류}$의 벡터 합의 방향이다.

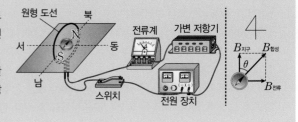

| 2025학년도 대수능 |

그림 (가)와 같이 xy 평면에 수직으로 y축상의 $y=-d$, $y=3d$에 고정된 무한히 긴 직선 도선 A, B에는 세기가 각각 I_A, I_B로 일정한 전류가 흐르고 있다. x축상의 $x=\sqrt{3}d$인 점 p에서 A, B에 의한 자기장은 세기가 B_0이고 방향은 $+y$방향이다. 그림 (나)는 (가)에서 A를 회전시켜 xy 평면상의 $y=-d$인 지점에 x축과 나란하게 고정시킨 것을 나타낸 것이다. 이에 대한 설명으로 옳은 것만을 〈보기〉에서 있는 대로 고른 것은?

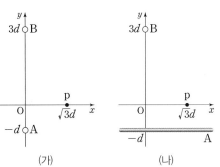

(가)　　　　(나)

┌ 보기 ┌
ㄱ. $I_A = I_B$이다.
ㄴ. (가)의 원점 O에서 A, B에 의한 자기장의 방향은 $-x$방향이다.
ㄷ. (나)의 p에서 A, B에 의한 자기장의 세기는 $\dfrac{\sqrt{13}}{2}B_0$이다.

① ㄱ　　② ㄷ　　③ ㄱ, ㄴ　　④ ㄴ, ㄷ　　⑤ ㄱ, ㄴ, ㄷ

닮은 꼴 문제로 유형 익히기

정답과 해설 29쪽

▶ 25070-0133

그림 (가)와 같이 xy 평면에 수직으로 고정되어 있는 무한히 긴 직선 도선 A, B, C에 일정한 전류가 흐르고 있다. 원점 O에서 B, C에 의한 자기장의 방향은 $+y$방향이고, O에서 A, B, C에 의한 자기장은 세기가 B_0이고, 방향은 x축과 45°의 각을 이룬다. 그림 (나)는 (가)에서 A를 회전시켜 y축상의 $y=2d$인 지점에 x축과 나란하게 고정시킨 것을 나타낸 것이다.

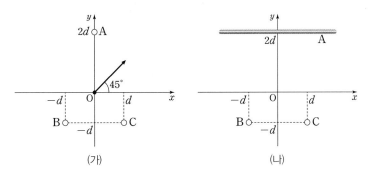

(가)　　　　(나)

이에 대한 설명으로 옳은 것만을 〈보기〉에서 있는 대로 고른 것은?

┌ 보기 ┌
ㄱ. (가)에서 A와 B에 흐르는 전류의 방향은 같다.
ㄴ. 도선에 흐르는 전류의 세기는 A에서가 C에서의 2배이다.
ㄷ. (나)의 O에서 A, B, C에 의한 자기장의 세기는 B_0이다.

① ㄱ　　② ㄷ　　③ ㄱ, ㄴ　　④ ㄴ, ㄷ　　⑤ ㄱ, ㄴ, ㄷ

01
▶25070-0134

그림은 xy 평면의 x축상에 수직으로 고정된 가늘고 무한히 긴 직선 도선 A, B에 같은 세기의 전류가 각각 흐를 때 도선 주위의 자기력선을 방향 표시 없이 나타낸 것이다. 점 p, q는 x축상의 점이고, 점 r는 y축상의 점이다. 원점 O에서 A와 B까지의 거리는 각각 같다.

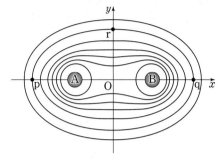

이에 대한 설명으로 옳은 것만을 〈보기〉에서 있는 대로 고른 것은?

┌─ 보기 ┌
ㄱ. 전류의 방향은 A에서와 B에서가 같다.
ㄴ. 자기장의 방향은 p에서와 q에서가 같다.
ㄷ. 자기장의 세기는 O에서가 r에서보다 작다.
└─────

① ㄱ   ② ㄴ   ③ ㄱ, ㄷ   ④ ㄴ, ㄷ   ⑤ ㄱ, ㄴ, ㄷ

02
▶25070-0135

그림과 같이 가늘고 무한히 긴 직선 도선 A, B를 각각 xy 평면의 y축과 나란하게 고정하였다. A에는 $+y$방향으로 세기가 I_0으로 일정한 전류가 흐르고, B에는 일정한 전류가 흐른다. 점 p, q는 x축상의 점이고, p에서 A, B에 흐르는 전류에 의한 자기장은 0이다.

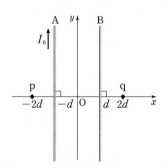

이에 대한 설명으로 옳은 것만을 〈보기〉에서 있는 대로 고른 것은?

┌─ 보기 ┌
ㄱ. B에 흐르는 전류의 방향은 $-y$방향이다.
ㄴ. B에 흐르는 전류의 세기는 $3I_0$이다.
ㄷ. A, B에 흐르는 전류에 의한 자기장의 방향은 원점 O와 q에서 같다.
└─────

① ㄱ   ② ㄷ   ③ ㄱ, ㄴ   ④ ㄴ, ㄷ   ⑤ ㄱ, ㄴ, ㄷ

03
▶25070-0136

그림과 같이 가늘고 무한히 긴 직선 도선 A, B가 xy 평면에 수직으로 각각 $x=0$, $x=2d$에 고정되어 있다. A에는 xy 평면에서 수직으로 나오는 방향으로 세기가 일정한 전류가 흐르고, B에는 일정한 전류가 흐른다. 점 p, q, r는 xy 평면상의 점이고, p에서 A, B에 흐르는 전류에 의한 자기장의 방향은 $+y$방향이다.

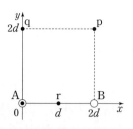

이에 대한 설명으로 옳은 것만을 〈보기〉에서 있는 대로 고른 것은?

┌─ 보기 ┌
ㄱ. B에 흐르는 전류의 방향은 xy 평면에 수직으로 들어가는 방향이다.
ㄴ. A, B에 흐르는 전류에 의한 자기장의 세기는 p에서가 q에서보다 작다.
ㄷ. r에서 A, B에 흐르는 전류에 의한 자기장의 방향은 $+y$방향이다.
└─────

① ㄱ   ② ㄷ   ③ ㄱ, ㄴ   ④ ㄴ, ㄷ   ⑤ ㄱ, ㄴ, ㄷ

04
▶25070-0137

그림 (가)는 종이면과 나란히 고정된 가늘고 무한히 긴 직선 도선 A에 세기가 I인 전류가 일정한 방향으로 흐르고 있는 것을, (나)는 (가)에서 종이면에 수직으로 고정된 가늘고 무한히 긴 직선 도선 B를 추가한 것을 나타낸 것이다. 점 P는 A로부터 r만큼 떨어진 곳이고, 점 Q는 A와 B로부터 각각 $2r$, r만큼 떨어져 있으며, 점 R는 A와 B로부터 각각 $2r$만큼 떨어진 곳이다. B에는 일정한 전류가 흐르고, (가)의 P와 (나)의 Q에서 전류에 의한 자기장의 세기는 B_0으로 같다. P, Q, R는 종이면 위의 지점이다.

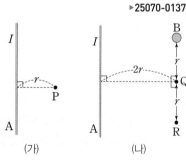

이에 대한 설명으로 옳은 것만을 〈보기〉에서 있는 대로 고른 것은?

┌─ 보기 ┌
ㄱ. (가)의 P에서 전류에 의한 자기장의 방향은 종이면에 수직이다.
ㄴ. B에 흐르는 전류의 세기는 $\frac{\sqrt{3}}{2}I$이다.
ㄷ. (나)의 R에서 A, B에 흐르는 전류에 의한 자기장의 세기는 $\frac{\sqrt{7}}{4}B_0$이다.
└─────

① ㄱ   ② ㄷ   ③ ㄱ, ㄴ   ④ ㄴ, ㄷ   ⑤ ㄱ, ㄴ, ㄷ

05

▶25070-0138

그림 (가)는 가늘고 무한히 긴 직선 도선 A, B가 xy 평면에 수직으로 고정되어 있는 것을, (나)는 (가)에서 B만 $+x$방향으로 d만큼 옮겨 고정시킨 것을 나타낸 것이다. A에는 세기가 I_0으로 일정한 전류가 xy 평면에서 수직으로 나오는 방향으로 흐르고, B에는 일정한 전류가 흐른다. 점 p, q는 x축상의 점이고, (가), (나)의 p에서 A, B에 흐르는 전류에 의한 자기장의 세기는 B_0으로 같다.

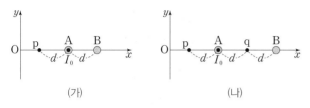

(가)   (나)

이에 대한 설명으로 옳은 것만을 〈보기〉에서 있는 대로 고른 것은?

┌ 보기 ┐
ㄱ. (가)의 p에서 A, B에 흐르는 전류에 의한 자기장의 방향은 $-y$방향이다.

ㄴ. B에 흐르는 전류의 세기는 $\dfrac{12}{5}I_0$이다.

ㄷ. q에서 A, B에 흐르는 전류에 의한 자기장의 세기는 $17B_0$이다.

① ㄴ   ② ㄷ   ③ ㄱ, ㄴ   ④ ㄱ, ㄷ   ⑤ ㄴ, ㄷ

06

▶25070-0139

그림과 같이 중심이 점 O이고 반지름이 각각 d, $3d$인 원형 도선 A, B가 종이면에 고정되어 있다. A에는 세기가 I_0인 전류가 시계 방향으로 흐른다. 표는 O에서 A, B에 흐르는 전류에 의한 자기장의 세기를 B에 흐르는 전류의 방향에 따라 나타낸 것으로 Ⅰ과 Ⅱ에서 B에 흐르는 전류의 세기는 각각 $I_Ⅰ$, $I_Ⅱ$로 일정하고, $B_Ⅰ$은 $B_Ⅱ$보다 작다.

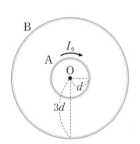

	B에 흐르는 전류의 방향	O에서 A, B에 흐르는 전류에 의한 자기장의 세기
Ⅰ	시계 방향	$2B_Ⅰ$
	시계 반대 방향	$B_Ⅰ$
Ⅱ	시계 방향	$2B_Ⅱ$
	시계 반대 방향	$B_Ⅱ$

이에 대한 설명으로 옳은 것만을 〈보기〉에서 있는 대로 고른 것은?

┌ 보기 ┐
ㄱ. Ⅰ의 O에서 A, B에 흐르는 전류에 의한 자기장의 방향은 일정하다.

ㄴ. $I_Ⅱ = 9I_Ⅰ$이다.

ㄷ. $3B_Ⅰ = B_Ⅱ$이다.

① ㄱ   ② ㄷ   ③ ㄱ, ㄴ   ④ ㄴ, ㄷ   ⑤ ㄱ, ㄴ, ㄷ

07

▶25070-0140

그림 (가)는 원점 O가 중심이고 xy 평면에 고정된 반지름이 r인 원형 도선 A에 시계 방향으로 일정한 전류가 흐르고, x축상의 $x=2d$인 점을 지나며 y축에 나란하게 고정된 가늘고 무한히 긴 직선 도선 B에 $+y$방향으로 세기가 I인 전류가 흐르고 있는 것을 나타낸 것이다. 그림 (나)는 (가)에서 A의 반지름만을 $2r$로 증가시킨 것을 나타낸 것이다. (가)와 (나)의 O에서 A, B에 흐르는 전류에 의한 자기장의 방향은 같고, 자기장의 세기는 (가)에서가 (나)에서의 $\dfrac{2}{3}$배이다.

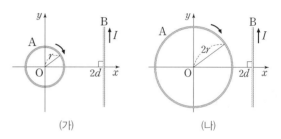

(가)   (나)

이에 대한 설명으로 옳은 것만을 〈보기〉에서 있는 대로 고른 것은?

┌ 보기 ┐
ㄱ. (가)의 O에서 B에 흐르는 전류에 의한 자기장의 세기는 A에 흐르는 전류에 의한 자기장의 세기의 2배이다.

ㄴ. (나)의 O에서 A, B에 흐르는 전류에 의한 자기장의 방향은 xy 평면에서 수직으로 나오는 방향이다.

ㄷ. (나)에서 B에 흐르는 전류의 방향만을 반대로 하면, O에서 A, B에 흐르는 전류에 의한 자기장의 세기는 (가)에서가 (나)에서의 $\dfrac{3}{5}$배이다.

① ㄱ   ② ㄷ   ③ ㄱ, ㄴ   ④ ㄴ, ㄷ   ⑤ ㄱ, ㄴ, ㄷ

08

▶25070-0141

그림과 같이 중심축이 x축이고 일정한 전류가 흐르는 솔레노이드의 전류에 의한 자기장을 방향 표시 없이 자기력선으로 나타내었다. p, q, r는 중심축상의 점이고, 점 s에서 솔레노이드의 전류에 의한 자기장의 방향은 $-x$방향이다. 솔레노이드에 흐르는 전류의 방향은 ⓐ 또는 ⓑ이다.

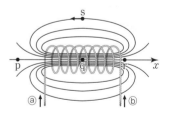

이에 대한 설명으로 옳은 것만을 〈보기〉에서 있는 대로 고른 것은?

┌ 보기 ┐
ㄱ. q에서 솔레노이드의 전류에 의한 자기장의 방향은 $+x$방향이다.

ㄴ. 솔레노이드에 흐르는 전류의 방향은 ⓐ이다.

ㄷ. 솔레노이드의 전류에 의한 자기장의 세기는 p에서가 r에서보다 작다.

① ㄱ   ② ㄷ   ③ ㄱ, ㄴ   ④ ㄴ, ㄷ   ⑤ ㄱ, ㄴ, ㄷ

수능 3점 테스트

01

▶25070-0142

그림과 같이 일정한 전류가 흐르는 가늘고 무한히 긴 직선 도선 A, B, C가 xy 평면에 수직으로 고정되어 있다. A, B에 흐르는 전류의 방향은 xy 평면에서 수직으로 나오는 방향이고, B에 흐르는 전류의 세기는 I_0이다. A, C에 흐르는 전류는 각각 일정하고, 원점 O에서 A, B, C에 흐르는 전류에 의한 자기장의 방향은 x축과 $45°$의 각을 이룬다. x축 상의 $x=d$인 점에서 A, B, C에 흐르는 전류에 의한 자기장의 방향은 $+x$방향이다.

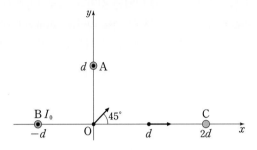

이에 대한 설명으로 옳은 것만을 〈보기〉에서 있는 대로 고른 것은?

┌ 보기 ┌
ㄱ. C에 흐르는 전류의 방향은 xy 평면에서 수직으로 나오는 방향이다.
ㄴ. O에서 A에 흐르는 전류에 의한 자기장의 세기는 B에 흐르는 전류에 의한 자기장의 세기보다 작다.
ㄷ. C에 흐르는 전류의 세기는 $\frac{2}{5}I_0$이다.

① ㄱ   ② ㄷ   ③ ㄱ, ㄴ   ④ ㄴ, ㄷ   ⑤ ㄱ, ㄴ, ㄷ

02

▶25070-0143

그림과 같이 xy 평면에 x축과 나란하게 고정된 가늘고 무한히 긴 직선 도선 A, B와 xy 평면에 수직으로 x축상에 고정된 가늘고 무한히 긴 직선 도선 C에 각각 일정한 전류가 흐르고 있다. A, B, C는 원점 O로부터 각각 $2d$, $2d$, d 만큼 떨어져 있고, 전류의 세기는 A와 C가 같다. O에서 A, B, C에 흐르는 전류에 의한 자기장의 방향은 $+y$방향이고, 자기장의 세기는 B_0이다. p, q는 각각 x축상의 $x=-d$, y축상의 $y=d$인 점이다.

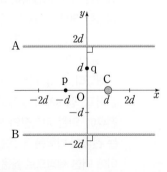

이에 대한 설명으로 옳은 것만을 〈보기〉에서 있는 대로 고른 것은?

┌ 보기 ┌
ㄱ. A, B에 흐르는 전류의 방향은 서로 같다.
ㄴ. p에서 A, B, C에 흐르는 전류에 의한 자기장의 방향은 $+y$방향이다.
ㄷ. q에서 A, B, C에 흐르는 전류에 의한 자기장의 세기는 $\frac{\sqrt{34}}{6}B_0$이다.

① ㄱ   ② ㄷ   ③ ㄱ, ㄴ   ④ ㄴ, ㄷ   ⑤ ㄱ, ㄴ, ㄷ

03

▶25070-0144

그림과 같이 xy 평면에 y축과 나란하게 고정된 가늘고 무한히 긴 직선 도선 A, B와 중심이 원점 O인 원형 도선 C가 고정되어 있다. A, B의 위치는 각각 $x=-2d$, $x=3d$이다. x축상의 점 p에서 B에 흐르는 전류에 의한 자기장의 세기는 B_0이고, A, B에 흐르는 전류에 의한 자기장은 0이며, O에서 A, B, C에 흐르는 전류에 의한 자기장은 0이다.

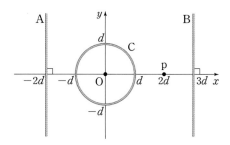

이에 대한 설명으로 옳은 것만을 〈보기〉에서 있는 대로 고른 것은?

┌ 보기 ┐
ㄱ. O에서 전류에 의한 자기장의 방향은 A와 C가 같다.
ㄴ. O에서 C에 흐르는 전류에 의한 자기장의 세기는 $\frac{5}{3}B_0$이다.
ㄷ. A에 흐르는 전류의 방향만을 반대로 하면, O에서 A, B, C에 흐르는 전류에 의한 자기장의 세기는 $4B_0$이다.

① ㄴ   ② ㄷ   ③ ㄱ, ㄴ   ④ ㄱ, ㄷ   ⑤ ㄴ, ㄷ

04

▶25070-0145

다음은 솔레노이드에 흐르는 전류에 의한 솔레노이드 내부의 자기장에 대한 실험이다.

[실험 과정]
(가) 그림과 같이 중심축이 동서 방향으로 놓인 솔레노이드 내부 중심축상에 나침반을 놓는다.

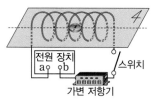

(나) 전원 장치의 전압을 V로, 가변 저항기의 저항값을 R로 조절한 뒤 스위치를 닫고 나침반 자침의 N극이 가리키는 방향을 관찰한다.
(다) 전원 장치의 전압을 V로, 가변 저항기의 저항값을 [㉠]으로 조절한 뒤 스위치를 닫고 나침반 자침의 N극이 가리키는 방향을 관찰한다.

[실험 결과]

(나)의 결과

(다)의 결과

이에 대한 설명으로 옳은 것만을 〈보기〉에서 있는 대로 고른 것은?

┌ 보기 ┐
ㄱ. a는 (+)극이다.
ㄴ. 솔레노이드에 흐르는 전류에 의한 자기장의 세기는 (다)에서가 (나)에서의 $\sqrt{3}$배이다.
ㄷ. ㉠은 $\frac{R}{3}$이다.

① ㄱ   ② ㄷ   ③ ㄱ, ㄴ   ④ ㄴ, ㄷ   ⑤ ㄱ, ㄴ, ㄷ

① 전자기 유도

(1) **전자기 유도**: 코일을 통과하는 자기 선속(자속)이 변할 때 코일에 전류가 흐르는 현상을 전자기 유도라고 하고, 이때 흐르는 전류를 유도 전류라고 한다. 또한 유도 전류를 흐르게 하는 기전력을 유도 기전력이라고 한다.

(2) **자기 선속(자속)**: 자기장에 수직인 단면을 지나가는 자기력선의 총 개수를 자기 선속이라고 한다. 자기 선속 Φ는 자기장의 세기 B가 클수록, 자기장이 통과하는 면적 A가 클수록 크다. 면의 법선과 자기장 방향이 이루는 각이 θ일 때 자기 선속은 $\Phi=BA\cos\theta$이고, $\theta=0$일 때 $\Phi=BA$ [단위: Wb(웨버)]이다.

자기장 B

면적 A

(3) **렌츠 법칙**: 렌츠 법칙은 유도 전류의 방향에 대한 법칙이다. 유도 전류는 코일을 통과하는 자기 선속의 변화를 방해하는 방향으로 흐르며, 이를 렌츠 법칙이라고 한다.

(4) **유도 전류의 방향**: 그림 (가)와 같이 자석의 N극을 솔레노이드에 가까이 접근시키면 솔레노이드 내부를 지나는 자기 선속이 증가한다. 렌츠 법칙을 적용하면 유도 전류는 자기 선속이 증가하는 것을 방해하기 위해 B → Ⓖ → A 방향으로 흐른다.

그림 (나)와 같이 자석의 N극이 솔레노이드에서 멀어지면 솔레노이드 내부를 지나는 자기 선속이 감소한다. 렌츠 법칙을 적용하면 유도 전류는 자기 선속이 감소하는 것을 방해하기 위해 A → Ⓖ → B 방향으로 흐른다.

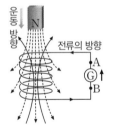
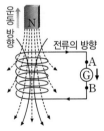

(가) 자기 선속이 증가할 때   (나) 자기 선속이 감소할 때

(5) **패러데이 법칙**: 유도 기전력의 크기에 대한 법칙이다. 유도 기전력 V는 코일의 감은 수 N과 자기 선속의 시간에 따른 변화율 (자기 선속의 단위 시간당 변화율) $\dfrac{\Delta\Phi}{\Delta t}$에 비례하고, (−) 부호는 렌츠 법칙을 나타낸다.

$$V=-N\frac{\Delta\Phi}{\Delta t} \text{ [단위: V]}$$

② 전자기 유도의 적용

(1) **도선의 운동에 의한 전자기 유도**: 한 변의 길이가 l이고 저항값이 R인 정사각형 도선이 세기가 B이고 종이면에 수직으로 들어가는 방향의 균일한 자기장 영역에 들어갈 때 정사각형 도선을 통과하는 자기 선속이 증가하므로 정사각형 도선에는 시계 반대 방향으로 유도 전류가 흐른다.

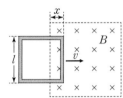

- 유도 기전력의 크기: 자기장의 세기가 B이고, 자기장 영역에 포함된 면적은 $A=lx$이므로 자기 선속은 $\Phi=BA=Blx$이다. 자기장의 세기 B와 도선의 길이 l은 일정하므로 자기 선속의 변화는 $\Delta\Phi=Bl\Delta x$이다. 따라서 유도 기전력의 크기는 $V=\dfrac{Bl\Delta x}{\Delta t}=Blv$이다.

(2) **전자기 유도의 이용**

① **발전기**: 코일을 회전시키면 코일면을 통과하는 자기 선속이 시간에 따라 계속 변하므로 유도 기전력이 발생한다.

② **전기 기타**: 그림과 같이 픽업 장치의 자석에 의해 자기화된 기타 줄이 진동하면 코일을 통과하는 자기 선속이 변하기 때문에 코일에 전류가 유도되어 전기 신호가 발생한다. 이 전기 신호를 증폭하여 스피커를 진동시키면 소리가 발생한다.

▲ 발전기   ▲ 전기 기타의 원리

더 알기   균일한 자기장 영역에서 회전하는 금속 고리에 유도되는 기전력의 크기

그림은 xy 평면에 수직이고 세기가 B_0인 자기장이 형성된 xy 평면에서 반원형 금속 고리가 원점 O를 회전축으로 일정한 각속도 ω로 회전할 때, 시간 $t=0$일 때와 반 주기 후인 $t=\dfrac{\pi}{\omega}$일 때의 모습이다.

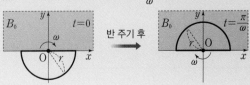

반 주기 후

- 금속 고리가 자기장 영역으로 들어가는 동안 유도 기전력의 크기 V_0은 다음과 같다.

$$V_0=N\frac{\Delta\Phi}{\Delta t}=\frac{\Delta(B_0S)}{\Delta t}=\frac{B_0\Delta S}{\Delta t}$$

$\Delta t=\dfrac{\pi}{\omega}$ 동안 자기장 영역으로 들어간 고리의 면적이 $\Delta S=\dfrac{\pi r^2}{2}$이므로, 위의 식에 Δt, ΔS를 대입하면, $V_0=\dfrac{B_0\Delta S}{\Delta t}=\dfrac{B_0\omega r^2}{2}$이다.

(3) **자석이 솔레노이드 안을 통과할 때 전자기 유도:** 그림과 같이 N극이 아래로 향하게 하여 자석을 떨어뜨리면 N극이 솔레노이드에 가까워지면서 솔레노이드에는 자석의 운동을 방해하는 위 방향의 자기장을 유도하는 기전력이 발생한다. 반대로 자석의 S극이 빠져나갈 때는 솔레노이드에는 아래 방향의 자기장을 유도하는 기전력이 발생하여 자석의 운동을 방해한다.

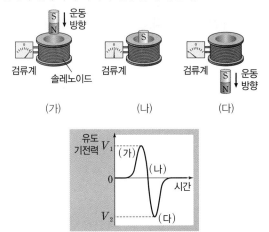

(가)   (나)   (다)

자석이 솔레노이드에 들어갈 때와 나올 때 유도 기전력의 최댓값 V_1과 V_2가 다른 까닭은 중력과 자기력에 의해 가속된 자석의 속력이 달라 솔레노이드를 통과하는 자기 선속의 시간에 따른 변화율이 다르기 때문이다.

③ **상호유도**

(1) **상호유도:** 인접한 두 코일 사이에 발생하는 전자기 유도로 1차 코일의 전류 변화에 의한 자기 선속의 변화에 의해 2차 코일에 유도 기전력이 발생하는 현상이다.

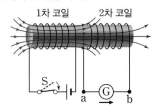

(2) **상호 인덕턴스(M):** 2차 코일의 감은 수가 N_2이고 Δt 동안 1차 코일에 흐르는 전류가 ΔI_1만큼 변할 때 2차 코일에서 발생하는 유도 기전력을 V라고 하면 다음과 같다.

$$V = -N_2\frac{\Delta\Phi_2}{\Delta t} = -N_2\frac{\Delta\Phi_2}{\Delta I_1}\frac{\Delta I_1}{\Delta t} = -M\frac{\Delta I_1}{\Delta t}$$ [단, M의 단위: H(헨리)]

① 유도 기전력은 상호 인덕턴스와 1차 코일에 흐르는 전류의 시간에 따른 변화율에 비례한다. 이때 상호 인덕턴스는 코일의 모양, 감은 수, 위치, 코일 내부의 물질 등에 의해 결정된다.

② 상호유도에 의해 흐르는 전류의 방향은 렌츠 법칙에 따라 1차 코일의 전류에 의해 생기는 자기장의 변화를 방해하는 방향이다.

(3) **교류에 의한 상호유도:** 그림과 같이 1차 코일에 교류가 흐르면 1차 코일을 통과하는 자기 선속의 변화가 2차 코일에도 영향을 미쳐 상호유도에 의해 2차 코일에 유도 전류가 흐른다.

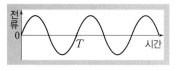

▲ 1차 코일에 흐르는 전류

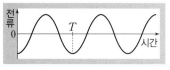

▲ 2차 코일에 유도된 전류

④ **변압기**

(1) **변압기:** 상호유도를 이용하여 교류 전압을 변화시키는 장치이다. 1차 코일과 2차 코일의 감은 수의 비에 따라 전압이 결정된다.

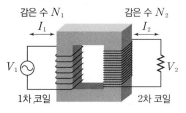

(2) **유도 기전력:** 코일의 감은 수가 각각 N_1, N_2이고, 1차 코일과 2차 코일을 통과하는 자기 선속의 변화가 같다고 하면,

$V_1 = -N_1\frac{\Delta\Phi_1}{\Delta t}$, $V_2 = -N_2\frac{\Delta\Phi_2}{\Delta t}$이므로 $\frac{V_2}{V_1} = \frac{N_2}{N_1}$이다.

1차 코일에 공급된 전력은 $P_1 = V_1I_1$이고 2차 코일에 상호유도에 의해 전달된 전력은 $P_2 = V_2I_2$이다. 변압기에서 전기 에너지 손실이 없다면 2차 코일에 전달된 전력은 1차 코일에서 공급된 전력과 같으므로 $I_1V_1 = I_2V_2$에서 $\frac{V_2}{V_1} = \frac{I_1}{I_2}$이다. 따라서 두 코일의 감은 수, 코일에 걸리는 전압, 코일에 흐르는 전류의 관계는 다음과 같다.

$$\frac{N_2}{N_1} = \frac{V_2}{V_1} = \frac{I_1}{I_2}$$

더 알기   상호유도의 이용

• **금속 탐지기:** 금속 탐지기에서 1차 코일에 흐르는 교류에 의해 발생한 자기 선속이 코일 아래에 있는 금속 물질에 전류를 유도한다. 이 유도 전류에 의해 발생하는 자기장의 변화를 금속 탐지기의 2차 코일이 감지하여 금속 물질을 탐지한다.

• **스마트폰 무선 충전기:** 충전 패드에 있는 1차 코일에 교류 전원이 연결되면 스마트폰에 있는 2차 코일에서 유도 기전력이 발생하여 충전한다.

• **고압 방전 장치:** 자동차에서 연료를 점화하는 데 사용되는 고압 방전 장치는 두 금속 사이에 순간적으로 큰 전압을 걸어 방전이 일어나도록 하는 장치로, 1차 코일에 전류를 흐르게 하다가 갑자기 끊으면 상호유도에 의해 2차 코일에 유도 기전력이 발생한다. 이때 유도 기전력이 충분히 크면 2차 코일에 연결된 두 금속 사이에 불꽃이 튀는 방전 현상이 나타난다.

| 2025학년도 대수능 |

그림 (가)와 같이 반원 모양의 금속 고리를 균일한 자기장 영역 Ⅰ, Ⅱ가 있는 xy 평면상에서 원점 O를 중심으로 시계 방향으로 회전시킨다. O와 고리상의 점 A가 이루는 선분이 y축과 이루는 각을 θ라고 할 때, 고리는 $0 \leq \theta < \frac{\pi}{2}$, $\frac{\pi}{2} \leq \theta < \frac{3\pi}{2}$에서 각각 ω_1, ω_2의 일정한 각속도로 회전한다. 그림 (나)는 (가)에서 고리에 유도되는 전류를 θ에 따라 나타낸 것이다. Ⅰ, Ⅱ에서 자기장의 세기는 각각 $B_Ⅰ$, $B_Ⅱ$이고, 자기장의 방향은 xy 평면에 수직이다. $\theta = 0$일 때, Ⅰ, Ⅱ의 자기장이 고리면을 통과하는 자기 선속은 Φ이다.

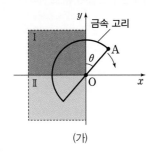
(가)

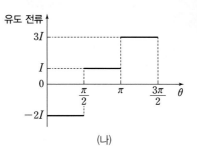
(나)

이에 대한 설명으로 옳은 것만을 〈보기〉에서 있는 대로 고른 것은? (단, 고리의 굵기는 무시한다.)

보기
ㄱ. $\omega_2 = \frac{3}{2}\omega_1$이다.
ㄴ. $B_Ⅱ = 2B_Ⅰ$이다.
ㄷ. $\theta = \frac{\pi}{4}$일 때, Ⅰ, Ⅱ의 자기장이 고리면을 통과하는 자기 선속은 $\frac{\Phi}{4}$이다.

① ㄱ ② ㄴ ③ ㄷ ④ ㄱ, ㄷ ⑤ ㄴ, ㄷ

접근 전략

고리면을 통과하는 자기 선속은 $0 \leq \theta < \frac{\pi}{2}(\cdots$ ①)일 때는 Ⅱ에서 감소하고, $\frac{\pi}{2} \leq \theta < \pi (\cdots$ ②)일 때는 Ⅰ에서 감소하며, $\pi \leq \theta < \frac{3\pi}{2}(\cdots$ ③)일 때는 Ⅱ에서 증가한다.

간략 풀이

ㄱ. ①과 ③에서 Ⅱ의 자기장이 고리면을 통과하는 자기 선속이 변화하고, 고리에 유도되는 전류의 세기는 ③에서가 ①에서의 $\frac{3}{2}$배이므로 $\omega_2 = \frac{3}{2}\omega_1$이다.

ㄴ. 고리에 유도되는 전류의 세기는 ③에서가 ②에서의 3배이고 각속도가 동일하므로 $B_Ⅱ = 3B_Ⅰ$이다.

ㄷ. Ⅰ과 Ⅱ의 자기장의 방향이 서로 반대 방향이므로 고리의 넓이를 $2S$라 하면 $\Phi = B_Ⅱ S - B_Ⅰ S = 2B_Ⅰ S$이고, $\theta = \frac{\pi}{4}$일 때 자기 선속은 $-B_Ⅰ S + \frac{1}{2} B_Ⅱ S = \frac{1}{2} B_Ⅰ S = \frac{1}{4}\Phi$이다.

정답 | ④

닮은 꼴 문제로 유형 익히기

정답과 해설 31쪽

▶ 25070-0146

그림과 같이 반원 모양의 금속 고리를 균일한 자기장 영역 Ⅰ, Ⅱ, Ⅲ이 있는 xy 평면상에서 원점 O를 중심으로 시계 방향으로 회전시킨다. O와 고리상의 점 A가 이루는 선분이 y축과 이루는 각을 θ라고 할 때, 고리는 $0 \leq \theta < \frac{\pi}{2}$, $\frac{\pi}{2} \leq \theta < \frac{3\pi}{2}$에서 각각 ω_1, ω_2의 일정한 각속도로 회전한다. Ⅰ, Ⅱ, Ⅲ에서 자기장의 세기는 각각 $B_Ⅰ$, $B_Ⅱ$, $B_Ⅲ$이고, 자기장의 방향은 xy 평면에 수직이며, Ⅰ과 Ⅱ의 자기장의 방향은 같다. 고리에 유도되는 전류의 세기는 $\theta = \frac{5\pi}{4}$일 때가 $\theta = \frac{\pi}{4}$일 때의 2배이고, Ⅰ, Ⅱ의 자기장이 고리면을 통과하는 자기 선속의 크기는 $\theta = \frac{\pi}{2}$일 때가 $\theta = \pi$일 때의 3배이다.

이에 대한 설명으로 옳은 것만을 〈보기〉에서 있는 대로 고른 것은? (단, 고리의 굵기는 무시한다.)

보기
ㄱ. $\omega_2 = 2\omega_1$이다.
ㄴ. $B_Ⅱ = 2B_Ⅰ$이다.
ㄷ. 고리에서 O와 고리상의 점 A가 이루는 선분에 유도되는 전류의 방향은 $\theta = \frac{\pi}{4}$일 때와 $\theta = \frac{5\pi}{4}$일 때가 서로 반대 방향이다.

① ㄱ ② ㄷ ③ ㄱ, ㄴ ④ ㄴ, ㄷ ⑤ ㄱ, ㄴ, ㄷ

유사점과 차이점

반원 모양의 금속 고리가 회전하는 부분은 동일하지만, 세 영역을 고려하여 문제를 해결해야 하는 부분이 다르다.

배경 지식

• 금속 고리를 통과하는 자기 선속의 변화를 방해하는 방향으로 유도 전류에 의한 자기장이 형성되도록 유도 전류가 흐른다.

• 유도 전류의 세기는 단위 시간당 자기 선속의 변화량의 크기가 클수록 크다.

01
▶25070-0147

그림은 종이면에 고정된 한 변의 길이가 각각 d, $2d$, $2d$인 정사각형 도선 A, B, C 내부에 세기가 각각 B_0, B_0, $2B_0$이고, 한 변의 길이가 각각 d, d, $2d$인 정사각형 모양의 균일한 자기장 영역이 종이면에 수직으로 형성되어 있는 모습을 나타낸 것이다.

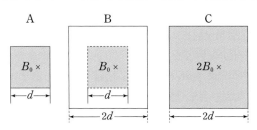

A, B, C를 통과하는 자기 선속의 비로 옳은 것은?

① 1 : 1 : 2 ② 1 : 1 : 4 ③ 1 : 1 : 8
④ 1 : 4 : 4 ⑤ 1 : 4 : 8

02
▶25070-0148

그림 (가)는 고정된 코일의 왼쪽 근처에서 막대자석을 코일의 중심축을 따라 운동시키는 모습을 나타낸 것이고, (나)는 (가)의 코일의 왼쪽 끝으로부터 막대자석의 N극까지의 거리 d를 시간 t에 따라 나타낸 것이다.

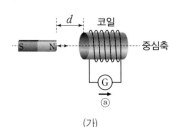

(가)

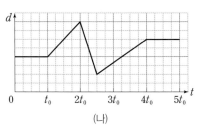

(나)

이에 대한 설명으로 옳은 것만을 〈보기〉에서 있는 대로 고른 것은? (단, 모눈 간격은 모두 동일하다.)

┌ 보기 ┐
ㄱ. 코일을 통과하는 자기 선속은 $\frac{1}{2}t_0$일 때가 $\frac{9}{2}t_0$일 때보다 크다.
ㄴ. 코일에 흐르는 유도 전류의 세기는 $\frac{5}{4}t_0$일 때가 $\frac{9}{4}t_0$일 때보다 작다.
ㄷ. $3t_0$일 때, 검류계에는 ⓐ 방향으로 유도 전류가 흐른다.

① ㄱ ② ㄷ ③ ㄱ, ㄴ ④ ㄱ, ㄷ ⑤ ㄴ, ㄷ

03
▶25070-0149

그림과 같이 막대자석으로 수평면에 연결된 용수철을 압축시켰다가 놓았더니 막대자석이 용수철과 분리되어 점 p를 통과한 후, 단면이 수평면과 나란하게 고정된 원형 도선과 점 q를 지나 올라갔다가 다시 내려온다. p, q는 원형 도선의 중심축상의 점이고, 막대자석은 원형 도선의 중심축을 따라 운동한다.

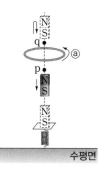

이에 대한 설명으로 옳은 것만을 〈보기〉에서 있는 대로 고른 것은? (단, 공기 저항은 무시하고, 자석은 회전하지 않는다.)

┌ 보기 ┐
ㄱ. 막대자석이 올라가면서 q를 지날 때 원형 도선에 흐르는 유도 전류의 방향은 ⓐ 방향이다.
ㄴ. 막대자석에 작용하는 자기력의 방향은 막대자석이 올라가면서 p를 지날 때와 올라가면서 q를 지날 때가 서로 반대 방향이다.
ㄷ. 막대자석의 역학적 에너지는 p를 처음 통과할 때와 내려오면서 다시 p를 지날 때가 서로 같다.

① ㄱ ② ㄴ ③ ㄷ ④ ㄱ, ㄴ ⑤ ㄱ, ㄷ

04
▶25070-0150

그림 (가), (나)는 두 자석 사이에서 시계 반대 방향으로 일정한 각속도로 회전하는 직사각형 도선의 어느 순간의 모습을 나타낸 것이다. a와 b는 도선에 고정된 점이고, (나)에서는 자기력선이 직사각형 도선의 단면에 나란하다.

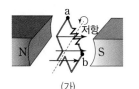 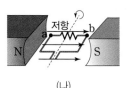

(가)　　　　　(나)

이에 대한 설명으로 옳은 것만을 〈보기〉에서 있는 대로 고른 것은?

┌ 보기 ┐
ㄱ. 도선을 통과하는 자기 선속은 (가)에서가 (나)에서보다 크다.
ㄴ. 도선에 흐르는 유도 전류의 세기는 (가)에서가 (나)에서보다 크다.
ㄷ. (나)에서 도선에 흐르는 유도 전류의 방향은 b → 저항 → a이다.

① ㄱ ② ㄴ ③ ㄱ, ㄴ ④ ㄱ, ㄷ ⑤ ㄴ, ㄷ

05
▶ 25070-0151

그림은 xy 평면에 수직인 방향의 균일한 자기장 영역 Ⅰ, Ⅱ가 형성된 xy 평면에서 정사각형 금속 고리 A, B, C가 각각 $+x$방향, $+x$방향, $-y$방향으로 동일한 속력으로 운동하고 있는 순간의 모습을 나타낸 것이다. 이 순간 A와 C에 유도되는 기전력의 크기는 같고, B에 흐르는 유도 전류의 방향은 시계 방향이다. Ⅰ, Ⅱ에서 자기장의 세기는 각각 B_1, B_2이고, $B_1 \neq B_2$이다.

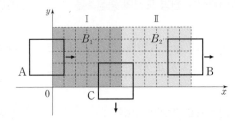

이에 대한 설명으로 옳은 것만을 〈보기〉에서 있는 대로 고른 것은? (단, 모눈의 간격은 동일하고, 금속 고리의 굵기와 금속 고리 사이의 상호 작용은 무시한다.)

┌─ 보기 ┌
ㄱ. Ⅰ의 자기장의 방향은 xy 평면에서 수직으로 나오는 방향이다.
ㄴ. $5B_1 = B_2$이다.
ㄷ. 유도 기전력의 크기는 B가 A의 5배이다.
└

① ㄱ   ② ㄷ   ③ ㄱ, ㄴ   ④ ㄴ, ㄷ   ⑤ ㄱ, ㄴ, ㄷ

06
▶ 25070-0152

그림 (가)와 같이 종이면에 수직으로 들어가는 균일한 자기장 영역에 저항값이 R인 저항이 연결된 반지름이 d인 원형 도선이 고정되어 있다. 그림 (나)는 (가)에서 자기장의 세기를 시간에 따라 나타낸 것이다.

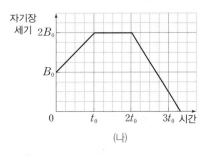

(가)   (나)

이에 대한 설명으로 옳은 것만을 〈보기〉에서 있는 대로 고른 것은? (단, 모눈 간격은 동일하고, 도선의 굵기는 무시한다.)

┌─ 보기 ┌
ㄱ. 도선을 통과하는 자기장에 의한 자기 선속은 $1.5t_0$일 때가 $3t_0$일 때보다 크다.
ㄴ. $0.5t_0$일 때, 유도 전류는 a → 저항 → b 방향으로 흐른다.
ㄷ. $2.5t_0$일 때, 저항에 흐르는 유도 전류의 세기는 $\dfrac{3B_0\pi d^2}{2Rt_0}$이다.
└

① ㄱ   ② ㄴ   ③ ㄱ, ㄷ   ④ ㄴ, ㄷ   ⑤ ㄱ, ㄴ, ㄷ

07
▶ 25070-0153

그림과 같이 한 변의 길이가 d인 정사각형 금속 고리가 균일한 자기장 영역 Ⅰ, Ⅱ를 $+x$방향의 일정한 속력 v로 통과한다. Ⅰ에서 자기장의 세기는 B_0이고, 자기장의 방향은 종이면에 수직으로 들어가는 방향이다. 금속 고리의 한 변에 고정된 점 p에 흐르는 유도 전류의 세기는 p가 $x = 1.5d$를 지날 때가 $x = 0.5d$를 지날 때의 3배이고, p가 $x = 2.5d$를 지날 때 p에 흐르는 유도 전류의 방향은 $+y$방향이다.
이에 대한 설명으로 옳은 것만을 〈보기〉에서 있는 대로 고른 것은? (단, 금속 고리의 굵기는 무시한다.)

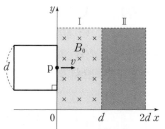

×: 종이면에 수직으로 들어가는 방향

┌─ 보기 ┌
ㄱ. Ⅱ에서 자기장의 세기는 $2B_0$이다.
ㄴ. p가 $x = 1.5d$를 지날 때, p에 흐르는 유도 전류의 방향은 $+y$방향이다.
ㄷ. p가 $x = 2.5d$를 지날 때, 금속 고리에 유도되는 기전력의 크기는 B_0vd이다.
└

① ㄱ   ② ㄷ   ③ ㄱ, ㄴ   ④ ㄴ, ㄷ   ⑤ ㄱ, ㄴ, ㄷ

08
▶ 25070-0154

그림은 xy 평면에 수평하게 고정된 저항값이 R인 저항이 연결된 ㄷ자형 도선 위에 올려놓은 금속 막대를 $+x$방향으로 v의 일정한 속력으로 이동시키는 모습을 나타낸 것이다. xy 평면에 수직으로 형성된 균일한 자기장 영역 Ⅰ, Ⅱ에서 자기장의 방향은 서로 반대 방향이고, Ⅰ에서 자기장의 세기는 B_0이다. 금속 막대가 이루는 회로를 통과하는 단위 시간당 자기 선속의 변화량의 크기는 금속 막대가 $x = d$를 지날 때와 $x = 3d$를 지날 때가 같다.
이에 대한 설명으로 옳은 것만을 〈보기〉에서 있는 대로 고른 것은? (단, 금속 막대의 굵기와 저항은 무시한다.)

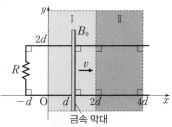

금속 막대

┌─ 보기 ┌
ㄱ. Ⅱ에서 자기장의 세기는 B_0이다.
ㄴ. 금속 고리에 흐르는 유도 전류의 세기는 금속 막대가 $x = 3d$를 지날 때와 $x = d$를 지날 때가 같다.
ㄷ. 금속 막대가 $x = 3d$를 지날 때, 금속 고리에 흐르는 유도 전류의 세기는 $\dfrac{2B_0vd}{R}$이다.
└

① ㄱ   ② ㄴ   ③ ㄱ, ㄷ   ④ ㄴ, ㄷ   ⑤ ㄱ, ㄴ, ㄷ

09

▶ 25070-0155

그림 (가)는 xy 평면에 고정된 한 변의 길이가 $4d$인 정사각형 금속 고리와 xy 평면에 수직인 균일한 자기장 영역 I, II를 나타낸 것이다. I, II에서 자기장은 각각 B_I, B_{II}이다. 그림 (나)는 B_I, B_{II}를 시간에 따라 나타낸 것으로 자기장의 방향은 xy 평면에서 수직으로 나오는 방향이 양(+)이다.

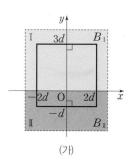
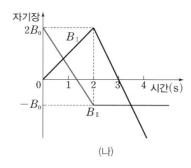

(가)   (나)

이에 대한 설명으로 옳은 것만을 〈보기〉에서 있는 대로 고른 것은? (단, 금속 고리의 굵기는 무시한다.)

보기
ㄱ. 1초일 때, 금속 고리에는 시계 방향으로 유도 전류가 흐른다.
ㄴ. 3초일 때, 금속 고리에는 유도 전류가 흐르지 않는다.
ㄷ. 4초일 때, 금속 고리에 유도되는 기전력의 크기는 $32B_0d^2$이다.

① ㄱ   ② ㄴ   ③ ㄷ   ④ ㄱ, ㄴ   ⑤ ㄱ, ㄷ

10

▶ 25070-0156

그림은 균일한 자기장 영역 I, II, III을 포함한 xy 평면상에서 반지름이 r인 사분원 모양의 도선이 원점 O를 중심으로 시계 반대 방향으로 일정한 각속도로 회전할 때, 시간 $t=0$일 때의 모습을 나타낸 것이다. I~III에서 자기장의 방향은

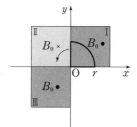

• : xy 평면에서 수직으로 나오는 방향
× : xy 평면에 수직으로 들어가는 방향

xy 평면에 각각 수직이고, 자기장의 세기는 B_0으로 같다. 도선의 회전 주기는 T이다.

이에 대한 설명으로 옳은 것만을 〈보기〉에서 있는 대로 고른 것은? (단, 금속 고리의 굵기는 무시한다.)

보기
ㄱ. $\frac{T}{8}$일 때, 도선에는 시계 방향으로 유도 전류가 흐른다.
ㄴ. 도선에 유도되는 기전력의 크기는 $\frac{3}{8}T$일 때가 $\frac{5}{8}T$일 때의 2배이다.
ㄷ. $\frac{7}{8}T$일 때, 도선에 유도되는 기전력의 크기는 $\frac{\pi B_0 r^2}{T}$이다.

① ㄱ   ② ㄴ   ③ ㄷ   ④ ㄴ, ㄷ   ⑤ ㄱ, ㄴ, ㄷ

11

▶ 25070-0157

그림과 같이 전원 장치에 연결된 1차 코일과 검류계가 연결된 2차 코일이 동일한 중심축에 고정되어 있다. 1차 코일에 연결된 스위치를 닫으면 1차 코일 내부에는 화살표 방향으로 전류에 의한 자기장이 형성된다.

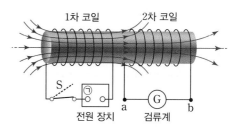

이에 대한 설명으로 옳은 것만을 〈보기〉에서 있는 대로 고른 것은?

보기
ㄱ. ㉠은 (+)극이다.
ㄴ. 1차 코일에 흐르는 전류의 세기가 증가하는 동안 상호유도에 의해 2차 코일에 흐르는 유도 전류의 방향은 a → 검류계 → b이다.
ㄷ. 1차 코일의 스위치를 열어 1차 코일에 흐르는 전류가 감소할 때, 상호유도에 의해 2차 코일에 흐르는 유도 전류의 방향은 b → 검류계 → a이다.

① ㄱ   ② ㄴ   ③ ㄷ   ④ ㄱ, ㄴ   ⑤ ㄱ, ㄴ, ㄷ

12

▶ 25070-0158

그림은 전압이 100 V인 교류 전원과 저항값이 25 Ω인 저항이 연결된 변압기를 나타낸 것이다. 1차 코일과 2차 코일의 감은 수는 각각 N_1, N_2이고 $N_1 : N_2 = 2 : 10$이다.

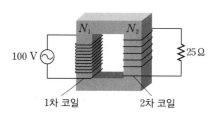

이에 대한 설명으로 옳은 것만을 〈보기〉에서 있는 대로 고른 것은? (단, 변압기에서의 에너지 손실은 무시한다.)

보기
ㄱ. 2차 코일에 유도되는 전압은 50 V이다.
ㄴ. 저항에 흐르는 전류의 세기는 2 A이다.
ㄷ. 1차 코일에 공급되는 전력은 100 W이다.

① ㄱ   ② ㄷ   ③ ㄱ, ㄴ   ④ ㄴ, ㄷ   ⑤ ㄱ, ㄴ, ㄷ

01

▶25070-0159

그림 (가)는 균일한 자기장 속에서 사각형 도선을 자기장의 방향에 수직인 회전축을 중심으로 일정한 각속도로 회전시킬 때 시간 $t=0$인 순간의 모습을 나타낸 것으로 a, b는 도선 위의 고정된 점이다. 그림 (나)는 코일을 통과하는 자기 선속을 t에 따라 나타낸 것이다.

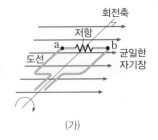 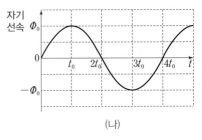

(가)   (나)

이에 대한 설명으로 옳은 것만을 〈보기〉에서 있는 대로 고른 것은?

보기

ㄱ. $t=\dfrac{1}{2}t_0$일 때, 도선에 흐르는 유도 전류의 방향은 b → 저항 → a이다.

ㄴ. 유도 기전력의 크기는 $t=3t_0$일 때 최대이다.

ㄷ. 도선의 각속도만을 2배로 증가시키면 $t=2t_0$일 때 유도 기전력의 크기는 2배로 증가한다.

① ㄴ   ② ㄷ   ③ ㄱ, ㄴ   ④ ㄱ, ㄷ   ⑤ ㄴ, ㄷ

02

▶25070-0160

그림과 같이 한 변의 길이가 $2d$인 정사각형 금속 고리가 xy 평면에서 $+x$방향으로 등속도 운동을 하며 균일한 자기장 영역 Ⅰ, Ⅱ, Ⅲ을 지난다. Ⅰ, Ⅲ에서 자기장의 세기는 B_0이고, 자기장의 방향은 각각 xy 평면에 수직으로 들어가는 방향과 xy 평면에서 수직으로 나오는 방향이다. 금속 고리에 고정된 점 p에 흐르는 유도 전류의 세기는 p가 $x=2.5d$를 지날 때와 $x=3.5d$를 지날 때가 같고, 유도 전류의 방향은 서로 반대 방향이다. Ⅱ에서 자기장의 방향은 xy 평면에 수직이다.

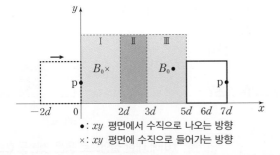

●: xy 평면에서 수직으로 나오는 방향
×: xy 평면에 수직으로 들어가는 방향

이에 대한 설명으로 옳은 것만을 〈보기〉에서 있는 대로 고른 것은? (단, 금속 고리의 굵기는 무시한다.)

보기

ㄱ. Ⅱ에서 자기장의 세기는 $3B_0$이다.

ㄴ. p가 $x=2.5d$를 지날 때, p에 흐르는 유도 전류의 방향은 $+y$방향이다.

ㄷ. p에 흐르는 유도 전류의 세기는 p가 $x=4.5d$를 지날 때가 $x=0.5d$를 지날 때의 4배이다.

① ㄴ   ② ㄷ   ③ ㄱ, ㄴ   ④ ㄱ, ㄷ   ⑤ ㄱ, ㄴ, ㄷ

03

▶ 25070-0161

그림은 균일한 자기장 영역 Ⅰ, Ⅱ에서 일정한 각속도로 y축을 회전축으로 회전하는 정사각형 금속 고리 A가 xy 평면과 나란한 시간 $t=0$일 때의 순간을 나타낸 것으로, 이 순간 금속 고리의 한 변에 고정된 점 p의 운동 방향은 xy 평면에서 수직으로 나오는 방향이다. Ⅰ, Ⅱ에서 자기장의 방향은 각각 xy 평면에 수직으로 들어가는 방향, xy 평면에서 수직으로 나오는 방향이며 자기장의 세기는 각각 $2B_0$, B_0이다. A의 회전 주기는 T이다.

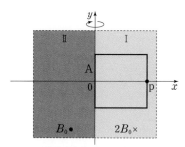

• : xy 평면에서 수직으로 나오는 방향
× : xy 평면에 수직으로 들어가는 방향

이에 대한 설명으로 옳은 것만을 〈보기〉에서 있는 대로 고른 것은? (단, 금속 고리의 굵기는 무시한다.)

┌ 보기 ┌
ㄱ. $\frac{1}{8}T$일 때, p에 흐르는 유도 전류의 방향은 $-y$방향이다.

ㄴ. p에 흐르는 유도 전류의 세기는 $\frac{1}{8}T$일 때와 $\frac{3}{8}T$가 같다.

ㄷ. A에 유도되는 기전력의 크기는 $\frac{5}{8}T$일 때가 $\frac{7}{8}T$일 때보다 크다.

① ㄱ   ② ㄴ   ③ ㄱ, ㄴ   ④ ㄱ, ㄷ   ⑤ ㄴ, ㄷ

04

▶ 25070-0162

그림과 같이 한 변의 길이가 $2d$인 정사각형 금속 고리가 xy 평면에서 균일한 자기장 영역 Ⅰ, Ⅱ, Ⅲ을 $+x$방향으로 등속도 운동을 하며 지난다. 금속 고리의 한 변의 중앙에 고정된 점 p에 흐르는 유도 전류의 세기는 p가 $x=7d$를 지날 때가 $x=d$를 지날 때의 4배이고, 유도 전류의 방향은 같다. p가 $x=5d$를 지날 때 p에는 유도 전류가 흐르지 않는다. Ⅰ에서 자기장의 세기는 B_0이고, 방향은 xy 평면에 수직으로 들어가는 방향이다. Ⅱ, Ⅲ에서 자기장의 세기는 일정하고 방향은 xy 평면에 수직이다.

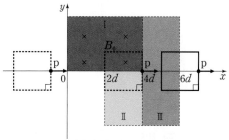

× : xy 평면에 수직으로 들어가는 방향

이에 대한 설명으로 옳은 것만을 〈보기〉에서 있는 대로 고른 것은? (단, 금속 고리의 굵기는 무시한다.)

┌ 보기 ┌
ㄱ. Ⅱ에서 자기장의 세기는 $5B_0$이다.
ㄴ. p에 흐르는 유도 전류의 세기는 p가 $x=d$를 지날 때와 $x=3d$를 지날 때가 같다.
ㄷ. p에 흐르는 유도 전류의 방향은 $x=3d$를 지날 때와 $x=7d$를 지날 때가 같다.

① ㄱ   ② ㄴ   ③ ㄱ, ㄷ   ④ ㄴ, ㄷ   ⑤ ㄱ, ㄴ, ㄷ

05

▶25070-0163

그림은 균일한 자기장 영역 Ⅰ, Ⅱ를 포함한 xy 평면에서 저항값이 R이고 반지름이 $2d$인 사분원 모양의 금속 고리가 원점 O를 중심으로 일정한 각속도로 회전할 때 시간 $t=0$인 순간의 모습을 나타낸 것이다. Ⅰ은 1사분면에서 반지름이 d인 사분원 영역이고, Ⅱ는 3사분면에서 반지름이 d인 사분원을 제외한 나머지 영역이다. 금속 고리의 회전 주기는 T이고, 금속 고리에 흐르는 유도 전류의 세기와 방향은 $t=\frac{1}{8}T$일 때와 $t=\frac{3}{8}T$일 때가 같다. Ⅰ에서 자기장 세기는 B_0이고 Ⅰ, Ⅱ에서 자기장 방향은 xy 평면에 수직이다.

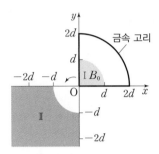

이에 대한 설명으로 옳은 것만을 〈보기〉에서 있는 대로 고른 것은? (단, 금속 고리의 굵기는 무시한다.)

보기
ㄱ. Ⅰ과 Ⅱ에서 자기장의 방향은 서로 반대 방향이다.

ㄴ. Ⅱ에서 자기장의 세기는 $\frac{1}{3}B_0$이다.

ㄷ. $t=\frac{5}{8}T$일 때, 금속 고리에 흐르는 유도 전류의 세기는 $\frac{\pi B_0 d^2}{RT}$이다.

① ㄴ   ② ㄷ   ③ ㄱ, ㄴ   ④ ㄱ, ㄷ   ⑤ ㄱ, ㄴ, ㄷ

06

▶25070-0164

그림과 같이 감은 수가 N인 1차 코일에 전압이 V_0인 교류 전원을 연결하였더니 감은 수가 $2N$인 2차 코일에 전압이 유도되었다. 2차 코일에는 저항값이 R인 저항, 저항값이 $2R$인 저항 2개와 스위치가 연결되어 있다.

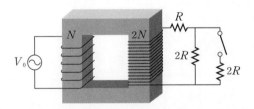

이에 대한 설명으로 옳은 것만을 〈보기〉에서 있는 대로 고른 것은? (단, 변압기에서 에너지 손실은 무시한다.)

보기
ㄱ. 2차 코일에 유도되는 전압은 $\frac{V_0}{2}$이다.

ㄴ. 스위치를 닫기 전, 저항값이 R인 저항에 흐르는 전류의 세기는 $\frac{2V_0}{3R}$이다.

ㄷ. 저항값이 R인 저항의 소비 전력은 스위치를 닫기 전이 스위치를 닫은 후의 $\frac{4}{9}$배이다.

① ㄴ   ② ㄷ   ③ ㄱ, ㄴ   ④ ㄴ, ㄷ   ⑤ ㄱ, ㄴ, ㄷ

① 전자기파의 간섭

(1) 파동의 중첩과 간섭

① 파동의 중첩: 두 개 이상의 파동이 만나 겹쳐지며 파동의 변위가 합성되는 현상

② 파동의 간섭: 두 개 이상의 파동이 서로 중첩될 때 중첩된 파동의 진폭이 커지거나 작아지는 현상

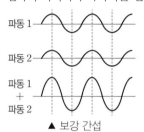
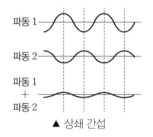

▲ 보강 간섭   ▲ 상쇄 간섭

(2) 전자기파의 간섭

① 1801년 영의 이중 슬릿 실험은 빛이 파동이라는 것을 밝힌 최초의 실험이다.

② 빛이 보강 간섭된 지점에서는 밝은 무늬가, 상쇄 간섭된 지점에서는 어두운 무늬가 나타난다.

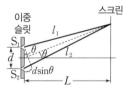

③ 보강 간섭 조건: 같은 위상의 빛이 중첩되는 곳이며, 경로차 Δ가
$\Delta=|l_2-l_1|=d\sin\theta=\frac{\lambda}{2}(2m)$ $(m=0,\ 1,\ 2,\ \cdots)$으로 반파장의 짝수 배가 되는 지점이다.

④ 상쇄 간섭 조건: 반대 위상의 빛이 중첩되는 곳이며, 경로차 Δ가
$\Delta=|l_2-l_1|=d\sin\theta=\frac{\lambda}{2}(2m+1)$ $(m=0,\ 1,\ 2,\ \cdots)$으로 반파장의 홀수 배가 되는 지점이다.

⑤ 빛의 파장이 λ, 슬릿 사이의 간격이 d, 슬릿과 스크린 사이의 거리가 L일 때 이웃한 밝은(어두운) 무늬 사이의 간격 $\Delta x=\frac{L\lambda}{d}$이다.

② 전자기파의 회절

(1) 파동의 회절: 진행하던 파동이 좁은 틈을 통과하여 퍼져 나가거나 장애물의 뒤쪽까지 전파되는 현상

(2) 단일 슬릿에 의한 회절 무늬의 간격

① 슬릿의 폭이 좁을수록 회절 무늬의 간격이 넓어진다.

② 파동의 파장이 길수록 회절 무늬의 간격이 넓어진다.

③ 전자기파의 회절: 빛이 단일 슬릿을 통과하면 회절하면서 서로 간섭하여 스크린에는 밝은 무늬와 어두운 무늬가 반복해서 나타나는 회절 무늬가 만들어진다.

① 간섭무늬와 회절 무늬의 차이: 간섭무늬는 밝은 무늬가 일정한 폭과 간격으로 나타나지만, 회절 무늬는 중앙의 밝은 무늬의 폭이 인접한 밝은 무늬의 폭보다 넓다.

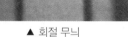

▲ 간섭무늬   ▲ 회절 무늬

② 회절은 빛의 파장이 길수록, 슬릿의 폭이 좁을수록 잘 나타난다.
➡ 중앙의 밝은 무늬의 폭이 넓어진다.

③ 빛의 파장이 λ, 슬릿의 폭이 a, 슬릿과 스크린 사이의 거리가 L일 때 스크린 중앙에서 첫 번째 어두운 지점까지의 거리는 $x=\frac{L\lambda}{a}$이다.

③ 전자기파의 간섭과 회절의 이용

(1) 간섭의 이용

얇은 막에 의한 간섭		미세한 요철에 의한 간섭	
코팅렌즈	뉴턴링 곡률 검사	공작 깃털	CD의 정보 재생
렌즈 표면의 반사광을 상쇄시킴	렌즈의 곡률에 의해 동심원 모양의 간섭무늬가 생김	나노 입자의 규칙적 배열에 의해 간섭이 됨	랜드와 피트에서 반사된 빛이 간섭함

(2) 회절의 이용

X선의 회절로 DNA의 구조를 밝힘	망원경의 렌즈 구경이 클수록 분해능이 좋아짐	회절 광학 소자를 이용한 초소형 카메라 렌즈

더 알기   영의 간섭 실험에서 밝은 무늬 사이의 간격

슬릿으로부터 스크린까지의 거리 L은 슬릿 사이의 간격 d보다 매우 크므로 S_1, S_2에서 나와 스크린의 한 지점 P에서 만나는 두 빛은 거의 평행하다고 할 수 있다. 이때 경로차 Δ는 $d\sin\theta$이고 각 θ가 매우 작을 때에는 $\sin\theta≒\tan\theta$이므로 $\Delta=d\sin\theta≒d\tan\theta=\frac{dx}{L}$ 이다. 이웃한 밝은 무늬 사이의 간격은 $\Delta x=x_m-x_{m-1}=\frac{\lambda L}{2d}(2m)-\frac{\lambda L}{2d}(2m-2)=\frac{L\lambda}{d}$이다.

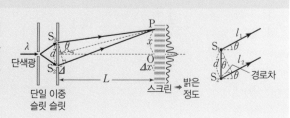

| 2025학년도 대수능 |

그림 (가)는 스크린으로부터 L만큼 충분히 멀리 떨어진 이중 슬릿에 단색광을 비추는 모습을 나타낸 것으로, O와 P는 스크린상의 두 점이다. 그림 (나)는 (가)에서 L이 각각 1 m, L_x일 때 스크린에 생기는 간섭무늬를 나타낸 것이다. O에서는 가장 밝은 무늬의 중심이 생기고, P에서는 $L=1$ m일 때 O로부터 세 번째 밝은 무늬의 중심이, $L=L_x$일 때 O로부터 두 번째 어두운 무늬의 중심이 생긴다.

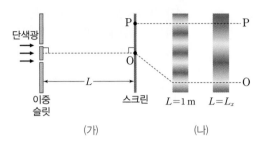

(가)   (나)

L_x로 가장 적절한 것은?

① $\frac{2}{5}$ m
② $\frac{1}{2}$ m
③ $\frac{2}{3}$ m
④ 2 m
⑤ 4 m

접근 전략

빛의 간섭 실험에서 이웃한 밝은(어두운) 무늬 사이의 간격 $\Delta x = \frac{L\lambda}{d}$ (λ: 빛의 파장, d: 슬릿 사이의 간격)이다.

간략 풀이

④ (나)에서 $L=1$일 때와 $L=L_x$일 때 스크린에 생긴 간섭무늬 중 이웃한 밝은 무늬 사이의 간격을 각각 Δx_1과 Δx_2라 하면 $\overline{OP}=3\Delta x_1 = \frac{3}{2}\Delta x_2$이다. 따라서 $\Delta x_1 = \frac{(1)\lambda}{d}$, $\Delta x_2 = \frac{L_x\lambda}{d}$이므로 $\frac{\Delta x_2}{\Delta x_1}=2$에 의해 $L_x = 2$ m이다.

정답 | ④

정답과 해설 35쪽

▶ 25070-0165

그림 (가)는 스크린으로부터 L만큼 충분히 멀리 떨어진 이중 슬릿에 파장이 λ_1, λ_2인 단색광을 각각 비추는 모습을 나타낸 것으로 O와 P는 스크린상의 두 점이다. 그림 (나)는 (가)에서 단색광의 파장이 각각 λ_1, λ_2일 때 생기는 간섭무늬를 나타낸 것이다. O에서는 가장 밝은 무늬의 중심이 생기고, P에서는 단색광의 파장이 λ_1일 때 O로부터 세 번째 밝은 무늬의 중심이, 단색광의 파장이 λ_2일 때 O로부터 두 번째 어두운 무늬의 중심이 생긴다.

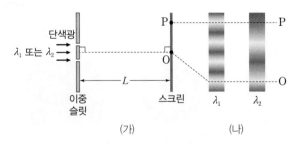

(가)   (나)

$\frac{\lambda_1}{\lambda_2}$로 가장 적절한 것은?

① $\frac{1}{4}$
② $\frac{1}{2}$
③ 1
④ 2
⑤ 4

유사점과 차이점

이웃한 밝은 무늬 사이의 간격을 이용하여 풀이하는 것은 대표 문제와 유사하나 이중 슬릿과 스크린 사이 거리가 아닌 단색광의 파장을 이용한다는 점에서 대표 문제와 다르다.

배경 지식

이웃한 밝은 무늬 사이의 간격은 단색광의 파장에 비례한다.

01
▶ 25070-0166

그림 (가)와 같이 이중 슬릿 A 또는 B와 스크린을 레이저의 진행 방향과 수직이 되도록 동일한 위치에 각각 설치한 후 파장이 같은 레이저를 이중 슬릿에 비추었더니 스크린에 간섭무늬가 나타났다. 그림 (나)는 A, B에 의해 나타난 간섭무늬이고 Δx와 Δy는 각각 스크린상의 가장 밝은 무늬의 중심과 가장 밝은 무늬 바로 옆의 밝은 무늬의 중심 사이의 간격이다. A, B의 슬릿은 스크린 상의 x축 또는 y축에 나란하며, $\Delta x > \Delta y$이다.

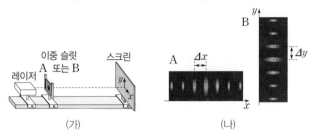

(가)   (나)

A, B의 슬릿 사이의 간격을 각각 d_A, d_B라 할 때 A, B의 슬릿과 나란한 축과 d_A, d_B의 크기 비교로 옳은 것은?

	슬릿과 나란한 축		슬릿 사이의 간격
	A의 슬릿	B의 슬릿	
①	x축	y축	$d_A = d_B$
②	x축	y축	$d_A < d_B$
③	x축	y축	$d_A > d_B$
④	y축	x축	$d_A > d_B$
⑤	y축	x축	$d_A < d_B$

02
▶ 25070-0167

그림과 같이 단일 슬릿의 폭이 일정하고 슬릿 사이의 간격이 d인 이중 슬릿에 파장이 λ인 단색광을 비추었을 때 이중 슬릿으로부터 거리 L만큼 떨어진 스크린에 이웃한 밝은 무늬의 간격이 Δx인 간섭무늬가 생겼다. 표는 조건 I, II, III의 λ, L, d를 각각 나타낸 것이다. I, II에서 Δx를 각각 Δx_I, Δx_{II}라 할 때 Δx_I은 Δx_{II}의 2배이다.

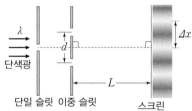

구분	λ	L	d
I	λ_0	L_0	d_0
II	$2\lambda_0$	$\bigcirc$	$2d_0$
III	λ_0	L_0	$2d_0$

이에 대한 설명으로 옳은 것만을 〈보기〉에서 있는 대로 고른 것은?

┌ 보기 ┐
ㄱ. $\bigcirc$은 $\frac{1}{2}L_0$이다.   ㄴ. Δx는 II에서가 III에서의 2배이다.
ㄷ. 단일 슬릿에서 단색광의 회절은 I에서가 II에서보다 잘 일어난다.
└────┘

① ㄱ   ② ㄴ   ③ ㄷ   ④ ㄱ, ㄴ   ⑤ ㄱ, ㄷ

03
▶ 25070-0168

그림과 같이 간격이 d인 이중 슬릿에 파장이 λ_0, λ_1인 단색광을 각각 비추었을 때 이중 슬릿으로부터 거리 L만큼 떨어진 스크린에 간섭무늬가 나타났다. 점 O는 스크린의 중심이고, O와 스크린 상의 점 P, P와 점 Q 사이의 간격은 같다. 표는 파장이 λ_0과 λ_1일 때 O와 Q 사이에서의 간섭무늬 중 밝은 무늬 중심의 위치를 모두 나타낸 것이다.

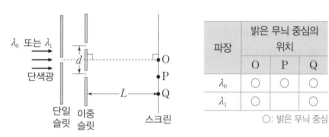

파장	밝은 무늬 중심의 위치		
	O	P	Q
λ_0	◯	◯	◯
λ_1	◯		◯

◯: 밝은 무늬 중심

이에 대한 설명으로 옳은 것만을 〈보기〉에서 있는 대로 고른 것은?

┌ 보기 ┐
ㄱ. $\lambda_0 > \lambda_1$이다.
ㄴ. O와 Q 사이에서 상쇄 간섭이 일어나는 지점의 개수는 단색광의 파장이 λ_0일 때가 λ_1일 때보다 작다.
ㄷ. 파장이 λ_1일 때 P에서는 이중 슬릿의 두 슬릿을 통과한 단색광이 서로 반대 위상으로 중첩한다.
└────┘

① ㄱ   ② ㄷ   ③ ㄱ, ㄴ   ④ ㄴ, ㄷ   ⑤ ㄱ, ㄴ, ㄷ

04
▶ 25070-0169

그림 (가)는 금속판에 파장이 다른 단색광 A, B를 비추었을 때 A, B 중 하나에 의해서만 금속판으로부터 광전자가 방출되는 모습을 나타낸 것이다. 그림 (나)는 (가)에서 A, B가 슬릿 간격이 d인 이중 슬릿을 통과하여 이중 슬릿으로부터 거리 L만큼 떨어진 스크린에 도달하여 간섭무늬가 생긴 모습을 나타낸 것으로, 이웃한 밝은 무늬 사이의 간격 Δx는 단색광이 A일 때가 B일 때보다 크다.

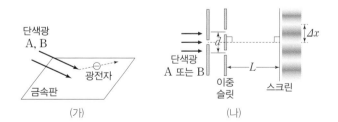

(가)   (나)

이에 대한 설명으로 옳은 것만을 〈보기〉에서 있는 대로 고른 것은?

┌ 보기 ┐
ㄱ. 단색광의 파장은 A가 B보다 길다.
ㄴ. 단색광의 광자 1개의 에너지는 A가 B보다 크다.
ㄷ. 단색광이 A일 때 금속판에서 광전자가 방출된다.
└────┘

① ㄱ   ② ㄷ   ③ ㄱ, ㄴ   ④ ㄴ, ㄷ   ⑤ ㄱ, ㄴ, ㄷ

05 ▶25070-0170

그림과 같이 파장이 λ인 단색 광 레이저를 폭이 a인 단일 슬릿에 비춘 후 레이저의 진행 방향과 수직이 되도록 단일 슬릿으로부터 거리가 L인 위치에 스크린을 설치했을 때 스크린에 회절 무늬가 생겼다. 가운데 밝은 무늬를 중심으로 양쪽 첫 번째 어두운 무늬의 중심 사이의 거리는 D이다.

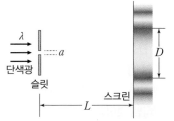

D를 크게 하기 위한 조건으로 옳은 것만을 〈보기〉에서 있는 대로 고른 것은?

보기
ㄱ. 파장이 λ보다 긴 레이저를 사용한다.
ㄴ. L을 증가시킨다.
ㄷ. a를 감소시킨다.

① ㄱ   ② ㄷ   ③ ㄱ, ㄴ   ④ ㄴ, ㄷ   ⑤ ㄱ, ㄴ, ㄷ

06 ▶25070-0171

다음은 빛의 회절 실험이다.

[실험 과정]
(가) 그림과 같이 스크린을 레이저 A의 진행 방향과 수직이 되도록 설치한 후 폭이 a인 단일 슬릿을 A와의 거리가 L_1, 스크린과의 거리가 L_2가 되도록 각각 나란하게 고정한다.

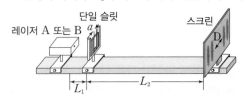

(나) L_1+L_2가 같을 때 L_1과 L_2의 비율을 바꿔가며 스크린에 나타난 회절 무늬에서 가운데 밝은 무늬의 중심으로부터 첫 번째 어두운 무늬가 생긴 두 지점 사이의 거리 D를 측정한다.
(다) 레이저를 B로 바꾸어 (나)를 반복한다.

[실험 결과]

$L_1 : L_2$	레이저 종류에 따른 D	
	A	B
1 : 1	D_0	㉠
2 : 1	$\frac{2}{3}D_0$	$2D_0$
1 : 2	㉡	㉢

이에 대한 설명으로 옳은 것만을 〈보기〉에서 있는 대로 고른 것은?

보기
ㄱ. 레이저의 파장은 A가 B보다 짧다.
ㄴ. ㉠은 D_0보다 작다.
ㄷ. ㉡은 ㉢보다 크다.

① ㄱ   ② ㄴ   ③ ㄱ, ㄷ   ④ ㄴ, ㄷ   ⑤ ㄱ, ㄴ, ㄷ

07 ▶25070-0172

다음은 비눗방울 간섭무늬에 대한 설명이다.

비눗방울의 막의 두께는 중력에 의해 아래쪽으로 갈수록 두꺼워진다. 따라서 막이 얇은 위쪽에는 다채로운 회오리 모양의 간섭무늬가 보이고, 아래쪽에는 색상별로 띠가 보이는 단순한 모양의 간섭무늬가 나타나게 된다. 또한 빛의 위상차에 의해 간섭무늬의 일부는 ㉠밝게 보이고 일부는 ㉡어둡게 보인다.

회오리 모양 간섭무늬
단순한 모양 간섭무늬

이에 대한 설명으로 옳은 것만을 〈보기〉에서 있는 대로 고른 것은?

보기
ㄱ. 막의 두께는 빛의 간섭에 영향을 준다.
ㄴ. ㉠은 서로 반대 위상의 빛이 중첩하여 발생할 수 있다.
ㄷ. ㉡은 빛의 파동성을 통해 설명할 수 있는 현상이다.

① ㄱ   ② ㄴ   ③ ㄱ, ㄷ   ④ ㄴ, ㄷ   ⑤ ㄱ, ㄴ, ㄷ

08 ▶25070-0173

그림 (가), (나)는 X선을 활용해 DNA의 구조를 밝힌 사진과 평평한 유리판 위에 평볼록 렌즈를 놓고 위에서 단색광을 비추었을 때 동심원 무늬가 생기는 모습을 각각 나타낸 것이다. a, b는 단색광의 보강 간섭 또는 상쇄 간섭이 일어나는 지점 중 하나이다.

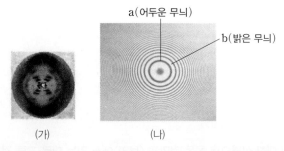
a(어두운 무늬)
b(밝은 무늬)
(가)   (나)

이에 대한 설명으로 옳은 것만을 〈보기〉에서 있는 대로 고른 것은?

보기
ㄱ. (가)는 DNA 구조에 대한 X선의 회절에 의한 간섭무늬이다.
ㄴ. (나)에서 단색광의 상쇄 간섭이 일어나는 지점은 a이다.
ㄷ. (가), (나)는 빛의 파동성으로 설명할 수 있다.

① ㄱ   ② ㄷ   ③ ㄱ, ㄷ   ④ ㄴ, ㄷ   ⑤ ㄱ, ㄴ, ㄷ

01

▶25070-0174

그림은 파장이 λ인 단색광이 간격이 d인 이중 슬릿을 통과하여 이중 슬릿으로부터 거리 L만큼 떨어진 스크린에 이웃한 밝은 무늬 사이 간격이 일정한 간섭무늬를 만드는 모습을 나타낸 것이다. 표는 d, L과 스크린상의 점 O와 점 P 사이에 나타난 밝은 무늬의 개수를 조건 Ⅰ, Ⅱ로 나누어 나타낸 것이다. Ⅰ, Ⅱ에서 O는 가장 밝은 무늬의 중심이고 O에서 각각 P와 스크린상의 점 Q까지의 거리는 같다. P, Q는 항상 밝은 무늬의 중심이다.

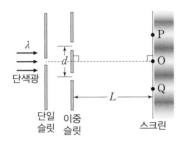

조건	d	L	O, P를 제외한 O와 P 사이에 나타난 밝은 무늬 수
Ⅰ	$2d_0$	L_0	0
Ⅱ	㉠	$2L_0$	2

이에 대한 설명으로 옳은 것만을 〈보기〉에서 있는 대로 고른 것은?

보기
ㄱ. ㉠은 $2d_0$이다.
ㄴ. Ⅱ일 때 Q는 O로부터 세 번째 밝은 무늬의 중심이다.
ㄷ. Ⅱ일 때 O와 Q 사이에 나타난 어두운 무늬 수는 3개이다.

① ㄱ   ② ㄷ   ③ ㄱ, ㄴ   ④ ㄴ, ㄷ   ⑤ ㄱ, ㄴ, ㄷ

02

▶25070-0175

그림과 같이 파장이 λ_0과 λ_1인 단색광이 각각 간격이 d인 이중 슬릿을 통과하여 이중 슬릿으로부터 거리 L만큼 떨어진 스크린에 도달하여 간섭무늬가 나타났다. 점 O, P는 각각 스크린상의 점이고 O는 가장 밝은 무늬의 중심이며 P에는 단색광의 파장이 λ_0일 때 O 다음으로부터 두 번째 밝은 무늬가, λ_1일 때 O 다음으로부터 첫 번째 어두운 무늬가 각각 나타났다.

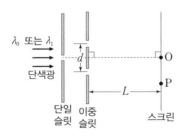

이에 대한 설명으로 옳은 것만을 〈보기〉에서 있는 대로 고른 것은?

보기
ㄱ. $\lambda_0 < \lambda_1$이다.
ㄴ. O와 P 사이의 거리는 $\dfrac{L\lambda_0}{2d}$이다.
ㄷ. λ_0일 때 O와 P 사이에는 어두운 무늬가 2번 나타난다.

① ㄱ   ② ㄴ   ③ ㄱ, ㄷ   ④ ㄴ, ㄷ   ⑤ ㄱ, ㄴ, ㄷ

03

▶25070-0176

다음은 빛의 간섭 실험이다.

[실험 과정]

(가) 그림과 같이 빛의 간섭 실험 장치를 설치하고 파장이 λ_0인 레이저를 이중 슬릿의 두 슬릿 사이의 간격이 d인 이중 슬릿 A에 비춘 다음 스크린에 나타난 간섭무늬의 이웃한 밝은 무늬의 중심 사이의 간격 Δx를 관찰한다.

(나) A를 간격이 $\dfrac{d}{2}$인 이중 슬릿 B로 바꾸어 (가)를 반복한다.

(다) 이중 슬릿을 A로 하고 레이저만 파장이 λ_1인 레이저로 바꾸어 (가)를 반복한다.

[실험 결과]

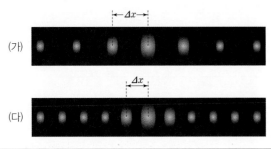

이에 대한 설명으로 옳은 것만을 〈보기〉에서 있는 대로 고른 것은?

보기
ㄱ. 빛의 파동성을 확인하는 실험이다.
ㄴ. $\lambda_0 > \lambda_1$이다.
ㄷ. Δx는 (나)에서가 (가)에서보다 넓다.

① ㄱ   ② ㄷ   ③ ㄱ, ㄴ   ④ ㄴ, ㄷ   ⑤ ㄱ, ㄴ, ㄷ

04

▶25070-0177

그림 (가), (나)는 진공에서 파장이 같은 단색광이 매질 A와 B에서 각각 λ_0과 λ_1의 파장으로 진행하다가 폭이 a인 단일 슬릿을 통과하여 단일 슬릿으로부터 거리 L만큼 떨어진 스크린에 회절 무늬를 만드는 모습을 나타낸 것이다. 그림 (가), (나)에서 양쪽 첫 번째 어두운 무늬의 중심 사이의 거리는 각각 D, $2D$이다.

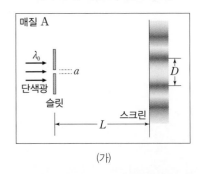
(가)

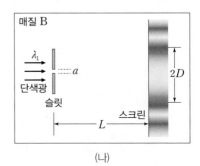
(나)

이에 대한 설명으로 옳은 것만을 〈보기〉에서 있는 대로 고른 것은?

보기
ㄱ. $\lambda_1 = 2\lambda_0$이다.
ㄴ. 굴절률은 A가 B보다 크다.
ㄷ. (나)에서 단일 슬릿만 폭이 $\dfrac{a}{2}$인 단일 슬릿으로 바꿀 경우 양쪽 첫 번째 어두운 무늬의 중심 사이의 거리는 $4D$이다.

① ㄱ   ② ㄴ   ③ ㄱ, ㄷ   ④ ㄴ, ㄷ   ⑤ ㄱ, ㄴ, ㄷ

12 도플러 효과와 전자기파

① 도플러 효과와 그 이용

(1) 도플러 효과

① 파동을 발생시키는 파원과 그 파동을 관측하는 관찰자의 운동 상태에 따라 관찰자가 측정하는 파동의 진동수가 달라지는 현상으로, 파원과 관찰자가 가까워지면 파동의 진동수가 증가하고 멀어지면 파동의 진동수가 감소하는 것으로 관측된다.

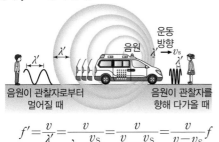

멀어지는 기차의 경적 소리는 파장이 길어지고 음이 낮아진다. 다가오는 기차의 경적 소리는 파장이 짧아지고 음이 높아진다.

▲ 파원이 정지해 있을 때　　▲ 파원이 운동할 때

② 음원이 정지해 있는 관찰자에게 다가올 때: 관찰자에 대한 소리의 상대 속도는 음속과 같고, 파장이 짧아진다. 같은 시간 동안 관찰자에 도달하는 파면의 수는 증가하고, 관찰자가 측정하는 소리의 진동수 f'도 증가한다.

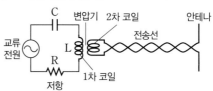

음원이 관찰자로부터 멀어질 때　　음원이 관찰자를 향해 다가올 때

$$f' = \frac{v}{\lambda'} = \frac{v}{\lambda - \frac{v_S}{f}} = \frac{v}{\frac{v}{f} - \frac{v_S}{f}} = \frac{v}{v - v_S}f$$

(v는 음속, v_S는 음원의 속력이며 멀어질 때는 $+v_S$를 사용)

(2) 도플러 효과의 이용

① 속력 측정: 포수 후방에 스피드건을 설치하고 날아오는 공을 향해 극초단파를 쏘아 준 뒤, 공에서 반사된 극초단파의 진동수가 증가하는 정도에 따라 투수가 던진 공의 속력을 측정한다.

② 천체의 이동 속도 분석: 수소 원자나 헬륨 원자 때문에 나타나는 고유한 흡수 선 스펙트럼을 분석하여 천체의 이동 속도를 측정한다.

③ 기상 관측: 라디오파를 대기 중에 쏘아 빗방울이나 얼음 결정과 같은 공기 중의 물체와 충돌 후 반사되어 되돌아오는 라디오파의 진동수 변화를 측정해 구름의 방향 및 속도를 측정한다.

② 전자기파의 발생과 수신

(1) 전자기파의 발생

① 전하가 가속도 운동을 하면 시간에 따라 변하는 전기장은 자기장을 유도하고, 시간에 따라 변하는 자기장은 전기장을 유도하게 되면서 전자기파가 발생하여 주위 공간으로 퍼져 나간다.

② 전자기파의 송신: 코일-축전기 진동 회로와 변압기, 안테나를 붙여서 만든 회로에 특정한 진동수의 교류 전류가 흐르면 1차 코일에서 발생한 자기 선속의 변화는 상호유도에 의해 2차 코일에 변하는 유도 기전력을 만든다.

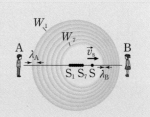

이 유도 기전력이 안테나의 전자들을 진동시켜 전자기파가 송신된다. 이때 발생되는 전자기파의 진동수는 LC 회로의 공명(고유) 진동수와 같다.

더 알기 ◆ 음원이 관찰자를 향해 다가올 때와 멀어질 때 비교하기

그림은 관찰자 A에서 B를 향해 v_s의 속력으로 등속도 운동을 하는 음원이 점 S를 지나는 순간의 모습을 나타낸 것으로, 파면 $W_1 \sim W_7$은 음원이 일정한 간격으로 위치한 점 $S_1 \sim S_7$를 지날 때 발생한 소리의 파면을 각각 나타낸 것이다. 음원에서 발생하는 소리의 진동수는 f이고, 음속은 V이다.

	관찰자 A가 측정하는 소리	관찰자 B가 측정하는 소리
파장	• $\lambda_A = \lambda + \Delta\lambda = \lambda + v_s T = \lambda + \frac{v_s}{f}$ • A가 측정하는 소리의 파장은 음원이 정지했을 때 소리의 파장보다 길다.	• $\lambda_B = \lambda - \Delta\lambda = \lambda - v_s T = \lambda - \frac{v_s}{f}$ • B가 측정하는 소리의 파장은 음원이 정지했을 때 소리의 파장보다 짧다.
진동수	• $f_A = \frac{V}{\lambda_A} = \frac{V}{\lambda + \frac{v_s}{f}} = \frac{V}{\frac{V}{f} + \frac{v_s}{f}} = \left(\frac{V}{V + v_s}\right)f$ • A가 측정하는 소리의 진동수는 음원에서 발생하는 소리의 진동수보다 작다.	• $f_B = \frac{V}{\lambda_B} = \frac{V}{\lambda - \frac{v_s}{f}} = \frac{V}{\frac{V}{f} - \frac{v_s}{f}} = \left(\frac{V}{V - v_s}\right)f$ • B가 측정하는 소리의 진동수는 음원에서 발생하는 소리의 진동수보다 크다.
특징	• 음원의 속력 v_s가 클수록(음속 V에 가까울수록), 음원에서 발생하는 소리와 관찰자가 측정하는 소리의 파장의 차와 진동수 차가 크다.	

(2) 전자기파의 수신: 금속으로 된 안테나에 전파가 도달하면 안테나 속의 전자는 전기장의 방향과 반대 방향으로 전기력을 받으며 진동하여 교류 전류가 흐르게 된다.

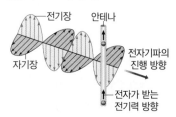

① 전자기파의 수신: 안테나에 여러 진동수의 전자기파가 도달하면 1차 코일에는 전자기파에 의한 전류가 흐르게 되고, 안테나 옆에 LC 회로를 놓게 되면 회로의 공명(고유) 진동수와 동일한 진동수의 전자기파에 의한 유도 전류가 가장 세게 흐르게 된다.

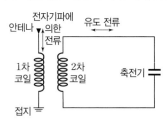

② 전자기파 수신기에서는 코일의 자체 유도 계수와 축전기의 전기 용량을 조절하여 원하는 진동수의 전자기파를 선택할 수 있다.

(3) 교류 회로에서의 공명(고유) 진동수: 코일과 축전기가 직렬로 연결된 회로에서 코일의 저항 역할은 교류 진동수가 클수록 크고, 축전기의 저항 역할은 교류 진동수가 클수록 작다. 코일과 축전기의 저항 역할이 같을 때 합성 저항 역할이 최소가 되어 전류가 최대로 흐른다. 이때의 진동수 f_0을 LC 회로의 공명(고유) 진동수라고 한다.

① 교류 회로에서 저항만 연결된 경우 교류의 진동수에 관계없이 전류의 세기는 저항에 반비례한다.

② 교류 전원에 저항, 코일, 축전기를 모두 연결하면 교류 전원의 진동수에 따라 전류의 세기가 변한다.

③ 저항, 코일, 축전기가 연결된 교류 회로에서 전류의 값이 최대가 되는 공명(고유) 진동수는 $f_0 = \dfrac{1}{2\pi\sqrt{LC}}$ (L: 자체 유도 계수, C: 전기 용량)이다.

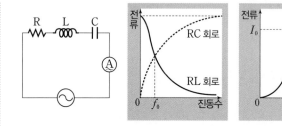

③ 전자기파와 정보 통신

(1) 전자기파의 공명: 전파 발생 회로와 수신 회로의 공명(고유) 진동수가 서로 같을 때 전자기파 공명이 발생하면서 수신 회로에 세기가 큰 전류가 흐른다.

① 전파 발생 장치의 공명(고유) 진동수와 같은 진동수의 전자기파가 가장 강하게 발생된다.

② 전자기파의 진동수와 전파 수신 장치의 공명(고유) 진동수가 같아야 수신 장치에 세기가 큰 전류가 흐른다.

③ 전파 발생 장치에서 발생된 전자기파는 전파 수신 장치에 교류를 발생시키는 교류 전원의 역할을 한다.

(2) 정보 통신 과정: 음성 신호를 마이크에 입력하여 나온 전기 신호를 증폭기로 증폭한다. 이 전기 신호를 발진기에서 일정한 진동수로 만든 교류 신호에 첨가하는 과정(변조)을 거쳐 송신 안테나로 보낸다. 라디오 수신 안테나에서 수신한 전파로부터 전기 신호를 분리하는 과정(복조)을 거쳐 분리된 전기 신호는 스피커에서 음성 신호로 변환된다.

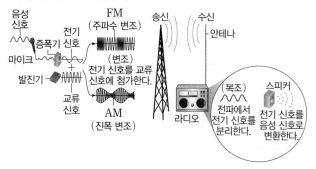

① 진폭 변조(AM): 전기 신호의 세기에 따라 일정한 진동수의 교류 신호의 진폭을 변화시킨다.

② 주파수 변조(FM): 전기 신호의 세기에 따라 일정한 진폭의 교류 신호의 진동수를 변화시킨다.

더 알기 헤르츠의 전자기파 실험

[실험 과정]
(가) 그림과 같이 두 장의 알루미늄박에 구리선을 붙이고 실험대에 수직으로 놓은 후 압전 소자를 연결한다.
(나) 구리선으로 원형 안테나를 만들고 네온램프를 연결하여 알루미늄박에 가까이 위치시킨다.
(다) 안테나를 실험대에 놓은 후 압전 소자를 눌러 구리선 사이에서 불꽃 방전과 네온램프에서 빛 방출 여부를 관찰한다.
(라) (다)에서 알루미늄박과 안테나 사이의 거리만을 변화시키면서 압전 소자를 눌러 네온램프를 관찰한다.

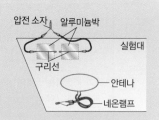

[실험 결과]
• (다)에서 압전 소자를 누를 때 구리선 사이에서 불꽃 방전이 일어나며 네온램프에 불이 켜진다.
• (라)에서 안테나와 알루미늄박 사이의 거리가 멀수록 네온램프에서 방출되는 빛의 최대 밝기는 감소한다.

| 2025학년도 대수능 |

그림 (가)는 수평면에서 정지해 있는 음파 측정기 S와 진동수가 f_0인 음파를 발생시키는 음원 A, B가 각각 일정한 속력 v_A, v_B로 같은 방향으로 운동하는 모습을, (나)는 (가)에서 A가 속력 $3v_A$로 S로부터 멀어지는 모습을 나타낸 것이다. (가)와 (나)에서, S가 측정한 B의 음파의 진동수는 f_B로 같고, S가 측정한 A의 음파의 진동수는 각각 $\frac{5}{4}f_B$, $\frac{5}{7}f_B$이다.

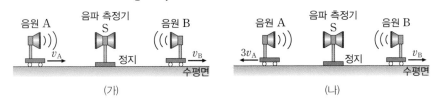

(가)   (나)

v_B는? (단, 음속은 V이고, S, A, B는 동일 직선상에 있다.)

① $\frac{1}{19}V$ ② $\frac{1}{18}V$ ③ $\frac{1}{9}V$ ④ $\frac{2}{9}V$ ⑤ $\frac{1}{3}V$

접근 전략

음파 측정기에 음원이 가까워질 때 음파 측정기가 측정하는 음파의 진동수는 증가하고 음파 측정기로부터 음원이 멀어질 때 음파 측정기가 측정하는 음파의 진동수는 감소한다.

간략 풀이

① (가)에서 $\frac{5}{4}f_B = \frac{V}{V-v_A}f_0$ ⋯ ①

이고, $f_B = \frac{V}{V+v_B}f_0$ ⋯ ②이다.

(나)에서 $\frac{5}{7}f_B = \frac{V}{V+3v_A}f_0$ ⋯ ③이다.

①, ②를 연립하면

$5v_A + 4v_B = V$ ⋯ ④

②, ③을 연립하면

$15v_A - 7v_B = 2V$ ⋯ ⑤

④, ⑤를 연립하면 $v_B = \frac{1}{19}V$이다.

정답 | ①

정답과 해설 37쪽

▶ 25070-0178

그림 (가)는 수평면에서 정지해 있는 음파 측정기 S와 동일한 진동수의 음파를 발생시키는 음원 A, B가 각각 일정한 속력 v_A, v_B로 같은 방향으로 운동하는 모습을, (나)는 (가)에서 A가 속력 $3v_A$로 S로부터 멀어지고 B는 정지한 모습을 나타낸 것이다. (가)에서 S가 측정한 A의 음파의 진동수는 (나)에서 S가 측정한 A의 음파의 진동수의 $\frac{7}{3}$배이고, (가)에서 S가 측정한 B의 음파의 진동수는 (나)에서 S가 측정한 B의 음파의 진동수의 $\frac{8}{9}$배이다.

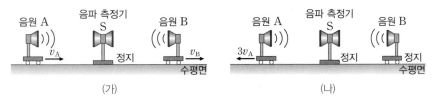

(가)   (나)

$\frac{v_A}{v_B}$는? (단, 음속은 일정하고, S, A, B는 동일 직선상에 있다.)

① $\frac{1}{4}$ ② $\frac{1}{2}$ ③ 1   ④ 2   ⑤ 4

유사점과 차이점

정지한 음파 측정기에서 운동하는 음원의 음파의 진동수를 측정하는 점은 대표 문제와 유사하나 음원이 발생시키는 음파의 진동수를 문제에 제시하지 않고 정지한 음파 측정기와 음원을 통해 음원이 발생시키는 음파의 진동수를 찾는 부분이 대표 문제와 차이가 있다.

배경 지식

(나)에서 S가 측정한 B의 음파의 진동수는 A, B가 발생시키는 음파의 진동수와 같다.

01 ▶25070-0179

그림 (가), (나), (다)와 같이 자동차 A, B, C가 동일한 진동수를 가진 음파를 발생시키며 각각 $+x$방향으로 정지한 음파 측정기 P, Q, R에 대해 등속 직선 운동을 한다. P, Q에서 측정한 음파의 진동수는 P에서가 Q에서보다 크다.

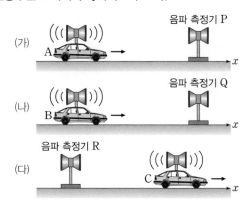

(가), (나), (다)에서 각각 P, Q, R로 측정한 음파의 파장 λ_P, λ_Q, λ_R를 옳게 비교한 것은? (단, 음속은 일정하다.)

① $\lambda_P > \lambda_Q > \lambda_R$　　② $\lambda_Q > \lambda_P > \lambda_R$　　③ $\lambda_Q > \lambda_R > \lambda_P$

④ $\lambda_R > \lambda_P > \lambda_Q$　　⑤ $\lambda_R > \lambda_Q > \lambda_P$

02 ▶25070-0180

그림과 같이 음원 A, B가 각각 속력 v_A, v_B로 $-x$축에 정지해 있는 음파 측정기에 대해 등속 직선 운동을 한다. 음속은 v_A의 9배이고 A, B에서 발생하는 음파의 진동수는 A에서가 B에서의 2배이며, 음파 측정기가 측정한 A, B의 음파의 진동수는 서로 같다.

$\dfrac{v_A}{v_B}$는? (단, 음속은 일정하다.)

① $\dfrac{1}{4}$　　② $\dfrac{1}{2}$　　③ $\dfrac{3}{4}$　　④ 1　　⑤ 2

03 ▶25070-0181

그림 (가), (나)와 같이 벽면에 나란하게 고정된 동일한 축바퀴가 시계 방향으로 각각 같은 각속도로 회전하고 있다. 음원 A, B는 축바퀴에 걸쳐 회전하는 벨트 위에 고정되어 동일한 진동수를 가진 음파를 발생시키며 음파 측정기 P, Q에 대해 수평면과 나란한 방향으로 등속 직선 운동을 한다. P, Q에서 측정한 음파의 파장은 P에서가 Q에서의 $\dfrac{10}{9}$배이다.

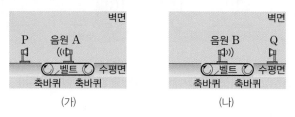

이에 대한 설명으로 옳은 것만을 〈보기〉에서 있는 대로 고른 것은? (단, 음원과 음파 측정기는 동일 직선상에 있고, 음속은 일정하며, 벨트의 질량은 무시한다.)

┌─ 보기 ┐

ㄱ. 음속은 A 속력의 19배이다.

ㄴ. 축바퀴를 더 빨리 회전시키면 P가 측정한 음파의 진동수는 처음보다 커진다.

ㄷ. 축바퀴가 동일한 각속도로 시계 반대 방향으로 회전할 경우 P, Q에서 측정한 음파의 진동수는 P에서가 Q에서의 $\dfrac{10}{9}$배이다.

① ㄴ　　② ㄷ　　③ ㄱ, ㄴ　　④ ㄱ, ㄷ　　⑤ ㄱ, ㄴ, ㄷ

04 ▶25070-0182

그림과 같이 x축상에 정지해 있는 음파 측정기에 대해 음원을 실은 수레가 $+x$방향으로 속력 $2v$로, 수레 위에 정지해 있던 음원이 수레에 대해서 $-x$방향으로 속력 v로 각각 등속 직선 운동을 하고 있다. 음속은 $20v$이고, 음파 측정기에서 측정한 음원의 진동수는 $10f$이다.

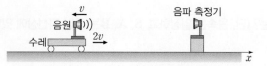

음원에서 발생한 음파의 진동수는? (단, 음속은 일정하다.)

① $\dfrac{1}{19}f$　　② $\dfrac{11}{2}f$　　③ $\dfrac{15}{2}f$　　④ $\dfrac{19}{2}f$　　⑤ $19f$

05

▶25070-0183

그림과 같이 저항, 축전기를 전압의 최댓값이 일정한 교류 전원에 연결하였다. 표는 교류 전원의 진동수가 각각 f_1, f_2, f_3일 때 회로에 흐르는 전류의 최댓값을 각각 나타낸 것이다.

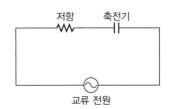

진동수	f_1	f_2	f_3
전류의 최댓값	I	$\frac{1}{2}I$	$\frac{2}{3}I$

f_1, f_2, f_3을 옳게 비교한 것은?

① $f_1 > f_3 > f_2$
② $f_2 > f_1 > f_3$
③ $f_2 > f_3 < f_1$
④ $f_3 > f_1 > f_2$
⑤ $f_3 > f_2 > f_1$

06

▶25070-0184

그림 (가), (나)는 전압의 최댓값이 일정한 동일한 교류 전원에 동일한 저항과 축전기, 자체 유도 계수가 L_1, L_2인 코일을 각각 연결한 모습을 나타낸 것이다. L_1은 L_2보다 크고 (나)에서 회로의 공명 진동수는 f_0이다.

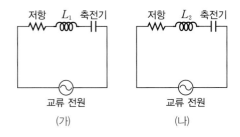

이에 대한 설명으로 옳은 것만을 〈보기〉에서 있는 대로 고른 것은?

┌ 보기 ┌
ㄱ. (가)에서 회로의 공명 진동수는 f_0보다 크다.
ㄴ. 회로에서 코일의 저항 역할은 (가)에서가 (나)에서보다 작다.
ㄷ. (나)에서 축전기의 전기 용량만을 증가시키면 회로의 공명 진동수는 f_0보다 작아진다.

① ㄱ　　② ㄷ　　③ ㄱ, ㄴ　　④ ㄴ, ㄷ　　⑤ ㄱ, ㄴ, ㄷ

07

▶25070-0185

그림은 진동수가 각각 f_1, f_2, f_3인 전자기파가 안테나에 도달하는 모습을 나타낸 것이다. f_2일 때 수신 회로에는 최대 전류가 흐르고 코일이 수신 회로의 전류의 흐름을 방해하는 정도는 f_1일 때가 f_2일 때보다 크며, $f_1 < f_3$이다. 수신 회로의 공명 진동수는 f_1, f_2, f_3 중 하나이다.

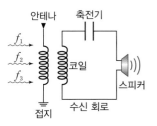

이에 대한 설명으로 옳은 것만을 〈보기〉에서 있는 대로 고른 것은?

┌ 보기 ┌
ㄱ. $f_2 < f_3$이다.
ㄴ. 수신 회로의 공명 진동수는 f_2이다.
ㄷ. 수신 회로 축전기의 저항 역할은 안테나에 도달하는 전자기파의 진동수가 f_1일 때가 f_3일 때보다 크다.

① ㄱ　　② ㄷ　　③ ㄱ, ㄴ　　④ ㄴ, ㄷ　　⑤ ㄱ, ㄴ, ㄷ

08

▶25070-0186

그림 (가)와 같이 저항값이 같은 저항 R_1, R_2, 축전기 또는 코일인 전기 소자 X를 전압의 최대값이 일정한 교류 전원에 연결하였다. 그림 (나)는 (가)의 R_2에 흐르는 전류의 최댓값을 교류 전원의 진동수에 따라 나타낸 것이다.

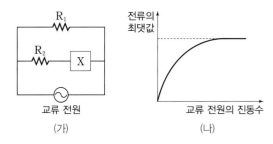

이에 대한 설명으로 옳은 것만을 〈보기〉에서 있는 대로 고른 것은?

┌ 보기 ┌
ㄱ. X는 코일이다.
ㄴ. 교류 전원의 진동수가 작을수록 R_1에 흐르는 전류의 최댓값은 증가한다.
ㄷ. 교류 전원의 진동수가 클수록 R_2 양단에 걸리는 전압의 최댓값은 커진다.

① ㄱ　　② ㄷ　　③ ㄱ, ㄴ　　④ ㄴ, ㄷ　　⑤ ㄱ, ㄴ, ㄷ

정답과 해설 38쪽

01

▸25070-0187

그림 (가)와 같이 x축과 나란한 수평면에서 진동수가 f_0인 음파를 발생시키는 음원 A와 물체 B가 같은 속력으로 각각 $+x$방향과 $-x$방향으로 등속도 운동을 한다. 그림 (나)는 A와 B가 충돌한 후 A는 $-x$방향으로 등속도 운동을 하고 B는 정지한 모습을 나타낸 것이다. 음파 측정기는 수평면에 정지해 있고 충돌 후 A가 발생시킨 음파를 음파 측정기가 측정한 진동수는 $\frac{20}{21}f_0$이다. A, B의 질량은 각각 m, $2m$이다.

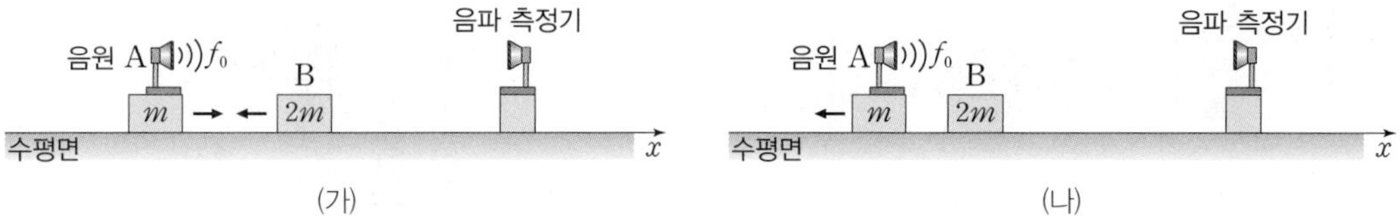

이에 대한 설명으로 옳은 것만을 〈보기〉에서 있는 대로 고른 것은? (단, 음속은 일정하다.)

보기

ㄱ. A의 속력은 충돌 후가 충돌 전보다 작다.

ㄴ. 충돌 전 A의 속력은 음속의 $\frac{1}{20}$배이다.

ㄷ. 음파 측정기가 측정한 A가 발생시킨 음파의 파장은 충돌 전일 때가 충돌 후일 때보다 짧다.

① ㄱ ② ㄴ ③ ㄱ, ㄷ ④ ㄴ, ㄷ ⑤ ㄱ, ㄴ, ㄷ

02

▸25070-0188

그림 (가)는 수평면에서 정지해 있는 음파 측정기 P, Q와 같은 수레에 놓여 진동수가 각각 f, $2f$인 음파를 발생시키며 직선 운동을 하고 있는 음원 A, B를 나타낸 것이다. 그림 (나)는 (가)의 P로부터 A, B까지의 거리 S를 시간 t에 따라 나타낸 것이다. $t=t_0$일 때 P가 측정한 A에서 발생한 음파의 진동수는 $\frac{11}{12}f$이다.

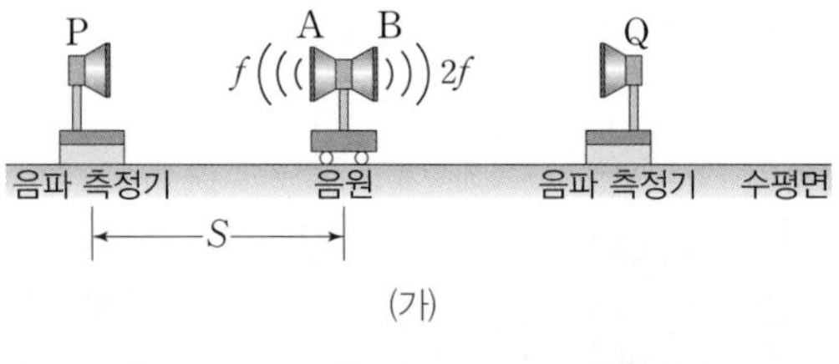

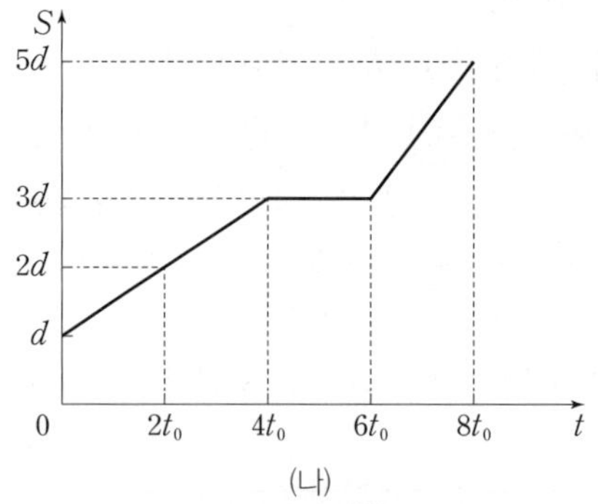

이에 대한 설명으로 옳은 것만을 〈보기〉에서 있는 대로 고른 것은? (단, 음속은 V로 일정하고, 음원은 P, Q를 잇는 직선상에서 운동하며, 음파 측정기와 음원의 크기는 무시한다.)

보기

ㄱ. $2t_0$일 때 음원의 속력은 $\frac{1}{11}V$이다.

ㄴ. $5t_0$일 때 Q가 측정한 B에서 발생한 음파의 파장은 $\frac{V}{2f}$이다.

ㄷ. Q가 측정한 B의 진동수는 $3t_0$일 때가 $7t_0$일 때의 $\frac{9}{10}$배이다.

① ㄱ ② ㄷ ③ ㄱ, ㄴ ④ ㄴ, ㄷ ⑤ ㄱ, ㄴ, ㄷ

03

▶ 25070-0189

그림은 x축상에 고정된 음파 측정기와 x축을 따라 등속도 운동을 하고 있는 진동수가 f_0인 음파를 발생시키는 음원의 모습을 나타낸 것이다. 표는 음원의 속력 및 진행 방향과 음파 측정기에서 측정된 음파의 진동수를 나타낸 것이다.

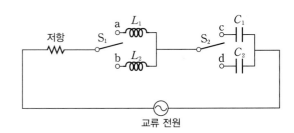

음원))) f_0 음파 측정기

조건	음원의 속력	음원의 진행 방향	음파 측정기에서 측정된 음파의 진동수
I	v_0	㉠	$\dfrac{10}{11}f_0$
II	$2v_0$	$-x$	㉡
III	㉢	㉣	$\dfrac{25}{14}f_0$

이에 대한 설명으로 옳은 것만을 〈보기〉에서 있는 대로 고른 것은? (단, 음속은 일정하다.)

┌ 보기 ┐
ㄱ. ㉠과 ㉣은 서로 같다.
ㄴ. ㉡은 $\dfrac{5}{6}f_0$이다.
ㄷ. ㉢은 $\dfrac{22}{5}v_0$이다.

① ㄱ   ② ㄴ   ③ ㄱ, ㄷ   ④ ㄴ, ㄷ   ⑤ ㄱ, ㄴ, ㄷ

04

▶ 25070-0190

그림과 같이 저항, 자체 유도 계수가 각각 L_1, L_2인 코일, 전기 용량이 각각 C_1, C_2인 축전기를 전압의 최댓값이 일정한 교류 전원에 연결하였다. 표는 스위치 S_1을 a 또는 b에, S_2를 c 또는 d에 각각 연결하였을 때 교류 전원의 진동수를 변화시켜 회로에 최대 전류가 흐를 때의 진동수를 나타낸 것이다.

저항 S_1 a L_1 b L_2 S_2 c C_1 d C_2 교류 전원

조건	S_1의 연결 위치	S_2의 연결 위치	회로에 최대 전류가 흐르는 진동수
I	a	c	f_0
II	a	d	$\dfrac{1}{2}f_0$
III	b	c	$2f_0$
IV	b	d	㉠

이에 대한 설명으로 옳은 것만을 〈보기〉에서 있는 대로 고른 것은?

┌ 보기 ┐
ㄱ. $L_1 < L_2$이다.
ㄴ. C_1은 C_2의 2배이다.
ㄷ. ㉠은 f_0이다.

① ㄱ   ② ㄷ   ③ ㄱ, ㄴ   ④ ㄴ, ㄷ   ⑤ ㄱ, ㄴ, ㄷ

05

▶25070-0191

다음은 교류 전원에 축전기 또는 코일인 전기 소자 X를 연결한 전기 회로에 대한 실험이다.

[실험 과정]
(가) 전압의 최댓값이 일정한 교류 전원에 전기 소자 X와 저항 R_1, R_2를 연결한다.
(나) 교류 전원의 진동수에 따라 R_1과 R_2에 흐르는 전류의 최댓값의 변화를 관찰한다.

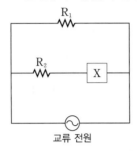

교류 전원

[실험 결과]

교류 전원	저항에 흐르는 전류의 최댓값	
	R_1	R_2
진동수를 증가시켰을 때	일정	증가
진동수를 감소시켰을 때	㉠	감소

이에 대한 설명으로 옳은 것만을 〈보기〉에서 있는 대로 고른 것은?

보기
ㄱ. '일정'은 ㉠으로 적절하다.
ㄴ. X는 코일이다.
ㄷ. 교류 전원의 진동수를 증가시키면 R_2 양단에 걸리는 전압은 작아진다.

① ㄱ   ② ㄴ   ③ ㄱ, ㄷ   ④ ㄴ, ㄷ   ⑤ ㄱ, ㄴ, ㄷ

06

▶25070-0192

그림은 진동수가 다른 전자기파 A, B가 안테나에 도달하는 모습을 나타낸 것이다. 가변 축전기의 전기 용량을 증가시키는 동안 수신 회로에 연결된 스피커에서는 A, B 순으로 방송이 선명하게 나왔다.

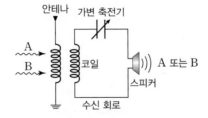

이에 대한 설명으로 옳은 것만을 〈보기〉에서 있는 대로 고른 것은?

보기
ㄱ. 전자기파의 진동수는 A가 B보다 크다.
ㄴ. 가변 축전기의 전기 용량을 감소시키면 수신 회로의 공명 진동수는 작아진다.
ㄷ. 스피커에서 가장 선명한 방송이 나올 때 수신 회로에는 최대 전류가 흐른다.

① ㄱ   ② ㄴ   ③ ㄱ, ㄷ   ④ ㄴ, ㄷ   ⑤ ㄱ, ㄴ, ㄷ

① 볼록 렌즈에 의한 상

(1) **볼록 렌즈**: 가장자리보다 가운데 부분이 더 두꺼워 입사 광선을 광축 방향으로 모으는 렌즈

① 볼록 렌즈의 초점(F)

- 초점에서 퍼져 나가는 빛은 렌즈에서 굴절된 후 광축에 나란하게 진행한다.
- 광축에 나란하게 입사한 빛은 렌즈에서 굴절된 후 초점에 모인다.

② 초점 거리(f): 렌즈의 중심에서 초점(F)까지의 거리로, 볼록 렌즈의 초점은 렌즈의 양쪽에 같은 초점 거리로 하나씩 있다.

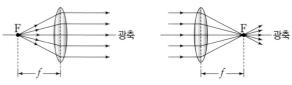

(2) **볼록 렌즈에 의한 광선의 경로(광선 추적)**

① 광축에 나란하게 입사한 광선은 볼록 렌즈에서 굴절한 후 초점(F)을 지난다.

② 초점(F)을 지나 입사한 광선은 볼록 렌즈에서 굴절한 후 광축과 나란하게 진행한다.

③ 볼록 렌즈의 중심을 지나는 광선은 직진한다.

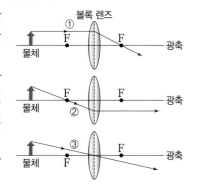

(3) **볼록 렌즈에 의한 상(상의 종류)**

① 실상과 허상

- 실상: 렌즈에서 굴절된 빛이 실제로 모여서 만들어진 상 ➡ 실상이 있는 지점에 스크린을 놓으면 상이 맺힌다.
- 허상: 렌즈에서 굴절된 광선의 연장선이 모여서 만들어진 상 ➡ 허상이 있는 지점에 스크린을 놓으면 상이 맺히지 않는다.

② 정립상과 도립상

- 정립상: 상의 방향이 물체의 방향과 같은 상
- 도립상: 상의 방향이 물체의 방향과 반대인 상

② 렌즈 방정식과 배율

(1) **렌즈 방정식**: 렌즈 중심과 물체 사이의 거리를 a, 렌즈 중심과 상 사이의 거리를 b, 렌즈의 초점 거리가 f라고 할 때, 다음 관계식이 성립한다.

$$\text{실상일 때: } \frac{1}{a}+\frac{1}{b}=\frac{1}{f}$$
$$\text{허상일 때: } \frac{1}{a}-\frac{1}{b}=\frac{1}{f}$$

(2) **배율(M)**: 물체의 크기에 대한 상의 크기의 비율이다.

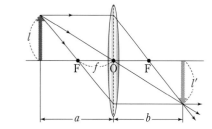

$$M=\frac{l'}{l}=\left|\frac{b}{a}\right|$$

③ 볼록 렌즈의 이용

(1) **굴절 망원경(케플러 망원경)**: 두 개의 볼록 렌즈를 이용하여 멀리 있는 물체를 관측하는 장치로, 초점 거리가 긴 대물렌즈는 물체에서 나오는 빛을 모아 실상을 만들고, 이 실상이 초점 거리가 짧은 접안렌즈에 의해 확대된 허상으로 보인다.

(2) **광학 현미경**: 두 개의 볼록 렌즈를 이용하여 가까운 곳의 작은 물체를 관측하는 장치로, 대물렌즈에 의해 확대된 실상이 접안렌즈에 의해 더욱 확대된 허상으로 보인다.

(3) **카메라**: 렌즈를 통과하며 굴절된 빛이 필름(또는 CCD)에 도달하여 상이 맺히게 한다.

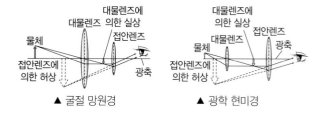

▲ 굴절 망원경　　　　▲ 광학 현미경

더 알기　　물체의 위치에 따른 볼록 렌즈에 의한 상의 변화

- 물체가 볼록 렌즈의 초점 바깥쪽에서 렌즈를 향하여 움직일 때 렌즈에 의한 물체의 상은 렌즈를 중심으로 물체 반대편 초점에서부터 점점 멀어지고 크기는 점점 커진다.
- 물체가 볼록 렌즈의 초점 안쪽에서 렌즈를 향하여 움직일 때 렌즈에 의한 물체의 상은 렌즈를 중심으로 물체와 같은 방향에서 렌즈에 가까워지고 상의 크기는 점점 작아진다.

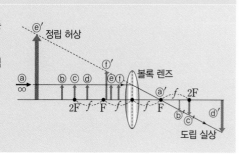

그림과 같이 초점 거리가 f인 볼록 렌즈로부터 $10\,cm$ 만큼 떨어진 지점에 크기가 h인 물체를 놓았더니 크기가 H인 상이 생겼다. 볼록 렌즈와 상 사이의 거리는 d 이고, $\dfrac{H}{h}=2.5$이다.

이에 대한 설명으로 옳은 것만을 〈보기〉에서 있는 대로 고른 것은?

┌─ 보기 ┐
ㄱ. 상은 실상이다.
ㄴ. $d=25\,cm$이다.
ㄷ. $f=20\,cm$이다.
└──────┘

① ㄱ   ② ㄴ   ③ ㄷ   ④ ㄱ, ㄷ   ⑤ ㄴ, ㄷ

접근 전략

볼록 렌즈에 의해 정립 허상이 생기는 경우는 물체와 볼록 렌즈 사이의 거리가 초점 거리보다 작은 경우라는 것을 알아야 한다. 또 렌즈 방정식과 배율을 통해 볼록 렌즈와 상 사이의 거리와 상의 크기를 구할 수 있다.

간략 풀이

✗ 볼록 렌즈에 의한 상이 정립이고, 물체와 같은 쪽에 상이 생겼으므로 상은 허상이다.

◯ 볼록 렌즈에 의한 상의 배율이 $\left|\dfrac{d}{10}\right|=\dfrac{H}{h}=2.5$이므로 $d=25\,cm$ 이다.

✗ 렌즈 방정식을 적용하면 $\dfrac{1}{10}-\dfrac{1}{25}=\dfrac{1}{f}$이므로 $f=\dfrac{50}{3}(cm)$이다.

정답 | ②

▶25070-0193

그림 (가)와 같이 초점 거리가 f인 볼록 렌즈로부터 $5\,cm$만큼 떨어진 지점에 크기가 h인 물체를 놓았더니 크기가 $6\,cm$인 상이 생겼다. 그림 (나)와 같이 (가)에서 물체를 볼록 렌즈로부터 $15\,cm$ 떨어진 지점에 놓았더니 크기가 $6\,cm$인 상이 생겼다.

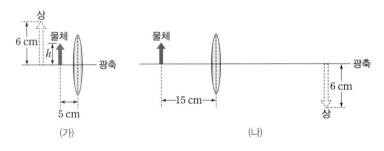

(가)   (나)

$f+h$는?

① $11\,cm$ ② $12\,cm$ ③ $13\,cm$ ④ $14\,cm$ ⑤ $15\,cm$

유사점과 차이점

물체와 볼록 렌즈 사이의 거리, 물체의 크기에 대한 상의 크기를 다루는 점에서 대표 문제와 유사하지만 2개의 상황에 따라 실상이 생기는 경우와 허상이 생기는 경우를 다루고 2개의 상황을 연립해야 한다는 점에서 다르다.

배경 지식

• 볼록 렌즈에 의해 생기는 상은 물체와 볼록 렌즈 사이의 거리가 초점 거리보다 큰 경우에는 도립 실상, 물체와 볼록 렌즈 사이의 거리가 초점 거리보다 작은 경우에는 정립 허상이 생긴다.

• 볼록 렌즈와 물체 사이의 거리가 a, 볼록 렌즈와 상 사이의 거리가 b, 볼록 렌즈의 초점 거리가 f일 때 렌즈 방정식은 $\dfrac{1}{a}+\dfrac{1}{b}=\dfrac{1}{f}(a>f)$ 또는 $\dfrac{1}{a}-\dfrac{1}{b}=\dfrac{1}{f}(a<f)$이다.

• 물체의 크기가 l, 상의 크기가 l'일 때 볼록 렌즈에 의한 상의 배율은 $M=\dfrac{l'}{l}=\left|\dfrac{b}{a}\right|$이다.

01

▶ 25070-0194

그림과 같이 볼록 렌즈의 광축 위의 지점 p에 물체를 놓았을 때 물체와 상의 크기가 같았다. 점 q는 광축 위의 지점이다.

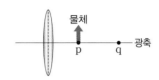

이에 대한 설명으로 옳은 것만을 〈보기〉에서 있는 대로 고른 것은?

┌ 보기 ┌
ㄱ. 볼록 렌즈의 중심과 p 사이의 거리는 볼록 렌즈의 초점 거리이다.
ㄴ. 물체가 p와 q 사이에 위치할 때 상은 실상이다.
ㄷ. 물체가 p와 q 사이에 위치할 때 상의 크기는 물체의 크기보다 크다.

① ㄱ   ② ㄴ   ③ ㄷ   ④ ㄱ, ㄴ   ⑤ ㄴ, ㄷ

02

▶ 25070-0195

그림 (가)와 같이 볼록 렌즈의 중심으로부터 5 cm 떨어진 지점에 물체를 놓았더니, 배율이 4인 허상이 생겼다. 그림 (나)는 (가)에서 물체를 볼록 렌즈의 중심으로부터 15 cm 떨어진 지점으로 이동시킨 것을 나타낸 것이다.

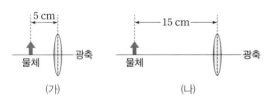

(나)에서 생기는 물체의 상의 종류와 배율로 옳은 것은?

상의 종류 　　　배율

① 정립 허상 　　$\dfrac{4}{5}$

② 정립 허상 　　$\dfrac{5}{3}$

③ 정립 실상 　　2

④ 도립 실상 　　$\dfrac{4}{5}$

⑤ 도립 실상 　　$\dfrac{5}{3}$

03

▶ 25070-0196

다음은 볼록 렌즈에 의해 스크린에 생기는 상을 관찰하는 실험이다.

[실험 과정]

(가) 그림과 같이 광학대 위에 광원, 물체, 볼록 렌즈, 스크린을 설치하고, 물체와 스크린 사이의 거리가 D가 되도록 물체와 스크린을 광학대에 고정한다.

(나) 볼록 렌즈를 물체 바로 앞에서 스크린 쪽으로 천천히 이동시키며 스크린에 물체의 모습이 또렷하게 나타날 때마다 물체와 볼록 렌즈 사이의 거리 x를 측정한다.

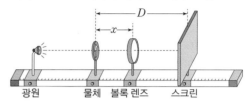

[실험 결과]
• (나)에서 $x=20$ cm, $x=60$ cm일 때, 스크린에 또렷한 상이 생겼다.

이에 대한 설명으로 옳은 것만을 〈보기〉에서 있는 대로 고른 것은?

┌ 보기 ┌
ㄱ. D는 75 cm이다.
ㄴ. 볼록 렌즈의 초점 거리는 15 cm이다.
ㄷ. $x=60$ cm일 때 스크린에 생긴 상은 정립상이다.

① ㄱ   ② ㄴ   ③ ㄷ   ④ ㄱ, ㄴ   ⑤ ㄴ, ㄷ

04

▶ 25070-0197

그림과 같이 볼록 렌즈의 중심으로부터 거리 x만큼 떨어진 지점에 물체를 놓았다. $x=5$ cm, $x=10$ cm일 때 볼록 렌즈에 의한 상의 크기가 12 cm로 같았다.

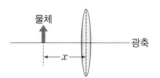

이에 대한 설명으로 옳은 것만을 〈보기〉에서 있는 대로 고른 것은?

┌ 보기 ┌
ㄱ. $x=10$ cm일 때, 상의 종류는 도립 실상이다.
ㄴ. 물체의 크기는 3 cm이다.
ㄷ. 볼록 렌즈의 초점 거리는 $\dfrac{20}{3}$ cm이다.

① ㄱ   ② ㄴ   ③ ㄷ   ④ ㄱ, ㄴ   ⑤ ㄱ, ㄷ

05

▶25070-0198

그림은 광축 위에 놓인 물체에서 나온 빛의 일부가 두 볼록 렌즈 A, B를 통과하여 진행하는 경로를 나타낸 것이다.

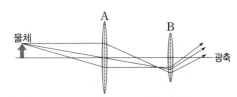

이에 대한 설명으로 옳은 것만을 〈보기〉에서 있는 대로 고른 것은?

보기
ㄱ. A에 의한 상과 B 사이의 거리는 B의 초점 거리보다 작다.
ㄴ. A에 의한 상은 허상이다.
ㄷ. B에 의한 상의 배율은 1보다 작다.

① ㄱ　　② ㄴ　　③ ㄷ　　④ ㄱ, ㄴ　　⑤ ㄴ, ㄷ

06

▶25070-0199

그림 (가)와 같이 볼록 렌즈의 중심으로부터 거리 x만큼 떨어진 지점에 크기가 h인 물체를 놓았다. 그림 (나)는 상의 크기를 x에 따라 나타낸 것이다.

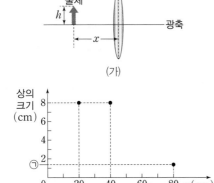

(가)

(나)

h와 ㉠으로 옳은 것은?

	h	㉠		h	㉠
①	$\frac{7}{4}$ cm	$\frac{6}{5}$ cm	②	$\frac{7}{3}$ cm	$\frac{6}{5}$ cm
③	$\frac{7}{3}$ cm	$\frac{8}{5}$ cm	④	$\frac{8}{3}$ cm	$\frac{6}{5}$ cm
⑤	$\frac{8}{3}$ cm	$\frac{8}{5}$ cm			

07

▶25070-0200

그림과 같이 볼록 렌즈의 중심으로부터 a만큼 떨어진 지점에 물체를 놓았더니, 볼록 렌즈의 중심으로부터 $\frac{9}{4}a$만큼 떨어진 지점에 상이 생겼다.

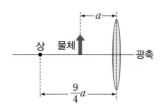

이에 대한 설명으로 옳은 것만을 〈보기〉에서 있는 대로 고른 것은?

보기
ㄱ. 상이 생긴 곳에 스크린을 설치하면 스크린에 물체의 모습이 생긴다.
ㄴ. 상의 크기는 물체의 크기의 $\frac{9}{4}$배이다.
ㄷ. 볼록 렌즈의 초점 거리는 $\frac{9}{5}a$이다.

① ㄱ　　② ㄴ　　③ ㄷ　　④ ㄱ, ㄴ　　⑤ ㄴ, ㄷ

08

▶25070-0201

그림과 같이 볼록 렌즈의 중심으로부터 d만큼 떨어진 지점에 물체를 놓았더니, 볼록 렌즈에 의한 상의 크기가 물체의 크기와 같았다.

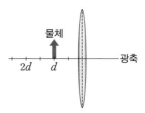

볼록 렌즈의 중심과 물체 사이의 거리를 변화시킬 때 나타나는 물체의 상으로 적절한 것만을 〈보기〉에서 있는 대로 고른 것은?

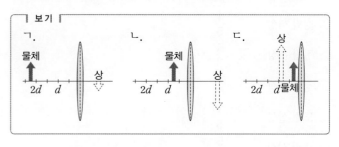

① ㄱ　　② ㄷ　　③ ㄱ, ㄴ　　④ ㄴ, ㄷ　　⑤ ㄱ, ㄴ, ㄷ

01

▶ 25070-0202

그림 (가)와 같이 크기가 h인 물체를 볼록 렌즈의 중심으로부터 거리 x만큼 떨어진 지점에 놓았다. 그림 (나)는 x에 따른 상의 크기를 나타낸 것이다.

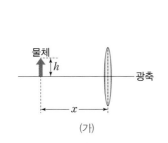
(가)

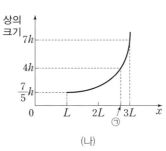
(나)

⊙은?

① $\dfrac{23}{9}L$ ② $\dfrac{21}{8}L$ ③ $\dfrac{24}{9}L$ ④ $\dfrac{25}{9}L$ ⑤ $\dfrac{20}{7}L$

02

▶ 25070-0203

그림 (가)와 같이 볼록 렌즈의 중심으로부터 a만큼 떨어진 지점 p에 물체를 놓았더니, 물체로부터 $5a$만큼 떨어진 지점 q에 상이 생겼다. 그림 (나)와 같이 (가)에서 볼록 렌즈를 p, q 사이의 지점에 물체로부터 x만큼 떨어진 지점에 놓았더니, q에 물체보다 큰 상이 생겼다.

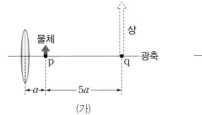
(가)

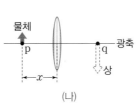
(나)

이에 대한 설명으로 옳은 것만을 〈보기〉에서 있는 대로 고른 것은?

┌ 보기 ┐
ㄱ. (가)에서의 상은 허상이다.
ㄴ. $x = \dfrac{3}{2}a$이다.
ㄷ. (나)에서 상의 배율은 $\dfrac{5}{4}$이다.

① ㄱ ② ㄴ ③ ㄷ ④ ㄱ, ㄴ ⑤ ㄴ, ㄷ

03

          ▶25070-0204

그림 (가)와 같이 초점 거리가 f인 볼록 렌즈 앞의 광축 위에 물체를 놓았더니 물체로부터 $\dfrac{16}{5}f$만큼 떨어진 광축 위의 지점 p에 상이 생겼다. 그림 (나)는 (가)에서 물체를 p에 놓은 것을 나타낸 것이다.

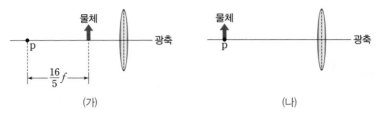

(가)와 (나)에서 상의 배율을 각각 $M_{(가)}$, $M_{(나)}$라고 할 때, $\dfrac{M_{(나)}}{M_{(가)}}$는?

① $\dfrac{1}{15}$ ② $\dfrac{1}{11}$ ③ $\dfrac{1}{9}$ ④ $\dfrac{1}{8}$ ⑤ $\dfrac{1}{6}$

04

          ▶25070-0205

그림은 크기가 h인 물체에서 나온 빛의 일부가 볼록 렌즈를 통과하여 진행하는 경로를 나타낸 것이다. 물체는 광축인 x축의 $x=0$ 위에 놓여 있고, 렌즈의 중심은 $x=d$인 지점에 있으며 렌즈의 초점 거리는 $2d$이다. ㉠은 x축과 나란하게 진행하여 렌즈를 통과하는 빛이고, ㉡은 렌즈의 중심을 지나는 빛이다.

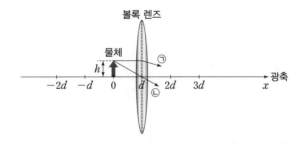

이에 대한 설명으로 옳은 것만을 〈보기〉에서 있는 대로 고른 것은?

┌─ 보기 ┐

ㄱ. ㉠은 $x=2d$인 지점을 지난다.
ㄴ. 스크린을 $x=3d$인 곳에 놓으면 ㉠과 ㉡은 스크린의 같은 지점에서 만난다.
ㄷ. 렌즈에 의해 생긴 상의 크기는 $2h$이다.

① ㄱ   ② ㄴ   ③ ㄷ   ④ ㄱ, ㄷ   ⑤ ㄴ, ㄷ

① 광전 효과

(1) **광전 효과**: 금속 표면에 비추는 빛에 의해 전자가 방출되는 현상을 광전 효과라고 하며, 이때 방출되는 전자를 광전자라고 한다.

(2) **광전 효과 실험**

① 광전관의 금속판에 전원의 $(-)$극을 연결하여 순방향 전압을 걸어 주면 광전자는 $(+)$극 쪽으로 전기력을 받고, 금속판에 전원의 $(+)$극을 연결하여 역방향 전압을 걸어 주면 광전자는 $(+)$극이 연결된 금속판 쪽으로 전기력을 받는다.

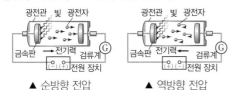

▲ 순방향 전압 　　▲ 역방향 전압

② 광전류와 광전자

• 광전관의 금속판에 빛을 비추면 금속판에서 광전자가 튀어나와 회로에 전류가 흐르게 된다. 이 전류를 광전류라 하고, 빛에 의해 금속판에서 튀어나온 전자를 광전자라고 한다.

• 순방향 전압을 걸어 주고 금속판에 특정 진동수보다 큰 진동수의 빛을 비추면 광전자가 튀어나와 회로에 전류가 흐른다. 이 때 전압을 증가시켜도 전류의 세기는 거의 변하지 않는다. 하지만 역방향 전압을 걸어 주고 전압을 증가시키면 반대편 금속판에 도달하는 광전자의 수는 줄어들게 되어 광전류의 세기는 감소한다.

③ 광전자의 최대 운동 에너지(E_k)와 정지 전압(V_s): 광전관에 역방향 전압을 걸어 주어 광전자가 반대편 금속판에 도달하지 못해 광전류가 0이 되는 순간의 전압을 정지 전압(V_s)이라고 하며, 정지 전압은 광전자의 최대 운동 에너지(E_k)에 비례한다.

$$E_k = eV_s \ (e: 기본\ 전하량)$$

(3) **광전 효과 실험 결과**

① 광전자는 특정한 진동수보다 큰 진동수의 빛을 비출 때 방출된다. 이 특정한 진동수를 문턱 진동수라고 하며, 문턱 진동수는 금속의 종류에 따라 다르다.

② 문턱 진동수보다 작은 진동수의 빛은 아무리 센 빛을 비춰도 광전류가 흐르지 않는다. 하지만 문턱 진동수보다 큰 진동수의 빛을 비추는 즉시 광전자가 방출되고, 빛의 세기가 증가할수록 광전류의 세기는 증가한다[그림 (가)], V_s: 정지 전압].

③ 정지 전압은 금속 표면에서 방출된 광전자의 최대 운동 에너지(E_k)에 비례하므로 비춰진 빛의 세기에는 관계없고 비춰진 빛의 진동수에 따라 변한다[그림 (나), V_1, V_2: 정지 전압].

④ 비춰진 빛의 진동수와 광전자의 최대 운동 에너지(E_k)의 관계 그래프의 기울기는 플랑크 상수(h)를 의미하며, 금속의 종류에 관계없이 일정하다[그림 (다)].

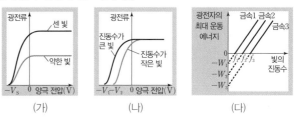

(가) 　　　　 (나) 　　　　 (다)

(4) **광양자설에 의한 광전 효과 해석**

① 문턱 진동수와 일함수: 진동수가 f인 빛을 금속 표면에 비추면 hf의 에너지를 가진 광자가 금속 표면의 전자와 충돌하여 광자의 에너지 전부를 전자에 주어 금속 표면의 전자를 외부로 떼어낸다. 이때 금속 표면의 전자를 외부로 떼어내는 데 필요한 최소한의 에너지를 일함수(W)라 하고, 일함수와 같은 에너지를 가진 광자의 진동수를 문턱 진동수(f_0)라고 한다.

② 광전자의 최대 운동 에너지와 빛의 진동수: 문턱 진동수가 f_0인 금속 표면에 진동수가 f인 빛을 비추었을 때, 또는 한계 파장이 λ_0인 금속 표면에 파장이 λ인 빛을 비추었을 때 방출되는 광전자의 최대 운동 에너지(E_k)는 다음과 같다.

$$E_k = hf - W = h(f - f_0) = h\left(\frac{c}{\lambda} - \frac{c}{\lambda_0}\right) \ (c: 빛의\ 속력)$$

② 아인슈타인의 광양자설

(1) **광양자설**: 1905년 아인슈타인은 플랑크가 제안한 양자설을 이용하여 '빛은 연속적인 파동 에너지의 흐름이 아니라 광자(광양자)라고 부르는 불연속적인 에너지를 가진 입자의 흐름이다.'라는 광양자설로 광전 효과를 설명하였다.

(2) **광자의 에너지**: 광양자설에 의하면 진동수가 f, 또는 파장이 λ인 광자 1개의 에너지 E는 다음과 같다.

$$E = hf = \frac{hc}{\lambda}$$

(플랑크 상수 $h = 6.63 \times 10^{-34} \ J \cdot s$, 빛의 속력 $c = 2.99 \times 10^8 \ m/s$)

더 알기 　빛의 파동 이론으로 설명할 수 없는 빛의 입자성

파동 이론에 의하면 빛의 진동수가 아무리 작아도 빛의 세기를 증가시키거나 오래 비추면 금속 내 전자는 충분한 에너지를 얻기 때문에 금속 표면으로부터 전자가 방출되어야 한다. 하지만 문턱 진동수보다 작은 진동수의 빛을 아무리 세게, 오래 비추어도 금속에서 광전자는 방출되지 않는다. 파동 이론에 의하면 광전자의 최대 운동 에너지는 빛의 세기와 관계가 있어야 한다. 하지만 광전자의 최대 운동 에너지는 빛의 진동수에만 관계가 있다.

③ 물질파

(1) 드브로이 물질파

① 1924년 드브로이는 파장 λ인 광자의 운동량이 $p=\dfrac{h}{\lambda}$인 것처럼, 속력 v로 움직이는 질량 m인 입자의 파장은 $\lambda=\dfrac{h}{p}=\dfrac{h}{mv}$를 만족한다고 제안하였다.

② 물질인 입자가 파동성을 가질 때 이 파동을 물질파 또는 드브로이파라 하고, 이때 파장을 드브로이 파장이라고 한다.

(2) 물질파의 확인

① 데이비슨·거머 실험: 데이비슨과 거머는 니켈 결정에 전자를 입사시킨 후 입사한 전자선과 튀어나온 전자가 이루는 각에 따른 회절된 전자 수의 분포를 알아보기 위해 검출기와 입사한 전자선 사이의 각 ϕ를 변화시키면서 각에 따라 검출되는 전자의 수를 측정하였다.

- 실험 결과의 해석: 실험 결과 전자선 회절 실험으로부터 구한 전자의 파장과 드브로이 물질파 이론을 적용하여 구한 전자의 파장이 일치한다는 사실로 드브로이의 물질파 이론이 입증되었다.

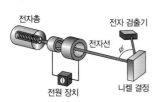
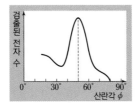

② 톰슨의 전자 회절 실험: 톰슨은 X선과 동일한 드브로이 파장을 갖는 전자선을 얇은 금속박에 입사시킬 때 X선에 의한 회절 무늬와 전자선의 회절 무늬가 같다는 것을 보여주어 전자의 물질파 이론을 입증하였다.

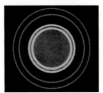

▲ X선의 회절 무늬   ▲ 전자선의 회절 무늬

④ 보어의 수소 원자 모형과 물질파

(1) 보어의 수소 원자 모형: 러더퍼드 원자 모형에서 원자의 안정성 문제, 선 스펙트럼 문제 등의 한계점을 해결하기 위해 보어는 두 가지 가설을 적용하여 새로운 원자 모형을 제시하였다.

① 제1가설(양자 조건): 전자의 질량이 m, 전자의 속력이 v, 전자가 회전하는 원 궤도의 반지름이 r이면 양자 조건은 다음과 같다.

$$2\pi rmv=nh$$
(양자수 $n=1,\ 2,\ 3,\ \cdots$,
플랑크 상수 $h=6.63\times10^{-34}\ \mathrm{J\cdot s}$)

② 제2가설(진동수 조건): 전자가 양자 조건을 만족하는 원 궤도 사이에서 전이할 때는 두 궤도의 에너지 차에 해당하는 에너지를 갖는 전자기파를 방출하거나 흡수한다.

$$E_n-E_m=hf\ (\text{양자수 } n,\ m=1,\ 2,\ 3,\ \cdots)$$

(2) 보어의 수소 원자 모형과 드브로이 물질파 이론

① 보어의 제1가설을 드브로이 파장으로 표현하면 다음과 같이 나타낼 수 있다.

$$2\pi r=n\left(\dfrac{h}{mv}\right)=n\lambda\ (n=1,\ 2,\ 3,\ \cdots)$$

② 전자가 궤도 운동하는 원의 둘레가 드브로이 파장의 정수배가 되어 정상파를 이룰 때만 안정한 궤도를 이룬다.

③ 전자의 물질파가 원 궤도에서 정상파를 이룰 때만 전자가 에너지를 방출하지 않고 정상 상태를 유지하게 된다.

④ 전자의 원 궤도 둘레가 전자의 물질파 파장의 정수배와 일치하지 않는 경우에는 전자가 정상 상태를 유지하지 못하므로 전자의 궤도는 존재할 수 없다.

⑤ 보어는 양자 가설을 수소 원자에 적용하여 양자수 n인 전자 궤도의 반지름을 이론적으로 유도하여 다음과 같은 관계를 얻었다.

$$r_n=a_0n^2\ (a_0:\ \text{보어 반지름})$$

더 알기 보어의 원자 모형과 드브로이 물질파 이론

① 전자의 원 궤도 둘레가 전자의 물질파 파장의 정수배와 일치하는 경우: (가), (나)
➡ 정상 상태 유지

② 전자의 원 궤도 둘레가 전자의 물질파 파장의 정수배와 일치하지 않는 경우: (다)
➡ 전자의 궤도는 존재할 수 없다.

③ 전자의 궤도 반지름은 (가)에서가 (나)에서보다 작다.

④ 전자의 드브로이 파장은 (가)에서가 (나)에서보다 짧다.

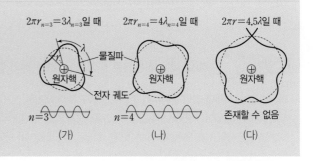

| 2025학년도 대수능 |

그림은 광전 효과 실험 장치를 사용하여 전압에 따른 광전류의 세기를 측정하는 것을 나타낸 것이다. 표는 금속판을 비추는 단색광 A, B에 따른 광전류의 최댓값 I와 정지 전압으로부터 구한 광전자의 최대 운동 에너지에 해당하는 물질파 파장 λ를 나타낸 것이다.

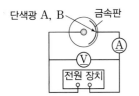

단색광 A, B   금속판

A	B	I	λ
○	×	I_0	$3\lambda_0$
×	○	$2I_0$	λ_0
○	○	㉠	㉡

(○: 단색광 있음, ×: 단색광 없음)

이에 대한 설명으로 옳은 것만을 〈보기〉에서 있는 대로 고른 것은?

┌─── 보기 ───
ㄱ. 진동수는 A가 B보다 작다.
ㄴ. ㉠은 I_0이다.
ㄷ. ㉡은 λ_0이다.
└─────────

① ㄱ   ② ㄴ   ③ ㄱ, ㄷ   ④ ㄴ, ㄷ   ⑤ ㄱ, ㄴ, ㄷ

접근 전략

광전자의 최대 운동 에너지는 광자의 에너지에서 일함수를 뺀 값과 같고, 광전자의 물질파 파장의 최솟값의 제곱에 반비례한다.

간략 풀이

A만 비춘 경우 광전류는 I_0, 광전자의 최대 운동 에너지에 해당하는 물질파 파장이 $3\lambda_0$이고, B만 비춘 경우 광전류는 $2I_0$, 광전자의 최대 운동 에너지에 해당하는 물질파 파장이 λ_0이다.

㉠ 광전자의 최대 운동 에너지는 B를 비춘 경우가 A를 비춘 경우보다 크므로 광자의 에너지는 B가 A보다 크다. 따라서 진동수는 B가 A보다 크다.

✗ A와 B를 동시에 비출 때 A, B 모두에 의해 광전자가 방출되므로 광전류의 최댓값은 B를 비추었을 때 광전류의 최댓값보다 크다. 따라서 ㉠은 $2I_0$보다 크다.

㉢ A와 B를 동시에 비추어도 광전자의 최대 운동 에너지는 B를 비출 때와 같다. 따라서 광전자의 최대 운동 에너지에 해당하는 물질파 파장은 λ_0이다.　　**정답 | ③**

▶25070-0206

그림은 광전 효과 실험 장치를 사용하여 전압에 따른 광전류의 세기를 측정하는 것을 나타낸 것이다. 표는 금속판을 비추는 단색광 A, B에 따른 광전류의 최댓값 I와 정지 전압 V_s, 정지 전압으로부터 구한 광전자의 최대 운동 에너지에 해당하는 물질파 파장 λ를 나타낸 것이다.

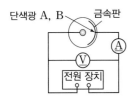

단색광 A, B   금속판

A	B	I	V_s	λ
○	×	I_0	V_0	λ_0
×	○	$2I_0$	$3V_0$	
○	○	㉠		㉡

(○: 단색광 있음, ×: 단색광 없음)

이에 대한 설명으로 옳은 것만을 〈보기〉에서 있는 대로 고른 것은?

┌─── 보기 ───
ㄱ. 단색광의 파장은 A가 B보다 길다.
ㄴ. ㉠은 $1.5I_0$이다.
ㄷ. ㉡은 $\dfrac{\lambda_0}{3}$이다.
└─────────

① ㄱ   ② ㄷ   ③ ㄱ, ㄴ   ④ ㄱ, ㄷ   ⑤ ㄴ, ㄷ

유사점과 차이점

단색광을 각각 비출 때의 물리량을 주고, 단색광 2개를 동시에 비출 때의 정보를 찾아낸다는 점은 유사하지만, 파장을 물어보는 것이 다르고, 정지 전압으로부터 물질파 파장을 찾아내는 것이 다르다.

배경 지식

• 광전자의 최대 운동 에너지는 광자의 에너지에서 일함수를 뺀 값과 같고, 정지 전압에 비례하며, 광전자의 물질파 파장의 제곱에 반비례한다.
• 광전자가 방출되는 경우 광전류의 최댓값은 빛의 세기가 클수록 크다.

01

▸25070-0207

그림은 광전 효과에 대해 학생 A, B, C가 대화하는 모습을 나타낸 것이다.

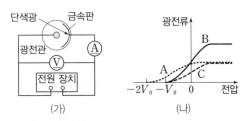

빛의 입자성을 통해 광전 효과를 설명할 수 있어.

금속판에 진동수가 문턱 진동수보다 큰 빛을 비추더라도 빛의 세기가 작으면 광전자는 방출되지 않아.

동일한 단색광을 종류가 다른 금속판 P, Q에 비추었을 때 P, Q에서 방출되는 광전자의 최대 운동 에너지는 서로 달라.

학생 A 학생 B 학생 C

제시한 내용이 옳은 학생만을 있는 대로 고른 것은?

① A   ② C   ③ A, B   ④ A, C   ⑤ B, C

02

▸25070-0208

그림 (가)는 광전 효과 실험 장치에서 금속판에 단색광을 비추는 것을 나타낸 것이고, (나)는 (가)에서 단색광 A, B, C를 각각 비출 때, 광전관에 걸린 전압과 광전류의 세기를 나타낸 것이다.

(가)   (나)

이에 대한 설명으로 옳은 것만을 〈보기〉에서 있는 대로 고른 것은?

보기
ㄱ. 광전자의 최대 운동 에너지는 A를 비추었을 때가 B를 비추었을 때보다 크다.
ㄴ. 단색광의 진동수는 A가 C의 2배이다.
ㄷ. 단색광의 세기는 B가 C보다 크다.

① ㄱ   ② ㄷ   ③ ㄱ, ㄴ   ④ ㄱ, ㄷ   ⑤ ㄴ, ㄷ

03

▸25070-0209

그림 (가)는 금속판 A, B에 진동수가 $2f_0$, $3f_0$인 단색광을 각각 비추어 광전자의 최대 운동 에너지를 측정하는 광전 효과 실험 장치를 나타낸 것이다. 그림 (나)는 (가)의 A, B에서 방출한 광전자의 최대 운동 에너지의 일부를 단색광의 진동수에 따라 나타낸 것이다. 금속판의 일함수는 A가 B보다 크다.

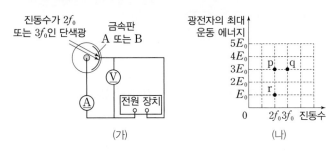

(가)   (나)

이에 대한 설명으로 옳은 것만을 〈보기〉에서 있는 대로 고른 것은?

보기
ㄱ. r는 진동수가 $2f_0$인 단색광을 A에 비추었을 때 측정한 실험 결과이다.
ㄴ. A의 문턱 진동수는 $\frac{3}{2}f_0$이다.
ㄷ. B의 일함수는 E_0이다.

① ㄱ   ② ㄷ   ③ ㄱ, ㄴ   ④ ㄴ, ㄷ   ⑤ ㄱ, ㄴ, ㄷ

04

▸25070-0210

그림은 금속판에 단색광을 비추어 정지 전압을 측정하는 광전 효과 실험 장치를 나타낸 것이고, 표는 파장이 $\frac{1}{2}\lambda_0$, λ_0, $2\lambda_0$인 단색광을 각각 비추었을 때 측정된 정지 전압을 나타낸 것이다.

단색광의 파장	정지 전압
$\frac{1}{2}\lambda_0$	㉠
λ_0	$5V_0$
$2\lambda_0$	$2V_0$

이에 대한 설명으로 옳은 것만을 〈보기〉에서 있는 대로 고른 것은?

보기
ㄱ. 광전자의 최대 운동 에너지는 금속판에 비춘 단색광의 파장이 λ_0일 때가 단색광의 파장이 $2\lambda_0$일 때의 $\frac{5}{2}$배이다.
ㄴ. 파장이 $5\lambda_0$인 단색광을 비출 때 광전자는 방출되지 않는다.
ㄷ. ㉠은 $12V_0$이다.

① ㄱ   ② ㄴ   ③ ㄷ   ④ ㄱ, ㄴ   ⑤ ㄱ, ㄷ

05

▶25070-0211

그림은 학생 A, B, C가 물질파에 대해 대화하는 모습을 나타낸 것이다.

제시한 내용이 옳은 학생만을 있는 대로 고른 것은?

① A   ② C   ③ A, B   ④ A, C   ⑤ B, C

06

▶25070-0212

그림은 질량이 각각 m_A, m_B인 입자 A, B의 물질파 파장을 입자의 운동 에너지에 따라 나타낸 것이다.

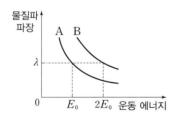

이에 대한 설명으로 옳은 것만을 〈보기〉에서 있는 대로 고른 것은?

┌─ 보기 ┐

ㄱ. $m_B = 2m_A$이다.

ㄴ. A의 운동 에너지가 $2E_0$일 때 A의 물질파 파장은 $\frac{\lambda}{2}$이다.

ㄷ. A, B의 물질파 파장이 λ일 때 입자의 속력은 B가 A의 2배이다.

① ㄱ   ② ㄴ   ③ ㄷ   ④ ㄱ, ㄴ   ⑤ ㄴ, ㄷ

07

▶25070-0213

그림 (가)는 데이비슨·거머 실험에서 전자가 니켈 결정의 표면에 입사하여 산란되는 모습을 나타낸 것이다. 그림 (나)는 (가)에서 검출된 전자의 개수를 산란각 θ에 따라 나타낸 것이다.

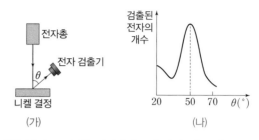

이에 대한 설명으로 옳은 것만을 〈보기〉에서 있는 대로 고른 것은?

┌─ 보기 ┐

ㄱ. 전자총에서 발사되는 전자의 속력이 클수록 전자의 물질파 파장은 짧다.

ㄴ. $\theta = 50°$로 산란된 전자의 물질파는 상쇄 간섭 조건을 만족한다.

ㄷ. (나)는 전자의 입자성을 보여주는 실험 결과이다.

① ㄱ   ② ㄴ   ③ ㄷ   ④ ㄱ, ㄴ   ⑤ ㄴ, ㄷ

08

▶25070-0214

그림과 같이 양극판과 음극판 사이에 일정한 전압 V가 걸려 있다. 전자를 양극판에서 속력 v_1로 운동시켰을 때, 음극판을 지나기 전까지 전자는 등가속도 직선 운동을 하고, 음극판을 지나는 순간부터 v_2의 속력으로 등속도 운동을 한다. 점 p는 양극판과 음극판의 중간 지점이고, 전자가 음극판을 지난 이후의 물질파 파장은 p를 지날 때의 물질파 파장의 2배이다.

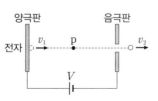

$\dfrac{v_1}{v_2}$ 은?

① $2\sqrt{2}$ ② $\sqrt{7}$ ③ $\sqrt{6}$ ④ $\sqrt{5}$ ⑤ 2

01

▶ 25070-0215

그림 (가)는 광전 효과 실험 장치에서 금속판에 단색광을 비추는 모습을, (나)는 (가)에서 광전자의 최대 운동 에너지를 단색광의 파장에 따라 나타낸 것이다.

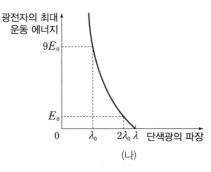

(가)   (나)

이에 대한 설명으로 옳은 것만을 〈보기〉에서 있는 대로 고른 것은?

보기

ㄱ. $\lambda = \dfrac{19}{8}\lambda_0$이다.

ㄴ. 금속판의 일함수는 $7E_0$이다.

ㄷ. 금속판에 파장이 $\dfrac{3}{2}\lambda_0$인 단색광을 비추었을 때 방출되는 광전자의 최대 운동 에너지는 $\dfrac{11}{3}E_0$이다.

① ㄱ   ② ㄴ   ③ ㄷ   ④ ㄱ, ㄴ   ⑤ ㄴ, ㄷ

02

▶ 25070-0216

그림은 금속판 P, Q에 진동수가 $2f$, $3f$인 단색광을 각각 비추어 광전자의 최대 운동 에너지를 측정하는 광전 효과 실험 장치를 나타낸 것이다. 표는 방출된 광전자 중 속력이 최대인 광전자의 운동 에너지와 물질파 파장을 나타낸 것이다.

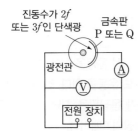

금속판	단색광의 진동수	속력이 최대인 광전자	
		운동 에너지	물질파 파장
P	$2f$	E_0	2λ
	$3f$	E_1	λ
Q	$2f$	E_2	λ
	$3f$	E_3	㉠

이에 대한 설명으로 옳은 것만을 〈보기〉에서 있는 대로 고른 것은?

보기

ㄱ. 금속판의 일함수는 P가 Q의 $\dfrac{5}{3}$배이다.

ㄴ. $E_2 = 4E_0$이다.

ㄷ. ㉠은 $\dfrac{3\sqrt{7}}{7}\lambda$이다.

① ㄱ   ② ㄴ   ③ ㄷ   ④ ㄱ, ㄷ   ⑤ ㄴ, ㄷ

03

▶25070-0217

그림은 금속판 P, Q에 파장이 λ, 2λ인 단색광을 각각 비추며 정지 전압을 측정하는 광전 효과 실험 장치를 나타낸 것이고, 표는 단색광의 파장을 바꾸어 가면서 측정한 정지 전압을 나타낸 것이다.

금속판	단색광의 파장	정지 전압
P	λ	$6V_0$
	2λ	V_0
Q	λ	㉠
	2λ	$3V_0$

이에 대한 설명으로 옳은 것만을 〈보기〉에서 있는 대로 고른 것은?

┌ 보기 ┐
ㄱ. P에서 방출되는 광전자의 최대 운동 에너지는 단색광의 파장이 λ일 때가 2λ일 때의 6배이다.
ㄴ. 일함수는 P가 Q의 2배이다.
ㄷ. ㉠은 $7V_0$이다.

① ㄱ   ② ㄷ   ③ ㄱ, ㄴ   ④ ㄱ, ㄷ   ⑤ ㄴ, ㄷ

04

▶25070-0218

그림 (가)는 전하량이 $-Q$인 점전하를 중심으로 반지름이 $2r$인 원 궤도를 따라 일정한 속력으로 운동하는 전하량이 $+q$, 질량이 m인 입자 A를 나타낸 것이고, (나)는 반지름 r인 원 궤도를 따라 일정한 속력으로 운동하는 전하량이 $+4q$, 질량이 $2m$인 입자 B를 나타낸 것이다.

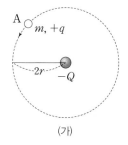

(가)   (나)

이에 대한 설명으로 옳은 것만을 〈보기〉에서 있는 대로 고른 것은? (단, A, B에는 전기력만이 작용하고, 전자기파의 발생은 무시한다.)

┌ 보기 ┐
ㄱ. B에 작용하는 전기력의 크기는 A에 작용하는 전기력의 크기의 16배이다.
ㄴ. 운동 에너지는 B가 A의 8배이다.
ㄷ. 물질파 파장은 B가 A의 $\frac{1}{4}$배이다.

① ㄱ   ② ㄴ   ③ ㄷ   ④ ㄱ, ㄴ   ⑤ ㄱ, ㄴ, ㄷ

05

▶25070-0219

그림은 입자 가속기에서 전하량이 q, 질량이 m인 입자 A가 정지 상태에서 전압 V로 가속되어 속력 v로 방출된 후 단일 슬릿을 통과하여 스크린에 회절 무늬를 만드는 것을 나타낸 것이다. 스크린상의 이웃한 어두운 무늬의 간격은 Δx이다.

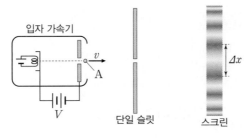

이에 대한 설명으로 옳은 것만을 〈보기〉에서 있는 대로 고른 것은?

〈보기〉

ㄱ. V를 증가시키면 Δx가 감소한다.

ㄴ. 슬릿의 폭을 감소시키면 Δx가 증가한다.

ㄷ. 전하량이 $2q$, 질량이 $4m$인 입자로 동일한 실험을 하면 입자 가속기에서 방출되는 입자의 물질파 파장은 A의 물질파 파장의 $\frac{\sqrt{2}}{2}$배이다.

① ㄱ   ② ㄴ   ③ ㄱ, ㄴ   ④ ㄱ, ㄷ   ⑤ ㄴ, ㄷ

06

▶25070-0220

그림은 질량이 각각 m_A, m_B, m_C인 입자 A, B, C의 물질파 파장을 입자의 속력에 따라 나타낸 것이다.

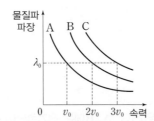

이에 대한 설명으로 옳은 것만을 〈보기〉에서 있는 대로 고른 것은?

〈보기〉

ㄱ. $m_A : m_B : m_C = 3 : 2 : 1$이다.

ㄴ. 속력이 $3v_0$일 때 B의 물질파 파장은 $\frac{2}{3}\lambda_0$이다.

ㄷ. 물질파 파장이 λ_0일 때 운동 에너지는 C가 A의 3배이다.

① ㄱ   ② ㄴ   ③ ㄷ   ④ ㄴ, ㄷ   ⑤ ㄱ, ㄴ, ㄷ

① 불확정성 원리

(1) 측정의 정밀성에 대한 문제

① 고전 역학: 측정 과정에서 측정 도구가 측정 대상에 미치는 영향을 얼마든지 줄일 수 있다고 생각하여 물리량을 무한히 정밀하게 측정하고 예측할 수 있다고 가정한다.

② 양자 역학: 측정 과정에서 측정 도구와 측정 대상의 상호 작용은 측정하려는 대상의 상태를 변화시킨다. 따라서 대상의 물리량을 무한히 정밀하게 측정하는 것은 불가능하다.

(2) 하이젠베르크의 불확정성 원리

① 위치 불확정성(Δx): 전자의 위치를 측정하기 위해서는 빛을 전자에 비춰 빛이 산란되는 위치를 현미경을 통해 보아야 하는데, 회절에 의해 상이 흐려지므로 위치를 정확하게 측정하기 어렵다. 빛의 파장이 짧을수록 전자의 위치 불확정성 Δx는 감소한다.

스크린
현미경
빛(광자)
산란된 광자
전자
Δp
하이젠베르크 양자 현미경

② 운동량 불확정성(Δp): 전자에 비춰준 빛은 운동량을 지닌 광자로 생각할 수 있으므로 광자는 전자와 충돌하여 전자의 운동량을 변화시키게 되어 운동량을 정확하게 알기 어렵다. 이때 파장이 λ인 광자의 운동량이 $p=\dfrac{h}{\lambda}$ (h: 플랑크 상수)이므로 광자의 파장이 짧을수록 전자의 운동량 불확정성 Δp는 증가한다.

③ 하이젠베르크의 불확정성 원리
- 짧은 파장의 빛을 이용하면 입자의 위치는 정확하게 측정할 수 있지만 운동량 불확정성은 증가한다. 반대로 긴 파장의 빛을 이용하면 입자의 운동량의 정확성을 높일 수 있지만 입자의 위치 불확정성은 증가한다.
- 불확정성 원리: 입자성과 파동성을 모두 띠고 있는 물체의 위치와 운동량을 동시에 정확하게 측정하는 것은 불가능하다. 위치와 운동량의 측정에 대한 불확정성 원리를 식으로 표현하면 다음과 같다.

$$\Delta x \Delta p \geq \frac{\hbar}{2} \ \text{(단, } \hbar=\frac{h}{2\pi}, \ h=6.63 \times 10^{-34} \text{ J} \cdot \text{s)}$$

(3) 보어 원자 모형의 한계와 불확정성 원리

① 보어는 양자 가설을 통하여 수소 원자의 전자는 원자핵으로부터 반지름이 r인 원 궤도를 속력 v로 운동한다고 유도하였다. 이때 보어의 원자 모형에서는 양자수 n에 따른 전자 궤도의 반지름이 $r_n=a_0 n^2$ (a_0: 보어 반지름)으로 n에 따라 정확히 주어진다.

전기력=$k\dfrac{e^2}{r^2}$
전기력=구심력

$r_n=a_0 n^2$
$9a_0$
$4a_0$
a_0
$n=1$
$n=2$
$n=3$

▲ 전자의 운동에 대한 보어의 가정 ▲ 보어 모형에 따른 전자의 궤도

② 보어 원자 모형에 따르면 전자가 원자핵으로부터 떨어진 거리의 불확정성 $\Delta r=0$이고, 중심 방향의 운동량의 불확정성 $\Delta p_r=0$이다. 따라서 $\Delta r \Delta p_r=0$이 되어 하이젠베르크의 불확정성 원리에 위배된다.

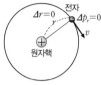
$\Delta r=0$
전자
$\Delta p_r=0$
v
원자핵

▲ 불확정성 원리와 보어 원자 모형

② 현대적 원자 모형

(1) 원자의 양자수

① 슈뢰딩거 방정식에서 전자의 파동 함수를 결정하는 값으로 3개의 양자수 n, l, m으로 나타낸다.

양자수	명칭	허용된 값
n	주 양자수 (→ 전자의 에너지를 결정)	$1, 2, 3, \cdots, \infty$
l	궤도 양자수 (→ 전자의 각운동량의 크기를 결정)	$0, 1, 2, \cdots, n-1$
m	자기 양자수 (→ 각운동량의 한 성분을 결정)	$-l, -l+1, \cdots, 0, \cdots, l-1, l$

- 주 양자수가 2인 경우 양자수(n, l, m)는 다음과 같다.
  $(2, 0, 0)$, $(2, 1, -1)$, $(2, 1, 0)$, $(2, 1, 1)$

② 원자에서 전자가 만족하는 파동 함수를 궤도 함수 또는 오비탈이라고 한다.

(2) 현대적 원자 모형: 파동 함수는 전자를 발견할 확률을 알려주는데, 수소 원자에서 전자를 발견할 확률은 보어 모형에서 기술한 것과 다른 3차원으로 분포된 전자구름의 형태를 보인다.

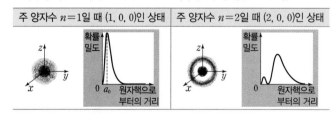

주 양자수 $n=1$일 때 $(1, 0, 0)$인 상태	주 양자수 $n=2$일 때 $(2, 0, 0)$인 상태
확률 밀도 ... 0 a_0 원자핵으로부터의 거리	확률 밀도 ... 0 원자핵으로부터의 거리

더 알기  파동 함수와 확률 밀도 함수

- 파동 함수(ψ): 1926년 슈뢰딩거는 드브로이의 물질파 이론을 받아들여 전자와 같은 매우 작은 입자의 운동을 설명할 수 있는 슈뢰딩거 파동 방정식을 제안하였다. 이 방정식의 해를 보통 ψ로 나타내며 이를 파동 함수라고 한다. 파동 함수는 직접 측정하거나 관찰할 수 없는 양이다.
- 확률 밀도 함수($|\psi|^2$): 전자가 어떤 시간에 특정 위치에서 발견될 확률 정보로 ψ의 절댓값의 제곱으로 나타낸다. 이 값에 그 주변의 부피를 곱하면 그 공간에서 전자를 발견할 확률이 된다. 실험적으로 어떤 시간에 특정한 영역에서 전자를 발견할 확률은 유한하고 그 값은 0과 1 사이이다. 또한 전자를 발견할 수 있는 전 구간에 대한 확률 밀도 함수의 합은 1이다.

| 2025학년도 대수능 |

그림은 수소 원자 모형에 대하여 학생 A, B, C가 대화하는 모습으로, ㉠과 ㉡은 보어의 원자 모형과 현대 원자 모형을 순서 없이 나타낸 것이다.

양자수 $n=1$인 상태일 때 전자가 발견될 확률 분포를 나타낸 것.

$n=1$인 상태일 때 양자 조건을 만족하는 원 궤도를 따라 운동하는 전자를 나타낸 것.

㉠은 불확정성 원리를 만족하는 모형이야. — 학생 A

㉡은 현대 원자 모형이야. — 학생 B

㉡에서 $n=1$인 상태에서 $n=2$인 상태로 전자가 전이할 때 전자기파가 방출돼. — 학생 C

제시한 내용이 옳은 학생만을 있는 대로 고른 것은?

① A ② C ③ A, B ④ B, C ⑤ A, B, C

닮은 꼴 문제로 유형 익히기

정답과 해설 44쪽

▶25070-0221

그림은 수소 원자 모형 ㉠, ㉡에 대하여 학생 A, B, C가 대화하는 모습으로, ㉠과 ㉡은 보어의 수소 원자 모형과 현대 원자 모형을 순서 없이 나타낸 것이다.

수소 원자 모형	내용
㉠	전자의 위치는 확률적으로만 알 수 있다.
㉡	전자는 양자 조건을 만족하는 안정된 원 궤도를 따라 운동한다.

㉠은 보어의 수소 원자 모형이야. — 학생 A

㉠은 불확정성 원리를 만족하는 모형이야. — 학생 B

㉡에서 전자가 안정된 원 궤도를 따라 운동할 때, 전자기파가 방출돼. — 학생 C

제시한 내용이 옳은 학생만을 있는 대로 고른 것은?

① A ② B ③ C ④ A, B ⑤ B, C

01
▶ 25070-0222

다음은 양자 물리학에 대한 설명이다.

> 하이젠베르크는 입자의 ⌈ (가) ⌉을/를 정확하게 측정하기 위해서는 ⌈ (나) ⌉에 영향을 줄 수밖에 없고, ⌈ (나) ⌉을/를 정확하게 측정하기 위해서는 ⌈ (가) ⌉에 영향을 줄 수밖에 없으므로 "입자의 ⌈ (가) ⌉과/와 ⌈ (나) ⌉을/를 동시에 정확하게 측정할 수는 없다."라는 ⌈ (다) ⌉을/를 제시하였다.

(가), (나), (다)로 가장 적절한 것은?

	(가)	(나)	(다)
①	위치	시간	상대성 원리
②	위치	에너지	불확정성 원리
③	위치	운동량	불확정성 원리
④	에너지	시간	이중성
⑤	운동량	위치	이중성

02
▶ 25070-0223

다음은 전자가 슬릿을 통과하면서 회절하는 현상을 불확정성 원리로 설명한 것이다.

> 그림 (가)와 (나)는 운동량의 크기가 p인 전자가 폭이 각각 a, $2a$인 단일 슬릿에 입사하는 것을 나타낸 것이다. Δp_1, Δp_2는 각각 (가)와 (나)에서 슬릿을 통과하는 전자의 y축 방향 운동량 불확정도를 나타낸 것이다.

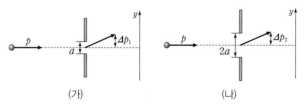

이에 대한 설명으로 옳은 것만을 〈보기〉에서 있는 대로 고른 것은?

> ┌ 보기 ┐
> ㄱ. 단일 슬릿에서 전자의 회절은 (가)에서가 (나)에서보다 더 잘 일어난다.
> ㄴ. y축 방향 위치 불확정도는 (가)에서가 (나)에서보다 작다.
> ㄷ. $\Delta p_1 > \Delta p_2$이다.

① ㄱ   ② ㄴ   ③ ㄱ, ㄷ   ④ ㄴ, ㄷ   ⑤ ㄱ, ㄴ, ㄷ

03
▶ 25070-0224

다음은 보어의 수소 원자 모형을 설명한 것이다.

> • 제1가설(양자 조건): $2\pi r e_m v = nh$
>   (r: 궤도 반지름, n: 양자수, e_m: 전자의 질량, h: 플랑크 상수, v: 전자의 속력)
> • 제2가설(진동수 조건): $|E_m - E_n| = hf$
>   (m: 양자수, f: 진동수)

이에 대한 설명으로 옳은 것만을 〈보기〉에서 있는 대로 고른 것은?

> ┌ 보기 ┐
> ㄱ. 수소 원자의 에너지 준위는 불연속적이다.
> ㄴ. 전자가 $n=1$인 궤도에서 $n=2$인 궤도로 전이할 때 빛을 흡수한다.
> ㄷ. 이 원자 모형에서는 불확정성 원리로 전자의 운동을 설명한다.

① ㄱ   ② ㄴ   ③ ㄱ, ㄴ   ④ ㄱ, ㄷ   ⑤ ㄴ, ㄷ

04
▶ 25070-0225

그림 (가)~(다)는 보어의 수소 원자 모형에서 양자수 n이 서로 다른 상태에서 물질파 파장이 만든 정상파를 표현한 것이다. 실선과 점선은 각각 원 궤도와 정상파를 나타낸 것이다.

  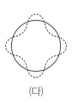

(가)   (나)   (다)

이에 대한 설명으로 옳은 것만을 〈보기〉에서 있는 대로 고른 것은?

> ┌ 보기 ┐
> ㄱ. (가)에서 $n=3$이다.
> ㄴ. (나)에서 원 궤도의 둘레는 전자의 물질파 파장의 4배이다.
> ㄷ. 전자가 (나)에서 (다)로 전이할 때 빛이 방출된다.

① ㄱ   ② ㄴ   ③ ㄷ   ④ ㄱ, ㄴ   ⑤ ㄱ, ㄴ, ㄷ

05

▶25070-0226

그림은 현대적 원자 모형에서 양자수 $n=2$일 때 수소 원자의 전자구름 형태를 나타낸 것이다.

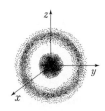

이에 대한 설명으로 옳은 것만을 〈보기〉에서 있는 대로 고른 것은?

┌ 보기 ┌
ㄱ. 전자의 궤도를 고전 역학으로 설명할 수 있다.
ㄴ. 전자가 원자핵으로부터 떨어진 거리는 일정하다.
ㄷ. 전자의 위치와 운동량을 동시에 정확하게 측정하는 것은 불가능하다.

① ㄱ   ② ㄴ   ③ ㄷ   ④ ㄱ, ㄷ   ⑤ ㄴ, ㄷ

06

▶25070-0227

그림 (가), (나)는 보어의 수소 원자 모형과 현대적 수소 원자 모형을 순서 없이 나타낸 것이다.

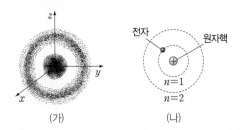

(가)   (나)

이에 대한 설명으로 옳은 것만을 〈보기〉에서 있는 대로 고른 것은?

┌ 보기 ┌
ㄱ. (가)에서 전자의 위치는 확률적으로만 알 수 있다.
ㄴ. (나)에서 전자가 안정된 원 궤도를 따라 운동할 때 전자기파가 방출된다.
ㄷ. (나)에서 전자의 위치와 운동량을 동시에 정확히 측정하는 것이 가능하다.

① ㄱ   ② ㄴ   ③ ㄷ   ④ ㄱ, ㄴ   ⑤ ㄱ, ㄷ

07

▶25070-0228

다음은 수소 원자 모형에 대해 선생님과 학생 A, B가 대화하는 것을 나타낸 것이다. ㉠, ㉡은 보어의 수소 원자 모형과 현대적 수소 원자 모형을 순서 없이 나타낸 것이다.

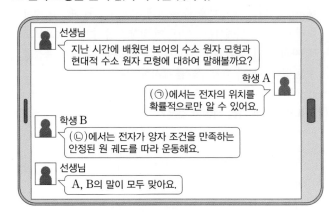

선생님
지난 시간에 배웠던 보어의 수소 원자 모형과 현대적 수소 원자 모형에 대하여 말해볼까요?

학생 A
(㉠)에서는 전자의 위치를 확률적으로만 알 수 있어요.

학생 B
(㉡)에서는 전자가 양자 조건을 만족하는 안정된 원 궤도를 따라 운동해요.

선생님
A, B의 말이 모두 맞아요.

이에 대한 설명으로 옳은 것만을 〈보기〉에서 있는 대로 고른 것은?

┌ 보기 ┌
ㄱ. ㉠은 현대적 수소 원자 모형이다.
ㄴ. ㉡에서 전자의 상태는 불확정성 원리를 만족한다.
ㄷ. ㉡에서 양자수가 2인 상태에 있는 전자의 원 궤도 반지름은 일정하다.

① ㄱ   ② ㄴ   ③ ㄱ, ㄴ   ④ ㄱ, ㄷ   ⑤ ㄴ, ㄷ

08

▶25070-0229

그림 (가), (나)는 현대적 원자 모형에서 양자수 n이 $n=1$, $n=2$일 때의 확률 밀도를 순서 없이 나타낸 것이다.

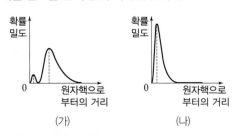

(가)   (나)

이에 대한 설명으로 옳은 것만을 〈보기〉에서 있는 대로 고른 것은?

┌ 보기 ┌
ㄱ. (가)는 $n=2$인 상태이다.
ㄴ. 전자의 에너지는 (나)의 상태에서가 (가)의 상태에서보다 크다.
ㄷ. (나)에서 전자의 상태는 불확정성 원리를 만족한다.

① ㄱ   ② ㄴ   ③ ㄱ, ㄷ   ④ ㄴ, ㄷ   ⑤ ㄱ, ㄴ, ㄷ

01

▶ 25070-0230

다음은 전자가 슬릿을 통과하면서 회절하는 현상을 불확정성 원리로 설명한 것이다.

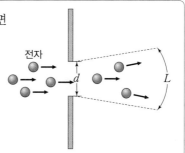

슬릿의 폭 d가 넓어져 슬릿을 지나는 전자의 [(가)]의 불확정성이 증가하면 불확정성 원리에 따라 [(나)]의 불확정성이 감소한다. 따라서 슬릿의 폭이 넓을수록 슬릿을 지난 전자의 퍼지는 정도 L이 [(다)].

(가), (나), (다)로 가장 적절한 것은?

	(가)	(나)	(다)		(가)	(나)	(다)
①	운동량	위치	작다	②	위치	운동량	작다
③	운동량	위치	크다	④	위치	운동량	크다
⑤	에너지	위치	크다				

02

▶ 25070-0231

그림은 전자의 위치를 측정하기 위해 전자에 빛을 비춰 빛이 산란되는 위치를 현미경으로 관찰하는 사고 실험을 나타낸 것이다. 진동수가 f, $2f$인 빛과 상호작용 한 전자의 운동량 변화량의 최댓값은 각각 Δp_1, Δp_2이었다.

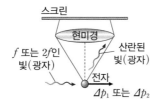

이에 대한 설명으로 옳은 것만을 〈보기〉에서 있는 대로 고른 것은?

┌─┤ 보기 ├──┐
ㄱ. 전자의 위치 불확정성은 빛의 진동수가 f일 때가 $2f$일 때보다 크다.
ㄴ. $\Delta p_1 < \Delta p_2$이다.
ㄷ. 이상적인 실험 기구를 만들면 전자의 위치와 운동량을 동시에 정확하게 측정할 수 있다.
└──┘

① ㄱ ② ㄴ ③ ㄷ ④ ㄱ, ㄴ ⑤ ㄴ, ㄷ

03
▶25070-0232

그림은 수소 원자의 주 양자수 n이 $n=1$, $n=2$일 때의 전자구름 형태를 순서 없이 표현한 것에 대해 학생 A, B, C 가 대화하는 모습을 나타낸 것이다.

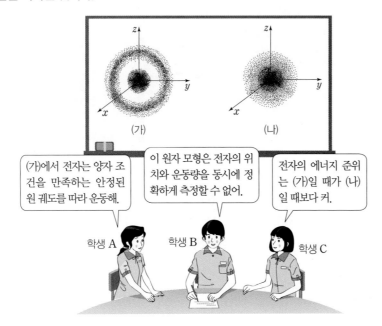

제시한 내용이 옳은 학생만을 있는 대로 고른 것은?

① A   ② B   ③ C   ④ A, B   ⑤ B, C

04
▶25070-0233

다음은 보어의 수소 원자 모형에 대한 두 가지 가설의 내용이다.

- 제1가설(양자 조건): 안정한 원 궤도 둘레는 전자의 물질파 파장의 정수배이다. 전자의 물질파 파장을 λ, 전자가 회전하는 원 궤도 반지름을 r, 양자수를 n이라고 하면 양자 조건은 $2\pi r = n\lambda$이다.
- 제2가설(진동수 조건): 원자 속의 전자가 양자 조건을 만족하는 두 궤도 사이를 전이할 때, 두 궤도의 에너지 차이 에 해당하는   <u> ⊙ </u>   을/를 방출하거나 흡수한다.

이에 대한 설명으로 옳은 것만을 〈보기〉에서 있는 대로 고른 것은?

> **보기**
> ㄱ. ⊙은 전자기파이다.
> ㄴ. 양자 조건을 만족하는 원 궤도에서 중심 방향의 운동량의 불확정성은 0이다.
> ㄷ. 보어의 수소 원자 모형은 전자의 위치 불확정성을 Δr, 운동량 불확정성을 Δp_r라고 할 때, $\Delta r \Delta p_r \geq \dfrac{\hbar}{2}$를 만족 한다.

① ㄱ   ② ㄴ   ③ ㄷ   ④ ㄱ, ㄴ   ⑤ ㄴ, ㄷ

05

▶ 25070-0238

그림 (가)는 xy 평면에서 원점을 중심으로 등속 원운동 하는 물체 A, B의 시간 $t=0$일 때 위치를 나타낸 것이다. B는 시계 방향으로 운동한다. 그림 (나)는 (가)에서 A, B에 작용하는 구심력의 y 성분 F_y를 t에 따라 나타낸 것이다.

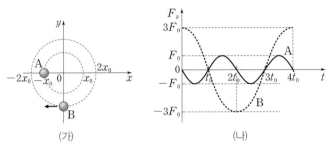

(가)   (나)

물체의 운동에 대한 설명으로 옳은 것만을 〈보기〉에서 있는 대로 고른 것은? (단, 물체의 크기는 무시한다.) [3점]

보기
ㄱ. A는 시계 반대 방향으로 운동한다.
ㄴ. 질량은 B가 A의 4배이다.
ㄷ. A와 B 사이의 거리는 $2t_0$일 때가 $3t_0$일 때보다 크다.

① ㄱ ② ㄴ ③ ㄷ ④ ㄱ, ㄷ ⑤ ㄴ, ㄷ

06

▶ 25070-0239

그림 (가)와 같이 파장이 λ인 단색광이 단일 슬릿과 이중 슬릿을 통과한 후 x축상에 놓인 스크린에 도달한다. 슬릿 S_1과 S_2 사이의 거리는 d이고, 이중 슬릿에서 스크린까지의 거리는 L이다. 그림 (나)는 (가)에서 위치 x에 따른 빛의 세기를 나타낸 것이다. S_1, S_2에서 $x=0$까지의 거리는 같다.

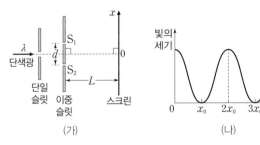

(가)   (나)

이에 대한 설명으로 옳은 것만을 〈보기〉에서 있는 대로 고른 것은? [3점]

보기
ㄱ. $x_0=\dfrac{L\lambda}{2d}$이다.
ㄴ. S_1, S_2를 지나 $x=2x_0$에 도달한 단색광의 경로차는 λ이다.
ㄷ. 단색광의 파장만을 2λ로 바꾸면, 빛의 세기는 $x=2x_0$에서가 $x=3x_0$에서보다 크다.

① ㄱ ② ㄴ ③ ㄷ ④ ㄱ, ㄴ ⑤ ㄴ, ㄷ

07

▶ 25070-0240

다음은 정전기 유도 현상에 대한 실험이다.

[실험 과정]
(가) 모양과 재질이 동일한 대전된 도체구 A, B, C를 고정시킨다. A, B, C는 각각 $+3Q$, $-Q$, q로 대전되어 있다. A와 B 사이에 작용하는 전기력을 관찰한다.
(나) A와 B를 접촉시키고 떼어낸 후 B에 대전된 전하의 종류를 관찰한다.
(다) B와 C를 접촉시키고 떼어낸 후 A와 B 사이에 작용하는 전기력을 관찰한다.

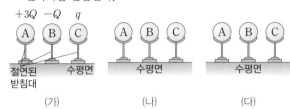

(가)   (나)   (다)

[실험 결과]

(가)의 결과	(나)의 결과	(다)의 결과
A와 B 사이에는 서로 (㉠) 전기력이 작용한다.	B는 (㉡)전하로 대전되어 있다.	A와 B 사이에는 서로 당기는 전기력이 작용한다.

이에 대한 설명으로 옳은 것만을 〈보기〉에서 있는 대로 고른 것은?

보기
ㄱ. '당기는'은 ㉠에 해당한다.
ㄴ. ㉡은 양$(+)$이다.
ㄷ. (가)에서 q는 음$(-)$전하이다.

① ㄱ ② ㄷ ③ ㄱ, ㄴ ④ ㄴ, ㄷ ⑤ ㄱ, ㄴ, ㄷ

08

▶ 25070-0241

그림은 저항값이 R로 동일한 저항 7개를 전압이 V로 일정한 전원에 연결한 회로를 나타낸 것이다.

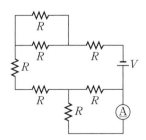

전류계에 흐르는 전류의 세기는?

① $\dfrac{V}{8R}$ ② $\dfrac{V}{5R}$ ③ $\dfrac{2V}{7R}$ ④ $\dfrac{3V}{8R}$ ⑤ $\dfrac{7V}{11R}$

09
▶25070-0242

그림은 극판의 면적이 같은 평행판 축전기 A, B, C를 전압이 일정한 전원에 연결한 모습을 나타낸 것이다. A, B, C의 극판 사이의 간격은 각각 d, $2d$, d이고, 극판 사이에는 유전율이 ε_1, ε_2, ε_3인 유전체로 완전히 채워져 있다. A, C에 충전된 전하량은 각각 Q_0, $3Q_0$이고, 축전기에 저장된 전기 에너지는 C가 A의 $\frac{3}{2}$배이다.

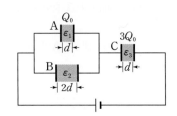

$\varepsilon_1 : \varepsilon_2 : \varepsilon_3$은? [3점]

① 1 : 3 : 2　　　　② 1 : 3 : 5　　　　③ 1 : 4 : 2
④ 1 : 4 : 6　　　　⑤ 2 : 5 : 3

10
▶25070-0243

그림과 같이 트랜지스터, 저항, 전압이 일정한 전원으로 구성된 회로에서 트랜지스터가 전류를 증폭하고 있다. X, Y는 트랜지스터에 연결된 단자이고, 저항 A, B는 각각 X, Y에 연결된 저항이다. 전류의 증폭률은 90이다.

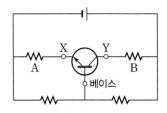

이에 대한 설명으로 옳은 것만을 〈보기〉에서 있는 대로 고른 것은?

┌─ 보기 ┐
ㄱ. 트랜지스터는 p-n-p형이다.
ㄴ. 전위는 Y가 X보다 높다.
ㄷ. 저항에 흐르는 전류의 세기는 A에서가 B에서의 $\frac{90}{89}$배이다.
└────────┘

① ㄱ　　② ㄴ　　③ ㄷ　　④ ㄱ, ㄴ　　⑤ ㄴ, ㄷ

11
▶25070-0244

그림은 고정된 음파 측정기 X, Y와 수평면에서 음파를 발생시키며 직선 운동을 하는 음원 A, B를 나타낸 것이다. A, B의 속력은 각각 $2v$, $3v$이고, A, B가 발생시킨 음파의 진동수는 각각 $28f_0$, $33f_0$이다. Y가 측정한 A, B에서 발생시킨 음파의 진동수는 같다.

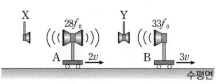

X에서 측정한 A, B에서 발생시킨 음파의 진동수 차는? (단, X, Y, A, B는 동일 직선상에 있고, 음속은 일정하다.) [3점]

① $\frac{15}{4}f_0$　　② $\frac{9}{2}f_0$　　③ $5f_0$　　④ $\frac{11}{2}f_0$　　⑤ $\frac{25}{4}f_0$

12
▶25070-0245

그림은 초점 거리가 f인 볼록 렌즈와 초점으로부터 떨어진 거리가 각각 $3d$, d인 물체 A, B를 나타낸 것이다. A의 상의 크기는 A의 크기의 2배이다.

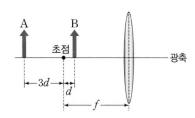

이에 대한 설명으로 옳은 것만을 〈보기〉에서 있는 대로 고른 것은?
[3점]

┌─ 보기 ┐
ㄱ. $f=5d$이다.
ㄴ. A의 상은 실상이다.
ㄷ. B의 상의 크기는 B의 크기의 6배이다.
└────────┘

① ㄱ　　② ㄴ　　③ ㄷ　　④ ㄱ, ㄴ　　⑤ ㄴ, ㄷ

13

▶25070-0246

그림 (가)와 같이 1차 코일에 흐르는 전류 I에 의한 자기장이 검류계가 연결된 2차 코일을 통과한다. 그림 (나)는 I를 시간 t에 따라 나타낸 것이다. I에 의한 1차 코일의 자기장은 B_1이다.

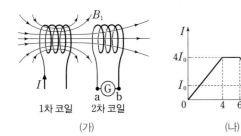

(가)   (나)

이에 대한 설명으로 옳은 것만을 〈보기〉에서 있는 대로 고른 것은?

┌─ 보기 ┐
ㄱ. B_1에 의해 2차 코일을 통과하는 자기 선속은 4초일 때가 8초일 때보다 크다.
ㄴ. 상호유도에 의해 2차 코일에 흐르는 전류의 세기는 1초일 때가 7초일 때보다 크다.
ㄷ. 7초일 때 상호유도에 의해 2차 코일에 흐르는 유도 전류의 방향은 a → ⓖ → b이다.
└──────┘

① ㄱ   ② ㄴ   ③ ㄷ   ④ ㄱ, ㄴ   ⑤ ㄴ, ㄷ

14

▶25070-0247

그림은 일정한 세기의 전류가 흐르는 무한히 긴 직선 도선 A, B가 xy 평면에 수직으로 고정되어 있는 것을 나타낸 것이다. y축 상의 $y=2d$인 점 p에서 A, B에 흐르는 전류에 의한 자기장의 방향은 $+x$방향이고 세기는 B_0이다.

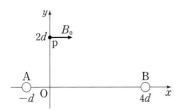

이에 대한 설명으로 옳은 것만을 〈보기〉에서 있는 대로 고른 것은? [3점]

┌─ 보기 ┐
ㄱ. A, B에 흐르는 전류의 방향은 같다.
ㄴ. p에서 B에 흐르는 전류에 의한 자기장의 세기는 $\frac{\sqrt{5}}{3}B_0$이다.
ㄷ. O에서 A, B에 흐르는 전류에 의한 자기장의 세기는 $\frac{5}{2}B_0$이다.
└──────┘

① ㄱ   ② ㄷ   ③ ㄱ, ㄴ   ④ ㄴ, ㄷ   ⑤ ㄱ, ㄴ, ㄷ

15

▶25070-0248

그림은 광전 효과 실험 장치의 금속판 P 또는 Q에 단색광을 비추는 것을 나타낸 것이다. 표는 P, Q에 비추는 단색광의 진동수와 방출되는 광전자의 물질파 파장의 최솟값 λ를 나타낸 것이다.

실험	금속판	진동수	λ
I	P	f	$3\lambda_0$
II	P	$2f$	λ_0
III	Q	$2f$	$\sqrt{2}\lambda_0$

P, Q의 일함수를 각각 W_P, W_Q라고 할 때, $\dfrac{W_P}{W_Q}$는? [3점]

① $\dfrac{7}{23}$ ② $\dfrac{13}{23}$ ③ $\dfrac{14}{23}$ ④ $\dfrac{11}{17}$ ⑤ $\dfrac{13}{17}$

16

▶25070-0249

그림 (가)와 같이 저항, 축전기, 자체 유도 계수가 L_1, L_2인 코일, 스위치 S, 전압의 최댓값이 일정한 교류 전원을 이용하여 회로를 구성하였다. 그림 (나)는 스위치 S를 a 또는 b에 연결했을 때 회로에 흐르는 전류의 최댓값을 교류 전원의 진동수에 따라 나타낸 것이다.

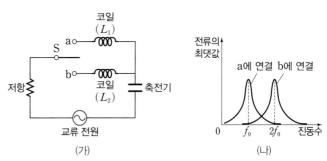

(가)   (나)

이에 대한 설명으로 옳은 것만을 〈보기〉에서 있는 대로 고른 것은?

┌─ 보기 ┐
ㄱ. $L_1 = 2L_2$이다.
ㄴ. S를 a에 연결했을 때, 축전기가 전류의 흐름을 방해하는 정도는 교류 전원의 진동수가 f_0일 때가 $2f_0$일 때보다 크다.
ㄷ. S를 b에 연결했을 때, 저항 양단에 걸리는 전압의 최댓값은 교류 전원의 진동수가 f_0일 때가 $2f_0$일 때보다 크다.
└──────┘

① ㄱ   ② ㄴ   ③ ㄷ   ④ ㄱ, ㄴ   ⑤ ㄴ, ㄷ

17
▶25070-0250

그림은 운동량이 p인 전자가 폭이 Δx인 슬릿을 통과하는 것을 모식적으로 나타낸 것이다. 슬릿을 통과한 전자의 운동량 불확정도는 Δp이다.

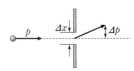

Δx를 감소시킬 때, 감소하는 물리량만을 〈보기〉에서 있는 대로 고른 것은?

┌ 보기 ┌
ㄱ. 전자의 위치 불확정도
ㄴ. 전자의 운동량 불확정도
ㄷ. 전자의 물질파가 회절하는 정도

① ㄱ   ② ㄴ   ③ ㄷ   ④ ㄱ, ㄴ   ⑤ ㄱ, ㄷ

18
▶25070-0251

그림 (가)는 xy 평면에 수직으로 들어가는 방향의 균일한 자기장 영역에서 반원형 고리가 x축을 회전축으로 일정한 각속도로 회전할 때, 시간 $t=0$인 순간의 모습을 나타낸 것이다. 그림 (나)는 저항과 반원 고리로 구성된 회로를 통과하는 자기장 영역에 의한 자기 선속을 t에 따라 나타낸 것이다.

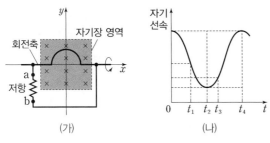

(가)   (나)

이에 대한 설명으로 옳은 것만을 〈보기〉에서 있는 대로 고른 것은? [3점]

┌ 보기 ┌
ㄱ. 저항에 흐르는 유도 전류의 세기는 t_1일 때가 t_3일 때보다 크다.
ㄴ. 0과 t_4 사이에서 유도 전류의 세기가 최대인 시간은 t_2일 때이다.
ㄷ. t_3일 때, 저항에 흐르는 유도 전류의 방향은 a → 저항 → b이다.

① ㄱ   ② ㄴ   ③ ㄷ   ④ ㄱ, ㄴ   ⑤ ㄱ, ㄷ

19
▶25070-0252

그림 (가)와 같이 길이가 $8a$인 막대가 축바퀴 A, B에 실로 연결되어 수평을 이루며 정지해 있다. 막대의 왼쪽 끝 지점과 막대의 왼쪽 끝에서 $3a$만큼 떨어진 지점은 각각 A의 작은 바퀴와 큰 바퀴가 실로 연결되어 있다. 막대의 오른쪽 끝 지점과 질량이 m인 물체에는 각각 B의 작은 바퀴와 큰 바퀴가 실로 연결되어 있다. A, B의 작은 바퀴와 큰 바퀴의 반지름은 각각 a, $2a$로 서로 같다. 그림 (나)는 질량이 m인 물체 C를 (가)의 막대의 왼쪽 끝으로부터 x만큼 떨어진 지점에 놓았더니 막대가 수평을 이루며 정지해 있는 것을 나타낸 것이다.

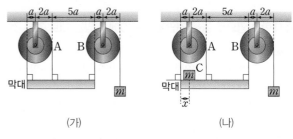

(가)   (나)

이에 대한 설명으로 옳은 것만을 〈보기〉에서 있는 대로 고른 것은? (단, 막대의 밀도는 균일하며, 실의 질량, 막대의 두께와 폭, 물체와 C의 크기, 모든 마찰은 무시한다.) [3점]

┌ 보기 ┌
ㄱ. 막대의 질량은 $5m$이다.
ㄴ. 막대의 왼쪽 끝에 연결된 실이 막대를 당기는 힘의 크기는 (가)에서가 (나)에서의 $\dfrac{8}{11}$배이다.
ㄷ. $x=\dfrac{4}{5}a$이다.

① ㄱ   ② ㄴ   ③ ㄷ   ④ ㄱ, ㄴ   ⑤ ㄴ, ㄷ

20
▶25070-0253

그림과 같이 원점을 속력 v로 지나는 물체가 xy 평면상의 p, q, r를 지나는 포물선 경로를 따라 등가속도 운동을 한다. 원점에서 물체의 운동 방향이 x축과 이루는 각은 θ_1이고, r에서 물체의 운동 방향이 x축과 이루는 각은 θ_2이다. p, q에서 물체의 운동 방향은 각각 $+x$방향, $-y$방향이다.

$\left| \dfrac{\tan\theta_1}{\tan\theta_2} \right|$은? (단, 물체의 크기는 무시한다.) [3점]

① $\dfrac{1}{5}$ ② $\dfrac{1}{4}$ ③ $\dfrac{1}{3}$ ④ $\dfrac{2}{5}$ ⑤ $\dfrac{1}{2}$

문항에 따라 배점이 다르니, 각 물음의 끝에 표시된 배점을 참고하시오. 3점 문항에만 점수가 표시되어 있습니다. 점수 표시가 없는 문항은 모두 2점입니다.

01
▶25070-0254

그림은 보어의 수소 원자 모형과 현대적 수소 원자 모형에 대해 학생 A, B, C가 대화하는 모습을 나타낸 것이다.

학생 A: 양자수 $n=1$일 때 전자의 에너지는 두 원자 모형에서 서로 같아.

학생 B: 보어의 수소 원자 모형에서 전자는 일정한 거리만큼 떨어진 원 궤도에서 운동해.

학생 C: 현대적 수소 원자 모형은 전자의 위치를 확률로 말할 수밖에 없어.

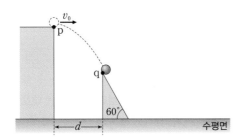

제시한 내용이 옳은 학생만을 있는 대로 고른 것은?

① A ② C ③ A, B ④ B, C ⑤ A, B, C

02
▶25070-0255

그림과 같이 점 p를 수평 방향으로 v_0의 속력으로 통과한 물체가 포물선 운동을 하여 수평면과 이루는 각이 60°인 빗면 끝의 점 q에 빗면과 나란한 방향으로 도달한다. p, q 사이의 수평 거리는 d이다.

d는? (단, 중력 가속도는 g이고, 물체의 크기, 공기 저항은 무시한다.)

① $\dfrac{v_0^2}{3g}$ ② $\dfrac{\sqrt{3}v_0^2}{3g}$ ③ $\dfrac{v_0^2}{g}$ ④ $\dfrac{\sqrt{3}v_0^2}{g}$ ⑤ $\dfrac{3v_0^2}{g}$

03
▶25070-0256

그림 (가), (나)는 각각 막대자석과 솔레노이드 주변의 자기력선을 모식적으로 나타낸 것이다. (가)에서 A, B는 각각 막대자석의 N극 또는 S극이고, 자기력선의 간격은 p에서가 q에서보다 조밀하다.

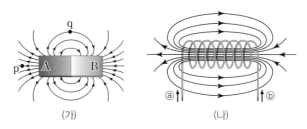

(가)   (나)

이에 대한 설명으로 옳은 것만을 〈보기〉에서 있는 대로 고른 것은?

보기
ㄱ. (가)의 A는 N극이다.
ㄴ. 막대자석에 의한 자기장의 세기는 p에서가 q에서보다 작다.
ㄷ. 솔레노이드에 흐르는 전류의 방향은 ⓐ 방향이다.

① ㄱ ② ㄷ ③ ㄱ, ㄴ ④ ㄴ, ㄷ ⑤ ㄱ, ㄴ, ㄷ

04
▶25070-0257

그림과 같이 줄의 실험 장치에서 실을 수평 방향으로 크기가 420 N인 힘으로 0.5 m만큼 잡아 당겼더니 힘이 한 일이 모두 액체의 온도 변화에 사용되어 액체의 온도가 0.5 ℃만큼 증가하였다. 액체의 질량은 0.1 kg이고, 비열은 1000 cal/kg·℃이다.

축 / 회전 날개 / 420 N / 실 / 온도계 / 액체 / 단열 용기

이에 대한 설명으로 옳은 것만을 〈보기〉에서 있는 대로 고른 것은?

보기
ㄱ. 실을 당긴 힘이 한 일은 420 J이다.
ㄴ. 액체가 흡수한 열량은 50 cal이다.
ㄷ. 열의 일당량은 4.2 J/cal이다.

① ㄱ ② ㄴ ③ ㄱ, ㄷ ④ ㄴ, ㄷ ⑤ ㄱ, ㄴ, ㄷ

05
▶25070-0258

그림 (가), (나)는 각각 파장이 λ_1, λ_2인 레이저가 폭이 a인 단일 슬릿을 통과한 후 단일 슬릿으로부터 L만큼 떨어진 스크린에 만든 회절 무늬를 모식적으로 나타낸 것이다. (가), (나) 모두 점 O에서 중앙의 밝은 무늬가 생기며, 중앙의 밝은 무늬에서 이웃한 첫 번째 밝은 무늬까지의 거리는 (가), (나)에서 각각 d_1, d_2이고 $d_2 > d_1$이다.

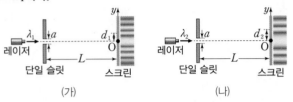

(가)   (나)

이에 대한 설명으로 옳은 것만을 〈보기〉에서 있는 대로 고른 것은?

보기
ㄱ. $\lambda_1 > \lambda_2$이다.
ㄴ. (가)에서 슬릿만 폭이 $2a$인 단일 슬릿으로 교체하면 중앙의 밝은 무늬에서 이웃한 첫 번째 밝은 무늬까지의 거리는 d_1보다 작아진다.
ㄷ. (나)에서 단일 슬릿과 스크린 사이의 거리만 $2L$로 증가시키면 중앙의 밝은 무늬에서 이웃한 첫 번째 밝은 무늬까지의 거리는 d_2보다 작아진다.

① ㄱ   ② ㄴ   ③ ㄱ, ㄴ   ④ ㄱ, ㄷ   ⑤ ㄴ, ㄷ

06
▶25070-0259

그림은 송신 회로에서 발생된 진동수가 f_0인 전자기파가 수신 회로의 안테나에 도달할 때, 전자기파 공명에 의해 스피커에서 소리가 나오는 모습을 모식적으로 나타낸 것이다. 송신 회로의 코일의 자체 유도 계수와 축전기의 전기 용량은 각각 L_1, C_1이고, 수신 회로의 코일의 자체 유도 계수와 축전기의 전기 용량은 각각 L_2, C_2이며 송신 회로와 수신 회로의 공명 진동수는 f_0으로 서로 같다.

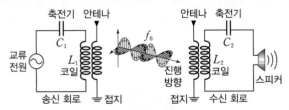

이에 대한 설명으로 옳은 것만을 〈보기〉에서 있는 대로 고른 것은?

보기
ㄱ. $L_1 C_1 = L_2 C_2$이다.
ㄴ. 수신 회로의 안테나에 도달한 전자기파에 의해 안테나 속 전자에는 전기장 방향의 전기력이 작용한다.
ㄷ. 수신 회로의 축전기의 저항 역할은 수신 회로의 안테나에 진동수 $2f_0$의 전자기파가 수신되어 수신 회로에 전류가 흐를 때가 진동수 f_0의 전자기파가 수신되어 수신 회로에 전류가 흐를 때보다 크다.

① ㄱ   ② ㄴ   ③ ㄱ, ㄴ   ④ ㄱ, ㄷ   ⑤ ㄴ, ㄷ

07
▶25070-0260

그림과 같이 트랜지스터 A, 저항 2개, 전압이 일정한 전원으로 구성된 회로에서 전류가 증폭되고 있다. 이미터와 컬렉터 단자 중 하나인 X, Y에는 각각 세기 I_X, I_Y의 전류가 흐르며 $I_X > I_Y$이다.

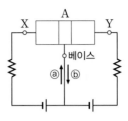

이에 대한 설명으로 옳은 것만을 〈보기〉에서 있는 대로 고른 것은?

보기
ㄱ. A는 p-n-p형 트랜지스터이다.
ㄴ. X는 이미터 단자이다.
ㄷ. 베이스에 흐르는 전류의 방향은 ⓐ이다.

① ㄴ   ② ㄷ   ③ ㄱ, ㄴ   ④ ㄱ, ㄷ   ⑤ ㄴ, ㄷ

08
▶25070-0261

다음은 전기력에 관한 실험이다.

[실험 과정]
Ⅰ. 그림 (가)와 같이 동일한 도체구 A, B를 각각 대전시킨 후 A와 B를 가까이 가져간다.
Ⅱ. A와 B를 접촉시킨 후 다시 원래의 위치에 고정한다.
Ⅲ. 그림 (나)와 같이 Ⅱ의 B를 B와 동일한 대전되지 않은 도체구 C에 가까이 가져간다.
Ⅳ. (나)에서 B와 C를 접촉시킨 후 다시 원래의 위치에 고정한다.
Ⅴ. 그림 (다)와 같이 A를 C에 가까이 가져간다.

(가)   (나)   (다)

[실험 결과]
Ⅰ~Ⅳ에서 두 도체구 사이에 작용하는 전기력의 방향은 표와 같다.

과정	도체구	전기력의 방향
Ⅰ	A, B	서로 당기는 방향
Ⅱ	A, B	서로 미는 방향
Ⅲ	B, C	㉠
Ⅳ	B, C	㉡

이에 대한 설명으로 옳은 것만을 〈보기〉에서 있는 대로 고른 것은?

보기
ㄱ. '서로 미는 방향'은 ㉠으로 적절하다.
ㄴ. '서로 미는 방향'은 ㉡으로 적절하다.
ㄷ. Ⅴ에서 도체구에 대전된 전하량의 크기는 A가 C보다 크다.

① ㄴ   ② ㄷ   ③ ㄱ, ㄴ   ④ ㄱ, ㄷ   ⑤ ㄴ, ㄷ

www.ebsi.co.kr

09
▶ 25070-0262

그림과 같이 볼록 렌즈의 중심으로부터 거리 x만큼 떨어진 지점에 물체를 놓는다. 표는 x에 따른 상의 종류를 나타낸 것이다.

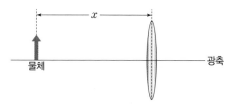

구분	x	상의 종류
I	$x > a$	실상
II	$a > x > \dfrac{a}{2}$	㉠
III	$x = \dfrac{a}{2}$	상이 생기지 않음
IV	$\dfrac{a}{2} > x$	허상

이에 대한 설명으로 옳은 것만을 〈보기〉에서 있는 대로 고른 것은?

┌ 보기 ┐
ㄱ. ㉠은 허상이다.
ㄴ. I 에서 x가 작아질수록 상의 크기는 커진다.
ㄷ. 상의 크기는 I 에서가 IV에서보다 크다.

① ㄱ   ② ㄴ   ③ ㄱ, ㄴ   ④ ㄱ, ㄷ   ⑤ ㄴ, ㄷ

10
▶ 25070-0263

그림 (가)는 질량 $4m$인 행성 A를 중심으로 하는 반지름 r인 원 궤도를 따라 공전하는 위성 B를 나타낸 것이다. B의 공전 주기는 T_0이다. 그림 (나)는 질량 m인 행성 C를 한 초점으로 하는 타원 궤도를 따라 공전하는 위성 D를 나타낸 것으로 p, q는 각각 C로부터 가장 먼 지점과 가장 가까운 지점이고, C의 중심에서 p, q까지의 거리는 각각 $3r$, r이다.

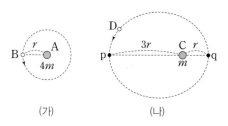

(가)   (나)

이에 대한 설명으로 옳은 것만을 〈보기〉에서 있는 대로 고른 것은?

┌ 보기 ┐
ㄱ. B의 가속도의 크기는 q에서 D의 가속도의 크기보다 작다.
ㄴ. D의 속력은 p에서가 q에서보다 작다.
ㄷ. D의 공전 주기는 $4\sqrt{2}T_0$이다.

① ㄱ   ② ㄴ   ③ ㄱ, ㄷ   ④ ㄴ, ㄷ   ⑤ ㄱ, ㄴ, ㄷ

11
▶ 25070-0264

그림은 전압이 V인 전원, 저항값이 R로 동일한 저항 12개, 전류계로 구성한 회로를 나타낸 것이다.

전류계에 흐르는 전류의 세기는? [3점]

① $\dfrac{6V}{13R}$ ② $\dfrac{33V}{68R}$ ③ $\dfrac{36V}{71R}$ ④ $\dfrac{39V}{74R}$ ⑤ $\dfrac{6V}{11R}$

12
▶ 25070-0265

그림 (가), (나)는 0초일 때, xy 평면상의 원점을 $+x$방향으로 통과한 질량 1 kg인 물체 속도의 x성분 v_x와 가속도의 y성분 a_y를 시간에 따라 각각 나타낸 것이다.

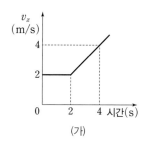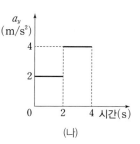

(가)   (나)

이에 대한 설명으로 옳은 것만을 〈보기〉에서 있는 대로 고른 것은?
[3점]

┌ 보기 ┐
ㄱ. 3초일 때, 물체에 작용하는 알짜힘의 크기는 $\sqrt{17}$ N이다.
ㄴ. 3초일 때, 물체의 속도의 크기는 $\sqrt{73}$ m/s이다.
ㄷ. 0초부터 4초까지 변위의 크기는 $10\sqrt{5}$ m이다.

① ㄱ   ② ㄷ   ③ ㄱ, ㄴ   ④ ㄴ, ㄷ   ⑤ ㄱ, ㄴ, ㄷ

13

▶ 25070-0266

그림 (가)와 같이 한 변의 길이가 $2L$인 정사각형 금속 고리를 균일한 자기장 영역 Ⅰ, Ⅱ가 있는 xy 평면상에서 $+x$방향으로 운동시킨다. Ⅰ, Ⅱ에서 자기장의 세기는 각각 B_0, $2B_0$이고, 자기장의 방향은 각각 xy 평면에 수직으로 들어가는 방향($\otimes$), xy 평면에서 수직으로 나오는 방향($\odot$)이다. 그림 (나)는 P의 위치 x를 시간 t에 따라 나타낸 것이다.

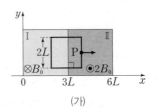 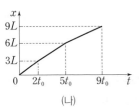

(가)   (나)

이에 대한 설명으로 옳은 것만을 〈보기〉에서 있는 대로 고른 것은? (단, 금속 고리의 굵기는 무시한다.) [3점]

보기
ㄱ. $t=t_0$일 때 P에 흐르는 유도 전류의 방향은 $+y$방향이다.
ㄴ. 고리에 유도되는 유도 전류의 세기는 $t=t_0$일 때가 $t=6t_0$일 때보다 작다.
ㄷ. 고리 내부 자기 선속의 단위 시간당 변화량의 크기는 $t=3t_0$일 때가 $t=6t_0$일 때보다 작다.

① ㄱ ② ㄴ ③ ㄱ, ㄷ ④ ㄴ, ㄷ ⑤ ㄱ, ㄴ, ㄷ

14

▶ 25070-0267

그림은 물체에서 나온 빛의 일부가 볼록 렌즈 A와 B를 통과하여 진행하는 경로를 나타낸 것이다. A, B의 초점 거리는 각각 f_A, f_B이고, A에 의한 상의 크기는 물체보다 작다.

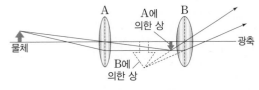

이에 대한 설명으로 옳은 것만을 〈보기〉에서 있는 대로 고른 것은? [3점]

보기
ㄱ. 물체와 A 사이의 거리는 $2f_A$보다 크다.
ㄴ. B에 의한 상은 허상이다.
ㄷ. A에 의한 상과 B 사이의 거리는 f_B보다 크다.

① ㄱ ② ㄷ ③ ㄱ, ㄴ ④ ㄴ, ㄷ ⑤ ㄱ, ㄴ, ㄷ

15

▶ 25070-0268

그림 (가)는 연직 위 방향으로 등속도 운동을 하는 엘리베이터 내부에서 주기 T_0으로 단진동 하던 물체의 모습을 나타낸 것으로 최저점을 지나는 순간 천장과 연결한 실이 끊어진 물체는 포물선 운동을 하여 엘리베

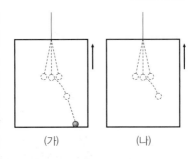

이터 바닥에 도달한다. 그림 (나)는 운동 방향이 연직 위 방향이고 등가속도 운동 하는 엘리베이터 내부에서 주기 $2T_0$으로 단진동 하던 물체가 최저점을 지나는 순간 천장과 연결된 실이 끊어진 모습을 나타낸 것이다. 엘리베이터의 모양과 크기, 물체의 최고점에서 물체와 연결된 실이 연직선과 이루는 각, 실의 길이는 (가)와 (나)에서 서로 같다.

이에 대한 설명으로 옳은 것만을 〈보기〉에서 있는 대로 고른 것은? (단, 중력 가속도는 g이고, 물체의 크기, 실의 질량, 공기 저항은 무시한다.) [3점]

보기
ㄱ. (나)에서 엘리베이터의 가속도 크기는 $\frac{3}{4}g$이다.
ㄴ. (나)에서 엘리베이터의 가속도 방향은 연직 위 방향이다.
ㄷ. 최저점에서 엘리베이터 바닥까지 물체가 운동하는 동안 물체의 수평 이동 거리는 (가)에서가 (나)에서보다 크다.

① ㄱ ② ㄴ ③ ㄱ, ㄷ ④ ㄴ, ㄷ ⑤ ㄱ, ㄴ, ㄷ

16

▶ 25070-0269

그림과 같이 xy 평면상의 원점에 가만히 놓은 음(−)전하가 균일한 전기장 영역 Ⅰ, Ⅱ에서 각각 $+x$방향으로 등가속도 운동을 하였다. Ⅰ, Ⅱ에서 전기장의 방향은 서로 같고 전기장 세기는 각각 E, $2E$이다. 음(−)전하의 $x=2L$, $x=6L$에서의 물질파 파장은 각각 λ_1, λ_2이다.

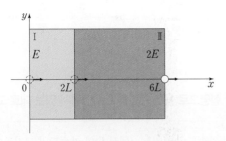

$\dfrac{\lambda_1}{\lambda_2}$은? (단, 음(−)전하에는 균일한 전기장에 의한 전기력만 작용한다.) [3점]

① $\sqrt{2}$ ② $\sqrt{3}$ ③ 2 ④ $\sqrt{5}$ ⑤ $2\sqrt{2}$

17

▶ 25070-0270

그림 (가)와 같이 물체 A, B와 전동기를 실로 연결하고 A를 빗면의 점 p에 가만히 놓았더니 등가속도 운동을 하여 빗면의 점 q를 $2\sqrt{gs}$의 속력으로 지난다. 빗면이 연직선과 이루는 각은 θ이고, A, B의 질량은 각각 $3m$, $2m$이며 전동기와 연결된 실이 B에 작용하는 힘의 크기는 $7mg$이다. 그림 (나)는 q를 지나는 순간 B와 연결한 실이 끊어진 A가 q에서 빗면의 점 r까지 등가속도 운동을 하는 모습을 나타낸 것이다. (가)의 p, q 사이의 거리와 (나)의 q, r 사이의 거리는 s로 동일하다.

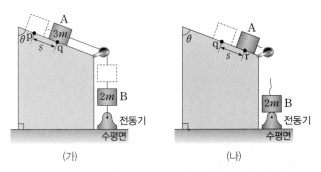

(가)   (나)

이에 대한 설명으로 옳은 것만을 〈보기〉에서 있는 대로 고른 것은? (단, 중력 가속도는 g이고, 실의 질량, 물체의 크기, 공기 저항, 모든 마찰은 무시한다.) [3점]

> **보기**
>
> ㄱ. p에서 q까지 운동하는 동안 A의 가속도의 크기는 $2g$이다.
>
> ㄴ. $\cos\theta = \frac{1}{3}$이다.
>
> ㄷ. r에서 A의 속력은 $\sqrt{5gs}$이다.

① ㄱ   ② ㄷ   ③ ㄱ, ㄴ   ④ ㄴ, ㄷ   ⑤ ㄱ, ㄴ, ㄷ

18

▶ 25070-0271

그림과 같이 수평인 평면의 점 p에서 수평면과 $45°$의 각을 이루는 방향으로 던져진 질량 m인 물체가 포물선 운동을 하며 점 q, r를 차례로 지난다. p에서 물체의 운동 에너지는 E이고, q, r에서 물체의 운동 방향이 수평면과 이루는 각은 각각 $30°$, $60°$이다.

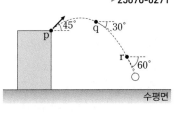

이에 대한 설명으로 옳은 것만을 〈보기〉에서 있는 대로 고른 것은? (단, 중력 가속도는 g이고, 물체의 크기, 공기 저항은 무시한다.) [3점]

> **보기**
>
> ㄱ. q에서 물체의 운동 에너지는 $\frac{2}{3}E$이다.
>
> ㄴ. q와 r 사이의 연직 거리는 $\frac{4E}{3mg}$이다.
>
> ㄷ. p와 r 사이의 수평 거리는 p와 q 사이의 수평 거리의 2배이다.

① ㄱ   ② ㄷ   ③ ㄱ, ㄴ   ④ ㄴ, ㄷ   ⑤ ㄱ, ㄴ, ㄷ

19

▶ 25070-0272

그림 (가)는 xy 평면에서 저항값이 R이고, 반지름이 r인 ⌒ 모양 금속 고리가 원점 O를 중심으로 시계 방향으로 일정한 각속도로 회전할 때, 시간 $t=0$인 순간의 모습을 나타낸 것이다. 균일한 자기장 영역 Ⅰ, Ⅱ, Ⅲ에서 자기장의 세기는 각각 $B_Ⅰ$, $B_Ⅱ$, $B_Ⅲ$이고, Ⅰ에서 자기장의 방향은 xy 평면에서 수직으로 나오는 방향(⊙)이며 Ⅱ, Ⅲ에서 자기장의 방향은 xy 평면에 수직이다. 그림 (나)는 고리에 흐르는 유도 전류를 t에 따라 나타낸 것이다. 고리의 회전 주기는 T이고, 유도 전류의 방향은 시계 반대 방향이 양(+)이다.

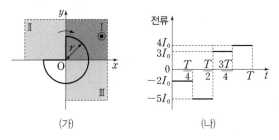

(가)   (나)

이에 대한 설명으로 옳은 것만을 〈보기〉에서 있는 대로 고른 것은? [3점]

> **보기**
>
> ㄱ. Ⅱ에서 자기장의 방향은 xy 평면에 수직으로 들어가는 방향이다.
>
> ㄴ. $\frac{B_Ⅱ}{B_Ⅲ} = \frac{4}{3}$이다.
>
> ㄷ. $B_Ⅰ = \frac{3I_0RT}{\pi r^2}$이다.

① ㄱ   ② ㄴ   ③ ㄱ, ㄷ   ④ ㄴ, ㄷ   ⑤ ㄱ, ㄴ, ㄷ

20

▶ 25070-0273

그림과 같이 받침대에 놓인 막대가 수평으로 평형을 유지하고 있을 때, 막대 위에 물체 A, B가 놓여 있고, 막대는 실로 수평면과 연결되어 있다. A는 막대의 왼쪽 끝에서 x만큼 떨어진 위치에 놓여 있으며, 막대가 수평으로 평형을 유지할 수 있는 x의 최댓값과 최솟값은 각각 $\frac{14}{3}L$, $\frac{1}{3}L$이다. 막대와 받침대의 길이는 각각 $16L$, $2L$이고, A, B의 질량은 각각 $3m$, m이다. $x = \frac{1}{3}L$일 때, 실이 막대에 작용하는 힘의 크기는 T이다.

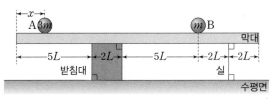

T는? (단, 중력 가속도는 g이고, 막대의 밀도는 균일하며, 막대의 두께와 폭, 실의 질량, 물체의 크기는 무시한다.) [3점]

① $\frac{1}{12}mg$ ② $\frac{1}{11}mg$ ③ $\frac{1}{10}mg$ ④ $\frac{1}{9}mg$ ⑤ $\frac{1}{8}mg$

문항에 따라 배점이 다르니, 각 물음의 끝에 표시된 배점을 참고하시오. 3점 문항에만 점수가 표시되어 있습니다. 점수 표시가 없는 문항은 모두 2점입니다.

01
▶25070-0274

그림은 슬릿의 폭이 a인 단일 슬릿에 $+x$방향으로 입사한 전자의 회절 실험에 대해 학생 A, B, C가 대화하는 모습을 나타낸 것이다. D는 스크린상의 가장 밝은 회절 무늬의 폭이다.

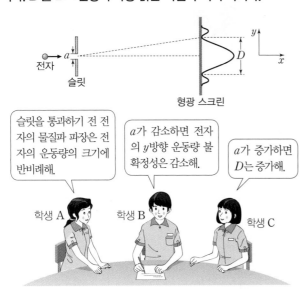

학생 A: 슬릿을 통과하기 전 전자의 물질파 파장은 전자의 운동량의 크기에 반비례해.

학생 B: a가 감소하면 전자의 y방향 운동량 불확정성은 감소해.

학생 C: a가 증가하면 D는 증가해.

제시한 내용이 옳은 학생만을 있는 대로 고른 것은?

① A   ② C   ③ A, B   ④ B, C   ⑤ A, B, C

02
▶25070-0275

그림과 같이 받침대 A, B에 놓여 수평을 이루며 정지해 있는 질량 m, 길이 L인 막대에 질량이 m_1인 물체가 놓여 있고, 질량이 $2m$인 학생이 서 있을 때 A, B가 막대를 받치는 힘의 크기는 각각 F_1, F_2이다. 학생이 막대의 오른쪽 끝까지 이동하면 막대가 기울어지기 시작한다.

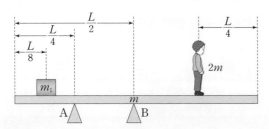

$\dfrac{F_2}{F_1}$는? (단, 막대의 밀도는 균일하며, 막대의 두께와 폭, 사람과 물체의 크기는 무시한다.)

① $\dfrac{6}{11}$ ② $\dfrac{3}{4}$ ③ $\dfrac{11}{12}$ ④ $\dfrac{4}{3}$ ⑤ $\dfrac{11}{6}$

03
▶25070-0276

그림과 같이 변압기의 1차 코일에는 전압이 $5V_0$인 교류 전원이 연결되어 있고 2차 코일에는 스위치 S_1, S_2, 저항값이 다른 두 저항이 연결되어 있다. 1차 코일과 2차 코일의 감은 수는 각각 N_1, N_2이고, S_1만을 닫았을 때 1차 코일과 2차 코일에 흐르는 전류의 세기는 각각 I, $\dfrac{5}{2}I_0$이며, S_2만을 닫았을 때 1차 코일과 2차 코일에 흐르는 전류의 세기는 각각 $\dfrac{8}{5}I_0$, I이다.

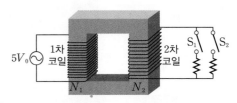

이에 대한 설명으로 옳은 것만을 〈보기〉에서 있는 대로 고른 것은? (단, 변압기에서 에너지 손실은 무시한다.) [3점]

보기
ㄱ. $I=2I_0$이다.
ㄴ. $N_1 : N_2 = 4 : 5$이다.
ㄷ. S_1, S_2를 모두 닫았을 때 교류 전원에서 공급하는 전력은 $18I_0V_0$이다.

① ㄴ   ② ㄷ   ③ ㄱ, ㄴ   ④ ㄱ, ㄷ   ⑤ ㄱ, ㄴ, ㄷ

04
▶25070-0277

그림 (가)와 같이 xy 평면의 원점 O와 x축상의 점 p에 물체 A, B가 각각 정지해 있다. 시간 $t=0$일 때 $+y$방향으로 발사된 A가 xy 평면에서 등가속도 운동을 하여 $t=t_0$일 때 점 q를 통과하는 순간 물체 B를 $+x$방향으로 속력 v_0으로 발사하였다. B는 x축상에서 등가속도 운동을 하며 $t=3t_0$일 때 A와 B는 x축상에서 만난다. 그림 (나)는 A의 속도의 x, y성분 v_x, v_y를 t에 따라 나타낸 것이다.

이에 대한 설명으로 옳은 것만을 〈보기〉에서 있는 대로 고른 것은? (단, 물체의 크기는 무시한다.) [3점]

보기
ㄱ. 가속도의 x성분의 크기는 A와 B가 같다.
ㄴ. $t=t_0$에서 $t=3t_0$까지 B의 변위의 크기는 $8d$이다.
ㄷ. $Y=\dfrac{4}{3}d$이다.

① ㄴ   ② ㄷ   ③ ㄱ, ㄴ   ④ ㄱ, ㄷ   ⑤ ㄱ, ㄴ, ㄷ

05

▶ 25070-0278

그림과 같이 전압이 V로 일정한 전원과 저항값이 각각 $2R$, $4R$, $8R$인 저항과 저항 A, B로 회로를 구성하였다. A, B의 저항값은 각각 R, $3R$ 중 하나이다. A와 B의 소비 전력의 합은 P이고, 저항 양단의 전위차는 B에서가 A에서의 3배이다. p, q는 회로상의 점이다.

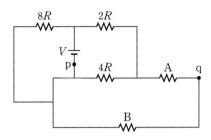

이에 대한 설명으로 옳은 것만을 〈보기〉에서 있는 대로 고른 것은?

보기

ㄱ. B의 저항값은 $3R$이다.
ㄴ. 회로 전체의 소비 전력은 $3P$이다.
ㄷ. 전류의 세기는 p에서가 q에서의 3배이다.

① ㄱ ② ㄷ ③ ㄱ, ㄴ ④ ㄱ, ㄷ ⑤ ㄴ, ㄷ

06

▶ 25070-0279

그림은 크기가 h인 물체에서 나온 빛의 일부가 볼록 렌즈 A, B를 통과하여 진행하는 경로를 나타낸 것이다. A에 의한 물체의 상 P는 B에서 $2d$만큼 떨어진 지점에 생기고 크기는 h이며 B에 의한 P의 상 Q의 크기는 $3h$이다. A와 B 사이의 거리는 $5d$이다. B만을 움직여 A와 B 사이의 거리가 L일 때, A, B에 의해 h보다 작은 상 R가 B의 오른쪽에 생겼다.

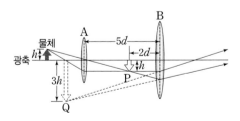

이에 대한 설명으로 옳은 것만을 〈보기〉에서 있는 대로 고른 것은?

보기

ㄱ. 초점 거리는 A가 B의 2배이다.
ㄴ. $L > 9d$이다.
ㄷ. R는 실상이다.

① ㄱ ② ㄴ ③ ㄷ ④ ㄱ, ㄷ ⑤ ㄴ, ㄷ

07

▶ 25070-0280

그림 (가)는 금속판 A, B에 진동수가 각각 f, $3f$인 단색광 p, q를 각각 비추어 정지 전압을 측정하는 광전 효과 실험 장치를 나타낸 것이다. q를 A, B에 각각 비출 때 정지 전압은 각각 V_1, V_2이다. 그림 (나)는 p, q를 비출 때 A, B에서 방출되는 광전자의 물질파 파장의 최솟값을 나타낸 것이다.

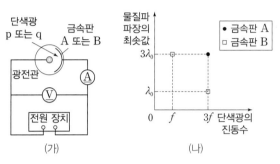

이에 대한 설명으로 옳은 것만을 〈보기〉에서 있는 대로 고른 것은? (단, h는 플랑크 상수이다.) [3점]

보기

ㄱ. B의 일함수는 $\frac{3}{4}hf$이다.
ㄴ. p를 A에 비추었을 때 광전자는 방출되지 않는다.
ㄷ. $V_1 : V_2 = 1 : 3$이다.

① ㄴ ② ㄷ ③ ㄱ, ㄴ ④ ㄱ, ㄷ ⑤ ㄱ, ㄴ, ㄷ

08

▶ 25070-0281

그림 (가)는 xy 평면 위의 점 p에서 시간 $t = 0$일 때 질량 1 kg인 물체를 $+y$방향으로 발사하는 것을 나타낸 것이다. 물체는 xy 평면에서 등가속도 운동을 한다. 그림 (나), (다)는 각각 물체의 위치의 x성분 x와 속도의 y성분 v_y를 t에 따라 나타낸 것이다. 0초부터 3초까지 물체의 변위의 y성분의 크기는 3 m이다.

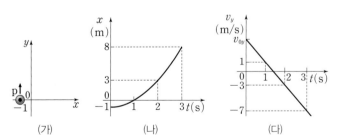

이에 대한 설명으로 옳은 것만을 〈보기〉에서 있는 대로 고른 것은? (단, 물체의 크기는 무시한다.) [3점]

보기

ㄱ. $v_{0y} = 5$ m/s이다.
ㄴ. 물체에 작용하는 알짜힘의 크기는 $2\sqrt{5}$ N이다.
ㄷ. 2초일 때 물체의 속력은 5 m/s이다.

① ㄱ ② ㄴ ③ ㄱ, ㄷ ④ ㄴ, ㄷ ⑤ ㄱ, ㄴ, ㄷ

09
▶ 25070-0282

그림 (가)는 극판의 면적이 S, 극판 사이의 간격이 d로 같은 평행판 축전기 A, B를 전압이 V로 일정한 전원에 연결한 것을 나타낸 것이다. A 내부는 진공이고, B 내부는 유전율이 ε_1, 두께가 d, 단면적이 $\frac{S}{2}$인 유전체가 채워져 있고 나머지 부분은 진공이다. 완전히 충전된 A, B에 저장된 전기 에너지는 각각 E, $3E$이다. 그림 (나)는 저항값이 각각 R, $2R$, $3R$인 저항과 (가)의 A, B를 전압이 V로 일정한 전원에 연결하여 A, B가 완전히 충전된 모습을 나타낸 것이다.

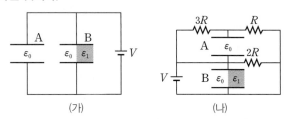

(가)　　　　　(나)

이에 대한 설명으로 옳은 것만을 〈보기〉에서 있는 대로 고른 것은? (단, ε_0은 진공의 유전율이다.) [3점]

보기
ㄱ. $\varepsilon_1 = 5\varepsilon_0$이다.
ㄴ. (나)에서 A에 저장된 전기 에너지는 $\frac{9}{16}E$이다.
ㄷ. (나)에서 축전기에 충전된 전하량은 B가 A의 3배이다.

① ㄴ　② ㄷ　③ ㄱ, ㄴ　④ ㄱ, ㄷ　⑤ ㄱ, ㄴ, ㄷ

10
▶ 25070-0283

그림과 같이 추 A, B가 실로 연결되어 수평면으로부터 같은 높이에 정지해 있다. 천장에 연결된 실이 연직 방향과 이루는 각은 각각 $60°$, θ이고 A, B 사이의 실을 끊었을 때 A, B는 각각의 최저점을 향해 운동하였다. 천장과 B에 연결된 실의 길이는 천장으로부터 B까지의 연직 방향 거리의 $\frac{5}{4}$배이다.

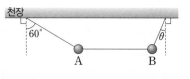

이에 대한 설명으로 옳은 것만을 〈보기〉에서 있는 대로 고른 것은? (단, A, B는 각각 동일 연직면상에서 운동하고, 중력 가속도는 g이며, 모든 마찰과 공기 저항, 실의 질량과 물체의 크기는 무시한다.) [3점]

보기
ㄱ. 질량은 A가 B의 $\frac{\sqrt{3}}{4}$배이다.
ㄴ. 실을 끊은 순간부터 최저점까지 운동하는 동안 중력이 한 일은 B가 A의 $\frac{1}{\sqrt{3}}$배이다.
ㄷ. 최저점에서 실이 A를 당기는 힘의 크기는 A에 작용하는 중력의 크기의 2배이다.

① ㄴ　② ㄷ　③ ㄴ, ㄷ　④ ㄱ, ㄷ　⑤ ㄱ, ㄴ, ㄷ

11
▶ 25070-0284

그림 (가)는 반지름과 모양이 같은 구형의 두 천체 A, B에 의해 시공간이 휘어진 것을 모식적으로 나타낸 것이고, (나)는 A, B 주변에서 휘어진 빛의 경로 P, Q를 순서없이 나타낸 것이다. $\theta_1 < \theta_2$이다.

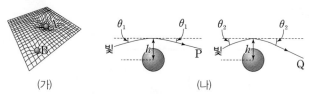

(가)　　　　　(나)

이에 대한 설명으로 옳은 것만을 〈보기〉에서 있는 대로 고른 것은?

보기
ㄱ. 표면에서의 탈출 속력은 A가 B보다 크다.
ㄴ. 시간은 A의 표면에서보다 B의 표면에서 느리게 간다.
ㄷ. P는 A 주변에서 휘어진 빛의 진행 경로이다.

① ㄱ　② ㄷ　③ ㄱ, ㄴ　④ ㄱ, ㄷ　⑤ ㄴ, ㄷ

12
▶ 25070-0285

다음은 빛의 간섭 실험이다.

[실험 과정]
(가) 그림과 같이 스크린을 레이저의 진행 방향과 수직이 되도록 설치한 후, 슬릿 간격이 d인 이중 슬릿을 스크린과 나란하게 고정하고 광센서를 설치한다.

(나) 파장이 λ인 레이저 A를 이중 슬릿에 비추고 스크린에 나타난 간섭무늬를 광센서로 측정하여 간섭무늬의 밝기 I를 스크린상의 위치 x에 따라 나타낸다.

(다) (나)에서 A만을 파장이 $\frac{3}{4}\lambda$인 레이저 B로 바꾸어 측정을 반복한다.

(라) (가)의 이중 슬릿을 슬릿 간격이 $2d$인 이중 슬릿으로 바꾸어 (나)를 반복한다.

[실험 결과]
• (나)의 간섭무늬의 밝기

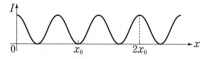

• (나)~(라)에서 $x=0$인 점은 밝은 무늬의 중심이다.

이에 대한 설명으로 옳은 것만을 〈보기〉에서 있는 대로 고른 것은?

보기
ㄱ. (나)에서 $x=x_0$에서 A는 상쇄 간섭을 한다.
ㄴ. (다)에서 $x=2x_0$에서 B는 보강 간섭을 한다.
ㄷ. (라)에서 $x=0$과 $x=x_0$ 사이에 상쇄 간섭이 일어나는 지점의 개수는 3개이다.

① ㄴ　② ㄴ　③ ㄱ, ㄷ　④ ㄴ, ㄷ　⑤ ㄱ, ㄴ, ㄷ

13

▶ 25070-0286

그림 (가)와 같이 질량이 1 kg인 물체가 천장에 길이가 30 m인 실로 연결되어 xy 평면에서 등속 원운동을 한다. 그림 (나)는 시간 $t=0$일 때 x축을 통과한 물체의 가속도의 y성분 a_y를 t에 따라 나타낸 것이다.

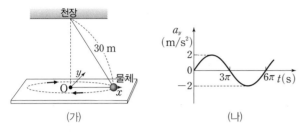

(가)   (나)

이에 대한 설명으로 옳은 것만을 〈보기〉에서 있는 대로 고른 것은? (단, 중력 가속도는 10 m/s²이고, 물체의 크기와 실의 질량은 무시한다.) [3점]

┌─ 보기 ┐
ㄱ. 원운동 궤도 반지름은 18 m이다.
ㄴ. 물체의 속력은 4 m/s이다.
ㄷ. 수평면이 물체를 받치는 힘의 크기는 $\dfrac{22}{3}$ N이다.
└────────┘

① ㄱ   ② ㄴ   ③ ㄱ, ㄷ   ④ ㄴ, ㄷ   ⑤ ㄱ, ㄴ, ㄷ

14

▶ 25070-0287

그림과 같이 위성 A는 행성을 중심으로 원운동을 하고 위성 B는 행성을 한 초점으로 하는 타

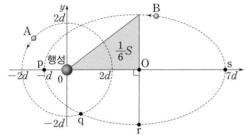

원 궤도를 따라 운동하고 있다. 점 O는 타원의 중심이고, p, s는 각각 타원 궤도상에서 B가 행성과 가장 가까운 점과 가장 먼 점이다. q는 두 궤도가 만나는 점이고, r는 y축과 평행하며 O를 지나는 직선과 타원 궤도가 만나는 점이다. q에서 A의 가속도의 크기는 a이다. 타원의 면적은 S, 색칠한 삼각형의 면적은 $\dfrac{1}{6}S$이다.

B의 운동에 대한 설명으로 옳은 것만을 〈보기〉에서 있는 대로 고른 것은? (단, A, B에는 행성에 의한 중력만 작용한다.) [3점]

┌─ 보기 ┐
ㄱ. 공전 주기는 $4\pi\sqrt{\dfrac{2d}{a}}$이다.
ㄴ. s에서 가속도의 크기는 $\dfrac{4}{49}a$이다.
ㄷ. p에서 r까지 이동하는 데 걸리는 시간은 r에서 s까지 이동하는 데 걸리는 시간의 $\dfrac{1}{5}$배이다
└────────┘

① ㄱ   ② ㄷ   ③ ㄱ, ㄴ   ④ ㄴ, ㄷ   ⑤ ㄱ, ㄴ, ㄷ

15

▶ 25070-0288

그림 (가)는 xy 평면에 수직으로 고정된 무한히 긴 직선 도선 A, B를 나타낸 것이다. A는 원점, B는 x축상의 $x=2d$에 있고, p와 q는 y축상의 $y=d$와 $y=-d$인 점이다. 그림 (나)는 x축상의 $0<x<2d$에서 A와 B에 흐르는 전류에 의한 자기장을 x에 따라 나타낸 것이고, (다)는 (가)에서 A 또는 B에 흐르는 전류의 방향만을 반대로 바꿨을 때 A, B에 흐르는 전류에 의한 자기장을 x에 따라 나타낸 것이다.

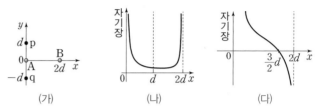

(가)   (나)   (다)

이에 대한 설명으로 옳은 것만을 〈보기〉에서 있는 대로 고른 것은? (단, 자기장의 방향은 $+y$방향이 양(+)이다.)

┌─ 보기 ┐
ㄱ. 전류의 세기는 A에서가 B에서의 $\dfrac{3}{2}$배이다.
ㄴ. (가)에서 자기장의 세기는 p에서와 q에서가 서로 같다.
ㄷ. p에서 자기장의 세기는 (가)에서 전류의 방향을 바꾸기 전이 전류의 방향을 바꾼 후보다 크다.
└────────┘

① ㄱ   ② ㄴ   ③ ㄱ, ㄷ   ④ ㄴ, ㄷ   ⑤ ㄱ, ㄴ, ㄷ

16

▶ 25070-0289

그림 (가)는 y축상에 놓인 직선 안테나가 교류 전원에 연결되어 전자기파를 발생시키고 있고, 이를 수신하는 회로의 원형 안테나가

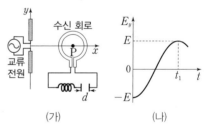

(가)   (나)

xy 평면에 놓여 있는 것을 나타낸 것이다. 원형 안테나의 수신 회로에는 코일과 극판 사이의 간격이 d인 축전기가 연결되어 있다. 점 P는 x축에 놓인 원형 안테나의 중심이다. 그림 (나)는 원형 안테나에 유도된 전류의 진폭이 최대일 때 P에서 y축과 나란한 방향으로 진동하는 전기장 E_y를 시간 t에 따라 나타낸 것이다. $t=0$일 때와 $t=t_1$일 때 전기장의 세기가 최대이다.

이에 대한 설명으로 옳은 것만을 〈보기〉에서 있는 대로 고른 것은?

┌─ 보기 ┐
ㄱ. $t=t_1$일 때 P에서 자기장의 세기는 최대이다.
ㄴ. 수신 회로의 공명 진동수는 $\dfrac{1}{t_1}$이다.
ㄷ. 축전기의 극판 사이의 간격을 $2d$로 늘리면 $t=0$ 이후 처음으로 전기장의 세기가 최대가 되는 시간은 t_1보다 커진다.
└────────┘

① ㄱ   ② ㄴ   ③ ㄱ, ㄷ   ④ ㄴ, ㄷ   ⑤ ㄱ, ㄴ, ㄷ

17
▶25070-0290

그림 (가)와 같이 전하량이 각각 $+Q$, Q_B인 점전하 A, B가 거리 $2d$만큼 떨어져 고정되어 있다. A, B로부터 같은 거리만큼 떨어진 점 p에서 A에 의한 전기장과 A, B에 의한 전기장은 세기는 같고 방향은 서로 반대이다. 그림 (나)와 같이 xy 평면에 놓인 사다리꼴의 두 꼭짓점에 (가)의 점전하 A, B를 고정하였다. 사다리꼴의 두 변은 x축과 나란하고, q, r는 각각 사다리꼴의 꼭짓점이다.

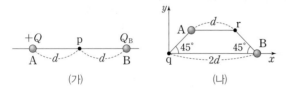

(가) (나)

이에 대한 설명으로 옳은 것만을 〈보기〉에서 있는 대로 고른 것은?

[보기]
ㄱ. $Q_B = +2Q$이다.
ㄴ. 전기장의 x성분의 방향은 q에서와 r에서가 서로 반대이다.
ㄷ. 전기장의 y성분의 세기는 r에서가 q에서의 2배이다.

① ㄴ ② ㄷ ③ ㄱ, ㄴ ④ ㄱ, ㄷ ⑤ ㄱ, ㄴ, ㄷ

18
▶25070-0291

그림 (가)와 같이 음원 A, B가 진동수 f_0, 파장 λ_0인 음파를 발생하며 각각 등속도 운동을 하고 있다. 그림 (나)는 A, B 사이의 거리를 시간에 따라 나타낸 것이다. A는 2초 동안 d만큼 운동하고, 정지해 있는 음파 측정기가 측정한 A에서 발생한 음파의 파장은 $\frac{9}{10}\lambda_0$이고 음파 측정기가 측정한 B에서 발생한 음파의 진동수는 f_1이다.

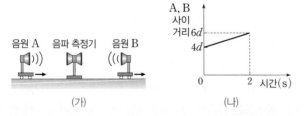

(가) (나)

이에 대한 설명으로 옳은 것만을 〈보기〉에서 있는 대로 고른 것은? (단, 음원과 음파 측정기는 동일 직선상에 있고, 음속은 일정하며 음원의 크기는 무시한다.)

[보기]
ㄱ. 음속은 A의 속력의 10배이다.
ㄴ. $f_1 = \frac{10}{13}f_0$이다.
ㄷ. 음파 측정기가 측정한 B에서 발생한 음파의 파장은 λ_0보다 길다.

① ㄱ ② ㄴ ③ ㄱ, ㄷ ④ ㄴ, ㄷ ⑤ ㄱ, ㄴ, ㄷ

19
▶25070-0292

그림과 같이 xy 평면에 수직인 방향으로 형성된 균일한 자기장 영역 Ⅰ, Ⅱ, Ⅲ에 저항값이 각각 $2R$, R인 저항 A, B가 연결된 도선이 xy 평면에 고정되어 있다. 이 도선 위에 y축과 나란하게 놓인 금속 막대가 $+x$방향으로 운동하고 있다. Ⅰ, Ⅱ에서 자기장의 세기는 각각 B_0, $3B_0$이고 자기장의 방향은 서로 같다. Ⅰ, Ⅱ를 지날 때 금속 막대의 속력은 각각 v, $2v$로 일정하다. 금속 막대가 Ⅰ을 지날 때 금속 막대에 흐르는 전류의 방향은 $+y$방향이고, B에 흐르는 전류의 세기는 금속 막대가 Ⅰ을 지날 때가 Ⅱ를 지날 때의 2배이고 전류의 방향은 서로 같다.

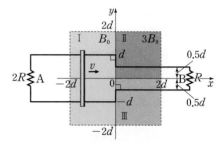

이에 대한 설명으로 옳은 것만을 〈보기〉에서 있는 대로 고른 것은? (단, 금속 막대의 굵기와 저항은 무시한다.) [3점]

[보기]
ㄱ. Ⅲ에서 자기장의 세기는 $2B_0$이다.
ㄴ. 금속 막대가 Ⅰ을 지날 때 저항의 소비 전력은 A가 B의 2배이다.
ㄷ. 금속 막대가 Ⅱ를 지날 때 금속 막대에 흐르는 전류의 세기는 $\frac{3B_0 dv}{2R}$이다.

① ㄱ ② ㄴ ③ ㄱ, ㄷ ④ ㄴ, ㄷ ⑤ ㄱ, ㄴ, ㄷ

20
▶25070-0293

그림은 xy 평면의 영역 Ⅰ, Ⅱ에서 각각 다른 가속도로 등가속도 운동을 하는 질량 2 kg인 물체의 위치를 1초마다 나타낸 것으로, 물체는 시간 $t=0$인 순간 v_0의 속력으로 원점을 지나고 $t=3$초일 때 영역 Ⅱ에 $+x$방향으로 입사한다. Ⅱ에서 물체에 작용하는 가속도의 방향은 $-y$방향이고 물체는 5초일 때 x축상의 한 점을 지난다.

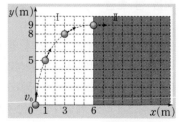

이에 대한 설명으로 옳은 것만을 〈보기〉에서 있는 대로 고른 것은? (단, 물체의 크기는 무시한다.) [3점]

[보기]
ㄱ. $v_0 = 6$ m/s이다.
ㄴ. Ⅰ에서 운동하는 동안 알짜힘이 물체에 한 일은 -24 J이다.
ㄷ. Ⅱ에 입사한 순간부터 x축을 통과할 때까지 물체의 운동 에너지 변화량은 81 J이다.

① ㄱ ② ㄴ ③ ㄱ, ㄷ ④ ㄴ, ㄷ ⑤ ㄱ, ㄴ, ㄷ

실전 모의고사 4회

문항에 따라 배점이 다르니, 각 물음의 끝에 표시된 배점을 참고하시오. 3점 문항에만 점수가 표시되어 있습니다. 점수 표시가 없는 문항은 모두 2점입니다.

01
▶25070-0294

그림은 보어의 수소 원자 모형에서 양자수 n이 각각 n_A, n_B인 전자의 원운동 궤도와 물질파를 나타낸 것이다. 실선과 점선은 각각 전자의 원운동 궤도와 물질파를 나타낸다.

$$n=n_A \qquad n=n_B$$

양자수 n_A, n_B에 대한 전자의 궤도 반지름을 각각 r_A, r_B라 할 때, $\dfrac{r_A}{r_B}$는?

① $\dfrac{1}{4}$ ② $\dfrac{4}{9}$ ③ $\dfrac{9}{16}$ ④ $\dfrac{2}{3}$ ⑤ $\dfrac{3}{4}$

02
▶25070-0295

다음은 상호유도 현상에 대해 학생 A, B, C가 대화하고 있는 모습을 나타낸 것이다.

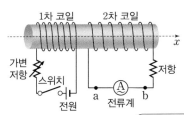

학생 A: 스위치를 닫는 순간과 여는 순간 2차 코일에 흐르는 유도 전류의 방향은 서로 같아.

학생 B: 스위치를 닫았을 때 1차 코일 내부에 발생하는 자기장의 방향은 $-x$방향이야.

학생 C: 스위치를 닫고 가변 저항기의 저항값을 증가시키면 2차 코일에 흐르는 유도 전류의 방향은 b→ⓐ→a야.

제시한 내용이 옳은 학생만을 있는 대로 고른 것은?

① A ② C ③ A, B ④ A, C ⑤ B, C

03
▶25070-0296

그림은 비열이 1 cal/g·℃인 액체가 담긴 줄의 실험 장치에 질량이 42 kg인 추를 연결하여 가만히 놓았더니 추가 연직선을 따라 낙하하는 모습을 나타낸 것이다. 추는 연직선상의 거리가 h인 점 P와 Q 사이에서 낙하하는 동안 등속도 운동을 하고, 이때 액체의 온도 변화는 2 ℃이며 액체가 얻은 열량은 100 cal이다.

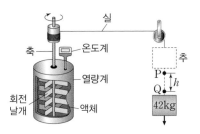

이에 대한 설명으로 옳은 것만을 〈보기〉에서 있는 대로 고른 것은? (단, 중력 가속도는 10 m/s², 열의 일당량은 4.2 J/cal이고, 추의 크기, 실의 질량은 무시하며, P, Q 구간에서 추의 중력 퍼텐셜 에너지 변화량은 모두 액체의 온도 변화에만 사용된다.)

〈보기〉
ㄱ. $h=1$ m이다.
ㄴ. 액체의 질량은 50 g이다.
ㄷ. 추가 P에서 Q까지 낙하하는 동안 실이 추에 작용한 힘의 크기는 420 N이다.

① ㄱ ② ㄷ ③ ㄱ, ㄴ ④ ㄴ, ㄷ ⑤ ㄱ, ㄴ, ㄷ

04
▶25070-0297

그림 (가), (나)와 같이 질량이 같은 동일한 물체가 각각 실 p, q와 실 r, s에 연결되어 정지해 있다. p, q가 천장과 이루는 각은 각각 $60°$, $30°$이고, r, s가 천장과 이루는 각은 $30°$로 같다. p, q, r가 각각 물체에 작용하는 힘의 크기는 F_p, F_q, F_r이다.

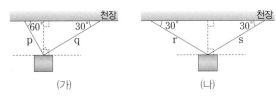

(가)   (나)

F_p, F_q, F_r를 옳게 비교한 것은? (단, 물체의 크기와 실의 질량은 무시한다.) [3점]

① $F_p > F_q > F_r$
② $F_p > F_r > F_q$
③ $F_q > F_p > F_r$
④ $F_r > F_p > F_q$
⑤ $F_r > F_q > F_p$

05

▶25070-0298

그림 (가), (나)와 같이 질량이 $3m$이고 길이가 $5L$인 막대가 각각 수평면에 연결된 실과 막대에 매달린 질량이 m인 물체에 의해 받침대 위에 수평으로 정지해 있다.

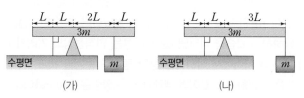

(가), (나)에서 받침대가 막대에 작용하는 힘의 크기를 각각 $F_{(가)}$, $F_{(나)}$라 할 때, $\dfrac{F_{(나)}}{F_{(가)}}$는? (단, 막대의 밀도는 균일하고 막대의 두께와 폭, 실의 질량은 무시한다.) [3점]

① $\dfrac{13}{15}$　　② $\dfrac{14}{15}$　　③ 1　　④ $\dfrac{16}{15}$　　⑤ $\dfrac{17}{15}$

06

▶25070-0299

그림은 xy 평면에서 등가속도 운동을 하는 질량이 $1\ \mathrm{kg}$인 물체 A의 위치를 1초 간격으로 나타낸 것이다. 원점 O에서 A의 속력은 v이고, 운동 방향이 x축과 이루는 각은 $30°$이다.

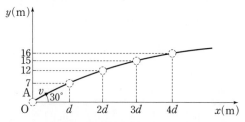

이에 대한 설명으로 옳은 것만을 〈보기〉에서 있는 대로 고른 것은? (단, A의 크기는 무시한다.) [3점]

┌ 보기 ┐
ㄱ. $v=16\ \mathrm{m/s}$이다.
ㄴ. $2d=8\sqrt{3}\ \mathrm{m}$이다.
ㄷ. A에 작용하는 알짜힘의 크기는 2 N이다.
└────┘

① ㄱ　　② ㄴ　　③ ㄱ, ㄷ　　④ ㄴ, ㄷ　　⑤ ㄱ, ㄴ, ㄷ

07

▶25070-0300

그림과 같이 질량이 같은 위성 A, B가 동일한 행성을 한 초점으로 하는 각각의 타원 궤도를 따라 운동한다. 점 Q는 A의 타원 궤도의 중심이고 점 P, Q, R, S는 각각의 타원 궤도로부터 가장 먼 지점 또는 가장 가까운 지점이며 P와 R, R과 S 사이의 거리는 $4r$이고, 행성과 R, 행성과 Q 사이의 거리는 r이다.

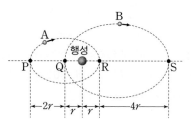

이에 대한 설명으로 옳은 것만을 〈보기〉에서 있는 대로 고른 것은? (단, A, B에는 행성의 중력만 작용한다.)

┌ 보기 ┐
ㄱ. A의 주기는 B의 주기의 $\dfrac{3\sqrt{6}}{2}$배이다.
ㄴ. B의 가속도의 크기는 S에서가 Q에서의 $\dfrac{1}{5}$배이다.
ㄷ. R에서 A에 작용하는 중력의 크기는 Q에서 B에 작용하는 중력의 크기와 같다.
└────┘

① ㄱ　　② ㄷ　　③ ㄱ, ㄴ　　④ ㄴ, ㄷ　　⑤ ㄱ, ㄴ, ㄷ

08

▶25070-0301

그림과 같이 연직 방향으로 운동하는 엘리베이터 안에 물체 A가 용수철에 매달려 정지해 있고, 질량이 $4\ \mathrm{kg}$인 물체 B가 엘리베이터 바닥에 놓인 저울 위에 가만히 올려져 있다. 표는 A가 매달린 용수철이 변형된 길이를 시간에 따라 나타낸 것이다. 0초부터 2초까지 엘리베이터는 등속도 운동을 한다.

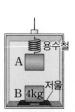

시간(s)	용수철이 변형된 길이(m)
0~2	0.02
3~5	0.03
6~7	0
8~10	−0.01

(+): 용수철이 늘어난 길이, (−): 용수철이 압축된 길이

이에 대한 설명으로 옳은 것만을 〈보기〉에서 있는 대로 고른 것은? (단, 중력 가속도는 $10\ \mathrm{m/s^2}$이다.) [3점]

┌ 보기 ┐
ㄱ. 1초일 때 저울이 측정한 B의 무게는 40 N이다.
ㄴ. 4초일 때 엘리베이터의 가속도 방향은 연직 아래 방향이다.
ㄷ. A에 작용하는 관성력의 크기는 4초일 때가 9초일 때보다 작다.
└────┘

① ㄱ　　② ㄴ　　③ ㄱ, ㄷ　　④ ㄴ, ㄷ　　⑤ ㄱ, ㄴ, ㄷ

09

▶25070-0302

그림과 같이 수평면으로부터 빗면을 따라 $5L$만큼 떨어진 빗면상의 점 O에 질량이 m인 물체 A를 가만히 놓았다. 수평면과 빗면이 이루는 각은 $30°$

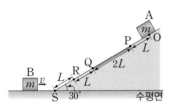

이고 점 P, Q 구간은 일정한 마찰력이 작용하는 구간이며 A는 마찰력이 작용하는 구간에서 등속도 운동을 한다. 수평면에서 속력 v로 운동하던 질량이 m인 물체 B는 A를 O에서 가만히 놓는 순간 점 S를 지나 빗면을 따라 운동하여 점 R에서 속력이 0이 된다. 이에 대한 설명으로 옳은 것만을 〈보기〉에서 있는 대로 고른 것은? (단, 중력 가속도는 g이고, 물체의 크기, 마찰 구간을 제외한 모든 마찰은 무시한다.) [3점]

┌ 보기 ┐
ㄱ. 마찰 구간에서 A의 속력은 v이다.
ㄴ. P에서 Q까지 A가 이동하는 동안 마찰력에 의해 감소한 A의 역학적 에너지는 $2mgL$이다.
ㄷ. S에서 A의 속력은 $\sqrt{2}v$이다.

① ㄱ   ② ㄴ   ③ ㄱ, ㄷ   ④ ㄴ, ㄷ   ⑤ ㄱ, ㄴ, ㄷ

10

▶25070-0303

그림과 같이 저항값이 각각 R, $2R$인 저항과 전류계 1, 2, 3, 스위치 S_1, S_2를 전압이 V로 일정한 직류 전원에 연결하였다. 표는 S_1과 S_2 중 하나만 닫았을 때 전류계 1, 2, 3에서 측정한 전류의 세기를 나타낸 것이다.

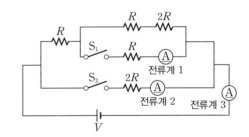

닫힌 스위치	전류계 1	전류계 2	전류계 3
S_1	㉠	—	㉡
S_2	—	㉢	㉣

㉠, ㉡, ㉢, ㉣에 들어갈 전류의 세기를 옳게 비교한 것은? [3점]

① ㉠>㉡>㉢>㉣
② ㉠>㉢>㉣>㉡
③ ㉡>㉢>㉠>㉣
④ ㉣>㉠>㉡>㉢
⑤ ㉣>㉡>㉢>㉠

11

▶25070-0304

그림과 같이 트랜지스터, 저항 R_1, R_2, 전압이 일정한 전원을 연결하여 전기 신호를 증폭시키는 회로를 구성하였다. E, B, C는 각각 트랜지스터의 이미터, 베이스, 컬렉터에 연결된 단자이다.

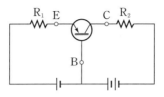

이에 대한 설명으로 옳은 것만을 〈보기〉에서 있는 대로 고른 것은?

┌ 보기 ┐
ㄱ. $n-p-n$형 트랜지스터이다.
ㄴ. 이미터와 베이스 사이에는 순방향 전압이 연결되어 있다.
ㄷ. R_1에 흐르는 전류의 세기는 R_2에 흐르는 전류의 세기보다 작다.

① ㄱ   ② ㄴ   ③ ㄱ, ㄷ   ④ ㄴ, ㄷ   ⑤ ㄱ, ㄴ, ㄷ

12

▶25070-0305

다음은 정전기 유도에 대한 실험이다.

[사전 실험]
그림과 같이 대전된 검전기의 금속판에 대전체 P를 가까이 가져갔을 때 벌어져 있던 금속박이 오므라들었다.

[실험 과정]
(가) 대전되지 않은 동일한 도체구 A, B를 절연된 받침대 위에 올려놓고 A, B 중 A에 P를 접촉시킨다.

(나) A에서 P를 제거하고 A, B를 서로 접촉시킨 뒤 다시 A, B를 분리시킨다.

(다) 절연된 받침대 위에 올려놓은 대전된 동일한 도체구 C, D와 (나)의 분리된 A, B 사이에 작용하는 전기력의 방향을 관찰한다.

[실험 결과]

도체구	작용하는 전기력의 방향
A, D	서로 당기는 방향
B, C	서로 미는 방향

이에 대한 설명으로 옳은 것만을 〈보기〉에서 있는 대로 고른 것은?

┌ 보기 ┐
ㄱ. C, D에 대전된 전하의 종류는 서로 다르다.
ㄴ. C가 양(+)전하로 대전되어 있는 경우 금속박은 음(−)전하로 대전되어 있다.
ㄷ. (나)에서 분리된 A, B 사이에는 서로 미는 방향의 전기력이 작용한다.

① ㄱ   ② ㄴ   ③ ㄱ, ㄷ   ④ ㄴ, ㄷ   ⑤ ㄱ, ㄴ, ㄷ

13

▶ 25070-0306

그림은 평행판 축전기 A, B, 저항 R_1, R_2를 전압이 일정한 전원에 연결한 후 A, B가 완전히 충전된 상태를 나타낸 것이다. A, B의 극판 면적과 두 극판 사이의 간격은 같고 B는 유전율 $3\varepsilon_0$인 유전체로 완전히 채워져 있다. A, B에 저장된 전기 에너지는 서로 같다.

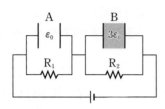

이에 대한 설명으로 옳은 것만을 〈보기〉에서 있는 대로 고른 것은? (단, ε_0은 진공의 유전율이다.)

보기
ㄱ. 저항값은 R_1이 R_2보다 작다.
ㄴ. 전기 용량은 A가 B보다 크다.
ㄷ. 축전기에 걸리는 전압은 A에서가 B에서의 $\sqrt{3}$배이다.

① ㄴ ② ㄷ ③ ㄱ, ㄴ ④ ㄱ, ㄷ ⑤ ㄴ, ㄷ

14

▶ 25070-0307

그림은 xy 평면에 수직인 균일한 자기장 영역 Ⅰ, Ⅱ, Ⅲ, Ⅳ를 포함한 xy 평면상에서 한 변의 길이가 L인 정사각형 모양의 금속 고리가 원점 O를 중심으로 시계 방향으로 일정한 각속도 ω로 회전할 때 시간 $t=0$인 순간의 모습을 나타낸 것이다. 자기장 영역의 자기장 세기는 모두 같고, 자기장 방향은 Ⅰ, Ⅲ은 xy 평면에 수직으로 들어가는 방향, Ⅱ, Ⅳ는 xy 평면에서 수직으로 나오는 방향이다.

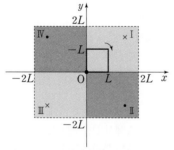

• : xy 평면에서 수직으로 나오는 방향
× : xy 평면에 수직으로 들어가는 방향

이에 대한 설명으로 옳은 것만을 〈보기〉에서 있는 대로 고른 것은? (단, 금속 고리의 굵기는 무시한다.) [3점]

보기
ㄱ. $t=0$ 이후부터 $t=\dfrac{\pi}{4\omega}$까지 금속 고리에 흐르는 유도 전류의 세기는 증가한다.
ㄴ. $t=\dfrac{3\pi}{4\omega}$일 때 금속 고리에 흐르는 유도 전류의 방향은 시계 방향이다.
ㄷ. $t=\dfrac{\pi}{8\omega}$일 때 금속 고리를 통과하는 자기 선속은 Ⅰ에 의한 자기 선속이 Ⅱ에 의한 자기 선속보다 크다.

① ㄱ ② ㄴ ③ ㄱ, ㄷ ④ ㄴ, ㄷ ⑤ ㄱ, ㄴ, ㄷ

15

▶ 25070-0308

그림은 송신 회로와 수신 회로에 대해 학생 A, B, C가 대화하고 있는 모습을 나타낸 것이다.

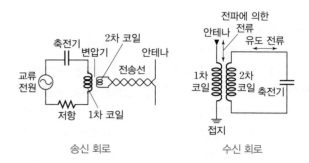

송신 회로　　　　　수신 회로

학생 A: 송신 회로의 1차 코일의 자기 선속의 변화에 의해 2차 코일에는 유도 기전력이 발생해.

학생 B: 송신 안테나의 전자를 진동시키면 안테나 외부에 전자기파를 송신시킬 수 있어.

학생 C: 수신 회로의 공명 진동수와 동일한 전자기파를 수신 안테나에서 수신하면 수신 회로의 2차 코일에는 세기가 가장 큰 유도 전류가 흘러.

제시한 내용이 옳은 학생만을 있는 대로 고른 것은?

① A ② C ③ A, B ④ B, C ⑤ A, B, C

16

▶ 25070-0309

그림 (가)는 초점 거리가 f인 볼록 렌즈 A의 중심으로부터 거리가 $2f$인 지점에 물체 P를 놓은 것을, (나)는 볼록 렌즈 B의 중심으로부터 거리가 a인 지점에 물체 Q를 놓은 것을 나타낸 것이다. (가)에서의 상은 실상, (나)에서의 상은 허상이고, (나)에서 상의 배율은 2이다.

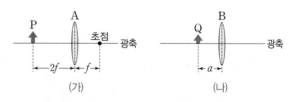

이에 대한 설명으로 옳은 것만을 〈보기〉에서 있는 대로 고른 것은?

보기
ㄱ. (가)에서 상의 배율은 1이다.
ㄴ. B의 초점 거리는 $2a$이다.
ㄷ. Q를 B의 중심으로부터 거리가 $3a$만큼 떨어진 지점에 놓았을 때 상은 B의 중심으로부터 거리가 $6a$만큼 떨어진 지점에 위치한다.

① ㄴ ② ㄷ ③ ㄱ, ㄴ ④ ㄱ, ㄷ ⑤ ㄱ, ㄴ, ㄷ

17 ▶25070-0310

그림은 광축 위에 놓인 물체 A를 광학 현미경의 대물렌즈와 접안렌즈를 이용해 관찰하는 것을 나타낸 것이다. A에 대한 대물렌즈의 상은 B이고 B에 대한 접안렌즈의 상은 C이며 점 p, q는 광축 위의 점이다. 대물렌즈 중심과 q 사이 거리는 a이고, q와 B의 중심 사이 거리는 $1.5a$이며, B의 중심과 접안렌즈 중심 사이 거리는 $2a$이다.

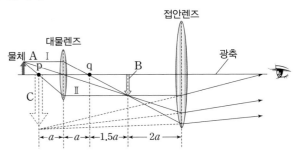

이에 대한 설명으로 옳은 것만을 〈보기〉에서 있는 대로 고른 것은? (단, 물체와 대물렌즈 사이의 광선 I 과 대물렌즈와 접안 렌즈 사이의 광선 II 는 각각 광축과 나란하게 진행한다.) [3점]

┌ 보기 ┌
ㄱ. A와 대물렌즈 중심 사이 거리는 $\frac{5}{3}a$이다.

ㄴ. 접안렌즈의 상의 배율은 $\frac{11}{4}$이다.

ㄷ. 초점 거리는 접안렌즈가 대물렌즈의 $\frac{11}{7}$배이다.

① ㄴ　　② ㄷ　　③ ㄱ, ㄴ　　④ ㄱ, ㄷ　　⑤ ㄱ, ㄴ, ㄷ

18 ▶25070-0311

그림은 속력 v로 수평면과 $30°$ 각을 이루며 던져진 물체 A와 A가 던져진 순간 수평면으로부터 높이가 $2h$인 지점에서 가만히 놓은 물체 B가 A의 최고점 위치에서 서로 충돌하는 모습을 나타낸 것이다. A, B의 질량은 같고 A의 최고점의 높이는 h이며 A가 B와 충돌하기 직전까지 A가 수평 방향으로 이동한 거리는 S이다. B가 A와 충돌하기 직전까지 낙하한 거리는 h이다.

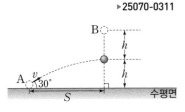

이에 대한 설명으로 옳은 것만을 〈보기〉에서 있는 대로 고른 것은? (단, 물체의 크기, 모든 마찰과 공기 저항은 무시한다.) [3점]

┌ 보기 ┌
ㄱ. $S = 2\sqrt{6}h$이다.

ㄴ. 충돌하기 직전 B의 속력은 $\frac{\sqrt{2}}{2}v$이다.

ㄷ. 충돌 전 물체의 역학적 에너지는 A가 B의 2배이다.

① ㄱ　　② ㄷ　　③ ㄱ, ㄴ　　④ ㄴ, ㄷ　　⑤ ㄱ, ㄴ, ㄷ

19 ▶25070-0312

그림은 파장이 λ인 레이저를 폭이 a와 b인 단일 슬릿 A, B에 각각 비추었을 때 슬릿으로부터 L만큼 떨어진 스크린에 생긴 회절 무늬를 나타낸 것이다. 회절 무늬의 가장 밝은 무늬의 중심으로부터 양쪽 첫 번째 어두운 무늬의 중심 사이의 거리 x는 각각 x_1, $x_2(x_1 > x_2)$이다.

조건	슬릿	스크린에 생긴 회절 무늬
I	A	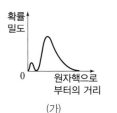
II	B	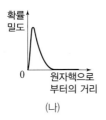

이에 대한 설명으로 옳은 것만을 〈보기〉에서 있는 대로 고른 것은? [3점]

┌ 보기 ┌
ㄱ. $a > b$이다.

ㄴ. I 에서 파장만 $\frac{1}{2}\lambda$인 레이저로 바꾸어 실험할 경우 x는 x_1보다 작다.

ㄷ. II 에서 슬릿과 스크린까지 거리만 $\frac{1}{4}L$로 바꾸어 실험할 경우 x는 x_2보다 크다.

① ㄱ　　② ㄴ　　③ ㄱ, ㄷ　　④ ㄴ, ㄷ　　⑤ ㄱ, ㄴ, ㄷ

20 ▶25070-0313

그림 (가), (나)는 수소 원자의 주 양자수가 $n=1$과 $n=2$일 때 원자핵 주변에서 전자를 발견할 확률 밀도를 원자핵으로부터의 거리에 따라 나타낸 그래프 중 일부를 순서 없이 나타낸 것이다.

확률
밀도

0 　　원자핵으로
　　부터의 거리

(가)

확률
밀도

0 　　원자핵으로
　　부터의 거리

(나)

이에 대한 설명으로 옳은 것만을 〈보기〉에서 있는 대로 고른 것은?

┌ 보기 ┌
ㄱ. (가)는 $n=1$일 때 전자를 발견할 확률 밀도이다.

ㄴ. (나)의 궤도 양자수는 0이다.

ㄷ. 확률 밀도 그래프 아래의 전체 넓이는 1이다.

① ㄴ　　② ㄷ　　③ ㄱ, ㄴ　　④ ㄱ, ㄷ　　⑤ ㄴ, ㄷ

문항에 따라 배점이 다르니, 각 물음의 끝에 표시된 배점을 참고하시오. 3점 문항에만 점수가 표시되어 있습니다. 점수 표시가 없는 문항은 모두 2점입니다.

01
▶25070-0314

그림 (가), (나)는 운동량의 크기가 p로 같은 전자가 폭이 각각 a, $2a$인 슬릿을 통과하는 모습을 나타낸 것이다. Δp_{y1}, Δp_{y2}는 (가), (나)에서 각각 슬릿을 통과하는 전자의 y방향 운동량에 대한 불확실성이다.

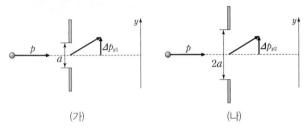

(가)   (나)

이에 대한 설명으로 옳은 것만을 〈보기〉에서 있는 대로 고른 것은? (단, 플랑크 상수는 h이다.)

┌ 보기 ┐
ㄱ. 슬릿을 통과하기 전 전자의 물질파 파장은 $\frac{h}{p}$이다.
ㄴ. 전자의 위치 불확실성은 (가)에서가 (나)에서보다 작다.
ㄷ. Δp_{y1}은 Δp_{y2}보다 작다.
└──────┘

① ㄱ   ② ㄷ   ③ ㄱ, ㄴ   ④ ㄴ, ㄷ   ⑤ ㄱ, ㄴ, ㄷ

02
▶25070-0315

그림과 같이 점전하 A, B가 각각 xy 평면의 $(-d, d)$, (d, d)에 고정되어 있다. x축상의 $x=d$인 점 p에서 전기장의 세기는 E_0이고, 방향은 x축과 $45°$의 각을 이룬다. q는 y축상의 $y=d$인 점이다.

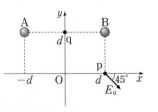

이에 대한 설명으로 옳은 것만을 〈보기〉에서 있는 대로 고른 것은?
[3점]

┌ 보기 ┐
ㄱ. A와 B 사이에는 서로 당기는 전기력이 작용한다.
ㄴ. 전하량의 크기는 A가 B의 $5\sqrt{5}$배이다.
ㄷ. q에서 전기장의 세기는 $\frac{5\sqrt{10}-\sqrt{2}}{4}E_0$이다.
└──────┘

① ㄴ   ② ㄷ   ③ ㄱ, ㄴ   ④ ㄴ, ㄷ   ⑤ ㄱ, ㄴ, ㄷ

03
▶25070-0316

다음은 과학적 성과에 대한 설명과 그에 관련된 그림을 나타낸 것이다. P와 Q는 별의 실제 위치(㉠)와 지구에서 별이 보이는 위치(㉡)를 순서 없이 나타낸 것이다.

┌──────────────────────────────┐
아인슈타인은 ⬚A⬚ 이론으로 중력의 효과를 휘어있는 시공간으로 설명하였다. 이렇게 휘어진 시공간에서 움직이는 빛은 경로가 휠 것으로 예상하였고, 영국의 천문학자 에딩턴의 연구팀은 일식을 이용하여 태양 근처에 보이는 별의 위치가 태양이 없을 때와 비교하여 아인슈타인이 예측한 양만큼 위치가 달라져 있음을 관측하였다.

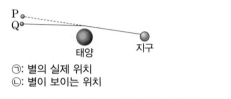

㉠: 별의 실제 위치
㉡: 별이 보이는 위치
└──────────────────────────────┘

이에 대한 설명으로 옳은 것만을 〈보기〉에서 있는 대로 고른 것은?

┌ 보기 ┐
ㄱ. '일반 상대성'은 A에 들어갈 내용으로 적절하다.
ㄴ. ㉠은 P이다.
ㄷ. 태양의 질량이 지금보다 더 크다면 빛의 휘어짐은 더 크다.
└──────┘

① ㄱ   ② ㄴ   ③ ㄱ, ㄷ   ④ ㄴ, ㄷ   ⑤ ㄱ, ㄴ, ㄷ

04
▶25070-0317

그림과 같이 전압이 V로 일정한 전원, 저항값이 같은 저항으로 회로를 구성하였다.

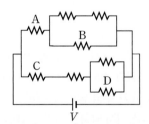

이에 대한 설명으로 옳은 것만을 〈보기〉에서 있는 대로 고른 것은?
[3점]

┌ 보기 ┐
ㄱ. 저항의 양단에 걸리는 전압은 A에서가 B에서의 $\frac{3}{2}$배이다.
ㄴ. 저항에 흐르는 전류의 세기는 C에서가 D에서의 2배이다.
ㄷ. 저항의 소비 전력은 B와 C가 같다.
└──────┘

① ㄴ   ② ㄷ   ③ ㄱ, ㄴ   ④ ㄴ, ㄷ   ⑤ ㄱ, ㄴ, ㄷ

05
▶ 25070-0318

그림 (가), (나)는 물체가 힘을 받아 xy 평면에서 운동할 때, 가속도의 x성분 a_x와 y성분 a_y를 시간 t에 따라 나타낸 것이다. $t=0$일 때, 물체는 $+x$방향으로 속력 2 m/s로 운동하고 있고, 물체의 질량은 2 kg이다.

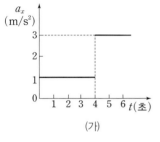
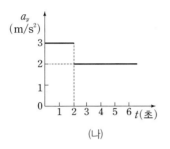

이에 대한 설명으로 옳은 것만을 〈보기〉에서 있는 대로 고른 것은?

보기
ㄱ. 알짜힘의 크기는 5초일 때가 3초일 때의 3배이다.
ㄴ. 3초일 때 물체의 운동 에너지는 89 J이다.
ㄷ. 4초부터 6초까지 알짜힘이 한 일은 201 J이다.

① ㄱ ② ㄴ ③ ㄷ ④ ㄱ, ㄴ ⑤ ㄱ, ㄷ

06
▶ 25070-0319

그림 (가)와 같이 높이 h인 곳에서 수평면과 각 θ를 이루며 속력 v로 던져진 물체 A가 포물선 운동을 한다. 그림 (나)는 A가 던져진 순간부터 A의 속도의 수평 방향 성분 v_x와 수직 방향 성분 v_y를 시간에 따라 나타낸 것이다. A는 $4t$일 때 수평면에 도달한다.

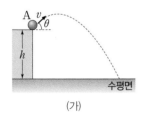
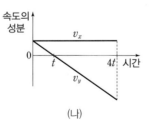

이에 대한 설명으로 옳은 것만을 〈보기〉에서 있는 대로 고른 것은? (단, 물체의 크기는 무시한다.)

보기
ㄱ. $\theta=45°$이다.
ㄴ. 0부터 $4t$까지 A의 수평 이동 거리는 $\frac{9}{4}h$이다.
ㄷ. 수평면에 도달하는 순간 A의 속력은 $\sqrt{6}v$이다.

① ㄱ ② ㄴ ③ ㄷ ④ ㄱ, ㄴ ⑤ ㄱ, ㄷ

07
▶ 25070-0320

그림과 같이 파장이 λ인 단색광을 이중 슬릿에 비추었더니 슬릿으로부터 충분히 멀리 떨어진 스크린에 간섭무늬가 나타났다. 이중 슬릿의 간격은 d, 이중 슬릿과 스크린 사이의 거리는 L이다. 스크린상의 점 O는 슬릿 S_1과 S_2에서 같은 거리인 지점이고, 점 P, Q에는 각각 O로부터 두 번째 어두운 무늬, 세 번째 밝은 무늬가 생긴다.

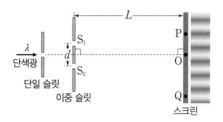

이에 대한 설명으로 옳은 것만을 〈보기〉에서 있는 대로 고른 것은?

보기
ㄱ. S_1, S_2를 통과한 단색광이 P에서 중첩될 때, 단색광의 위상은 서로 같다.
ㄴ. S_1, S_2로부터 Q까지의 경로차는 3λ이다.
ㄷ. 단색광의 파장만을 $\frac{\lambda}{2}$로 바꾸면 P에서 보강 간섭이 일어난다.

① ㄴ ② ㄷ ③ ㄱ, ㄴ ④ ㄱ, ㄷ ⑤ ㄴ, ㄷ

08
▶ 25070-0321

그림 (가)는 볼록 렌즈의 중심으로부터 거리 a만큼 떨어진 지점에 물체를 놓았을 때, 볼록 렌즈의 중심으로부터 거리 $2a$만큼 떨어진 지점 p에 상이 생긴 것을 나타낸 것이다. 그림 (나)는 (가)에서 렌즈를 물체에서 멀어지는 방향으로 d만큼 멀리 이동시킨 것을 나타낸 것으로, 상의 크기는 (가)에서가 (나)에서의 4배이다.

이에 대한 설명으로 옳은 것만을 〈보기〉에서 있는 대로 고른 것은? [3점]

보기
ㄱ. 렌즈의 초점 거리는 $2a$이다.
ㄴ. $d=5a$이다.
ㄷ. (나)에서 렌즈를 물체에서 멀어지는 방향으로 $\frac{4}{5}d$만큼 더 이동시키면 상의 크기는 물체의 크기의 $\frac{1}{4}$배가 된다.

① ㄱ ② ㄷ ③ ㄱ, ㄴ ④ ㄴ, ㄷ ⑤ ㄱ, ㄴ, ㄷ

09

▶25070-0322

그림과 같이 질량이 m인 물체가 천장에 실로 연결되어 원통의 안쪽 면을 따라 등속 원운동을 한다. 실의 길이는 l이고, 실과 연직 방향이 이루는 각은 $60°$이며, 원운동의 주기는 $\pi\sqrt{\dfrac{l}{g}}$이다.

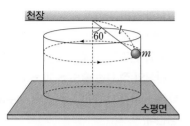

이에 대한 설명으로 옳은 것만을 〈보기〉에서 있는 대로 고른 것은? (단, 중력 가속도는 g이고, 원 궤도는 수평면과 나란하며 물체의 크기와 실의 질량, 모든 마찰은 무시한다.) [3점]

┌ 보기 ┌
ㄱ. 물체의 속력은 $\sqrt{3gl}$이다.
ㄴ. 실이 물체에 작용하는 힘의 크기는 $2mg$이다.
ㄷ. 원통의 면이 물체를 미는 힘의 크기는 $\sqrt{2}mg$이다.

① ㄱ　② ㄷ　③ ㄱ, ㄴ　④ ㄴ, ㄷ　⑤ ㄱ, ㄴ, ㄷ

10

▶25070-0323

그림은 일정한 전류가 흐르는 가늘고 무한히 긴 직선 도선 A, B를 xy 평면에 수직으로 x축상에 고정시켰을 때, xy 평면에서 A와 B에 흐르는 전류에 의한 자기장을 방향 표시 없이 자기력선으로 나타낸 것이다. A에 흐르는 전류의 방향은 xy 평면에서 수직으로 나오는 방향이고, A와 B에 흐르는 전류의 세기는 같다. 원점 O에서 A, B까지의 거리는 같고, 점 p, q는 x축상의 점, 점 r는 y축상의 점이다.

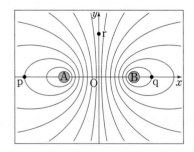

이에 대한 설명으로 옳은 것만을 〈보기〉에서 있는 대로 고른 것은?

┌ 보기 ┌
ㄱ. B에 흐르는 전류의 방향은 xy 평면에 수직으로 들어가는 방향이다.
ㄴ. 자기장의 세기는 p에서가 q에서보다 작다.
ㄷ. r에서 자기장의 방향은 $+y$방향이다.

① ㄱ　② ㄴ　③ ㄱ, ㄷ　④ ㄴ, ㄷ　⑤ ㄱ, ㄴ, ㄷ

11

▶25070-0324

그림은 광전 효과 실험 장치를 모식적으로 나타낸 것이고, 표는 금속판에 비추는 단색광 A, B, C의 진동수와 방출되는 광전자의 최대 운동 에너지, 정지 전압을 나타낸 것이다.

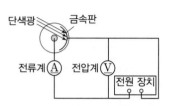

단색광	단색광의 진동수	광전자의 최대 운동 에너지	정지 전압
A	f_0	E_0	V_0
B	$2f_0$	$3E_0$	㉠
C	$3f_0$	㉡	—

이에 대한 설명으로 옳은 것만을 〈보기〉에서 있는 대로 고른 것은? [3점]

┌ 보기 ┌
ㄱ. 금속판의 일함수는 E_0이다.
ㄴ. ㉠은 $3V_0$이다.
ㄷ. ㉡은 $5E_0$이다.

① ㄴ　② ㄷ　③ ㄱ, ㄴ　④ ㄱ, ㄷ　⑤ ㄱ, ㄴ, ㄷ

12

▶25070-0325

그림은 균일한 자기장 영역 Ⅰ~Ⅳ를 포함한 xy 평면에서 저항값이 R이고 반지름이 $2d$인 사분원 모양의 금속 고리가 원점 O를 중심으로 시계 반대 방향으로 일정한 각속도로 회전할 때, 시간 $t=0$인 순간의 모습을 나타낸 것이다. 금속 고

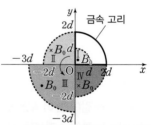

• : xy 평면에서 수직으로 나오는 방향
× : xy 평면에 수직으로 들어가는 방향

리의 회전 주기는 T이고, Ⅰ~Ⅳ는 반지름이 각각 d, $2d$, $3d$, $2d$인 사분원 영역이다. Ⅰ~Ⅳ의 자기장의 세기는 B_0으로 같다.
이에 대한 설명으로 옳은 것만을 〈보기〉에서 있는 대로 고른 것은? (단, 금속 고리의 굵기는 무시한다.) [3점]

┌ 보기 ┌
ㄱ. 금속 고리를 통과하는 자기장에 의한 자기 선속은 $t=\dfrac{T}{2}$일 때가 $t=0$일 때의 9배이다.
ㄴ. 금속 고리에 유도되는 기전력의 크기는 $t=\dfrac{1}{8}T$일 때가 $t=\dfrac{3}{8}T$일 때의 $\dfrac{5}{8}$배이다.
ㄷ. $t=\dfrac{7}{8}T$일 때, 금속 고리에 흐르는 유도 전류의 세기는 $\dfrac{B_0\pi d^2}{RT}$이다.

① ㄱ　② ㄴ　③ ㄱ, ㄷ　④ ㄴ, ㄷ　⑤ ㄱ, ㄴ, ㄷ

13
▶25070-0326

그림과 같이 빗면의 길이가 각각 $3L$, $2L$이고 높이가 같은 빗면에서 물체 A, B가 수평면상의 기준선 P, Q에서 각각 속력 v_A, v_B로 동시에 출발하여 서로 다른 가속도로 등가속도 직선 운동을 하여, 기준선 S에 동시에 도달했다. B가 기준선 R에서 S까지 운동하는 데 걸린 시간은 Q에서 R까지 운동하는 데 걸린 시간의 2배이다.

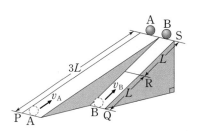

이에 대한 설명으로 옳은 것만을 〈보기〉에서 있는 대로 고른 것은? (단, 물체의 크기와 모든 마찰은 무시한다.)

보기
ㄱ. 가속도 크기는 A가 B의 $\frac{2}{3}$배이다.
ㄴ. B의 속력은 R에서가 S에서의 5배이다.
ㄷ. v_A는 v_B의 $\frac{8}{7}$배이다.

① ㄱ　②ㄷ　③ㄱ, ㄴ　④ㄴ, ㄷ　⑤ㄱ, ㄴ, ㄷ

14
▶25070-0327

그림과 같이 가늘고 무한히 긴 직선 도선 A, B를 각각 xy 평면의 y축에 나란하게 고정하였다. A에는 $+y$방향으로 세기가 I_0으로 일정한 전류가 흐르고, B에는 I_0보다 세기가 작은 일정한 전류가 흐른다. B의 방향에 따라 원점 O에 형성되는 A,

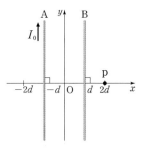

B에 흐르는 전류에 의한 자기장의 세기의 최댓값과 최솟값은 각각 $4B_0$, B_0이다. 점 p는 x축상의 $x=2d$인 점이다.
이에 대한 설명으로 옳은 것만을 〈보기〉에서 있는 대로 고른 것은?

보기
ㄱ. O에서 A, B에 흐르는 전류에 의한 자기장의 방향은 xy 평면에 수직으로 들어가는 방향이다.
ㄴ. B에 흐르는 전류의 세기는 $\frac{3}{5}I_0$이다.
ㄷ. O에서 A, B에 흐르는 전류에 의한 자기장의 세기가 B_0일 때, p에서 A, B에 흐르는 전류에 의한 자기장의 세기는 $\frac{2}{3}B_0$이다.

① ㄴ　②ㄷ　③ㄱ, ㄴ　④ㄱ, ㄷ　⑤ㄱ, ㄴ, ㄷ

15
▶25070-0328

그림과 같이 높이가 $3h$인 곳에서 가만히 놓은 물체가 궤도를 따라 운동하여 높이가 h인 수평 구간을 지나 수평면에서 정지한다. 수평 구간과 수평면상의 마찰 구간 A와 B를 지나는 동안 물체에는 같은 크기의 마찰력이 작용하며, 물체가 A, B를 지나는 데 걸리는 시간은 같다.

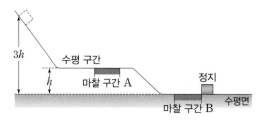

A와 B를 지나는 동안 역학적 에너지 변화량의 크기를 각각 E_A, E_B라고 할 때, $\dfrac{E_A}{E_B}$는? (단, 물체의 크기와 공기 저항은 무시하고, A, B를 제외한 모든 마찰은 무시한다.) [3점]

① $\dfrac{6}{5}$　② $\dfrac{5}{4}$　③ $\dfrac{4}{3}$　④ $\dfrac{7}{5}$　⑤ $\dfrac{5}{3}$

16
▶25070-0329

그림 (가)는 수평면에 정지해 있는 음파 측정기 S와 진동수가 각각 f_0, $\frac{3}{4}f_0$인 음파를 발생시키며 수평면에서 직선 운동을 하고 있는 음원 A, B를 나타낸 것이다. 그림 (나)는 (가)의 S로부터 A, B까지의 거리 s_A, s_B를 각각 시간 t에 따라 나타낸 것이다. $t=t_0$일 때 A, B가 발생시킨 음파를 S가 측정한 진동수는 f_1로 같고, A의 속력은 v이다. $t=3t_0$일 때 B가 발생시킨 음파를 S가 측정한 진동수는 f_2이다.

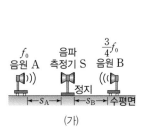
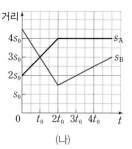

(가)　　(나)

이에 대한 설명으로 옳은 것만을 〈보기〉에서 있는 대로 고른 것은? (단, S, A, B는 동일 직선상에 있고, 음속은 V로 일정하며, 모눈 간격은 모두 같다.) [3점]

보기
ㄱ. $v=\frac{1}{9}V$이다.
ㄴ. $f_1=\frac{9}{10}f_0$이다.
ㄷ. $f_2=\frac{27}{38}f_1$이다.

① ㄱ　②ㄷ　③ㄱ, ㄴ　④ㄴ, ㄷ　⑤ㄱ, ㄴ, ㄷ

17

▶ 25070-0330

그림은 극판의 면적이 같은 평행판 축전기 A, B, C가 전압이 V로 일정한 전원에 연결되어 완전히 충전된 모습을 나타낸 것이다. A, B, C의 극판 사이의 간격은 각각 d, d, $\frac{1}{2}d$이고, A, B, C 내부에는 유전율이 각각 ε_0, $3\varepsilon_0$, ε_0인 유전체가 채워져 있다.

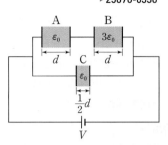

이에 대한 설명으로 옳은 것만을 〈보기〉에서 있는 대로 고른 것은?

┌─ 보기 ┌
ㄱ. 축전기의 전기 용량은 B가 C의 6배이다.
ㄴ. 축전기에 충전된 전하량은 A와 B가 같다.
ㄷ. 축전기에 저장된 전기 에너지는 A가 C의 $\frac{9}{16}$배이다.

① ㄴ   ② ㄷ   ③ ㄱ, ㄴ   ④ ㄱ, ㄷ   ⑤ ㄴ, ㄷ

18

▶ 25070-0331

그림은 길이가 $2l$인 실에 연결된 질량 m인 추 A를 점 p에서 가만히 놓은 후 길이가 l인 실에 연결된 질량 $2m$인 추 B를 점 q에서 가만히 놓았을 때, A, B가 점 r와 s를 동시에 지나는 것을 나타낸 것이다. r와 s를 지나는 순간 실이 끊어진 A, B는 각각 포물선 운동을 하여 점 t에서 만난다. p, q에서 실이 연직선과 이루는 각은 $60°$로 같고, A, B는 각각 동일 연직면상에서 운동하며 A, B가 포물선 운동을 할 때 수평 이동 거리는 각각 d_1, d_2이고, t에서 A, B의 중력 퍼텐셜 에너지는 0이다.

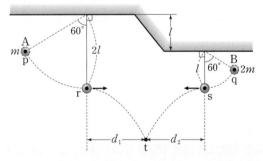

이에 대한 설명으로 옳은 것만을 〈보기〉에서 있는 대로 고른 것은? (단, 중력 가속도는 g이고, 물체의 크기와 실의 질량은 무시한다.) [3점]

┌─ 보기 ┌
ㄱ. r에서 A의 운동 에너지와 s에서 B의 운동 에너지는 같다.
ㄴ. $\frac{d_1}{d_2}=1$이다.
ㄷ. t에서 만나기 직전 역학적 에너지는 A가 B보다 작다.

① ㄱ   ② ㄴ   ③ ㄷ   ④ ㄱ, ㄴ   ⑤ ㄱ, ㄷ

19

▶ 25070-0332

그림 (가)는 전압의 최댓값이 일정한 교류 전원에 저항, 코일, 축전기, 스위치 S를 연결한 회로를, (나)는 (가)에서 회로에 흐르는 전류의 최댓값을 교류 전원의 진동수에 따라 나타낸 것이다. (나)에서 P, Q는 S를 a, b에 각각 연결했을 때의 결과를 순서 없이 나타낸 것이다.

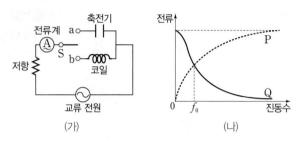

이에 대한 설명으로 옳은 것만을 〈보기〉에서 있는 대로 고른 것은?

┌─ 보기 ┌
ㄱ. P는 S를 a에 연결했을 때의 결과이다.
ㄴ. S를 b에 연결했을 때, 교류 전원의 진동수가 증가할수록 저항 양단에 걸리는 전압의 최댓값은 증가한다.
ㄷ. 교류 전원의 진동수가 f_0일 때, 저항 양단에 걸리는 전압의 최댓값은 P에서와 Q에서가 같다.

① ㄴ   ② ㄷ   ③ ㄱ, ㄴ   ④ ㄱ, ㄷ   ⑤ ㄱ, ㄴ, ㄷ

20

▶ 25070-0333

그림과 같이 받침대에 놓은 막대 A, B, C가 수평으로 평형을 유지하며 정지해 있을 때, 질량 m인 물체는 C와 실로 연결되어 수평면 위에 놓여 있다. B의 왼쪽 끝에서 C의 왼쪽 끝까지의 거리가 x이고, A, B, C의 질량은 각각 $4m$, $8m$, $2m$이다.

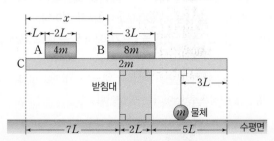

A, B, C가 수평으로 평형을 유지할 수 있는 x의 최댓값과 최솟값의 차는? (단, 막대의 밀도는 균일하며, 막대의 두께와 폭, 실의 질량은 무시한다.) [3점]

① $3L$ ② $\frac{10}{3}L$ ③ $\frac{11}{3}L$ ④ $4L$ ⑤ $\frac{13}{3}L$

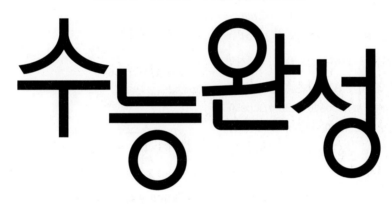

과학탐구영역 | **물리학 Ⅱ**

정답과 해설

01 힘과 평형

정답 ⑤

p, q가 A에 연직 방향으로 작용하는 힘의 합력의 크기는 A와 B에 작용하는 중력의 합의 크기와 같다.

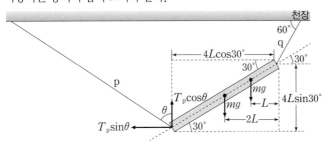

⑤ p, q가 A를 당기는 힘의 크기를 각각 T_p, T_q라고 하자. A와 B의 중력의 합은 $2mg$이다. 따라서 $T_p\cos\theta + T_q\sin60° = 2mg$ … ①이다. 수평 방향으로 작용하는 알짜힘은 0이므로 $T_p\sin\theta = T_q\cos60°$에서 $T_p\sin\theta = \frac{1}{2}T_q$ … ②이다. ①, ②를 연립하면 $T_p\cos\theta + \sqrt{3}T_p\sin\theta = 2mg$ … ③, q와 A가 닿은 지점을 회전축으로 돌림힘의 평형 관계를 적용하면, $mgL\cos30° + 2mgL\cos30° = T_p\cos\theta \times 4L\cos30° + T_p\sin\theta \times 4L\sin30°$에서 $2\sqrt{3}T_p\cos\theta + 2T_p\sin\theta = \frac{3\sqrt{3}}{2}mg$ … ④이다. ③, ④를 연립하면 $T_p\sin\theta = \frac{5\sqrt{3}}{8}mg$, $T_p\cos\theta = \frac{1}{8}mg$이다. 따라서 $\tan\theta = 5\sqrt{3}$이다.

01 ⑤   02 ③   03 ③   04 ②   05 ⑤
06 ③   07 ⑤   08 ④

01 힘의 평형

물체에 작용하는 알짜힘이 0이면 물체는 정지해 있거나 등속도 운동을 한다.

ㄱ. 정지해 있는 물체에 작용하는 알짜힘은 0이다.

ㄴ. y축과 나란한 방향으로 작용하는 알짜힘은 0이므로 $F_1\sin30° - F_2\cos30° = 0$에서 $F_1 = \sqrt{3}F_2$ … ①이다. 따라서 $\frac{F_1}{F_2} = \sqrt{3}$이다.

ㄷ. x축과 나란한 방향으로 작용하는 알짜힘은 0이므로 $F + F_2\sin30° - F_1\cos30° = 0$에서 $F + \frac{1}{2}F_2 - \frac{\sqrt{3}}{2}F_1 = 0$ … ②이다. ①을 ②에 대입하여 정리하면, $F_1 = \sqrt{3}F$이다.

02 힘의 분해와 힘의 평형

크기가 F인 힘의 빗면과 나란한 성분의 크기와 실이 B를 당기는 힘

의 크기의 합은 B에 빗면 아래 방향으로 작용하는 힘의 크기와 같다.

③ 실이 B를 당기는 힘의 크기를 T라고 하면, B는 정지해 있으므로 $T + F\cos\theta = 3mg\sin\theta$이다. A의 질량을 M이라고 하면, $T = Mg$이다. $\tan\theta = \frac{1}{2}$이므로 $\cos\theta = \frac{2}{\sqrt{5}}$이고 $\sin\theta = \frac{1}{\sqrt{5}}$이다. $F = mg$이므로, $T = 3mg\left(\frac{1}{\sqrt{5}}\right) - \frac{2mg}{\sqrt{5}} = \frac{mg}{\sqrt{5}}$이다. 따라서 $M = \frac{\sqrt{5}}{5}m$이다.

03 힘의 평형

물체에 작용하는 알짜힘이 0이다.

③ p가 물체를 당기는 힘의 크기를 T_p, q가 물체를 당기는 힘의 크기를 T_q라고 하자. 물체에 작용하는 알짜힘은 0이므로 $mg = T_q\sin60°$이고, $T_p = T_q\sin30°$이다. 이를 정리하면, $T_q = \frac{2}{\sqrt{3}}mg$이므로 $T_p = \frac{\sqrt{3}}{3}mg$이다.

04 힘의 분해

물체에 작용하는 힘을 수평 성분과 연직 성분으로 분해한다. B의 질량을 M이라고 하자.

▲ A에 작용하는 힘   ▲ B에 작용하는 힘

② p가 A를 당기는 힘의 크기를 T_p라고 하자. q가 A를 당기는 힘의 수평 성분의 크기를 T_{qx}, 연직 성분의 크기를 T_{qy}라고 하고, r가 B를 당기는 힘의 수평 성분의 크기를 T_{rx}, 연직 성분의 크기를 T_{ry}라고 하자.

$T_p = T_{qx} = T_q\cos30°$에서 $T_p = \frac{\sqrt{3}}{2}T_q$이고, $T_{qy} = mg$에서 $T_q\sin30° = mg$이므로 $T_q = 2mg$이다.

$T_{qx} = T_{rx}$이므로 $T_q\cos30° = T_r\sin45°$에서 $\sqrt{3}T_q = \sqrt{2}T_r$이다. $T_q = 2mg$이므로 $T_r = \sqrt{6}mg$이다. $T_{ry} - Mg - T_{qy} = 0$이므로 $T_r\cos45° - Mg - T_q\sin30° = 0$에서 $\frac{\sqrt{2}}{2}T_r - Mg - \frac{1}{2}T_q = 0$이다. 이를 정리하면, $M = (\sqrt{3}-1)m$이다.

05 역학적 평형

물체를 회전시키는 힘은 회전팔에 대해 수직 성분의 힘이다.

ㄱ. F_1, F_2, F_3, F_4의 크기를 각각 F_1, F_2, F_3, F_4라고 하자. 막대에 작용하는 알짜힘은 0이므로 $F_1\cos30° + F_4 - F_2 = 0$ … ①이고, $F_1\sin30° - F_3 = 0$ … ②이다. ②를 정리하면, $F_1 = 2F_3$이므로 F_1의 크기는 F_3의 크기보다 크다.

ㄴ. O를 회전축으로 할 때, F_3이 막대의 회전팔에 대해 수직으로 작용한 힘의 성분은 0이다. 따라서 O를 회전축으로 할 때, F_3에 의한 돌림힘은 0이다.

ㄷ. O를 회전축으로 돌림힘의 평형을 적용하면 $2LF_4-LF_1\cos30°$ $-LF_2=0$에서 $\frac{\sqrt{3}}{2}F_1+F_2=2F_4$ … ③이다.

①에서 $\frac{\sqrt{3}}{2}F_1+F_4-F_2=0$이다. ①, ③을 정리하면, $F_2=\frac{3}{2}F_4$이다.

06 돌림힘의 평형

막대와 물체에 작용하는 힘은 다음과 같다.

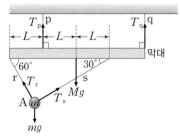

✗. r, s가 A를 당기는 힘의 크기를 각각 T_r, T_s라고 하자. A에 작용하는 알짜힘은 0이므로 $T_r\sin60°+T_s\sin30°=mg$ … ①이고 $T_r\cos60°-T_s\cos30°=0$ … ②이다. ②에서 $T_r=\sqrt{3}T_s$이므로 이를 ①에 대입하여 정리하면, $\frac{3}{2}T_s+\frac{1}{2}T_s=mg$에서 $T_s=\frac{1}{2}mg$이고 $T_r=\frac{\sqrt{3}}{2}mg$이다.

✗. 막대의 중심을 회전축으로 돌림힘의 평형을 적용하면, $2L(T_r\sin60°)+2L(T_q)-LT_p-L(T_s\sin30°)=0$이다. 이를 정리하면 $\frac{3}{4}mg(2L)+T_q(2L)-T_pL-\frac{1}{4}mgL=0$이다. $T_p=3T_q$이므로 $T_q=\frac{5}{4}mg$이다.

ㄷ. 막대의 질량을 M이라고 하면, 막대에 작용하는 알짜힘은 0이므로 $T_p+T_q=(M+m)g$이다. $T_q=\frac{5}{4}mg$이므로 $T_p=\frac{15}{4}mg$이다. 이를 정리하면, $5mg=(M+m)g$에서 $M=4m$이다.

07 돌림힘의 평형

C가 B를 누르는 힘의 크기는 C의 무게와 A가 C를 누르는 힘의 합이다.

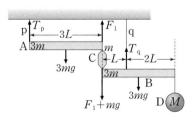

✗. C가 A를 떠받치는 힘의 크기를 F_1이라고 하면, A는 수평을 이루며 정지해 있으므로 A의 왼쪽 끝을 회전축으로 돌림힘의 평형을 적용하면 $3mg\left(\frac{3}{2}L\right)-F_1(3L)=0$에서 $F_1=\frac{3}{2}mg$이다. 따라서 C가 B를 누르는 힘의 크기는 $F_1+mg=\frac{5}{2}mg$이다.

ㄴ. B에 q가 연결된 지점을 회전축으로 돌림힘의 평형을 적용하면 $(F_1+mg)L=3mg\left(\frac{L}{2}\right)+Mg(2L)$에서 $F_1=\frac{3}{2}mg$이므로 $M=\frac{1}{2}m$이다.

ㄷ. p가 A를 당기는 힘의 크기를 T_p라고 하면, A에 작용하는 알짜힘은 0이므로 $T_p+F_1=3mg$에서 $T_p=\frac{3}{2}mg$이다. q가 B를 당기는 힘의 크기를 T_q라고 하면, B에 작용하는 알짜힘은 0이므로 $T_q=(mg+F_1)+3mg+Mg=6mg$이다. 따라서 p가 A를 당기는 힘의 크기는 q가 B를 당기는 힘의 크기의 $\frac{1}{4}$배이다.

08 돌림힘의 평형

P가 막대에 작용하는 힘을 수평 방향과 연직 방향으로 나누어 막대에 작용하는 힘과 돌림힘의 평형을 적용한다.

④ P가 막대에 연직 방향으로 작용하는 힘의 크기를 F_y, 수평 방향으로 작용하는 힘의 크기를 F_x라고 하자. 막대는 정지해 있으므로 힘의 평형을 적용하면, $F_x=T\cos30°$에서 $F_x=\frac{\sqrt{3}}{2}T$이고, $F_y+T\sin30°$ $=2mg+mg$에서 $F_y+\frac{1}{2}T=3mg$이다. P를 회전축으로 막대의 돌림힘의 평형을 적용하면, $2mgL+mg(2L)=T\sin30°(4L)$에서 $T=2mg$이다. $F_x=\sqrt{3}mg$이고 $F_y=2mg$이므로 $F=\sqrt{F_x^2+F_y^2}$ $=\sqrt{7}mg$이다.

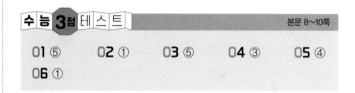

수능 3점 테스트
본문 8~10쪽

01 ⑤   02 ①   03 ⑤   04 ③   05 ④

06 ①

01 힘의 평형

정지해 있는 물체에 작용하는 알짜힘은 0이다. A, B, C에 작용하는 힘은 다음과 같다.

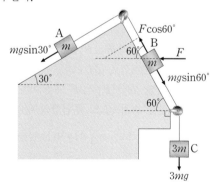

⑤ B는 정지해 있으므로 힘의 평형을 적용하면, $mg\sin30°+$ $F\cos60°=mg\sin60°+3mg$이므로 $\frac{1}{2}F=\frac{\sqrt{3}}{2}mg+\frac{5}{2}mg$이다. 따라서 $F=(\sqrt{3}+5)mg$이다.

02 힘의 분해와 힘의 평형

A와 Q가 B에 작용하는 힘의 합력은 B에 작용하는 중력과 같다.

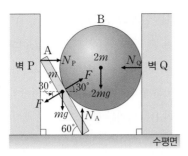

○. A와 B를 한 덩어리로 생각하면 P가 A에 작용하는 힘의 방향과 Q가 B에 작용하는 힘의 방향은 수평면과 나란한 방향이다. P가 A에 작용하는 힘의 크기를 N_P, Q가 B에 작용하는 힘의 크기를 N_Q라고 하면 B는 정지해 있으므로 $N_P=N_Q$이다.

✗. A와 B를 한 덩어리로 생각하면, 한 덩어리가 된 A와 B에 연직 아래 방향으로 작용하는 힘은 A와 B에 작용하는 중력이다. 수평면이 A에 작용하는 힘의 크기를 N_A라고 하면, $N_A=mg+2mg=3mg$이다.

✗. A가 B에 작용하는 힘의 크기를 F라고 하면, $F\sin30°=2mg$에서 $F=4mg$이다.

03 돌림힘의 평형

막대에 작용하는 알짜힘과 돌림힘의 합은 각각 0이다. 막대의 질량을 M, 중력 가속도를 g라고 하자.

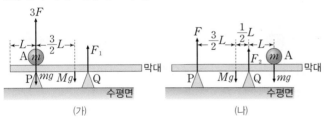

○. P, Q가 막대를 떠받치는 힘의 크기의 합은 A와 막대의 무게의 합이다. 따라서 P, Q가 막대를 떠받치는 힘의 크기의 합은 (가)에서와 (나)에서가 같다.

○. (가)에서 P가 막대를 떠받치는 힘의 크기를 $3F$라고 하면, (나)에서 P가 막대를 떠받치는 힘의 크기는 F이다. (가), (나)에서 Q가 막대를 떠받치는 힘의 크기를 각각 F_1, F_2라고 하자. (가), (나)에서 막대에 작용하는 알짜힘은 0이므로 $(M+m)g=3F+F_1=F+F_2$ … ①이다. 이를 정리하면, $F_2-F_1=2F$ … ②이다. (가)에서 P가 막대를 떠받치는 지점을 회전축으로 돌림힘의 평형을 적용하면, $Mg\left(\frac{3}{2}L\right)-F_1(2L)=0$에서 $F_1=\frac{3}{4}Mg$이다. 이를 ②에 대입하여 정리하면, $F_2=F_1+2F=\frac{3}{4}Mg+2F$ … ③이다. (나)에서 P가 막대를 떠받치는 지점을 회전축으로 돌림힘의 평형을 적용하면, $F_2(2L)-Mg\left(\frac{3}{2}L\right)-mg(3L)=0$에서 $F_2=\frac{3}{4}Mg+\frac{3}{2}mg$ … ④이다. ③, ④를 정리하면, $F=\frac{3}{4}mg$이다. ①에서 $(M+m)g=3F+F_1$에서 $(M+m)g=\frac{9}{4}mg+\frac{3}{4}Mg$이므로 $M=5m$이다.

©. $M=5m$이므로 이를 ④에 대입하여 정리하면, $F_2=\frac{15}{4}mg+\frac{3}{2}mg=\frac{21}{4}mg$이다. $F_1=\frac{3}{4}Mg=\frac{15}{4}mg$이므로 $F_1=\frac{5}{7}F_2$이

다. 따라서 Q가 막대를 떠받치는 힘의 크기는 (가)에서가 (나)에서의 $\frac{5}{7}$배이다.

04 돌림힘의 평형

막대가 정지해 있으므로 막대에 작용하는 알짜힘과 돌림힘의 총합은 각각 0이다.

✗. p가 막대를 당기는 힘의 크기는 막대, A, B에 작용하는 중력의 크기의 합이다. 따라서 p가 막대를 당기는 힘의 크기는 (가)에서와 (나)에서가 같다.

✗. 막대의 질량을 M이라고 하자. (가)에서 p가 막대에 연결된 지점을 회전축으로 돌림힘의 평형을 적용하면, $2mg(2L)-Mg\left(\frac{L}{2}\right)-mg(L)=0$에서 $M=6m$이다.

©. p가 막대를 당기는 힘의 크기를 T라고 하면, $T=(M+2m+m)g=9mg$이다. (나)에서 막대의 왼쪽 끝지점을 회전축으로 돌림힘의 평형을 적용하면, $9mgx-6mg\left(\frac{5}{2}L\right)-mg(5L)=0$에서 $x=\frac{20}{9}L$이다.

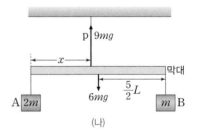

(나)

05 돌림힘의 평형

B가 수평을 유지할 때, p가 B를 당기는 힘의 크기는 q가 B를 당기는 힘의 크기의 $\frac{1}{2}$배이다.

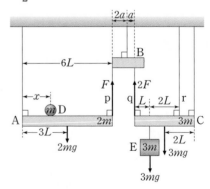

④. A, B, C가 수평을 이루는 상태로 x가 최대인 순간보다 x가 증가하면 B는 왼쪽 끝이 내려가면서 기울어지고 C는 왼쪽 끝이 올라가면서 기울어진다. B의 왼쪽 끝에 연결된 실을 p, B의 왼쪽 끝으로부터 $3a$만큼 떨어진 지점에 연결된 실을 q, C의 왼쪽 끝으로부터 $3L$만큼 떨어진 지점에 연결된 실을 r라고 하자. C가 기울어지는 순간 r가 C를 당기는 힘은 0이다. B가 수평을 이룰 때 p가 A를 당기는 힘의 크기를 F라고 하면, q가 C를 당기는 힘의 크기는 $2F$이다. x의 최댓값을 x_0이라고 하자. A의 왼쪽 끝을 회전축으로 돌림힘의 평형을 적용하면, $2mg(3L)+mgx_0-F(6L)=0$ … ①이다. $x=x_0$일 때, r가 C를 당기는 힘은 0이다. C의 오른쪽 끝을 회전축으로 돌림

힘의 평형을 적용하면, $3mg(2L)+3mg(3L)-2F(4L)=0 \cdots$ ②이다. ②를 정리하면, $F=\dfrac{15}{8}mg$이다. 이를 ①에 대입하여 정리하면, $6mgL+mgx_0-\dfrac{15}{8}mg(6L)=0$에서 $x_0=\dfrac{21}{4}L$이다.

06 돌림힘의 평형

A가 p에 정지해 있을 때와 q에 정지해 있을 때 막대에 작용하는 힘은 다음과 같다. B의 질량을 M이라고 하자.

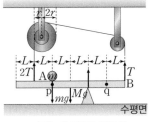

▲ A가 p에 정지해 있을 때   ▲ A가 q에 정지해 있을 때

ㄱ. A가 p에 정지해 있을 때, B의 오른쪽 끝에 연결된 실이 B를 당기는 힘의 크기를 T라고 하면 축바퀴의 작은 바퀴 실이 B를 당기는 힘의 크기는 $2T$이다. 받침대가 B를 떠받치는 지점을 회전축으로 돌림힘의 평형을 적용하면, $mg(2L)+MgL+T(2L)-2T(3L)=0$에서 $2mg+Mg=4T \cdots$ ①이다.

A가 q에 정지해 있을 때, B의 오른쪽 끝에 연결된 실이 B를 당기는 힘의 크기는 $\dfrac{4}{5}T$이고, 축바퀴의 작은 바퀴 실이 B를 당기는 힘의 크기는 $\dfrac{8}{5}T$이다. 받침대가 B를 떠받치는 지점을 회전축으로 돌림힘의 평형을 적용하면, $\dfrac{4}{5}T(2L)+MgL-\dfrac{8}{5}T(3L)-mgL=0$에서 $Mg-mg=\dfrac{16}{5}T \cdots$ ②이다. ①, ②를 정리하면, $Mg-mg=\dfrac{16}{5}\left(\dfrac{2mg+Mg}{4}\right)$에서 $M=13m$이다.

✗. $M=13m$이므로 ①에서 $2mg+13mg=4T$에서 $T=\dfrac{15}{4}mg$이다.

✗. A가 q에 정지해 있을 때 받침대가 B를 떠받치는 힘의 크기를 F라고 하면, B에 작용하는 알짜힘은 0이므로 $\dfrac{8}{5}T+F+\dfrac{4}{5}T=Mg+mg$이다. 이를 정리하면, $\dfrac{12}{5}T+F=14mg$에서 $F=14mg-\dfrac{12}{5}\left(\dfrac{15}{4}mg\right)=5mg$이다.

테마
02 물체의 운동(1)

닮은 꼴 문제로 유형 익히기   본문 13쪽

정답 ③

중력 가속도를 g라고 하면, A의 가속도의 크기는 g이고, B의 가속도의 크기는 $g\sin30°$이다.

③ 수평면과 경사면이 만나는 점에서부터 r, q까지의 거리를 각각 L_1, L_2라고 하자. $\sin30°=\dfrac{d}{L_1}=\dfrac{H}{L_2}=\dfrac{1}{2}$이다. A가 p에서 r까지 운동하는 데 걸린 시간을 t, p에서 A의 발사 속력을 v라고 하자. p에서 r까지 A의 수평 방향의 변위는 $(v\cos45°)t=3H \cdots$ ①이고 연직 방향의 변위는 $(v\sin45°)t-\dfrac{1}{2}gt^2=d \cdots$ ②이다. B가 q에서 r까지 이동한 거리는 $\dfrac{1}{2}\left(\dfrac{1}{2}g\right)t^2=L_2-L_1$이다. $L_2-L_1=L_1\left(\dfrac{H-d}{d}\right)=2(H-d)$이므로 $\dfrac{1}{4}gt^2=2(H-d) \cdots$ ③이다. ①, ②, ③을 정리하면 $d=\dfrac{1}{3}H$이다.

수능 2점 테스트   본문 14~16쪽

01 ④	02 ③	03 ⑤	04 ⑤	05 ③
06 ③	07 ④	08 ②	09 ⑤	10 ②
11 ②	12 ①			

01 속도와 가속도

포물선 운동을 하는 물체의 가속도는 일정하다.

ㄱ. 화살은 중력을 받으며 포물선 운동을 하므로 화살의 가속도의 방향은 중력 가속도의 방향과 같다.

✗. 화살은 포물선 경로를 따라 운동하므로 변위의 크기는 이동 거리보다 작다.

ㄷ. 변위의 크기는 이동 거리보다 작으므로 평균 속도의 크기는 평균 속력보다 작다.

02 포물선 운동

물체는 수평 방향으로 등속도 운동을 하고, 연직 방향으로는 등가속도 운동을 한다.

ㄱ. 물체의 위치 사이의 시간 간격을 t, 중력 가속도를 g라고 하면, b는 최고점이므로 a에서 b까지와 b에서 c까지의 높이 차는 $\dfrac{1}{2}gt^2$으로 같다.

ㄴ. 물체의 가속도는 $\dfrac{\text{속도 변화량}}{\text{시간}}$이므로 속도 변화량은 가속도×시간이다. 물체의 가속도는 일정하고 시간 간격은 a에서 c까지가 c에서 d까지보다 크므로 속도 변화량의 크기는 a에서 c까지가 c에서 d까지보다 크다.

✗. 물체는 수평 방향으로 등속도 운동을 하므로 물체의 변위의 수평 성분의 크기는 a에서 b까지와 c에서 d까지가 같다. a, b, c, d에서 물체의 속도의 연직 성분의 크기를 각각 v_a, v_b, v_c, v_d라고 하면, $v_b < v_a = v_c < v_d$이다. 물체의 연직 방향의 평균 속도의 크기는 a에서 b까지가 c에서 d까지보다 작으므로 변위의 연직 성분의 크기는 a에서 b까지가 c에서 d까지보다 작다. 따라서 물체의 변위의 크기는 a에서 b까지가 c에서 d까지보다 작다.

03 평균 속력과 평균 속도

직선 운동을 하는 물체의 변위의 크기와 이동 거리는 같고, 운동 방향이 변하는 운동을 하는 물체의 변위의 크기는 이동 거리보다 작다.

ㄱ. Ⅰ에서 물체의 변위의 크기는 $\sqrt{4^2+4^2}=4\sqrt{2}$(m)이고, Ⅱ에서 변위의 크기는 $\sqrt{2^2+2^2}=2\sqrt{2}$(m)이다. 따라서 물체의 변위의 크기는 Ⅰ에서가 Ⅱ에서의 2배이다.

ㄴ. Ⅲ에서 물체의 변위의 크기는 2 m이다. Ⅱ에서 평균 속력은 $\frac{2\sqrt{2}}{2t}=\frac{\sqrt{2}}{t}$이고 Ⅲ에서 평균 속력은 $\frac{2}{t}$이다. 따라서 평균 속력은 Ⅲ에서가 Ⅱ에서의 $\sqrt{2}$배이다.

ㄷ. a에서 c까지 변위의 x성분의 크기는 6 m이므로 평균 속도의 x성분의 크기는 $\frac{6}{3t}=\frac{2}{t}$이고, Ⅲ에서 평균 속도의 x성분의 크기는 $\frac{2}{t}$이다. 따라서 평균 속도의 x성분의 크기는 a에서 c까지와 c에서 d까지에서가 같다.

04 등가속도 운동

빗면에서 물체의 가속도의 크기는 $g\sin 60°$이고, p를 지난 후 물체의 가속도의 크기는 g이다.

✗. 물체가 빗면을 오르는 순간부터 p까지 운동하는 데 걸린 시간을 t라고 하면, 경사면에서 물체의 가속도의 크기는 $g\sin 60°=\frac{\sqrt{3}}{2}g$이므로 $\frac{\sqrt{3}}{2}g=\frac{2v-v}{t}$에서 $t=\frac{2v}{\sqrt{3}g}=\frac{2\sqrt{3}v}{3g}$이다.

ㄴ. 빗면의 시작점으로부터 p까지의 거리는 $\frac{2h}{\sqrt{3}}$이다. 빗면에서 물체는 등가속도 운동을 하므로 $4v^2-v^2=2(g\sin 60°)\frac{2h}{\sqrt{3}}$에서 $v=\sqrt{\frac{2}{3}gh}$이다.

ㄷ. p로부터 최고점의 높이를 y라고 하면, $y=\frac{(v\sin 60°)^2}{2g}=\frac{3v^2}{8g}=\frac{1}{4}h$이다. 따라서 물체의 최고점의 높이는 $\frac{1}{4}h+h=\frac{5}{4}h$이다.

05 등가속도 운동

빗면의 경사각이 클수록 물체의 가속도의 크기는 크다.

ㄱ. q와 r의 높이는 같으므로 물체의 속력은 q에서와 r에서가 같다.

ㄴ. p에서 q까지 물체의 가속도의 크기는 $g\sin 45°=\frac{\sqrt{2}}{2}g$이고, r에서 s까지 물체의 가속도의 크기는 $g\sin 30°=\frac{1}{2}g$이다. 따라서 가속도의 크기는 q에서가 r에서의 $\sqrt{2}$배이다.

✗. p에서 q까지 운동하는 데 걸린 시간을 t_1, r에서 s까지 운동하는 데 걸린 시간을 t_2라고 하자. 물체의 속도 변화량의 크기는 p에서 q까지와 r에서 s까지가 같다. p에서 q까지 속도 변화량의 크기를 Δv라고 하면, $\frac{\sqrt{2}}{2}g=\frac{\Delta v}{t_1}$이고 $\frac{1}{2}g=\frac{\Delta v}{t_2}$이므로 $t_2=\sqrt{2}t_1$이다.

06 등속도 운동과 등가속도 운동

물체는 x축과 나란한 방향으로는 등속도 운동을 하고, y축과 나란한 방향으로는 등가속도 운동을 한다.

✗. 0초부터 2초까지 변위의 x성분의 크기는 8 m이고 y성분의 크기는 $4\times 2\times\frac{1}{2}=4$(m)이다. 따라서 0초부터 2초까지 변위의 크기는 $\sqrt{8^2+4^2}=4\sqrt{5}$(m)이다.

✗. 2초일 때 속도의 크기는 $\sqrt{4^2+4^2}=4\sqrt{2}$(m/s)이고, 4초일 때 속도의 크기는 $\sqrt{4^2+8^2}=4\sqrt{5}$(m/s)이다. 따라서 속도의 크기는 4초일 때가 2초일 때의 $\sqrt{\frac{5}{2}}$배이다.

ㄷ. 물체의 가속도의 x성분은 0이고, y성분의 크기는 2 m/s²이다. 따라서 물체의 가속도의 크기는 2 m/s²이다.

07 포물선 운동과 등가속도 운동

A, B의 가속도의 크기는 중력 가속도의 크기와 같고, 수평 방향으로의 이동 거리는 A와 B가 같다.

④ A를 던진 순간부터 p까지 도달하는 데 걸린 시간을 t, 중력 가속도를 g라고 하자. A의 수평 이동 거리를 x라고 하면, A는 수평 방향으로 등속도 운동을 하므로 $x=vt$이다. B의 가속도의 크기는 g이므로 $x=\frac{1}{2}gt^2$이다. $x=vt=\frac{1}{2}gt^2$에서 $gt=2v$이다. A가 p에 도달하는 순간 A의 속도의 연직 성분의 크기는 $gt=2v$이다. 따라서 $v_A=\sqrt{v^2+(2v)^2}=\sqrt{5}v$이고 $v_B=gt=2v$이므로 $\frac{v_A}{v_B}=\frac{\sqrt{5}}{2}$이다.

08 포물선 운동

수평 방향으로 던져진 물체의 연직 방향 운동은 가만히 놓은 물체의 자유 낙하 운동과 같다.

② A, B가 각각 p, q에서 r까지 운동하는 데 걸린 시간을 t_A, t_B라고 하면, $t_A=\sqrt{\frac{2\left(\frac{5}{3}h-\frac{1}{2}h\right)}{g}}=\sqrt{\frac{7h}{3g}}$이고 $t_B=\sqrt{\frac{2\left(h-\frac{1}{2}h\right)}{g}}=\sqrt{\frac{h}{g}}$이다. $v_At_A=2R$이고 $v_Bt_B=R$이므로 $v_A\sqrt{\frac{7h}{3g}}=2v_B\sqrt{\frac{h}{g}}$이다. 따라서 $\frac{v_A}{v_B}=\sqrt{\frac{12}{7}}$이다.

09 등가속도 운동

A는 수평 방향으로 등속도 운동을 하고 연직 방향으로는 등가속도 운동을 한다.

✗. A가 p에서 q까지 운동하는 데 걸린 시간을 t라고 하면, $t=\frac{v_A\sin 60°}{g}\times 2=\frac{\sqrt{3}v_A}{g}$이다. q에서 B의 속력은 0이므로 $t=\frac{v_B}{g}$이다. 이를 정리하면, $v_B=\sqrt{3}v_A$이다.

ㄴ. p와 q의 수평 거리는 d이므로 $v_A\cos 60°\times t=\frac{\sqrt{3}v_A^2}{2g}=d$이다. q의 높이를 h라고 하면, $h=\frac{v_B^2}{2g}=\frac{3v_A^2}{2g}$이므로 $h=\sqrt{3}d$이다.

ⒸE. p로부터 A의 최고점의 높이를 H라고 하면, $H=\frac{(v_A\sin60°)^2}{2g}$ $=\frac{3v_A{}^2}{8g}=\frac{\sqrt{3}}{4}d$이다. 따라서 수평면으로부터 A의 최고점의 높이는 $h+H=\sqrt{3}d+\frac{\sqrt{3}}{4}d=\frac{5\sqrt{3}}{4}d$이다.

10 포물선 운동

A의 속도의 수평 성분의 크기는 B의 속도의 수평 성분의 크기의 $\frac{1}{2}$배이다.

② A가 p에서부터 r까지 운동하는 데 걸린 시간을 t라고 하면, $t=$ $\frac{2v\sin45°}{g}=\frac{\sqrt{2}v}{g}$이다. t 동안 A의 수평 이동 거리와 B의 수평 이동 거리의 합은 h이므로 $(v\cos45°+2v\cos45°)t=h$이다. 이를 정리하면, $h=\frac{3v^2}{g}$이다. B가 t 동안 연직 방향으로 이동한 거리는 H이므로 $2v\sin45°\times t+\frac{1}{2}gt^2=H$에서 $H=\frac{3v^2}{g}$이다. 따라서 $H=h$이다.

11 등가속도 운동과 포물선 운동

경사면에서 물체의 가속도의 크기는 중력 가속도의 크기보다 작고, 포물선 운동을 하는 동안 물체의 가속도의 크기는 g이다.

✗. 물체가 p에서부터 q까지 운동하는 동안 물체의 역학적 에너지는 보존되므로 물체의 질량을 m, q에서 물체의 속력을 v라고 하면, $mgh=\frac{1}{2}mv^2$에서 $v=\sqrt{2gh}$이다. 물체는 경사면에서 등가속도 운동을 하므로 p에서 q까지 물체의 평균 속력은 $\frac{0+\sqrt{2gh}}{2}=\frac{\sqrt{2gh}}{2}$이다.

ⒸE. 경사면의 경사각을 θ라고 하면, $\sin\theta=\frac{1}{\sqrt{5}}$이고 $\cos\theta=\frac{2}{\sqrt{5}}$ 이다. 경사면에서 물체의 가속도의 크기는 $g\sin\theta=\frac{1}{\sqrt{5}}g$이므로 $v=g\sin\theta\times t_1$에서 $t_1=\frac{v}{g\sin\theta}=\frac{\sqrt{2gh}}{\left(\frac{g}{\sqrt{5}}\right)}=\sqrt{\frac{10h}{g}}$이다. q를 지난 물체는 r에 도달할 때까지 수평 방향으로 등속도 운동을 하므로 $v\cos\theta\times t_2=2h$에서 $t_2=\frac{2h}{v\cos\theta}=\frac{2h}{\left(\sqrt{2gh}\times\frac{2}{\sqrt{5}}\right)}=\sqrt{\frac{5h}{2g}}$이다.

따라서 $t_1=2t_2$이다.

✗. 수평면으로부터 q의 높이를 H라고 하면, $H=v\sin\theta\times t_2+$ $\frac{1}{2}gt_2{}^2=\sqrt{2gh}\times\frac{1}{\sqrt{5}}\times\sqrt{\frac{5h}{2g}}+\frac{1}{2}g\left(\sqrt{\frac{5h}{2g}}\right)^2=h+\frac{5}{4}h=\frac{9}{4}h$이다.

12 포물선 운동

수평 방향으로 던진 지점의 높이가 높을수록 수평면에 도달하는 데까지 걸린 시간이 길다.

Ⓒ. 수평 방향으로 던져진 물체의 연직 방향의 운동은 자유 낙하 운동과 같다. $2t=\sqrt{\frac{2h_A}{g}}$이고 $t=\sqrt{\frac{2h_B}{g}}$이다. 이를 정리하면, $2\sqrt{\frac{2h_B}{g}}=\sqrt{\frac{2h_A}{g}}$에서 $h_A=4h_B$이다.

✗. 물체를 수평 방향으로 던진 순간부터 r에 도달할 때까지 수평 방향으로의 이동 거리는 A와 B가 같으므로 $v_A(2t)=v_Bt$이다. 따라서 $v_A=\frac{1}{2}v_B$이다.

✗. r에서 A, B의 연직 방향의 속력을 각각 v_{Ay}, v_{By}라고 하면, r에 도달할 때까지 걸린 시간은 A가 B의 2배이므로 $v_{Ay}=2v_{By}$이다. $\tan\theta_A=\frac{v_{Ay}}{v_A}$이고, $\tan\theta_B=\frac{v_{By}}{v_B}$이므로 $\frac{\tan\theta_A}{\tan\theta_B}=4$이다.

수능 3점 테스트   본문 17~19쪽

| 01 ③ | 02 ③ | 03 ④ | 04 ③ | 05 ⑤ |
| 06 ② | | | | |

01 등가속도 운동

0초일 때 y방향의 속력은 0이다.

Ⓒ. 물체의 가속도의 크기는 $\sqrt{1^2+2^2}=\sqrt{5}$(m/s²)이다. 따라서 1초일 때, 물체에 작용하는 알짜힘의 크기는 $5\sqrt{5}$ N이다.

Ⓒ. $a_x=-1$ m/s²이고 0초일 때 속도의 x성분은 2 m/s이므로 2초일 때 속도의 x성분은 $2+(-1)\times2=0$이다. 2초일 때 속도의 y성분은 $2a_y=4$ m/s이므로, 2초일 때 물체의 운동 방향은 $+y$방향이다.

✗. 0초부터 4초까지 물체의 속도의 x성분인 v_x와 y성분인 v_y는 다음과 같다.

속도	0초	1초	2초	3초	4초
v_x	+2 m/s	+1 m/s	0	−1 m/s	−2 m/s
v_y	0	+2 m/s	+4 m/s	+6 m/s	+8 m/s
$\left\|\frac{v_y}{v_x}\right\|$	0	2	−	6	4

$\left|\frac{v_y}{v_x}\right|$는 일정하지 않으므로 물체는 곡선 경로를 따라 운동한다.

별해 | 물체의 처음 속도와 가속도의 방향은 같지 않으므로 물체는 포물선 운동을 한다.

02 포물선 운동

물체는 수평 방향으로 등속도 운동을 하므로, p, q, r에서 수평 방향의 속력은 같다.

③ 물체의 수평 방향 속도를 v라고 하자. p, q, r에서 물체의 연직 방향 속도를 각각 v_{py}, v_{qy}, v_{ry}라고 하자. $v_{py}=v\tan45°=v$이고, $v_{qy}=-v\tan30°=-\frac{\sqrt{3}}{3}v$, $v_{ry}=-v\tan60°=-\sqrt{3}v$이다. p에서 q까지 걸린 시간을 t_1, q에서 r까지 걸린 시간을 t_2라고 하면, 물체는 수평 방향으로 등속도 운동을 하므로 $\frac{s_1}{s_2}=\frac{t_1}{t_2}$이다. 물체는 중력 가속도로 등가속도 운동을 하므로 $t_1=\frac{v+\frac{\sqrt{3}}{3}v}{g}=\frac{(3+\sqrt{3})v}{3g}$이고 $t_2=\frac{-\frac{\sqrt{3}}{3}v+\sqrt{3}v}{g}=\frac{2\sqrt{3}v}{3g}$이다. 따라서 $\frac{s_1}{s_2}=\frac{t_1}{t_2}=\frac{1+\sqrt{3}}{2}$이다.

03 포물선 운동

물체의 체공 시간은 수평면에서 발사된 순간부터 최고점까지 걸린 시간의 2배이고, 최고점에서 속도의 연직 성분은 0이다.

㉠ 최고점에서 수평면에 도달할 때까지 걸린 시간은 A가 $\sqrt{\dfrac{6h}{g}}$이고 B가 $\sqrt{\dfrac{2h}{g}}$이다. 따라서 수평면에서 발사된 순간부터 수평면에 도달할 때까지 걸린 시간은 A가 B의 $\sqrt{3}$배이다.

✗. A의 최고점의 높이는 $3h$이므로 $3h=\dfrac{(\sqrt{2}v\sin\theta)^2}{2g}$이고, B의 최고점의 높이는 h이므로 $h=\dfrac{(v\sin30°)^2}{2g}=\dfrac{v^2}{8g}$이다. 이를 정리하면, $\dfrac{3v^2}{8g}=\dfrac{v^2\sin^2\theta}{g}$에서 $\sin\theta=\dfrac{\sqrt{6}}{4}$이다. 따라서 $\cos\theta=\dfrac{\sqrt{10}}{4}$이다.

㉢ 최고점에서 A의 속력은 $\sqrt{2}v\cos\theta=\sqrt{2}v\left(\dfrac{\sqrt{10}}{4}\right)=\dfrac{\sqrt{5}}{2}v$이고 B의 속력은 $v\cos30°=\dfrac{\sqrt{3}}{2}v$이다. 따라서 최고점에서 물체의 속력은 B가 A의 $\dfrac{\sqrt{15}}{5}$배이다.

04 포물선 운동

A와 B는 동시에 던져졌고 r에서 충돌했으므로 속도의 수평 성분은 A와 B가 같다.

㉠ p에서 A의 속력을 v_A, q에서 B의 속력을 v_B라고 하자. 속도의 수평 성분은 A와 B가 같으므로 $v_A=v_B\cos60°$에서 $v_B=2v_A$이다. 따라서 q에서 B의 속력은 p에서 A의 속력의 2배이다.

㉡ A를 p에서 던진 순간부터 r에 도달할 때까지 걸린 시간을 t라고 하면, $v_B\sin60°\times t-\dfrac{1}{2}gt^2+\dfrac{1}{2}gt^2=H$에서 $t=\dfrac{2H}{\sqrt{3}v_B}$이다. r는 B의 최고점이므로 B가 r에 도달할 때까지 걸린 시간은 $t=\dfrac{v_B\sin60°}{g}=\dfrac{\sqrt{3}v_B}{2g}$이다. 이를 정리하면, $\dfrac{2H}{\sqrt{3}v_B}=\dfrac{\sqrt{3}v_B}{2g}$에서 $v_B=\sqrt{\dfrac{4}{3}gH}$이다. 따라서 $t=\dfrac{\sqrt{3}}{2g}\left(\sqrt{\dfrac{4}{3}gH}\right)=\sqrt{\dfrac{H}{g}}$이다.

✗. r의 높이를 y라고 하면,
$y=\dfrac{(v_B\sin60°)^2}{2g}=\dfrac{3v_B^2}{8g}=\dfrac{3}{8g}\left(\dfrac{4}{3}gH\right)=\dfrac{1}{2}H$이다.

05 포물선 운동

물체는 p에서 빗면에 대해 수직인 방향으로 던져졌으므로 p에서 던져진 방향이 수평 방향과 이루는 각은 45°이다.

㉠ q는 최고점이므로 q에서 물체의 연직 방향의 속력은 0이다. 물체가 p에서 q까지 운동하는 데 걸린 시간을 t_0이라고 하면, $v\sin45°-gt_0=0$에서 $t_0=\dfrac{\sqrt{2}v}{2g}$이다.

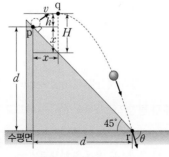

㉡ p로부터 q의 높이를 h라고 하면, $h=\dfrac{(v\sin45°)^2}{2g}=\dfrac{v^2}{4g}$이다.

물체가 p에서 q까지 운동하는 동안 수평 이동 거리를 x라고 하면, 물체는 수평 방향으로 등속도 운동을 하므로 $x=v\cos45°\times t_0=\dfrac{\sqrt{2}v}{2}\times\dfrac{\sqrt{2}v}{2g}=\dfrac{v^2}{2g}$이다. 경사면의 경사각이 45°이므로 $H=h+x$이다. 따라서 $H=\dfrac{v^2}{4g}+\dfrac{v^2}{2g}=\dfrac{3v^2}{4g}$이다.

㉢ 경사면의 경사각은 45°이므로 수평면으로부터 p의 높이를 d라고 하면, p에서 r까지 물체가 수평 방향으로 이동한 거리는 d이다. 물체가 p에서 r까지 운동하는 데 걸린 시간을 t_1이라고 하면, $v\cos45°\times t_1=d\ \cdots$ ①이고 $v\sin45°\times t_1-\dfrac{1}{2}gt_1^2=-d\ \cdots$ ②이다. ①, ②를 정리하면, $\dfrac{1}{2}gt_1^2=2d$에서 $t_1=\sqrt{\dfrac{4d}{g}}$이다. 이를 ①에 대입하여 정리하면 $\dfrac{\sqrt{2}v}{2}\times\sqrt{\dfrac{4d}{g}}=d$에서 $v=\sqrt{\dfrac{gd}{2}}$이다. r에서 속도의 수평 성분을 v_x라 하고 연직 성분을 v_y라고 하자. $v_x=\dfrac{\sqrt{2}v}{2}$이고 $v_y=v\sin45°-gt_1=\dfrac{\sqrt{2}v}{2}-g\left(\sqrt{\dfrac{4d}{g}}\right)=\dfrac{\sqrt{2}v}{2}-2\sqrt{2}v=-\dfrac{3\sqrt{2}}{2}v$이다. 따라서 $|\tan\theta|=\left|\dfrac{v_y}{v_x}\right|=3$이다.

06 포물선 운동

물체가 O에서 p까지 운동하는 데 걸린 시간과 p에서 q까지 운동하는 데 걸린 시간은 같다.

✗. O에서 속도의 x성분의 크기는 $v\cos30°=\dfrac{\sqrt{3}}{2}v$이고 y성분의 크기는 $v\sin30°=\dfrac{1}{2}v$이다. 물체가 p를 지날 때 x축과 물체 사이의 거리는 최대이므로 p에서 속도의 y성분은 0이다. 물체가 O에서 p까지 운동하는 데 걸린 시간을 t라고 하면 $a_y=\left|-\dfrac{v}{2t}\right|=\dfrac{v}{2t}$이다. 물체의 속도의 y성분의 크기는 O에서와 q에서가 같으므로 q에서 물체의 속도의 y성분은 $-\dfrac{1}{2}v$이다. q에서 물체의 운동 방향이 x축과 이루는 각은 60°이므로 q에서 속도의 x성분은 $-\dfrac{v}{2\tan60°}=-\dfrac{v}{2\sqrt{3}}$이다. 물체가 O에서 q까지 운동하는 데 걸린 시간은 $2t$이므로 $a_x=\left|\dfrac{-\left(\dfrac{\sqrt{3}}{2}v+\dfrac{v}{2\sqrt{3}}\right)}{2t}\right|=\dfrac{\sqrt{3}v}{3t}$이고 방향은 $-x$방향이다. 따라서 $a_x=\dfrac{2\sqrt{3}}{3}a_y$이다.

㉡ q에서 물체의 속력은 $\sqrt{\left(\dfrac{1}{2}v\right)^2+\left(\dfrac{v}{2\sqrt{3}}\right)^2}=\dfrac{\sqrt{3}}{3}v$이다.

✗. O에서 q까지 물체의 평균 속도의 x성분은 $\dfrac{\dfrac{\sqrt{3}}{2}v-\dfrac{v}{2\sqrt{3}}}{2}=\dfrac{\sqrt{3}}{6}v$이다. O에서 q까지의 거리는 L이므로 $\dfrac{\sqrt{3}}{6}v(2t)=L$에서 $t=\dfrac{\sqrt{3}L}{v}$이다. p의 좌표를 (x_0, y_0)라고 하면, $x_0=\dfrac{\sqrt{3}}{2}vt-\dfrac{1}{2}a_xt^2=\dfrac{\sqrt{3}}{2}vt-\dfrac{1}{2}\left(\dfrac{\sqrt{3}v}{3t}\right)t^2=\dfrac{\sqrt{3}}{2}v\left(\dfrac{\sqrt{3}L}{v}\right)-\dfrac{1}{2}\left(\dfrac{\sqrt{3}v}{3}\right)\left(\dfrac{\sqrt{3}L}{v}\right)=L$이다. O에서 p까지 평균 속도의 y성분은 $\dfrac{1}{4}v$이므로 $y_0=\dfrac{1}{4}vt=\dfrac{1}{4}v\left(\dfrac{\sqrt{3}L}{v}\right)=\dfrac{\sqrt{3}}{4}L$이다. 따라서 p의 좌표는 $\left(L, \dfrac{\sqrt{3}}{4}L\right)$이다.

ㄷ. p로부터 A의 최고점의 높이를 H라고 하면, $H=\dfrac{(v_A\sin60°)^2}{2g}$ $=\dfrac{3v_A{}^2}{8g}=\dfrac{\sqrt{3}}{4}d$이다. 따라서 수평면으로부터 A의 최고점의 높이는 $h+H=\sqrt{3}d+\dfrac{\sqrt{3}}{4}d=\dfrac{5\sqrt{3}}{4}d$이다.

10 포물선 운동

A의 속도의 수평 성분의 크기는 B의 속도의 수평 성분의 크기의 $\dfrac{1}{2}$배이다.

② A가 p에서부터 r까지 운동하는 데 걸린 시간을 t라고 하면, $t=$ $\dfrac{2v\sin45°}{g}=\dfrac{\sqrt{2}v}{g}$이다. t 동안 A의 수평 이동 거리와 B의 수평 이동 거리의 합은 h이므로 $(v\cos45°+2v\cos45°)t=h$이다. 이를 정리하면, $h=\dfrac{3v^2}{g}$이다. B가 t 동안 연직 방향으로 이동한 거리는 H이므로 $2v\sin45°\times t+\dfrac{1}{2}gt^2=H$에서 $H=\dfrac{3v^2}{g}$이다. 따라서 $H=h$이다.

11 등가속도 운동과 포물선 운동

경사면에서 물체의 가속도의 크기는 중력 가속도의 크기보다 작고, 포물선 운동을 하는 동안 물체의 가속도의 크기는 g이다.

✗. 물체가 p에서부터 q까지 운동하는 동안 물체의 역학적 에너지는 보존되므로 물체의 질량을 m, q에서 물체의 속력을 v라고 하면, $mgh=\dfrac{1}{2}mv^2$에서 $v=\sqrt{2gh}$이다. 물체는 경사면에서 등가속도 운동을 하므로 p에서 q까지 물체의 평균 속력은 $\dfrac{0+\sqrt{2gh}}{2}=\dfrac{\sqrt{2gh}}{2}$이다.

ㄴ. 경사면의 경사각을 θ라고 하면, $\sin\theta=\dfrac{1}{\sqrt{5}}$이고 $\cos\theta=\dfrac{2}{\sqrt{5}}$이다. 경사면에서 물체의 가속도의 크기는 $g\sin\theta=\dfrac{1}{\sqrt{5}}g$이므로 $v=g\sin\theta\times t_1$에서 $t_1=\dfrac{v}{g\sin\theta}=\dfrac{\sqrt{2gh}}{\left(\dfrac{g}{\sqrt{5}}\right)}=\sqrt{\dfrac{10h}{g}}$이다. q를 지난 물체는 r에 도달할 때까지 수평 방향으로 등속도 운동을 하므로 $v\cos\theta\times t_2=2h$에서 $t_2=\dfrac{2h}{v\cos\theta}=\dfrac{2h}{\left(\sqrt{2gh}\times\dfrac{2}{\sqrt{5}}\right)}=\sqrt{\dfrac{5h}{2g}}$이다. 따라서 $t_1=2t_2$이다.

✗. 수평면으로부터 q의 높이를 H라고 하면, $H=v\sin\theta\times t_2+\dfrac{1}{2}gt_2{}^2=\sqrt{2gh}\times\dfrac{1}{\sqrt{5}}\times\sqrt{\dfrac{5h}{2g}}+\dfrac{1}{2}g\left(\sqrt{\dfrac{5h}{2g}}\right)^2=h+\dfrac{5}{4}h=\dfrac{9}{4}h$이다.

12 포물선 운동

수평 방향으로 던진 지점의 높이가 높을수록 수평면에 도달하는 데까지 걸린 시간이 길다.

㉠. 수평 방향으로 던져진 물체의 연직 방향의 운동은 자유 낙하 운동과 같다. $2t=\sqrt{\dfrac{2h_A}{g}}$이고 $t=\sqrt{\dfrac{2h_B}{g}}$이다. 이를 정리하면, $2\sqrt{\dfrac{2h_B}{g}}=\sqrt{\dfrac{2h_A}{g}}$에서 $h_A=4h_B$이다.

✗. 물체를 수평 방향으로 던진 순간부터 r에 도달할 때까지 수평 방향으로의 이동 거리는 A와 B가 같으므로 $v_A(2t)=v_Bt$이다. 따라서 $v_A=\dfrac{1}{2}v_B$이다.

✗. r에서 A, B의 연직 방향의 속력을 각각 v_{Ay}, v_{By}라고 하면, r에 도달할 때까지 걸린 시간은 A가 B의 2배이므로 $v_{Ay}=2v_{By}$이다. $\tan\theta_A=\dfrac{v_{Ay}}{v_A}$이고, $\tan\theta_B=\dfrac{v_{By}}{v_B}$이므로 $\dfrac{\tan\theta_A}{\tan\theta_B}=4$이다.

수능 3점 테스트 본문 17~19쪽

01 ③ 02 ③ 03 ④ 04 ③ 05 ⑤
06 ②

01 등가속도 운동

0초일 때 y방향의 속력은 0이다.

㉠. 물체의 가속도의 크기는 $\sqrt{1^2+2^2}=\sqrt{5}(\text{m/s}^2)$이다. 따라서 1초일 때, 물체에 작용하는 알짜힘의 크기는 $5\sqrt{5}\,\text{N}$이다.

ㄴ. $a_x=-1\,\text{m/s}^2$이고 0초일 때 속도의 x성분은 $2\,\text{m/s}$이므로 2초일 때 속도의 x성분은 $2+(-1)\times2=0$이다. 2초일 때 속도의 y성분은 $2a_y=4\,\text{m/s}$이므로, 2초일 때 물체의 운동 방향은 $+y$방향이다.

✗. 0초부터 4초까지 물체의 속도의 x성분인 v_x와 y성분인 v_y는 다음과 같다.

속도	0초	1초	2초	3초	4초
v_x	$+2\,\text{m/s}$	$+1\,\text{m/s}$	0	$-1\,\text{m/s}$	$-2\,\text{m/s}$
v_y	0	$+2\,\text{m/s}$	$+4\,\text{m/s}$	$+6\,\text{m/s}$	$+8\,\text{m/s}$
$\left\|\dfrac{v_y}{v_x}\right\|$	0	2	—	6	4

$\left|\dfrac{v_y}{v_x}\right|$는 일정하지 않으므로 물체는 곡선 경로를 따라 운동한다.

별해 ┃ 물체의 처음 속도와 가속도의 방향은 같지 않으므로 물체는 포물선 운동을 한다.

02 포물선 운동

물체는 수평 방향으로 등속도 운동을 하므로, p, q, r에서 수평 방향의 속력은 같다.

③ 물체의 수평 방향 속도를 v라고 하자. p, q, r에서 물체의 연직 방향 속도를 각각 v_{py}, v_{qy}, v_{ry}라고 하자. $v_{py}=v\tan45°=v$이고, $v_{qy}=-v\tan30°=-\dfrac{\sqrt{3}}{3}v$, $v_{ry}=-v\tan60°=-\sqrt{3}v$이다. p에서 q까지 걸린 시간을 t_1, q에서 r까지 걸린 시간을 t_2라고 하면, 물체는 수평 방향으로 등속도 운동을 하므로 $\dfrac{s_1}{s_2}=\dfrac{t_1}{t_2}$이다. 물체는 중력 가속도로 등가속도 운동을 하므로 $t_1=\dfrac{v+\dfrac{\sqrt{3}}{3}v}{g}=\dfrac{(3+\sqrt{3})v}{3g}$이고 $t_2=\dfrac{-\dfrac{\sqrt{3}}{3}v+\sqrt{3}v}{g}=\dfrac{2\sqrt{3}v}{3g}$이다. 따라서 $\dfrac{s_1}{s_2}=\dfrac{t_1}{t_2}=\dfrac{1+\sqrt{3}}{2}$이다.

03 포물선 운동

물체의 체공 시간은 수평면에서 발사된 순간부터 최고점까지 걸린 시간의 2배이고, 최고점에서 속도의 연직 성분은 0이다.

㉠ 최고점에서 수평면에 도달할 때까지 걸린 시간은 A가 $\sqrt{\dfrac{6h}{g}}$이고 B가 $\sqrt{\dfrac{2h}{g}}$이다. 따라서 수평면에서 발사된 순간부터 수평면에 도달할 때까지 걸린 시간은 A가 B의 $\sqrt{3}$배이다.

✗ A의 최고점의 높이는 $3h$이므로 $3h=\dfrac{(\sqrt{2}v\sin\theta)^2}{2g}$이고, B의 최고점의 높이는 h이므로 $h=\dfrac{(v\sin30°)^2}{2g}=\dfrac{v^2}{8g}$이다. 이를 정리하면, $\dfrac{3v^2}{8g}=\dfrac{v^2\sin^2\theta}{g}$에서 $\sin\theta=\dfrac{\sqrt{6}}{4}$이다. 따라서 $\cos\theta=\dfrac{\sqrt{10}}{4}$이다.

㉢ 최고점에서 A의 속력은 $\sqrt{2}v\cos\theta=\sqrt{2}v\left(\dfrac{\sqrt{10}}{4}\right)=\dfrac{\sqrt{5}}{2}v$이고 B의 속력은 $v\cos30°=\dfrac{\sqrt{3}}{2}v$이다. 따라서 최고점에서 물체의 속력은 B가 A의 $\dfrac{\sqrt{15}}{5}$배이다.

04 포물선 운동

A와 B는 동시에 던져졌고 r에서 충돌했으므로 속도의 수평 성분은 A와 B가 같다.

㉠ p에서 A의 속력을 v_A, q에서 B의 속력을 v_B라고 하자. 속도의 수평 성분은 A와 B가 같으므로 $v_A=v_B\cos60°$에서 $v_B=2v_A$이다. 따라서 q에서 B의 속력은 p에서 A의 속력의 2배이다.

㉡ A를 p에서 던진 순간부터 r에 도달할 때까지 걸린 시간을 t라고 하면, $v_B\sin60°\times t-\dfrac{1}{2}gt^2+\dfrac{1}{2}gt^2=H$에서 $t=\dfrac{2H}{\sqrt{3}v_B}$이다. r는 B의 최고점이므로 B가 r에 도달할 때까지 걸린 시간은 $t=\dfrac{v_B\sin60°}{g}=\dfrac{\sqrt{3}v_B}{2g}$이다. 이를 정리하면, $\dfrac{2H}{\sqrt{3}v_B}=\dfrac{\sqrt{3}v_B}{2g}$에서 $v_B=\sqrt{\dfrac{4}{3}gH}$이다. 따라서 $t=\dfrac{\sqrt{3}}{2g}\left(\sqrt{\dfrac{4}{3}gH}\right)=\sqrt{\dfrac{H}{g}}$이다.

✗ r의 높이를 y라고 하면,
$y=\dfrac{(v_B\sin60°)^2}{2g}=\dfrac{3v_B^2}{8g}=\dfrac{3}{8g}\left(\dfrac{4}{3}gH\right)=\dfrac{1}{2}H$이다.

05 포물선 운동

물체는 p에서 빗면에 대해 수직인 방향으로 던져졌으므로 p에서 던져진 방향이 수평 방향과 이루는 각은 45°이다.

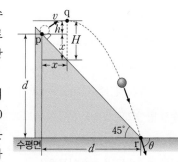

㉠ q는 최고점이므로 q에서 물체의 연직 방향의 속력은 0이다. 물체가 p에서 q까지 운동하는 데 걸린 시간을 t_0이라고 하면, $v\sin45°-gt_0=0$에서 $t_0=\dfrac{\sqrt{2}v}{2g}$이다.

㉡ p로부터 q의 높이를 h라고 하면, $h=\dfrac{(v\sin45°)^2}{2g}=\dfrac{v^2}{4g}$이다.

물체가 p에서 q까지 운동하는 동안 수평 이동 거리를 x라고 하면, 물체는 수평 방향으로 등속도 운동을 하므로 $x=v\cos45°\times t_0=\dfrac{\sqrt{2}v}{2}\times\dfrac{\sqrt{2}v}{2g}=\dfrac{v^2}{2g}$이다. 경사면의 경사각이 45°이므로 $H=h+x$이다. 따라서 $H=\dfrac{v^2}{4g}+\dfrac{v^2}{2g}=\dfrac{3v^2}{4g}$이다.

㉢ 경사면의 경사각은 45°이므로 수평면으로부터 p의 높이를 d라고 하면, p에서 r까지 물체가 수평 방향으로 이동한 거리는 d이다. 물체가 p에서 r까지 운동하는 데 걸린 시간을 t_1이라고 하면, $v\cos45°\times t_1=d$ … ①이고 $v\sin45°\times t_1-\dfrac{1}{2}gt_1^2=-d$ … ②이다. ①, ②를 정리하면, $\dfrac{1}{2}gt_1^2=2d$에서 $t_1=\sqrt{\dfrac{4d}{g}}$이다. 이를 ①에 대입하여 정리하면 $\dfrac{\sqrt{2}v}{2}\times\sqrt{\dfrac{4d}{g}}=d$에서 $v=\sqrt{\dfrac{gd}{2}}$이다. r에서 속도의 수평 성분을 v_x라 하고 연직 성분을 v_y라고 하자. $v_x=\dfrac{\sqrt{2}v}{2}$이고 $v_y=v\sin45°-gt_1=\dfrac{\sqrt{2}v}{2}-g\left(\sqrt{\dfrac{4d}{g}}\right)=\dfrac{\sqrt{2}v}{2}-2\sqrt{2}v=-\dfrac{3\sqrt{2}}{2}v$이다. 따라서 $|\tan\theta|=\left|\dfrac{v_y}{v_x}\right|=3$이다.

06 포물선 운동

물체가 O에서 p까지 운동하는 데 걸린 시간과 p에서 q까지 운동하는 데 걸린 시간은 같다.

✗ O에서 속도의 x성분의 크기는 $v\cos30°=\dfrac{\sqrt{3}}{2}v$이고 y성분의 크기는 $v\sin30°=\dfrac{1}{2}v$이다. 물체가 p를 지날 때 x축과 물체 사이의 거리는 최대이므로 p에서 속도의 y성분은 0이다. 물체가 O에서 p까지 운동하는 데 걸린 시간을 t라고 하면 $a_y=\left|-\dfrac{v}{2t}\right|=\dfrac{v}{2t}$이다. 물체의 속도의 y성분의 크기는 O에서와 q에서가 같으므로 q에서 물체의 속도의 y성분은 $-\dfrac{1}{2}v$이다. q에서 물체의 운동 방향이 x축과 이루는 각은 60°이므로 q에서 속도의 x성분은 $-\dfrac{v}{2\tan60°}=-\dfrac{v}{2\sqrt{3}}$이다. 물체가 O에서 q까지 운동하는 데 걸린 시간은 $2t$이므로 $a_x=\left|\dfrac{-\left(\dfrac{\sqrt{3}}{2}v+\dfrac{v}{2\sqrt{3}}\right)}{2t}\right|=\dfrac{\sqrt{3}v}{3t}$이고 방향은 $-x$방향이다. 따라서 $a_x=\dfrac{2\sqrt{3}}{3}a_y$이다.

㉡ q에서 물체의 속력은 $\sqrt{\left(\dfrac{1}{2}v\right)^2+\left(\dfrac{v}{2\sqrt{3}}\right)^2}=\dfrac{\sqrt{3}}{3}v$이다.

✗ O에서 q까지 물체의 평균 속도의 x성분은 $\dfrac{\dfrac{\sqrt{3}}{2}v-\dfrac{v}{2\sqrt{3}}}{2}=\dfrac{\sqrt{3}}{6}v$이다. O에서 q까지의 거리는 L이므로 $\dfrac{\sqrt{3}}{6}v(2t)=L$에서 $t=\dfrac{\sqrt{3}L}{v}$이다. p의 좌표를 (x_0, y_0)라고 하면, $x_0=\dfrac{\sqrt{3}}{2}vt-\dfrac{1}{2}a_xt^2=\dfrac{\sqrt{3}}{2}vt-\dfrac{1}{2}\left(\dfrac{\sqrt{3}v}{3t}\right)t^2=\dfrac{\sqrt{3}}{2}v\left(\dfrac{\sqrt{3}L}{v}\right)-\dfrac{1}{2}\left(\dfrac{\sqrt{3}v}{3}\right)\left(\dfrac{\sqrt{3}L}{v}\right)=L$이다. O에서 p까지 평균 속도의 y성분은 $\dfrac{1}{4}v$이므로 $y_0=\dfrac{1}{4}vt=\dfrac{1}{4}v\left(\dfrac{\sqrt{3}L}{v}\right)=\dfrac{\sqrt{3}}{4}L$이다. 따라서 p의 좌표는 $\left(L, \dfrac{\sqrt{3}}{4}L\right)$이다.

테마 03 물체의 운동(2)

닮은 꼴 문제로 유형 익히기
본문 22쪽

정답 ③

p에서 A, B에 작용하는 중력의 크기는 최대이다.

✗. 위성의 가속도의 크기는 행성으로부터의 거리의 제곱에 반비례하고, 위성의 질량과는 관계가 없다. 따라서 p에서 가속도의 크기는 A와 B가 같다.

✗. 중력 상수를 G, 행성의 질량을 M, 행성과 p 사이의 거리를 d라고 하면 p에서 A에 작용하는 중력의 크기는 $50F_0 = \dfrac{GM(2m)}{d^2}$이다. 행성과 r 사이의 거리를 x라고 하면 $\dfrac{GMm}{x^2} = F_0$이다. 이를 정리하면 $x = 5d$이다. B의 타원 궤도 긴반지름은 $3d$이고 A의 타원 궤도 긴반지름은 $\dfrac{3}{2}d$이다. B의 타원 궤도 긴반지름은 A의 타원 궤도 긴반지름의 2배이므로 B의 공전 주기는 $2\sqrt{2}T$이다. 따라서 B가 q에서 r까지 이동하는 데 걸린 시간은 $\dfrac{\sqrt{2}}{2}T$보다 크다.

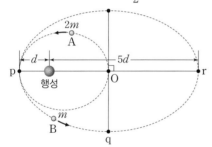

ⓒ. ㉠$= \dfrac{GMm}{d^2}$이고, ㉡$= \dfrac{GM(2m)}{4d^2}$이다. 따라서 ㉠은 ㉡의 2배이다.

수능 2점 테스트
본문 23~25쪽

01 ③	02 ①	03 ⑤	04 ④	05 ⑤
06 ④	07 ③	08 ②	09 ③	10 ④
11 ③	12 ⑤			

01 등속 원운동

물체의 속력이 일정할 때, 반지름이 클수록 각속도는 작다.

㉠ 기어를 연결한 벨트는 미끄러지지 않는다. 따라서 p와 q의 속력은 같다.

ⓒ. 각속도는 $\dfrac{속력}{반지름}$이다. 반지름은 A가 B보다 작고 속력은 p와 q가 같으므로 각속도는 p가 q보다 크다.

✗. 가속도의 크기는 $\dfrac{(속력)^2}{반지름}$이다. 반지름은 A가 B보다 작고 속력은 p와 q가 같으므로 가속도의 크기는 p가 q보다 크다.

02 등속 원운동

등속 원운동을 하는 물체의 가속도의 방향은 원 궤도의 중심을 향하는 방향이다.

㉠ 원운동을 하는 물체의 주기는 $4t_0$이다. 따라서 물체의 각속도는 $\dfrac{2\pi}{4t_0} = \dfrac{\pi}{2t_0}$이다.

✗. $2t_0$일 때, 물체의 위치는 $(0, -d)$이다. 따라서 $2t_0$일 때 물체의 가속도의 방향은 $+y$방향이다.

✗. 원 궤도의 반지름은 d이고, 각속도는 $\dfrac{\pi}{2t_0}$이므로 물체의 속력은 $\dfrac{\pi d}{2t_0}$이다.

03 등속 원운동

각속도가 같을 때, 속력과 가속도의 크기는 회전축으로부터의 거리에 비례한다.

✗. (가)에서 A와 B의 각속도는 같고 O로부터의 거리는 B가 A의 2배이므로 속력은 B가 A의 2배이다.

ⓒ. (나)에서 O로부터의 거리는 A가 B의 2배이므로 가속도의 크기는 A가 B의 2배이다.

ⓒ. B의 질량을 m이라고 하면, (가)에서 B에 작용하는 구심력의 크기는 $m(2r)\omega^2$이고, (나)에서 B에 작용하는 구심력의 크기는 $mr(2\omega)^2 = 4mr\omega^2$이다. 따라서 B에 작용하는 구심력의 크기는 (나)에서가 (가)에서의 2배이다.

04 등속 원운동

등속 원운동을 하는 물체에 작용하는 알짜힘의 연직 성분은 0이다. 실이 각각 A, B를 당기는 힘의 크기는 C에 작용하는 중력의 크기와 같다.

㉠. A, B, C의 질량을 각각 m_A, m_B, M이라고 하자. (가), (나)에서 실이 각각 A, B를 당기는 힘의 크기는 Mg로 같다. A, B에 각각 작용하는 알짜힘의 연직 성분은 0이므로 (가)에서는 $Mg\sin30° = m_A g$이고 (나)에서는 $Mg\sin45° = m_B g$이다. 이를 정리하면 $m_B = \sqrt{2}m_A$이므로 질량은 A가 B보다 작다.

✗. A, B에 작용하는 구심력의 크기를 각각 F_A, F_B라고 하자. 등속 원운동을 하는 물체에 작용하는 구심력은 각각 실이 A, B를 당기는 힘의 수평 성분이다. $F_A = Mg\cos30° = \dfrac{\sqrt{3}}{2}Mg$이고, $F_B = Mg\cos45° = \dfrac{\sqrt{2}}{2}Mg$이다. 따라서 물체에 작용하는 구심력의 크기는 A가 B의 $\sqrt{\dfrac{3}{2}}$배이다.

ⓒ. A, B의 각속도를 ω라고 하자. $F_A = m_A\omega^2 L_A\cos30°$이고 $F_B = m_B\omega^2 L_B\cos45°$이다. $m_B = \sqrt{2}m_A$이고, $F_A = \sqrt{\dfrac{3}{2}}F_B$이므로 $L_A = \sqrt{2}L_B$이다.

05 등속 원운동

수평면에서 등속 원운동을 하는 물체에 작용하는 구심력은 실이 등속 원운동을 하는 물체를 당기는 힘이다.

✗. 수평면에서 원운동하는 물체에 작용하는 힘의 크기는 실이 매달린 추에 작용하는 중력의 크기와 같다. 따라서 물체에 작용하는 구심력의 크기는 A와 B가 같다.

㉡. A의 주기를 T라고 하면, $2mr\left(\dfrac{2\pi}{T}\right)^2=Mg$이다. 이를 정리하면, $T=2\pi\sqrt{\dfrac{2mr}{Mg}}$이다.

㉢. A, B의 각속도를 각각 ω_A, ω_B라고 하면, A와 B에 작용하는 구심력의 크기는 같으므로 $2mr\omega_A{}^2=m(2r)\omega_B{}^2$이다. 따라서 $\omega_A=\omega_B$이다. 원 궤도의 반지름은 B가 A의 2배이므로 속력은 B가 A의 2배이다.

06 등속 원운동

실이 고무마개를 당기는 힘의 크기는 추에 작용하는 중력의 크기와 같다. 실이 고무마개를 당기는 힘의 수평 성분이 구심력 역할을 하여 고무마개가 등속 원운동을 한다.

㉠. 고무 마개의 질량을 m, 추 한 개의 질량을 M, 중력 가속도를 g라고 하자. 고무마개에 작용하는 중력의 크기는 실이 고무마개를 당기는 힘의 연직 성분의 크기와 같다. Ⅰ, Ⅱ, Ⅲ에서 실이 고무마개를 당기는 힘의 연직 성분의 크기는 같으므로 $mg=Mg\sin\theta_1=2Mg\sin\theta_2=2Mg\sin\theta_3$이다. 이를 정리하면, $\theta_1>\theta_2=\theta_3$이다.

✗. Ⅰ에서 고무마개의 각속도를 ω_1이라고 하면, $mg=Mg\sin\theta_1$ ⋯ ①이고 $Mg\cos\theta_1=m(d\cos\theta_1)\omega_1{}^2$ ⋯ ②이다. ①, ②를 정리하면, $\omega_1=\sqrt{\dfrac{g}{d\sin\theta_1}}$이다. Ⅱ, Ⅲ에서 고무마개의 각속도를 각각 ω_2, ω_3이라고 하면, $\omega_2=\sqrt{\dfrac{g}{2d\sin\theta_2}}$이고 $\omega_3=\sqrt{\dfrac{g}{d\sin\theta_3}}$이다. $\theta_1>\theta_3$이므로 고무마개의 각속도는 Ⅰ에서가 Ⅲ에서보다 작다.

㉢. Ⅰ에서 고무마개에 작용하는 구심력의 크기를 F_1이라고 하면, $F_1=\dfrac{mg}{\tan\theta_1}$이다. Ⅱ, Ⅲ에서 고무마개에 작용하는 구심력의 크기를 각각 F_2, F_3이라고 하면, $F_2=\dfrac{mg}{\tan\theta_2}$이고 $F_3=\dfrac{mg}{\tan\theta_3}$이다. $\theta_2=\theta_3$이므로 고무마개에 작용하는 구심력의 크기는 Ⅱ에서와 Ⅲ에서가 같다.

07 등속 원운동

원운동하는 물체의 주기가 클수록 각속도는 작아진다. 따라서 A, B, C의 각속도는 다음과 같다.

물체	질량	주기	각속도	궤도 반지름
A	m	$2T$	2ω	$2R$
B	㉠	T	4ω	R
C	$2m$	$4T$	ω	㉡

✗. A에 작용하는 구심력의 크기는 $m(2R)(2\omega)^2=8mR\omega^2$이므로 B에 작용하는 구심력의 크기는 ㉠$\times R(4\omega)^2=8mR\omega^2$이다. 따라서 ㉠은 $\dfrac{1}{2}m$이다.

✗. C에 작용하는 구심력의 크기는 $2m\times$㉡$\times\omega^2=8mR\omega^2$에서 ㉡은 $4R$이다.

㉢. A의 속력은 $4R\omega$이고, B의 속력은 $4R\omega$이고, C의 속력은 ㉡$\times\omega=4R\omega$이다. 따라서 속력은 A, B, C가 모두 같다.

08 등속 원운동

실이 질량이 m인 물체를 당기는 힘의 크기가 T이고, 물체에 작용하는 구심력의 크기가 F일 때, $T\sin\theta=F$이고, $T\cos\theta=mg$이다.

✗. 실이 A를 당기는 힘의 크기를 T라고 하면, A에 작용하는 중력의 크기는 $2mg$이므로 실이 A를 당기는 힘의 크기는 $T\cos30°=2mg$에서 $T=\dfrac{4\sqrt{3}}{3}mg$이다.

㉡. B에 작용하는 구심력의 크기를 F_2라고 하면, $F_2=mg\tan60°=\sqrt{3}mg$이다.

✗. A에 작용하는 구심력의 크기를 F_1이라고 하면, $F_1=2mg\tan30°=\dfrac{2\sqrt{3}}{3}mg$이다. 물체에 작용하는 구심력의 크기는 A가 B의 $\dfrac{2}{3}$배이다. A, B의 각속도를 각각 ω_1, ω_2라고 하면, $2m(L\sin30°)\omega_1{}^2=\dfrac{2}{3}m\left(\dfrac{3}{2}L\sin60°\right)\omega_2{}^2$에서 $\omega_1{}^2=\dfrac{\sqrt{3}}{2}\omega_2{}^2$이다. 따라서 각속도의 크기는 A가 B보다 작다.

09 케플러 법칙

같은 시간 동안 행성과 위성을 연결한 선분이 휩쓸고 간 면적은 같다.

㉠. 행성으로부터의 거리는 a가 c보다 작으므로 위성의 가속도의 크기는 a에서가 c에서보다 크다.

㉡. b에서 c까지 운동하는 동안 위성과 행성 사이의 거리는 증가하므로 위성의 속력은 감소한다.

✗. 위성과 행성을 연결한 선분이 휩쓴 면적은 c에서부터 d까지가 a에서부터 b까지의 3배이다. 따라서 c에서 d까지 운동하는 데 걸린 시간은 a에서 b까지 운동하는 데 걸린 시간의 3배이다.

10 중력 법칙과 케플러 법칙

위성에 작용하는 중력의 크기는 위성의 질량에 비례하고 행성으로부터 떨어진 거리의 제곱에 반비례한다.

④ 거리가 r_1일 때 위성에 작용하는 중력의 크기는 A가 B의 4배이므로 질량은 A가 B의 4배이다. 따라서 $\dfrac{m_A}{m_B}=4$이다.

거리 r_1에서 B에 작용하는 중력의 크기는 거리 $4r$에서 A에 작용하는 중력의 크기와 같으므로 $\dfrac{m_B}{r_1{}^2}=\dfrac{m_A}{16r^2}$이고, $m_A=4m_B$이므로 $r_1=2r$이다.

11 중력 법칙과 케플러 법칙

위성이 행성에 가까워질수록 속력이 커지고, 멀어질수록 속력이 작아진다. 따라서 위성의 속력은 행성에 가장 가까운 지점에서 최대이고 행성에서 가장 먼 지점에서 최소이다.

✗. 행성으로부터의 거리는 p가 q보다 크므로 A의 속력은 p에서가 q에서보다 작다.

✗. 행성에서 p까지의 거리는 $2R$이고, 행성에서 O까지의 거리는 $\frac{1}{2}R$이다. 행성으로부터의 거리는 p가 O의 4배이므로 O에서 B의 가속도의 크기는 p에서 A의 가속도의 크기의 16배이다.

ㄷ. A의 타원 궤도 긴반지름은 $\frac{3}{2}R$이고, B의 타원 궤도 긴반지름은 $\frac{3}{4}R$이다. 타원 궤도 긴반지름은 A가 B의 2배이므로 공전 주기는 A가 B의 $2\sqrt{2}$배이다. A의 주기를 $2\sqrt{2}T$라고 하면 B의 주기는 T이다. B가 1회 공전하는 동안 A와 행성을 연결한 직선이 휩쓸고 지나간 면적을 S_1이라고 하면, $2\sqrt{2}T:S=T:S_1$이므로 $S_1=\frac{\sqrt{2}}{4}S$이다.

12 중력 법칙과 케플러 법칙
위성에 작용하는 중력의 크기는 위성의 질량에 비례하고 행성으로부터 떨어진 거리의 제곱에 반비례한다.

ㄱ. q에서 A에 작용하는 중력은 A에 작용하는 구심력이다. q에서 A의 속력을 v라고 하면, $\frac{mv^2}{R}=\frac{GMm}{R^2}$에서 $v=\sqrt{\frac{GM}{R}}$이다.

ㄴ. B의 타원 궤도의 긴반지름을 r_B라 하고, A, B의 주기를 각각 T_A, T_B라고 하면, $\frac{T_A^2}{T_B^2}=\frac{R^3}{r_B^3}=\frac{27}{8}$이다. 이를 정리하면 $r_B=\frac{2}{3}R$이다. p와 행성 사이의 거리를 x라고 하면, $\frac{x+R}{2}=\frac{2}{3}R$에서 $x=\frac{1}{3}R$이다. 따라서 B의 가속도의 크기는 p에서가 q에서의 9배이다.

ㄷ. p에서 B에 작용하는 중력의 크기는 $\frac{GM(2m)}{\left(\frac{1}{3}R\right)^2}=\frac{18GMm}{R^2}$이고, A에 작용하는 중력의 크기는 $\frac{GMm}{R^2}$이다. 따라서 p에서 B에 작용하는 중력의 크기는 A에 작용하는 중력의 크기의 18배이다.

수능 3점 테스트
본문 26~28쪽

01 ①　02 ①　03 ③　04 ⑤　05 ②
06 ①

01 등속 원운동
물체에 작용하는 구심력은 중력과 원뿔이 물체를 떠받치는 힘의 합력이다.

ㄱ. 등속 원운동을 하는 A, B에 작용하는 힘은 다음과 같다.

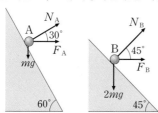

(가), (나)에서 원뿔이 각각 A, B를 수직으로 떠받치는 힘의 크기를 N_A, N_B라고 하자. A에 작용하는 중력의 크기는 mg이므로 $N_A\sin30°=mg$에서 $N_A=2mg$이다. 마찬가지로 $N_B\sin45°=2mg$에서 $N_B=2\sqrt{2}mg$이다. 따라서 $N_B=\sqrt{2}N_A$이다.

✗. A, B에 작용하는 구심력의 크기를 각각 F_A, F_B라고 하자. $F_A=N_A\cos30°=2mg\frac{\sqrt{3}}{2}=\sqrt{3}mg$이고, $F_B=N_B\cos45°=2\sqrt{2}mg\frac{\sqrt{2}}{2}=2mg$이다. 따라서 물체에 작용하는 구심력의 크기는 A가 B의 $\frac{\sqrt{3}}{2}$배이다.

✗. A, B의 원 궤도의 반지름을 각각 r_A, r_B, 속력을 각각 v_A, v_B, 물체의 높이를 h라고 하자. $r_A=\frac{h}{\tan60°}=\frac{h}{\sqrt{3}}$이고, $r_B=\frac{h}{\tan45°}=h$이다. $F_A=m\left(\frac{\sqrt{3}}{h}\right)v_A^2=\sqrt{3}mg$이므로 A의 운동 에너지는 $\frac{1}{2}mv_A^2=\frac{1}{2}mgh$이다. $F_B=\frac{2mv_B^2}{h}=2mg$이므로 B의 운동 에너지는 $\frac{1}{2}(2m)v_B^2=mgh$이다. 따라서 운동 에너지는 B가 A의 2배이다.

02 등속 원운동
O, A, B는 일직선을 이루며 등속 원운동을 하므로 각속도는 A와 B가 같다.

ㄱ. 각속도는 A와 B가 같고, 원 궤도의 반지름은 B가 A의 2배이므로 속력은 B가 A의 2배이다.

✗. A, B의 각속도를 ω라고 하면, A에 작용하는 구심력의 크기는 $3mr\omega^2$이고, B에 작용하는 구심력의 크기는 $m(2r)\omega^2$이다. 따라서 물체에 작용하는 구심력의 크기는 A가 B의 $\frac{3}{2}$배이다.

✗. p가 A를 당기는 힘의 크기를 T_1, q가 B를 당기는 힘의 크기를 T_2라고 하면, A, B에 작용하는 힘은 그림과 같다.

$$T_1 \xleftarrow{} A \xrightarrow{} T_2 \qquad \xleftarrow{} B$$
$$T_1-T_2=3mr\omega^2 \qquad T_2=2mr\omega^2$$

A에 작용하는 힘은 $T_1-T_2=3mr\omega^2$이고, B에 작용하는 힘은 $T_2=2mr\omega^2$이다. 이를 정리하면 $T_1=5mr\omega^2$이다. 따라서 p가 A를 당기는 힘의 크기는 q가 B를 당기는 힘의 크기의 $\frac{5}{2}$배이다.

03 등속 원운동
원운동의 반지름이 r, 각속도가 ω일 때, 물체의 속력은 $r\omega$이고 가속도의 크기는 $r\omega^2$이다.

✗. A의 주기는 $2t_0$이고, B의 주기는 $4t_0$이다. 따라서 주기는 B가 A의 2배이다.

✗. 주기는 B가 A의 2배이므로 각속도는 A가 B의 2배이다. A, B의 각속도를 각각 2ω, ω라고 하면, 속력은 A와 B가 같으므로 $x_A(2\omega)=x_B\omega$에서 $x_B=2x_A$이다.

ㄷ. A의 가속도의 크기는 $x_A(2\omega)^2=4x_A\omega^2$이고, B의 가속도의 크기는 $x_B\omega^2=2x_A\omega^2$이다. 따라서 가속도의 크기는 A가 B의 2배이다.

04 중력 법칙과 케플러 법칙

위성이 행성에 가까워질수록 속력이 커지고, 멀어질수록 속력이 작아진다. 따라서 위성의 속력은 행성에 가장 가까운 지점에서 최대이고 행성에서 가장 먼 지점에서 최소이다.

✗. 행성으로부터의 거리는 p가 q보다 작으므로 B의 속력은 p에서가 q에서보다 크다.

ⓛ. 중력 상수를 G, 행성의 질량을 M이라고 하자. 공전 주기는 B가 A의 $2\sqrt{2}$배이므로 B의 타원 궤도의 긴반지름은 A의 원 궤도의 반지름의 2배이다. A의 원 궤도의 반지름을 r_0, 행성에서 q까지의 거리를 r라고 하면, $\dfrac{r+r_0}{2}=2r_0$에서 $r=3r_0$이다. 따라서 q에서 B에 작용하는 중력의 크기는 $\dfrac{GM(3m)}{9r_0{}^2}$이고 A에 작용하는 중력의 크기는 $\dfrac{GMm}{r_0{}^2}$이다. A에 작용하는 중력의 크기는 q에서 B에 작용하는 중력의 크기의 3배이다.

ⓒ. p에서 B의 가속도 크기는 최대이고, q에서 B의 가속도 크기는 최소이다. 행성으로부터의 거리는 q가 p의 3배이므로 B의 가속도 크기의 최댓값은 최솟값의 9배이다.

05 중력 법칙과 케플러 법칙

위성에 작용하는 중력의 크기는 위성의 질량에 비례하고 행성으로부터 떨어진 거리의 제곱에 반비례한다.

✗. p에서 위성의 속력이 클수록 긴반지름이 긴 궤도를 따라 운동한다. 따라서 p에서 속력은 B가 A보다 크다.

ⓛ. p에서 A에 작용하는 중력의 크기는 최소이다. A에 작용하는 중력의 크기의 최댓값은 최솟값의 9배이므로 행성으로부터 p까지의 거리를 r라고 하면, 행성으로부터 A가 가장 가까운 지점까지의 거리는 $\dfrac{1}{3}r$이다. 따라서 A의 타원 궤도의 긴반지름은 $\dfrac{\left(r+\dfrac{1}{3}r\right)}{2}=\dfrac{2}{3}r$이다.

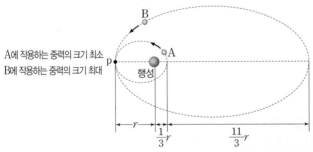

B가 p를 지날 때 B에 작용하는 중력의 크기는 최대이다. B에 작용하는 중력의 크기의 최댓값은 최솟값의 16배이므로 행성으로부터 B가 가장 멀리 떨어진 지점까지의 거리는 $4r$이다. 따라서 B의 타원 궤도의 긴반지름은 $\dfrac{(r+4r)}{2}=\dfrac{5}{2}r$이다. 이를 정리하면 타원 궤도의 긴반지름은 A가 B의 $\dfrac{4}{15}$배이다.

✗. p에서 위성에 작용하는 중력의 크기는 B가 A의 32배이므로 질량은 B가 A의 32배이다.

06 중력 법칙과 케플러 법칙

위성이 행성으로부터 가까울 때는 속력이 빠르고, 멀 때는 속력이 느리다. 따라서 위성의 속력은 행성에 가장 가까운 지점에서 최대이고 행성에서 가장 먼 지점에서 최소이다.

ⓗ. 행성으로부터의 거리는 b가 c보다 작으므로 B의 속력은 b에서가 c에서보다 크다.

✗. 행성으로부터의 거리는 c가 b의 2배이므로 B의 가속도 크기는 b에서가 c에서의 4배이다.

✗. 주기는 A가 B의 $3\sqrt{3}$배이므로 원 궤도의 반지름은 타원 궤도 긴반지름의 3배이다. 타원 궤도 긴반지름은 $\dfrac{d+2d}{2}=\dfrac{3}{2}d$이므로 원 궤도의 반지름은 $\dfrac{9}{2}d$이다. 중력 상수를 G, 행성의 질량을 M이라고 하면 a에서 A에 작용하는 중력의 크기는 $\dfrac{GM(2m)}{\left(\dfrac{9}{2}d\right)^2}=\dfrac{GM(8m)}{81d^2}$이고, c에서 B에 작용하는 중력의 크기는 $\dfrac{GMm}{(2d)^2}=\dfrac{GMm}{4d^2}$이다. 따라서 a에서 A에 작용하는 중력의 크기는 c에서 B에 작용하는 중력의 크기의 $\dfrac{32}{81}$배이다.

04 일반 상대성 이론

닮은 꼴 문제로 유형 익히기

본문 31쪽

정답 ⑤

P가 관측할 때 $0 \sim 4t_0$ 동안 Q의 가속도 방향은 $+y$ 방향이고, $0 \sim 2t_0$ 동안과 $2t_0 \sim 4t_0$ 동안 Q의 가속도의 크기는 각각 $\frac{v_0}{t_0}$, $\frac{v_0}{2t_0}$이다.

✗. Q의 좌표계에서 Q에 작용하는 관성력의 방향은 P가 관측한 우주선 가속도 방향의 반대 방향이다. 따라서 t_0일 때, P가 관측한 Q의 가속도 방향은 $+y$방향이므로 Q의 좌표계에서, Q에 작용하는 관성력의 방향은 $-y$방향이다.

○. P가 관측한 Q의 가속도 크기는 t_0일 때가 $3t_0$일 때의 2배이다. 따라서 Q의 좌표계에서, Q에 작용하는 관성력의 크기는 P가 관측한 Q의 가속도 크기에 비례하므로 t_0일 때가 $3t_0$일 때의 2배이다.

○. P의 좌표계에서, $5t_0$일 때 Q는 등속도 운동을 한다. 따라서 Q에 작용하는 알짜힘이 0이고, Q에 작용하는 중력도 0이므로 저울이 Q에 작용하는 힘은 0이다.

수능 2점 테스트

본문 32~33쪽

| 01 ⑤ | 02 ⑤ | 03 ③ | 04 ⑤ | 05 ③ |
| 06 ④ | 07 ② | 08 ⑤ | | |

01 가속 좌표계

B의 좌표계는 가속 좌표계이고, 손잡이는 B가 관측할 때 정지해 있다.

○. B가 관측할 때, 손잡이는 정지해 있다. 따라서 B가 관측할 때, 손잡이에 작용하는 알짜힘은 0이다.

○. B가 관측할 때, 손잡이에 연결된 줄과 손잡이에 작용하는 중력의 합력의 방향은 $+x$방향이다. 따라서 B가 관측할 때, 손잡이에 작용하는 알짜힘은 0이므로 손잡이에 작용하는 관성력의 방향은 $-x$ 방향이다.

○. A가 관측할 때, 손잡이에 연결된 줄과 손잡이에 작용하는 중력의 합력에 의해 손잡이는 $+x$방향으로 등가속도 운동을 하고 있다.

02 관성력

가속 좌표계에서 관찰할 때, 가속 좌표계에 있는 물체에는 가속도 방향의 반대 방향으로 관성력이 작용하며, 관성력의 크기는 물체의 질량과 가속 좌표계의 가속도 크기를 곱한 값과 같다.

✗. 0.1초일 때, A의 가속도 방향이 연직 아래 방향이므로 A에 작용하는 관성력의 방향은 연직 위 방향이다.

○. A에 작용하는 관성력의 크기는 A의 가속도의 크기에 비례하므로 0.1초일 때가 0.8초일 때보다 크다.

○. 0.1초일 때, A에는 연직 위쪽으로 300 N의 관성력이 작용한다. 따라서 A에 작용하는 중력의 크기는 600 N이므로 0.1초일 때, 저울이 A에 작용하는 힘의 크기는 600-300=300(N)이다.

03 관성력

가속 좌표계에서 관찰할 때, 가속 좌표계에 있는 물체에는 가속도 방향의 반대 방향으로 관성력이 작용하며, 관성력의 크기는 물체의 질량과 가속 좌표계의 가속도 크기를 곱한 값과 같다.

○. A의 좌표계에서는, 줄이 손잡이에 작용하는 힘과 손잡이에 작용하는 중력, 손잡이에 작용하는 관성력이 힘의 평형을 이루므로 손잡이에 작용하는 관성력의 방향은 $+x$방향이다.

○. 줄이 손잡이에 작용하는 힘의 크기를 T라고 하면, $T\cos60° - 0.5 \times 10 = 0$의 식이 성립한다. 따라서 손잡이와 연결된 줄이 손잡이에 작용하는 힘의 크기 $T = 10$ N이다.

✗. 자동차의 가속도 크기를 a라고 하면, A가 관찰할 때 손잡이에 수평 방향으로 작용하는 힘의 합력이 0이므로 $10\sin60° - 0.5 \times a = 0$의 식이 성립한다. 따라서 자동차의 가속도 크기는 $a = 10\sqrt{3}$ m/s^{2}이다.

04 시공간의 휘어짐

태양의 중력에 의해 휘어진 시공간을 따라 별에서 오는 빛이 휘어진다.

✗. B에서 오는 빛이 태양 주위의 시공간에서 휘어져 지구에서는 B가 A의 위치에 있는 것으로 관측된다.

○. 태양에 의한 중력의 크기가 클수록 태양에 의한 시공간의 휘어짐이 크다. 따라서 태양에 의한 중력의 크기는 p에서가 q에서보다 크므로 태양에 의한 시공간의 휘어짐은 p에서가 q에서보다 크다.

○. 일반 상대성 이론은 중력의 원인을 질량에 의한 시공간의 휘어짐으로 설명한다. 따라서 일반 상대성 이론을 이용하면 태양 주위의 휘어진 시공간을 따라 별에서 오는 빛의 방향이 휘어져 별의 실제 위치와 관측되는 위치가 달라지는 현상을 설명할 수 있다.

05 가속 좌표계

B의 좌표계에서 B가 탑승한 우주선 내부의 광원에서 방출된 빛은 우주선 가속도 방향의 반대 방향으로 관성력을 받아 휘어진다.

○. 우주인이 관찰할 때, A가 탑승한 우주선은 등속도 운동을 하므로 A가 관찰할 때 A에는 관성력이 작용하지 않는다. 따라서 A가 관찰할 때 광원에서 방출된 빛은 직진해서 P에 도달한다.

○. B가 관찰할 때, B가 탑승한 우주선 내부의 광원에서 방출된 빛이 $-y$방향으로 휘어지므로 B의 좌표계에서 B에 작용하는 관성력의 방향은 $-y$방향이다.

✗. B의 좌표계에서 B에 작용하는 관성력의 방향은 우주인이 관찰한 B가 탑승한 우주선의 가속도 방향과 반대 방향이다. 따라서 우주인이 관찰한 B가 탑승한 우주선의 가속도 방향은 $+y$방향이다.

06 시공간의 휘어짐

일반 상대성 이론에 의하면 질량에 의해 시공간이 휘어진다.

Ⓐ. 일반 상대성 이론은 천체에 의한 중력의 원인을 천체 질량에 의한 천체 주변 시공간의 휘어짐으로 설명한다. 따라서 천체의 질량이 클수록 주위의 시공간의 휘어짐도 커진다.

✗. 시공간의 휘어짐이 클수록 시간이 느리게 가므로 태양 표면에서가 수성 표면에서보다 시간이 더 느리게 간다.

Ⓒ. 일반 상대성 이론에 의하면 태양에서 방출된 빛도 질량이 큰 천체 주위의 휘어진 시공간을 따라 진행한다.

07 시공간의 휘어짐

행성에 의한 중력의 크기는 p에서가 q에서보다 작다.

✗. 중력의 크기가 클수록 시간은 느리게 간다. 따라서 중력의 크기가 p에서가 q에서보다 작으므로 시간은 p에서가 q에서보다 빠르게 간다.

Ⓛ. 중력의 크기가 작을수록 시공간의 휘어짐은 작다. 따라서 중력의 크기가 작은 p에서가 중력의 크기가 큰 q에서보다 시공간의 휘어짐은 작다.

✗. 중력 상수를 G라고 하면 A의 표면에서의 탈출 속도는 $\sqrt{\dfrac{2GM}{r}}$이고, B의 표면에서의 탈출 속도는 $\sqrt{\dfrac{2G \times 2M}{2r}} = \sqrt{\dfrac{2GM}{r}}$이므로 서로 같다.

08 블랙홀

블랙홀의 탈출 속도는 빛조차도 탈출할 수 없을 때의 속도로 빛의 속력 c보다 크다.

⑤ A. 물체가 천체의 중력을 벗어나 무한히 먼 곳까지 가기 위한 최소 속도를 탈출 속도라고 하며 질량 M, 반지름 R인 천체 표면에서의 탈출 속도 v는 $-\dfrac{GMm}{R} + \dfrac{1}{2}mv^2 = 0$에 의해 $v = \sqrt{\dfrac{2GM}{R}}$이다.

B. $\sqrt{\dfrac{2GM}{R}} = 0.001c$이므로 탈출 속도가 c보다 크기 위한 질량 $10M$인 천체의 최소 반지름을 R'라고 하면 $\sqrt{\dfrac{20GM}{R'}} > c$의 식이 성립해야 한다. 따라서 $\dfrac{1}{100000}R > R'$이어야 한다.

수능 3점 테스트   본문 34~36쪽

01 ⑤   02 ⑤   03 ③   04 ③   05 ①
06 ⑤

01 가속 좌표계

B가 관찰할 때, B에는 연직 아래 방향으로 관성력이 작용한다.

✗. B가 타고 있는 우주선 내부의 광원에서 Q_1을 향해 발사된 빛이 $-y$방향으로 휘어지므로 B가 관찰할 때, B에 작용하는 관성력의 방향은 (가)에서 A에 작용하는 중력의 방향과 같은 우주선 바닥 방향인 $-y$방향이다.

Ⓛ. B에 작용하는 관성력의 방향은 우주인이 관찰한 B의 가속도 방향과 반대이다. 따라서 우주인이 관찰한 B의 가속도 방향은 $+y$방향이다.

Ⓒ. P_1과 P_2 사이의 거리가 Q_1과 Q_2 사이의 거리보다 작으므로 (나)에서 우주인이 관찰한 B의 가속도의 크기는 (가)에서 중력 가속도의 크기보다 크다. 따라서 우주인이 관찰한 B의 가속도 크기는 g보다 크다.

02 가속 좌표계와 관성 좌표계

$t = 2$초부터 $t = 4$초까지 A의 좌표계에서 물체는 관성력에 의한 등가속도 운동을 하고, B의 좌표계에서 물체는 등속도 운동을 한다.

㉠. B의 좌표계에서, $t = 3$초일 때, 자동차의 가속도 방향은 $-x$방향이다. 따라서 A의 좌표계에서 $t = 3$초일 때 물체에 작용하는 관성력의 방향은 $+x$방향이다.

별해 ㅣ A의 좌표계에서, 정지해 있던 물체가 $t = 2$초부터 $t = 4$초까지 $+x$방향으로 등가속도 운동을 한다. 따라서 A의 좌표계에서 $t = 3$초일 때 물체에 작용하는 관성력의 방향은 $+x$방향이다.

Ⓛ. B의 좌표계에서, 물체에 작용하는 수평 방향 알짜힘은 0이다. 따라서 B의 좌표계에서 물체는 $t = 2$초부터 $t = 4$초까지 $+x$방향, 15 m/s의 속력으로 등속도 운동을 한다.

Ⓒ. A의 좌표계에서, $t = 2$초일 때 정지해 있던 물체가 $t = 4$초까지 가속도의 크기 5 m/s²으로 등가속도 운동을 한다. 따라서 $s = \dfrac{1}{2} \times 5 \times 2^2 = 10\text{(m)}$이다.

별해 ㅣ B의 좌표계에서 $t = 2$초부터 $t = 4$초까지 자동차가 이동한 거리는 $s_{자} = 15 \times 2 - \dfrac{1}{2} \times 5 \times 2^2 = 20\text{(m)}$이고, 물체가 이동한 거리는 $s_{물} = 15 \times 2 = 30\text{(m)}$이다. 따라서 $s = s_{물} - s_{자} = 10$ m이다.

03 가속 좌표계

가속 좌표계에서 관찰할 때, 가속 좌표계에 있는 물체에는 좌표계 가속도 방향의 반대 방향으로 관성력이 작용한다.

㉠. B, C의 좌표계에서 가만히 놓은 공이 등가속도 운동을 하여 동일한 거리를 이동하는 데 걸린 시간이 C의 경우가 B의 경우의 2배이므로 좌표계에서 공의 가속도의 크기는 B의 경우가 C의 경우의 4배이다. 따라서 공에 작용하는 관성력의 크기가 B의 경우가 C의 경우의 4배이므로, 우주인의 관성계에서 가속도의 크기는 B가 C의 4배이다.

✗. A의 좌표계는 관성 좌표계이므로 A의 좌표계에서는 A가 놓은 공에 관성력이 작용하지 않는다. 따라서 A의 좌표계에서, A가 가만히 놓은 공은 계속 정지해 있다.

ⓒ. 정지해 있는 우주인의 좌표계에서는 B가 가만히 놓은 공에 알짜힘이 작용하지 않는다. 따라서 우주인의 관성계에서 B가 가만히 놓은 공은 우주선 바닥에 도달하기 전까지 등속도 운동을 한다.

04 가속 좌표계

엘리베이터의 가속도 방향은 $F > 30$ N일 때가 연직 위 방향, 30 N $> F$일 때가 연직 아래 방향이다.

ㄱ. B에 작용하는 중력의 크기가 30 N이고 0.1초일 때 $F = 60$ N이므로 엘리베이터의 좌표계에서 0.1초일 때 B에 연직 아래 방향으로 30 N의 관성력이 작용한다.

별해 | 지표면에 고정된 관성 좌표계에서 관찰할 때 0초부터 0.2초까지 B에 연직 위 방향으로 작용하는 알짜힘의 크기가 30 N이므로 0.1초일 때 B와 엘리베이터는 연직 위 방향으로 등가속도 운동을 한다. 따라서 0.1초일 때, 엘리베이터의 좌표계에서 B에 연직 아래 방향으로 관성력이 작용한다.

ㄴ. F와 B에 작용하는 중력의 크기의 차가 0.3초일 때와 0.5초일 때 15 N으로 동일하므로 엘리베이터의 좌표계에서 관찰할 때, 0.3초일 때와 0.5초일 때 B에 작용하는 관성력의 크기도 같다. 따라서 지표면에 고정된 관성 좌표계에서 관찰할 때, 엘리베이터의 가속도 크기는 0.3초일 때와 0.5초일 때가 $\frac{15}{3} = 5(\text{m/s}^2)$으로 같다.

별해 | 0.3초일 때와 0.5초일 때의 F가 각각 45 N, 15 N이므로 지표면에 고정된 관성 좌표계에서 관찰할 때 0.3초인 순간과 0.5초인 순간 B의 가속도는 연직 위 방향의 가속도 방향을 (+)로 할 때 각각 $a_{0.3} = \frac{45-30}{3} = 5(\text{m/s}^2)$, $a_{0.5} = \frac{15-30}{3} = -5(\text{m/s}^2)$이다. 따라서 지표면에 고정된 관성 좌표계에서 관찰할 때, 엘리베이터의 가속도 크기는 0.3초일 때와 0.5초일 때가 같다.

ㄷ. 지표면에 고정된 관성 좌표계에서 관찰할 때, 0.5초인 순간 엘리베이터의 가속도의 방향은 연직 아래 방향이고, 가속도의 크기는 5 m/s²이다. 따라서 엘리베이터의 좌표계에서 A에 연직 위 방향으로 10 N의 관성력이 작용하므로 0.5초일 때, p가 A에 작용하는 힘의 크기는 $15 + 20 - 10 = 25(\text{N})$이다.

별해 | 지표면에 고정된 관성 좌표계에서 관찰할 때, 0.5초인 순간 A, B, 엘리베이터의 가속도가 연직 아래 방향, 5 m/s²이므로, 0.5초일 때 p가 A에 작용하는 힘의 크기를 T_1, q가 B에 작용하는 힘의 크기를 T_2라고 하면 A, B에 대해 $-T_1 + T_2 + 2 \times 10 = 2 \times 5 = 10(\text{N})$의 식과 $3 \times 10 - T_2 = 3 \times 5 = 15(\text{N})$의 식이 각각 성립한다. 따라서 $T_1 = 25$ N, $T_2 = 15$ N이므로 0.5초일 때, p가 A에 작용하는 힘의 크기는 25 N이다.

05 중력 렌즈 현상

중력에 의해 시공간이 휘어지고 별의 위치가 실제 위치와 달라 보인다.

ㄱ. 별에서 방출된 빛이 천체 표면에서 휘어지는 정도가 작을수록 천체 표면에서 시공간의 휘어짐은 작다. 따라서 시공간의 휘어짐은 B 표면에서가 D 표면에서보다 작다.

ㄴ. 시공간의 휘어짐이 클수록 시간은 느리게 간다. 따라서 시간은 B 표면에서가 D 표면에서보다 빠르게 간다.

ㄷ. 천체의 반지름이 동일할 때 질량이 작을수록 시공간의 휘어짐 정도는 작다. 따라서 질량은 B가 D보다 작다.

06 원운동과 관성력

원운동하는 좌표계에서는 원 궤도의 중심을 향하는 방향의 반대 방향으로 관성력이 작용한다.

ㄱ. 중력 가속도를 g, 원형 도로의 반지름을 r, 손잡이의 질량을 m, 자동차의 속력을 v_0, 자동차 천장과 연결한 줄이 연직선과 이루는 각을 θ라고 하면 자동차의 좌표계에서 손잡이에는 $\frac{mv_0^2}{r} = mg\tan\theta$의 관성력이 작용한다. 따라서 $\theta_2 > \theta_1$이므로 $v' > v$이다.

별해 | 지면에 정지해 있는 관찰자의 좌표계에서 자동차 천장과 연결한 줄이 손잡이에 작용하는 힘과 손잡이에 작용하는 중력의 합력에 의해 손잡이가 원운동한다. 따라서 손잡이에 작용하는 구심력의 크기가 $\frac{mv^2}{r} = mg\tan\theta$이고, $\theta_2 > \theta_1$이므로 $v' > v$이다.

ㄴ. 자동차의 좌표계에서 B가 q를 지나는 순간 B 손잡이에 작용하는 관성력의 방향이 동쪽 방향이므로 D가 관측한 B의 가속도의 방향은 서쪽 방향이다.

별해 | 원형 도로의 중심 방향으로 자동차 손잡이에 작용하는 구심력에 의해 자동차 손잡이가 원운동을 한다. 따라서 B가 q를 지나는 순간 D가 관측한 B의 가속도의 방향은 서쪽 방향이다.

ㄷ. 자동차 천장과 연결한 줄이 손잡이에 작용하는 힘의 크기를 T, 자동차 천장과 연결한 줄이 연직선과 이루는 각을 θ라고 하면 $T\cos\theta = mg$의 식이 성립한다. 따라서 $\theta_2 > \theta_1$이므로 줄이 손잡이에 작용하는 힘의 크기는 A의 경우가 B의 경우보다 작다.

05 일과 에너지

닮은 꼴 문제로 유형 익히기

본문 39쪽

정답 ③

q에서 물체 속도의 수평 성분은 $\frac{1}{2}v_0$, 수직 성분은 $\frac{\sqrt{3}}{2}v_0$이며 경사각이 60°인 경사면에 도달하는 순간 물체 속도의 수직 성분은 $-\frac{\sqrt{3}}{6}v_0$이다.

③ p, q에서 물체의 역학적 에너지에 대해 $\frac{1}{2}\times m\times(2v_0)^2-\frac{1}{2}mg$ $\times 3L=\frac{1}{2}mv_0^2+mg\times 6L$의 식이 성립하므로 $v_0^2=5gL$이고, 물체가 포물선 운동을 하는 데 걸린 시간을 t, 중력 가속도를 g라고 하면 $-gt=-\frac{\sqrt{3}}{6}v_0-\left(\frac{\sqrt{3}}{2}v_0\right)$의 식이 성립하므로 $t=\frac{2\sqrt{3}}{3g}v_0$이다. 따라서 물체가 포물선 운동을 하는 동안 물체 속도의 수평 성분은 $\frac{1}{2}v_0$으로 일정하므로 물체가 포물선 운동을 하는 동안 물체의 수평 이동 거리는 $\frac{1}{2}v_0 t=\frac{\sqrt{3}}{3g}v_0^2=\frac{5\sqrt{3}}{3}L$이다.

수능 2점 테스트

본문 40~42쪽

01 ③	02 ④	03 ①	04 ④	05 ⑤
06 ⑤	07 ⑤	08 ④	09 ③	10 ⑤
11 ④	12 ②			

01 마찰력이 한 일

A가 p와 q 사이를 운동하는 동안 마찰력이 A에 한 일만큼 A의 역학적 에너지가 감소한다.

③ p, q에서 중력 퍼텐셜 에너지의 차를 E, p에서 q까지 A가 운동하는 동안 마찰력이 A에 한 일을 $W_{마}$라고 하면 A의 역학적 에너지에 대해 $4E_0-W_{마}=E_0+E$의 식과 $\frac{2}{3}E_0+E-W_{마}=\frac{8}{3}E_0$의 식이 각각 성립한다. 따라서 $W_{마}=\frac{1}{2}E_0$이므로 A가 p와 q 사이를 운동하는 동안 마찰력이 A에 한 일의 크기는 $\frac{1}{2}E_0$이다.

02 마찰력이 한 일

B가 p에서 q까지 운동하는 동안 B에 작용한 마찰력이 한 일은 A, B의 역학적 에너지 감소량의 합과 같다.

④ B가 p에서 q까지 운동하는 동안 A의 역학적 에너지 변화량은 $-2mgs+\frac{1}{2}\times 2m\times\frac{2gs}{3}=-\frac{4}{3}mgs$이고, B의 역학적 에너지 변화량은 $mgs\sin 30°+\frac{1}{2}\times m\times\frac{2gs}{3}=\frac{5}{6}mgs$이다. 따라서 B에 작용하는 마찰력의 크기를 F라고 할 때 $-\frac{4}{3}mgs+\frac{5}{6}mgs=-Fs$의

식이 성립하므로 B가 p에서 q까지 운동하는 동안 B에 작용한 마찰력의 크기는 $F=\frac{1}{2}mg$이다.

03 포물선 운동에서 역학적 에너지의 보존

A가 운동하는 동안 A의 수평 방향 속력은 일정하다.

① p, q에서 A의 운동 에너지가 각각 E_0, $\frac{1}{2}E_0$이므로 A가 p에서 q까지 운동하는 동안 A의 중력 퍼텐셜 에너지는 $\frac{1}{2}E_0$만큼 증가하고, 수평면에 도달하는 순간 A의 운동 에너지는 $\frac{3}{2}E_0$이다. 따라서 p, q, 수평면에 도달하는 순간 A 속도의 수평 방향 성분 크기를 v_x, p, 수평면에서 A 속도의 연직 방향 성분 크기를 각각 v_{yp}, $v_{y수}$, A의 질량을 m이라고 하면 $\frac{1}{2}mv_x^2=\frac{1}{2}E_0$, $\frac{1}{2}mv_{yp}^2=\frac{1}{2}E_0$, $\frac{1}{2}mv_{y수}^2=E_0$의 식이 성립하므로 $\tan\theta_2-\tan\theta_1=\frac{v_{y수}}{v_x}-\frac{v_{yp}}{v_x}=\sqrt{2}-1$이다.

04 마찰력이 한 일

물체가 마찰 구간에서 운동하는 동안 마찰력이 물체에 한 일만큼 물체의 역학적 에너지가 감소한다.

④ 마찰 구간에서 물체에 작용하는 마찰력의 크기를 F, 물체의 질량을 m, 중력 가속도의 크기를 g라고 하면 물체가 높이가 h인 점에서 속력이 0이 되는 높이 $\frac{5}{8}h$인 지점까지 운동하는 동안에 대해 $mgh-Fs=\frac{5}{8}mgh$의 식이 성립한다. 따라서 $F=\frac{3mgh}{8s}$이므로 빗면의 높이가 h인 점에서 출발한 물체가 마찰 구간에서 완전히 정지할 때까지 물체가 마찰 구간에서 운동한 총 거리는 $\frac{8}{3}s$이다.

별해 | 마찰 구간을 한 번 지날 때 마찰력이 물체에 한 일이 $mgh-\frac{5}{8}mgh=\frac{3}{8}mgh$이므로 마찰 구간에서 운동한 총 거리는 $mgh\div\frac{3}{8}mgh\times s=\frac{8}{3}s$이다.

05 가속 좌표계에서 단진자의 주기

중력 가속도가 g, 물체에 중력 방향으로 작용하는 관성력에 의한 물체의 가속도가 a일 때, 길이가 l인 단진자의 주기는 $T=2\pi\sqrt{\frac{l}{g+a}}$이다.

⑤ 가속도의 방향을 연직 아래 방향을 (+)로 할 때, 0.3초, 0.7초일 때 물체에 중력 방향으로 작용하는 관성력에 의한 물체의 가속도가 각각 $\frac{1}{0.4}=2.5(\text{m/s}^2)$, $-\frac{1}{0.2}=-5(\text{m/s}^2)$이다. 따라서 실의 길이를 l이라고 할 때, $T_{0.3}=2\pi\sqrt{\frac{l}{10+2.5}}=2\pi\sqrt{\frac{l}{12.5}}$, $T_{0.5}=2\pi\sqrt{\frac{l}{10}}$, $T_{0.7}=2\pi\sqrt{\frac{l}{10-5}}=2\pi\sqrt{\frac{l}{5}}$이므로 $T_{0.7}>T_{0.5}>T_{0.3}$이다.

06 단진자의 주기

단진자의 주기는 실의 길이가 길수록 크다.

ㄱ. 단진자의 주기는 물체의 질량과는 관계가 없고 실의 길이와 중력 가속도에 의존한다. 따라서 주기는 (가)의 A와 (나)의 B가 같다.

ㄴ. 중력 가속도를 g, 실의 길이를 l, 물체가 최고점일 때 실이 연직

방향과 이루는 각을 θ라고 하면 단진동하는 물체의 최대 속력은 $\sqrt{2gl(1-\cos\theta)}$이다. 따라서 최대 속력은 물체의 질량에는 무관하고 실의 길이의 제곱근에 비례하므로 (나)의 B가 (다)의 A보다 작다.

ㄷ. 물체에 연결된 실의 길이가 짧을수록 단진자의 주기는 작다. 따라서 A에 연결된 실의 길이가 (가)에서가 (다)에서보다 짧으므로 A의 주기는 (가)에서가 (다)에서보다 작다.

07 줄의 실험

열량계 속 액체의 온도 변화량은 추가 낙하하는 과정에서 감소한 추의 중력 퍼텐셜 에너지에 비례한다.

⑤ 추가 일정한 속력으로 낙하하므로 추가 낙하하는 과정에서 감소한 추의 역학적 에너지는 낙하하는 과정에서 감소한 추의 중력 퍼텐셜 에너지와 같다. 따라서 중력 가속도를 g라고 하면 Ⅰ, Ⅱ, Ⅲ에서 감소한 추의 중력 퍼텐셜 에너지가 각각 mgh, $2mgh$, $2mgh$이므로 $\Delta T_3 = \Delta T_2 > \Delta T_1$의 관계가 성립한다.

08 마찰력에 의한 역학적 에너지 감소

마찰 구간에서 마찰력이 물체에 한 일만큼 물체의 역학적 에너지가 감소한다.

④ 수평면과 이루는 각이 30°인 빗면의 높이 h인 지점에서 물체의 연직 방향 속력과 수평 방향 속력을 각각 v_y, v_x라고 하면 $\frac{1}{2}mv_y^2 = mg\left(\frac{9}{8}h - h\right) = \frac{1}{8}mgh$의 식과 $\frac{v_y}{v_x} = \tan30° = \frac{1}{\sqrt{3}}$의 식이 성립하므로 $v_y = \frac{\sqrt{gh}}{2}$, $v_x = \frac{\sqrt{3gh}}{2}$이다. 따라서 $E_0 = 2mgh - \left(mgh + \frac{1}{2} \times m \times \frac{gh}{4} + \frac{1}{2} \times m \times \frac{3}{4}gh\right) = \frac{1}{2}mgh$이다.

별해 | 빗면의 높이 h인 지점에서 y방향 운동 에너지가 $\frac{1}{8}mgh$이므로 물체의 운동 에너지는 $\frac{1}{2}mgh$이다. 따라서 $E_0 = 2mgh - \left(mgh + \frac{1}{2}mgh\right) = \frac{1}{2}mgh$이다.

09 물체에 작용하는 힘이 한 일

B가 s만큼 운동하는 동안 전동기가 B에 한 일만큼 A, B의 역학적 에너지가 증가한다.

③ B가 s만큼 운동하는 동안 A의 역학적 에너지는 $mgs + E_0$만큼 증가하고, B의 역학적 에너지는 $2mg \times s\sin30° + 2E_0 = mgs + 2E_0$만큼 증가한다. 따라서 B가 s만큼 운동하는 동안 전동기가 한 일은 $3mgs$이므로 $2mgs + 3E_0 = 3mgs$의 식이 성립하고, $E_0 = \frac{1}{3}mgs$이다.

별해 | A에 작용하는 중력과 B에 작용하는 중력에 의해 빗면 아래 방향으로 작용하는 힘의 크기가 각각 mg, $2mg\sin30°$이므로 A, B에 작용하는 알짜힘의 크기는 $3mg - mg - mg = mg$이다. 따라서 B가 s만큼 이동하는 동안 증가한 A, B의 운동 에너지의 합이 $mgs = 3E_0$이므로 $E_0 = \frac{1}{3}mgs$이다.

10 물체에 작용하는 알짜힘이 한 일

물체가 Ⅰ, Ⅱ를 지나는 동안 운동 방향의 반대 방향으로 작용하는 힘이 물체에 한 일만큼 물체의 운동 에너지가 감소한다.

⑤ 물체의 질량을 m이라고 하면 p, q에서와 q, r에서의 물체의 운동 에너지에 대해 $\frac{1}{2}mv_0^2 - 4F_0s = \frac{1}{2}m\left(\frac{3}{4}v_0\right)^2$, $\frac{1}{2}m\left(\frac{3}{4}v_0\right)^2 - F_0s = \frac{1}{2}mv^2$의 식이 각각 성립한다. 따라서 $F_0s = \frac{7}{128}mv_0^2$이므로 $v = \frac{\sqrt{29}}{8}v_0$이다.

11 물체에 작용하는 알짜힘이 한 일

B가 p에서 q까지 운동하는 동안 A, B의 역학적 에너지의 합은 보존되며, B에 작용하는 알짜힘이 한 일만큼 B의 운동 에너지는 증가한다.

④ 중력 가속도를 g, B가 p에서 q까지 운동하는 동안 A, B의 가속도의 크기를 a라고 하면 $2mg\sin\theta_2 - mg\sin\theta_1 = 3mg\sin\theta_1 = 3ma$의 식이 성립하므로 $a = g\sin\theta_1$이고, B에 작용하는 알짜힘의 크기는 $2ma = 2mg\sin\theta_1$이다. 따라서 p에서 q까지의 거리를 s라고 하면 p, q의 높이 차는 $s\sin\theta_2 = 2s\sin\theta_1$이므로 $E_0 = 2mg \times 2s\sin\theta_1 = 4mgs\sin\theta_1$이고, $E = 2mg\sin\theta_1 \times s = 2mgs\sin\theta_1 = \frac{1}{2}E_0$이다.

별해 | B가 p에서 q까지 이동하는 동안 증가한 A의 운동 에너지와 중력 퍼텐셜 에너지가 각각 $\frac{1}{2}E$, $\frac{1}{4}E_0$이므로 $-E_0 + \frac{1}{2}E + \frac{1}{4}E_0 + E = 0$의 식이 성립한다. 따라서 $E = \frac{1}{2}E_0$이다.

12 역학적 에너지 보존

(가)에서 물체가 포물선 운동을 시작하는 순간의 운동 에너지를 E_0, 물체의 질량을 m, 물체 속도의 수평, 연직 방향 성분을 각각 v_{1x}, v_{1y}라고 하면 $\frac{v_{1y}}{v_{1x}} = \tan30° = \frac{1}{\sqrt{3}}$이므로, $\frac{1}{2}mv_{1x}^2 = \frac{3}{4}E_0$, $\frac{1}{2}mv_{1y}^2 = \frac{1}{4}E_0$이고, (나)에서 물체가 포물선 운동을 시작하는 순간 물체 속도의 수평, 연직 방향 성분을 각각 v_{2x}, v_{2y}라고 하면 $\frac{v_{2y}}{v_{2x}} = \tan60° = \sqrt{3}$이므로, $\frac{1}{2}mv_{2x}^2 = \frac{1}{4}E_0$, $\frac{1}{2}mv_{2y}^2 = \frac{3}{4}E_0$이다.

② 중력 가속도를 g라고 하면 (가), (나)에서 빗면의 높이 h인 지점과 최고점에서 물체의 역학적 에너지에 대해 $mgh + E_0 = \frac{13}{10}mgh + \frac{3}{4}E_0$의 식과 $mgh + E_0 = mgh' + \frac{1}{4}E_0$의 식이 각각 성립한다. 따라서 $E_0 = \frac{6}{5}mgh$이므로 $h' = h + \frac{3}{4} \times \frac{6}{5}h = \frac{19}{10}h$이다.

별해 | (가), (나)의 빗면의 높이가 h인 지점에서 물체의 운동 에너지를 E라고 하면 $\frac{1}{4}E = \frac{3}{10}mgh$의 식과 $\frac{3}{4}E = mg(h'-h)$의 식이 각각 성립한다. 따라서 $h' = \frac{19}{10}h$이다.

수능 **3점** 테스트   본문 43~45쪽

01 ③   02 ⑤   03 ③   04 ⑤   05 ③
06 ⑤

01 평면에서의 등가속도 운동

물체에 작용한 알짜힘이 한 일만큼 물체의 운동 에너지가 증가한다.

㉠ $t=0.05$초와 $t=0.15$초일 때 물체 속도의 x, y성분을 각각 $v_{0.05x}$, $v_{0.05y}$, $v_{0.15x}$, $v_{0.15y}$라고 하면 $v_{0.05x}=\dfrac{1}{0.1}=10(\text{m/s})$, $v_{0.05y}=\dfrac{4}{0.1}=40(\text{m/s})$, $v_{0.15x}=\dfrac{2}{0.1}=20(\text{m/s})$, $v_{0.15y}=\dfrac{2}{0.1}=20(\text{m/s})$이다. 따라서 물체 가속도의 x, y성분 a_x, a_y가 각각 $a_x=\dfrac{20-10}{0.1}=100(\text{m/s}^2)$, $a_y=\dfrac{20-40}{0.1}=-200(\text{m/s}^2)$이므로 물체 가속도의 크기는 $\sqrt{100^2+200^2}=100\sqrt{5}(\text{m/s}^2)$이다.

✗ t일 때, 물체 속도의 x, y성분을 각각 v_x, v_y라고 하면 $v_x=5+100t$, $v_y=50-200t$이다. 따라서 $t=0.5$초일 때 물체 속도의 x, y성분 $v_{0.5x}$, $v_{0.5y}$가 각각 $v_{0.5x}=55$ m/s, $v_{0.5y}=-50$ m/s이므로 $\tan\theta=\left|\dfrac{-50}{55}\right|=\dfrac{10}{11}$이다.

㉢ $t=0.3$초일 때 물체 속도의 x, y성분 $v_{0.3x}$, $v_{0.3y}$가 각각 $v_{0.3x}=35$ m/s, $v_{0.3y}=-10$ m/s이므로 $t=0.3$초부터 $t=0.5$초까지 물체의 운동 에너지는 $\dfrac{1}{2}\times0.1\times(55^2+50^2-35^2-10^2)=210(\text{J})$만큼 변한다. 따라서 $t=0.3$초부터 $t=0.5$초까지 물체에 작용한 알짜힘이 한 일은 210 J이다.

02 마찰력이 물체에 한 일

물체에 작용하는 마찰력이 물체에 한 일만큼 물체의 역학적 에너지는 감소한다.

㉠ (가)의 빗면의 높이 h인 지점에서 물체 속도의 수평, 연직 방향 성분을 각각 v_{1x}, v_{1y}라고 하면 $\dfrac{v_{1y}}{v_{1x}}=\sqrt{3}$이다. 따라서 (가)에서 물체가 빗면의 높이 h인 지점에서 최고점까지 운동하는 데 걸린 시간을 t라고 하면 $\dfrac{1}{2}v_{1y}t=h$이므로 (가)에서 빗면의 높이 h인 지점부터 최고점까지의 수평 거리는 $v_{1x}t=\dfrac{2\sqrt{3}}{3}h$이다.

㉡ (나)의 빗면의 높이 h인 지점에서 물체 속도의 수평, 연직 방향 성분을 각각 v_{2x}, v_{2y}라고 하면 (가), (나)의 빗면의 높이 h인 지점과 최고점에서 물체의 역학적 에너지에 대해서 $\dfrac{1}{2}mv_{1y}^2=mg(2h-h)=mgh$의 식과 $\dfrac{1}{2}mv_{2y}^2=mg\left(\dfrac{5}{4}h-h\right)=\dfrac{1}{4}mgh$의 식이 각각 성립한다. 따라서 $v_{1y}=2v_{2y}$이고, $v_{1x}=2v_{2x}$이므로 빗면의 높이 h인 지점을 통과하는 물체의 속력은 (가)에서가 (나)에서의 2배이다.

㉢ (가), (나)의 빗면의 높이 h인 지점에서 물체의 운동 에너지가 각각 $mgh+\dfrac{1}{3}mgh=\dfrac{4}{3}mgh$, $\dfrac{1}{4}mgh+\dfrac{1}{12}mgh=\dfrac{1}{3}mgh$이므로 $E_0=\dfrac{4}{3}mgh-\dfrac{1}{3}mgh=mgh$이다.

03 마찰력이 물체에 한 일

물체에 작용하는 마찰력이 물체에 한 일만큼 물체의 역학적 에너지는 감소한다.

⑤ B가 p에서 q까지 운동하는 동안 A의 중력 퍼텐셜 에너지는 $2mgh$만큼 감소하고, B의 중력 퍼텐셜 에너지는 $\dfrac{1}{2}mgh$만큼 증가하므로

B의 운동 에너지는 $\dfrac{m}{2m+m}\times\left(2mgh-\dfrac{1}{2}mgh\right)=\dfrac{1}{2}mgh$만큼 증가한다. 따라서 q에서 B의 역학적 에너지가 $2mgh$이고 수평면에서 B의 역학적 에너지는 $\dfrac{1}{2}\times m\times2gh=mgh$이므로 $E_0=mgh$이다.

04 단진자와 역학적 에너지

길이 L인 단진자의 주기는 $T=2\pi\sqrt{\dfrac{L}{g}}$ (g: 중력 가속도)이다.

㉠ p에서 q까지 물체가 운동하는 데 걸리는 시간을 t_0이라고 하면 p의 높이가 0.8 m이므로 $\dfrac{1}{2}\times10\times t_0^2=0.8(\text{m})$의 식이 성립하고 $t_0=0.4$초이다. 또한 물체의 질량을 m이라고 하면 p를 지나는 순간 물체의 속력 v에 대해 $m\times10\times\dfrac{1}{2}L=\dfrac{1}{2}mv^2$의 식이 성립하므로 $v=\sqrt{10L}$이다. 따라서 $\sqrt{10L}\times0.4=0.8(\text{m})$에서 $L=0.4$ m이다.

㉡ $L=0.4$ m이므로 $T=2\pi\sqrt{\dfrac{0.4}{10}}=\dfrac{2\pi}{5}$초이다.

㉢ q에서 물체의 수평 방향 속력과 수직 방향 속력을 각각 v_x, v_y라고 하면 $v_x=\sqrt{10\times0.4}=2(\text{m/s})$, $v_y=10\times0.4=4(\text{m/s})$이므로 $\tan\theta=\dfrac{4}{2}=2$이다.

05 열과 일의 전환

Ⅰ에서 감소한 물체의 중력 퍼텐셜 에너지는 물체의 운동 에너지 증가량과 액체가 얻은 열량의 합과 같으며, Ⅱ에서 감소한 물체의 중력 퍼텐셜 에너지는 액체가 얻은 열량과 같다.

㉠ Ⅰ, Ⅱ에서 감소한 추의 중력 퍼텐셜 에너지는 동일하므로 Ⅰ에서는 추의 중력 퍼텐셜 에너지 감소량에서 추의 운동 에너지 증가량을 뺀 값만큼의 열량에 의해 액체의 온도가 변하며, Ⅱ에서는 감소한 추의 중력 퍼텐셜 에너지만큼의 열량에 의해 액체의 온도가 변한다. 따라서 $\Delta T_2>\Delta T_1$이다.

㉡ 추가 Ⅱ에서 낙하하는 동안 A, B가 흡수한 열량은 mgh로 동일하므로 $c_A m_A \Delta T_2 = c_B m_B \Delta T_4$의 식이 성립한다. 따라서 $\dfrac{\Delta T_2}{\Delta T_4}=\dfrac{m_B c_B}{m_A c_A}$이다.

✗ 추가 Ⅰ에서 낙하하는 동안 B가 흡수한 열량이 $c_B m_B \Delta T_3$이므로 열의 일당량은 $\dfrac{mgh-\dfrac{1}{2}mv'^2}{c_B m_B \Delta T_3}$이다.

06 알짜힘이 한 일

Ⅰ, Ⅲ에서 물체에 운동 방향과 반대 방향으로 작용하는 힘이 한 일만큼 물체의 역학적 에너지는 감소한다.

⑤ 물체의 질량을 m, 중력 가속도를 g라고 하면 $E_Ⅰ+E_Ⅲ=5mgh-\dfrac{7}{2}mgh=\dfrac{3}{2}mgh$의 식이 성립하고, (가), (나)의 Ⅱ에서 물체의 속력을 각각 v_1, v_2라고 하면 $5mgh-E_Ⅰ=\dfrac{1}{2}mv_1^2+mgh$의 식과 $\dfrac{7}{2}mgh-E_Ⅲ=\dfrac{1}{2}mv_2^2+mgh$의 식이 각각 성립한다. 따라서 물체가 Ⅱ를 지나는 데 걸린 시간은 (나)에서가 (가)에서의 $\dfrac{\sqrt{6}}{2}$배이어서 $\dfrac{v_1}{v_2}=\dfrac{\sqrt{6}}{2}$이므로 $E_Ⅰ=mgh$, $E_Ⅲ=\dfrac{1}{2}mgh$이고 $\dfrac{E_Ⅰ}{E_Ⅲ}=2$이다.

06 전기장과 정전기 유도

닮은 꼴 문제로 유형 익히기

본문 48쪽

정답 ③

A, C에 의해 B에 작용하는 전기력의 방향이 x축과 45°의 각을 이루고 있으므로 A, C가 B에 각각 작용하는 전기력의 크기는 같다. 따라서 전하량의 크기는 A와 C가 같다.

㉠. A는 양(+)전하이고 A가 B에 작용하는 전기력의 방향은 $+y$방향이므로 B는 음(−)전하이다. 또한 C가 B에 작용하는 전기력의 방향은 $+x$방향이므로 C는 양(+)전하이다. 따라서 C의 전하량은 $+q$이다.

㉡. B의 전하량의 크기가 q_B일 때, B에 작용하는 전기력의 크기는 $F_B = q_B E$이다. (나)에서 전하의 속력이 증가했으므로 B에 작용하는 전기력의 방향은 $+x$방향이다. 따라서 (나)에서 전기장의 방향은 $-x$방향이다.

✗. p, q에서 전기장의 세기를 각각 E_p, E_q라 하면 $E_p = 4E_q$이므로 $k\dfrac{q_B}{\left(\dfrac{d}{2}\right)^2} = 4\left(\sqrt{2}k\dfrac{q}{d^2} - k\dfrac{q_B}{(\sqrt{2}d)^2}\right)$이다. 따라서 $q_B = \sqrt{2}q$이다.

전기장 영역을 등가속도 직선 운동 하여 거리 d만큼 이동하는 동안 전기력이 B에 한 일은 B의 운동 에너지 변화량과 같다. 즉, $(-\sqrt{2}q) \times (-E) \times d = \dfrac{1}{2}m(2v_0)^2 - \dfrac{1}{2}mv_0^2 = \dfrac{3}{2}mv_0^2$이다. 따라서 B가 전기장 영역에서 이동한 거리는 $d = \dfrac{3\sqrt{2}mv_0^2}{4qE}$이다.

수능 2점 테스트

본문 49~50쪽

01 ⑤　　02 ④　　03 ⑤　　04 ②　　05 ⑤
06 ⑤　　07 ④　　08 ②

01 전기장과 전기력선

전기력선은 단위 양(+)전하에 작용하는 전기력의 방향을 연속적으로 연결한 선이다. 전기력선의 밀도가 증가할수록 전기장의 세기도 증가한다.

✗. (가)에서 전기력선의 밀도가 균일하므로 a와 b에서 전기장의 세기는 같고, 양(+)전하에 전기장의 방향으로 전기력이 작용하므로 양(+)전하의 속력은 b에서가 a에서보다 크다.

㉡. (가)에서는 전기장의 세기가 균일하고 (나)에서는 a에서 b로 갈수록 전기장의 세기가 증가한다. 따라서 b에서 전기장의 세기는 (나)에서가 (가)에서보다 크다.

㉢. (가)에서는 전기장의 세기가 균일하므로 단위 시간 동안 양(+)전하의 속도 변화량의 크기는 일정하고, (나)에서 전기장의 세기가 증가하므로 단위 시간 동안 양(+)전하의 속도 변화량의 크기는 증가한다. 따라서 b에서 양(+)전하의 속력은 (나)에서가 (가)에서보다 크다.

02 전기장과 전기력

전기력선은 양(+)전하에서 나오는 방향이고 음(−)전하로 들어가는 방향이며, 나오거나 들어가는 전기력선의 수는 전하의 전하량에 비례한다. 따라서 A는 음(−)전하, B는 양(+)전하로 대전되어 있고 전하량의 크기는 B가 A보다 크다 ($q_B > q_A$).

㉠. 크기가 동일한 대전된 두 도체구를 접촉시키면 두 도체구가 동일하게 대전된다. 따라서 (나)에서 A, B는 양(+)전하로 대전되고 전하량의 크기는 $\dfrac{q_B - q_A}{2}$로 같다. (가)의 O에서 A, B에 의한 전기장의 방향이 같고, (나)의 O에서 A, B에 의한 전기장의 방향은 서로 반대이고 전기장의 세기는 같으므로 A, B에 의한 전기장은 0이다. 따라서 O에서 전기장의 세기는 (가)에서가 (나)에서보다 크다.

✗. (가)에서 A와 B 사이에는 서로 당기는 전기력이 작용하고, (나)에서 A와 B 사이에는 서로 미는 전기력이 작용하므로 (가), (나)에서 A가 B에 작용하는 전기력의 방향은 서로 반대이다.

㉢. (나)에서 A, B는 양(+)전하로 대전되었으므로 p에서 전기장의 방향은 $+x$방향이다.

03 전기장과 전기력

(가), (나)의 p에서 A에 의한 전기장의 세기를 E_0이라고 하면, C에 의한 전기장의 세기도 E_0이고 전기장의 방향은 서로 수직이므로 A, C에 의한 전기장의 세기는 $\sqrt{2}E_0$이고, 전기장의 방향은 대각선과 나란한 방향이다.

✗. (가), (나)의 p에서 D에 작용하는 전기력의 크기는 같고 방향은 서로 반대이므로 (가)의 p에서 B에 의한 전기장의 방향은 A, C에 의한 전기장의 방향과 반대이고 세기는 2배이다. 따라서 A와 B의 전하의 종류는 다르다.

㉡. 정사각형의 한 변의 길이를 d, A, C의 전하량을 $+q$, B의 전하량을 $-Q$라 하면, $E_0 = k\dfrac{q}{d^2}$일 때 p에서 B에 의한 전기장의 세기는 $2\sqrt{2}E_0 = 2\sqrt{2}k\dfrac{q}{d^2} = k\dfrac{Q}{(\sqrt{2}d)^2} = k\dfrac{Q}{2d^2}$이므로 $Q = 4\sqrt{2}q$이다. 따라서 전하량의 크기는 B가 A의 $4\sqrt{2}$배이다.

㉢. (가)의 q에서 A, C에 의한 전기장은 0이므로 A, B, C에 의한 전기장의 세기는 $E_q = k\dfrac{4\sqrt{2}q}{\left(\dfrac{\sqrt{2}}{2}\right)^2 d^2} = 8\sqrt{2}E_0$이다. (가)의 p에서 A, B, C에 의한 전기장의 세기는 $2\sqrt{2}E_0 - \sqrt{2}E_0 = \sqrt{2}E_0$이므로 (가)에서 전기장의 세기는 q에서가 p에서의 8배이다.

04 전기장에서 대전 입자의 운동

A, B의 질량과 전하량이 각각 같으므로 A, B에 작용하는 중력의 크기는 서로 같고, A, B에 작용하는 전기력의 크기도 서로 같다.

✗. 중력은 $-y$방향으로 작용하고, (가), (나)에서 전기장의 세기가 같으므로 (가)에서 전기장의 방향은 $+y$방향이고, (나)에서 전기장의 방향은 $-y$방향이다. (가)에서는 전기력과 중력의 방향이 반대 방향이고, (나)에서는 전기력과 중력의 방향이 같은 방향이므로 물체에 작용하는 합력의 크기는 B가 A보다 크다. 따라서 입자의 가속도의 크기는 B가 A보다 크다.

ㄴ. (가)에서 입자에 작용하는 합력의 방향이 $+y$방향이므로 입자에 작용하는 전기력의 크기는 중력의 크기보다 크다.

✗. 전기장의 방향이 y축 방향이므로 A, B는 x축 방향으로 등속도 운동을 한다. A, B의 처음 속력과 발사 각도가 같으므로 같은 시간 동안 A, B의 변위의 x성분의 크기는 같다.

05 점전하에 의한 전기장

전하량이 q인 점전하로부터 거리가 r인 곳에서 전기장의 세기는 $E=k\dfrac{q}{r^2}$(k: 쿨롱 상수)이다.

✗. 두 전하 사이에서 전기장의 방향이 $+x$방향이므로 A는 양$(+)$전하, B는 음$(-)$전하이다.

ㄴ. p에서 A에 의한 전기장의 방향은 $+y$방향이고, B에 의한 전기장의 방향은 p와 B를 잇는 직선상에서 B를 향하는 방향이다. q에서 B에 의한 전기장의 방향은 $-y$방향이고, A에 의한 전기장의 방향은 A와 q를 잇는 직선상에서 A를 향하는 방향과 반대 방향이다. A와 q 사이의 거리는 B와 p 사이의 거리와 같고 전기장이 x축과 이루는 각이 같으므로 p, q에서 전기장의 x성분의 크기는 전하의 전하량의 크기에 비례한다. 전기장의 x성분의 크기는 q에서가 p에서의 2배이므로 전하량의 크기는 A가 B의 2배이다.

ㄷ. A, B의 전하량을 각각 $2q$, $-q$라 하면, p에서 전기장의 y성분의 크기는 $E_{1y}=k\dfrac{2q}{(2d)^2}-k\dfrac{1}{\sqrt{2}}\dfrac{q}{(2\sqrt{2}d)^2}=k\dfrac{q}{2d^2}-k\dfrac{q}{8\sqrt{2}d^2}>0$이고, q에서 전기장의 y성분의 크기는

$E_{2y}=-k\dfrac{q}{(2d)^2}+k\dfrac{1}{\sqrt{2}}\dfrac{2q}{(2\sqrt{2}d)^2}=-k\dfrac{q}{4d^2}+k\dfrac{q}{4\sqrt{2}d^2}<0$이므로 전기장의 y성분의 방향은 p에서와 q에서가 반대이다.

06 전기장과 전기력

p에서 A, B에 의한 전기장은 그림과 같다.

✗. p에서 A에 의한 전기장의 방향은 A를 향하는 방향이다. 따라서 A는 음$(-)$전하이다.

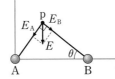

ㄴ. p에서 A, B에 의한 전기장의 세기의 비는 $E_A : E_B = 4 : 3$이고, p와 A, B 사이의 거리를 각각 $3d$, $4d$, A와 B의 전하량을 각각 q_A, q_B라 하면, $k\dfrac{q_A}{(3d)^2} : k\dfrac{q_B}{(4d)^2}=4:3$이므로 $q_A : q_B = 3 : 4$이다. 따라서 전하량의 크기는 A가 B의 $\dfrac{3}{4}$배이다.

ㄷ. A, B에 작용하는 실이 당기는 힘, 중력, 전기력이 힘의 평형을 이루고 있으므로 A, B의 질량을 각각 m_A, m_B, 중력 가속도를 g, A와 B 사이에 작용하는 전기력의 크기를 F라고 하면, $F=m_A g\tan\theta_1=m_B g\tan\theta_2$이고, $\theta_1>\theta_2$이므로 $m_A<m_B$이다. 따라서 질량은 B가 A보다 크다.

07 정전기 유도와 전기력

B에 손가락을 접촉시키기 전, A에 음$(-)$전하로 대전된 막대를 가까이 하면 도체의 정전기 유도 현상에 의해 막대와 먼 쪽에 음$(-)$전하가 유도되므로 A에는 양$(+)$전하, B에는 음$(-)$전하가 대전된다.

✗. 음$(-)$전하로 대전된 B에 손가락을 접촉시키면 B에서 손가락으로 전자가 이동한다.

ㄴ. (가)에서 손가락을 B에서 뗀 후 막대를 치우면 A, B는 모두 양$(+)$전하로 대전된다. 같은 종류의 전하 사이에는 서로 미는 전기력이 작용하므로 A와 B 사이에는 서로 미는 전기력이 작용한다.

ㄷ. A에는 그림과 같이 B에 의한 전기력 F, 중력 W, 반구형 절연체가 A를 떠받치는 힘 N이 작용하며 이 힘들이 평형을 이룬다.

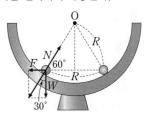

따라서 $F=W\tan30°=\dfrac{1}{\sqrt{3}}W$이므로 (나)에서 A에 작용하는 중력의 크기는 A에 작용하는 전기력의 크기의 $\sqrt{3}$배이다.

08 정전기 유도

도체에서는 자유 전자의 이동에 의해 정전기 유도가 일어나고 절연체에서는 유전 분극에 의해 정전기 유도가 일어난다.

✗. (다)의 C에서 B와 가까운 부분이 음$(-)$전하로 대전되어 있으므로 B는 양$(+)$전하로, A는 음$(-)$전하로 대전되어 있다. B에서 A로 전자가 이동했으므로 P는 양$(+)$전하로 대전되어 있다.

✗. (나)에서 A는 음$(-)$전하, B는 양$(+)$전하로 대전되어 있으므로 (나)에서 대전된 전하의 종류는 A와 B가 다르다.

ㄷ. 서로 반대 전하로 대전된 대전체 사이에는 서로 당기는 전기력이 작용한다. (다)의 C에서 B와 가까운 부분이 음$(-)$전하로 대전되어 있으므로 B와 C 사이에는 서로 당기는 전기력이 작용한다.

수능 3점 테스트   본문 51~53쪽

01 ①   02 ①   03 ⑤   04 ①   05 ④

06 ②

01 점전하에 의한 전기장

B와 C의 전하량의 크기가 같고, y축상의 $y=d$에 형성된 전기장의 x성분의 방향은 $+x$방향이므로 B는 양$(+)$전하, C는 음$(-)$전하이다.

✗. y축상의 $y=d$에 B, C에 의해 형성된 전기장의 y성분의 방향은 서로 반대이고 크기가 같으므로 서로 상쇄된다. 따라서 이 지점에서 전기장의 y성분의 방향은 A에 의해 결정되고 전기장의 y성분의 방향이 $-y$방향이므로 A는 양$(+)$전하이다. y축상의 $y=d$에 형성된 전기장의 x, y성분의 세기를 E_x, E_y라 하면 $E_x : E_y=\sqrt{3} : 1$이다. A, B, C의 전하량의 크기를 각각 q_1, q, q라 하면, $E_x=2\times\dfrac{\sqrt{3}}{2}\times k\dfrac{q}{(2d)^2}=k\dfrac{\sqrt{3}q}{4d^2}$, $E_y=k\dfrac{q_1}{d^2}$이고 $k\dfrac{\sqrt{3}q}{4d^2} : k\dfrac{q_1}{d^2}=\sqrt{3} : 1$이므로 $q=4q_1$이다. A와 B 사이에 작용하는 전기력의 크기는 $F_0=k\dfrac{4q_1^2}{(\sqrt{7}d)^2}=k\dfrac{4q_1^2}{7d^2}$이고, B와 C 사이에 작용하는 전기력의 크기는 $F_1=k\dfrac{16q_1^2}{(\sqrt{12}d)^2}=k\dfrac{4q_1^2}{3d^2}$이다. 따라서 (가)에서 B와 C 사이에 작용하는 전기력의 크기는 $\dfrac{7}{3}F_0$이다.

ㄴ. p, q와 B 사이의 거리가 같으므로 B에 의한 전기장의 세기는 같고 방향은 서로 반대이다. q에서 A에 의한 전기장의 방향은 B에 의한 전기장의 방향과 같고, p에서 A에 의한 전기장의 방향은 B에 의한 전기장의 방향과 서로 반대이므로 전기장의 세기는 q에서가 p에서보다 크다.

✗. p에서 전기장의 방향은 $-x$방향이고, q에서 전기장의 방향은 $+x$방향이다. 따라서 전기장의 방향은 p에서와 q에서가 반대이다.

02 전기력

A와 C 사이에는 서로 당기는 전기력이, B와 C 사이에는 서로 미는 전기력이 작용한다. C가 음($-$)전하이므로 A는 양($+$)전하, B는 음($-$)전하이다.

① (가)에서 A와 C 사이에 작용하는 전기력의 x성분의 크기가 B와 C 사이에 작용하는 전기력의 크기와 같다. A, B, C의 전하량의 크기는 각각 Q, q, q, 정삼각형의 한 변의 길이를 r라 하면 $\frac{1}{2} \times k\frac{Qq}{r^2}$ $=k\frac{q^2}{r^2}$이므로, $Q=2q$이다. (나)에서 $F_1=k\frac{2q^2}{d^2}+k\frac{2q^2}{(2d)^2}=k\frac{10q^2}{4d^2}$ $=k\frac{5q^2}{2d^2}$이고 $F_2=k\frac{q^2}{d^2}-k\frac{2q^2}{(2d)^2}=k\frac{q^2}{2d^2}$이므로 $F_1:F_2=5:1$이다. A와 B 사이에는 당기는 전기력이 작용하고, B와 C 사이에는 미는 전기력이 작용하는데, 두 힘 모두 B에 $-x$방향으로 작용하므로 A, C가 B에 작용하는 전기력의 방향은 $-x$방향이다.

03 정전기 유도와 전기력

도체에서는 자유 전자의 이동에 의해 정전기 유도가 일어나고 절연체에서는 유전 분극이 일어난다.

㉠. (가)에서 전기장에 의해 정전기 유도가 일어나 P에서 양($+$)전하로 대전된 극판과 가까운 부분은 음($-$)전하로 대전되고, 음($-$)전하로 대전된 극판과 가까운 부분은 양($+$)전하로 대전된다. P가 접지되어 있으므로 P의 전자가 지면으로 이동하여 P는 양($+$)전하로 대전된다. (나)에서 A와 P 사이에 미는 전기력이 작용하므로 A는 양($+$)전하로 대전되어 있다.

㉡. 대전된 도체구를 대전되지 않은 절연체에 가까이 가져갔을 때 유전 분극에 의해 도체구와 가까운 부분은 다른 종류의 전하로 대전되어 서로 인력을 작용하게 된다. 따라서 B는 대전되지 않은 절연체이다.

㉢. A와 B의 질량이 같으므로 A, B에 작용하는 중력의 크기 (W)는 같다. 연직선에 대해 물체를 연결한 실이 이루는 각을 θ라 하면 전기력의 크기 $F=W\tan\theta$이다. (나)에서 $\theta_1>\theta_2$이므로 P와 A 사이에 작용하는 전기력의 크기는 P와 B 사이에 작용하는 전기력의 크기보다 크다.

04 균일한 전기장이 작용할 때 전하의 운동

균일한 전기장 영역에서 양($+$)전하는 전기장의 방향과 같은 방향으로 일정한 전기력을 받아 등가속도 운동을 하고, 음($-$)전하는 전기장의 방향과 반대 방향으로 일정한 전기력을 받아 등가속도 운동을 한다.

㉠. (가), (나)에서 전기장의 세기를 E_0, A, B의 질량을 m, 전하량의 크기를 각각 Q, q, A의 중력의 크기를 W라고 하고 A의 가속도

의 x, y성분의 크기를 각각 a_{1x}, a_{1y}라 하면, $a_{1x}=\frac{Q}{m}E_0\cos60°=$ $\frac{1}{2}\frac{QE_0}{m}$, $a_{1y}=\frac{Q}{m}E_0\sin60°-\frac{W}{m}=\frac{\sqrt{3}}{2}\frac{QE_0}{m}-\frac{W}{m}$이고, B의 가속도의 x, y성분의 크기를 각각 a_{2x}, a_{2y}라 하면, $a_{2x}=\frac{q}{m}E_0\cos30°$ $=\frac{\sqrt{3}}{2}\frac{qE_0}{m}$, $a_{2y}=\frac{q}{m}E_0\sin30°=\frac{1}{2}\frac{qE_0}{m}$이다. A, B가 PQ 사이를 움직이는 데 걸린 시간이 같으므로 $a_{1x}=a_{2x}$이고 $\frac{1}{2}\frac{QE_0}{m}=\frac{\sqrt{3}}{2}\frac{qE_0}{m}$이다. 따라서 $Q=\sqrt{3}q$이다. 즉, 전하량의 크기는 A가 B의 $\sqrt{3}$배이다.

✗. 일정한 힘이 작용하는 영역에 물체를 가만히 놓았을 때 물체는 등가속도 직선 운동을 한다. A가 Q를 통과할 때 x축과 30°의 각을 이루므로 $\frac{a_{1y}}{a_{1x}}=\frac{1}{\sqrt{3}}=\frac{\sqrt{3}QE_0-2W}{QE_0}$이고, $W=\frac{1}{\sqrt{3}}QE_0$이다. 따라서 A에 작용하는 중력의 크기는 전기력의 크기의 $\frac{1}{\sqrt{3}}$배이다.

✗. B에는 전기력만이 작용하므로 B는 전기력의 방향과 반대 방향으로 등가속도 직선 운동을 한다. 따라서 $\theta=30°$이다.

05 전기력선과 전기장

A와 B의 전기력선이 서로 이어져 있으므로 A, B의 전하의 종류는 다르고, p에서 전기장의 방향이 $+x$방향이므로 A는 음($-$)전하, B는 양($+$)전하이다. 전하량의 크기는 전기력선의 밀도가 큰 B가 A보다 크다.

✗. C는 B와 전하의 종류가 같으므로 C는 양($+$)전하이다.

㉡. O에서 B, C에 의한 전기장은 0이고 A가 음($-$)전하이므로 전기장의 방향은 A를 향하는 방향이다. q에서 B, C에 의한 전기장의 방향은 A에서 멀어지는 방향이고, 세기는 A에 의한 전기장의 세기보다 크기 때문에 q에서 전기장의 방향은 A에서 멀어지는 방향이다. 따라서 전기장의 방향은 O에서와 q에서가 서로 반대이다.

㉢. B의 전하량의 크기는 A의 전하량보다 크고, (다)에서 B, C 사이의 거리는 A와 C 사이의 거리와 같다. 두 전하 사이에 작용하는 전기력의 크기는 두 전하의 전하량의 크기의 곱에 비례하고 두 전하 사이의 거리의 제곱에 반비례한다. 따라서 B와 C 사이에 작용하는 전기력의 크기는 A와 C 사이에 작용하는 전기력의 크기보다 크다.

06 도체구의 대전과 전기력

대전된 두 도체구를 접촉시키면 두 도체구가 동일하게 대전된다.

✗. (가)에서 C가 A와 접촉한 후 A, C는 전하량 $+\frac{5}{2}Q$로 각각 대전되고, 이후 C가 B와 접촉하면 B, C는 각각 전하량 $+\frac{1}{4}Q$로 대전된다. (나)에서 C가 B와 접촉한 후, B, C는 각각 전하량 $-Q$로 대전되고, C가 A와 접촉한 후 A, C는 각각 $+2Q$로 대전된다. 따라서 C에 대전된 전하량의 크기는 (나)에서가 (가)에서보다 크다.

㉡. (가), (나)에서 A, B 사이의 거리는 같고 전하량의 크기의 곱은 (나)에서가 (가)에서보다 크다. 따라서 A, B 사이에 작용하는 전기력의 크기는 (나)에서가 (가)에서보다 크다.

✗. (나)에서 A와 B는 각각 다른 종류의 전하로 대전되므로 A와 B 사이에는 전기장이 0인 지점이 존재하지 않는다.

닮은 꼴 문제로 유형 익히기　　본문 55쪽

정답 ④

스위치를 a, b에 연결했을 때 회로도는 그림 (가), (나)와 같다. (나)에서 전류계는 전원에 연결된다.

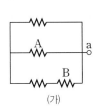 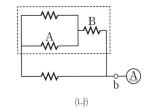

(가)　　　　　　　(나)

㉠. (나)에서 점선으로 표시된 영역의 합성 저항값은 $\frac{R}{2}+R=\frac{3}{2}R$

이고, 회로 전체의 합성 저항값은 $\dfrac{\frac{3}{2}R\times R}{\frac{3}{2}R+R}=\frac{3}{5}R$이다. 따라서 전

류계에 흐르는 전류의 세기는 $I=\dfrac{V}{\frac{3}{5}R}=\frac{5V}{3R}$이다.

✗. (가)에서 A 양단에는 전원의 전압이 모두 걸리므로 A 양단에 걸리는 전압 $V_0=V$이다. 직렬연결된 저항 양단에 걸리는 전압의 비는 저항값의 비와 같으므로 (나)에서 B 양단에 걸리는 전압은 $\frac{2}{3}V$이다.

따라서 스위치를 b에 연결했을 때 A 양단에 걸리는 전압은 $\frac{V_0}{3}$이다.

㉢. 저항값이 R인 저항의 양단에 V인 전압이 걸릴 때 저항의 소비

전력은 $\frac{V^2}{R}$이다. (가)에서 B 양단에 걸리는 전압은 $\frac{V}{2}$이므로

$P_0=\dfrac{\left(\frac{V}{2}\right)^2}{R}=\frac{V^2}{4R}$이다. (나)에서 B 양단에 걸리는 전압은 $\frac{2}{3}V$이

므로 B의 소비 전력은 $P=\dfrac{\left(\frac{2}{3}V\right)^2}{R}=\frac{4V^2}{9R}$이다. 따라서 스위치를

b에 연결했을 때 B의 소비 전력은 $\frac{16}{9}P_0$이다.

수능 2점 테스트　　본문 56~57쪽

01 ②　　02 ⑤　　03 ③　　04 ③　　05 ①

06 ⑤　　07 ③　　08 ⑤

01 전위와 전위차

단위 양(+)전하가 갖는 전기력에 의한 퍼텐셜 에너지를 전위라고 한다.

✗. 균일한 전기장 영역에서 전기장과 나란한 방향의 두 지점 사이의 전위차는 전기장과 두 지점 사이 거리의 곱과 같다. 전기장은 $-y$방

향이고 B와 C의 y축 방향 위치가 같으므로 전위는 B에서와 C에서가 같다.

㉡. B에서 C까지 전하가 이동할 때 전기력이 하는 일은 0이고, B에서와 C에서의 전위가 같으므로 A와 B 사이의 전위차는 A와 C 사이의 전위차와 같다.

✗. 전기장의 세기가 E_0이고 전하량이 $+q$인 전하를 전기장의 방향으로 d만큼 이동시켰으므로 전기력이 한 일은 qE_0d이다.

02 저항의 연결

S_1, S_2가 모두 열려 있을 때 A, B, D는 직렬로 연결된다.

✗. S_1, S_2가 모두 열려 있을 때 D의 저항값을 증가시키면 회로의 합성 저항값이 증가하므로 B에 흐르는 전류의 세기는 감소한다. B의 소비 전력은 B에 흐르는 전류의 제곱에 비례하므로 S_1, S_2가 모두 열려 있을 때 D의 저항값을 증가시키면 B의 소비 전력은 감소한다.

㉡. D의 저항값이 R일 때 S_1만을 닫으면 A와 C가 병렬로 연결되므로 A와 C의 합성 저항값은 A의 저항값보다 작게 된다. 저항이 직렬로 연결되어 있을 때 저항 양단에 걸리는 전압은 저항의 저항값에 비례하므로 A, C 양단에 걸린 전압은 감소하고 B 양단에 걸리는 전압은 증가한다. 따라서 D의 저항값이 R일 때 S_1만을 닫으면 A의 소비 전력은 감소하고, B의 소비 전력은 증가한다.

㉢. D의 저항값이 R일 때 S_2만을 닫으면 B와 D에는 전류가 흐르지 않으므로 회로에는 A만 연결된 상태가 된다. 따라서 D의 저항값이 R일 때 S_2만을 닫으면 전류계에 흐르는 전류의 세기는 I_0보다 증가한다.

03 직류 회로

(가), (나)의 회로도는 그림과 같다.

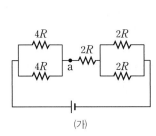 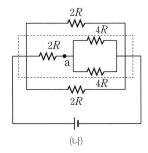

(가)　　　　　　　(나)

③. (가)에서 병렬연결된 부분의 합성 저항값은 각각 $2R$, R이므로 합성 저항값은 $2R+2R+R=5R$이다. 따라서 전원의 전압을 V라

하면 $I_0=\dfrac{V}{5R}$이다. (나)에서 점선으로 표시된 영역의 합성 저항값이

$4R$이므로, a에 흐르는 전류의 세기는 $\dfrac{V}{4R}$이다. 따라서 (나)에서 a

에 흐르는 전류의 세기는 $\frac{5}{4}I_0$이다.

04 저항의 연결

S를 열면 A와 B, C와 D는 직렬로 연결되고, S를 닫으면 A와 C, B와 D가 각각 병렬로 연결된다.

㉠. 저항이 직렬로 연결되어 있을 때 각 저항에 걸리는 전압은 저항

값에 비례한다. (나)에서 전압계의 전압이 $\frac{2}{3}V$이므로 저항값은 D가

C의 2배이다. 따라서 D의 저항값은 $R_1=4R$이다. (나)에서 합성 저항값은 $\dfrac{4R\times 6R}{4R+6R}=\dfrac{12}{5}R$이므로 $I=\dfrac{5V}{12R}$이고, (다)에서 합성 저항값은 $R+\dfrac{2R\times 4R}{2R+4R}=\dfrac{7}{3}R$이다. 따라서 전류계에 흐르는 전류의 세기는 $\dfrac{3V}{7R}=\dfrac{36}{35}I$이므로 ㉠은 $\dfrac{36}{35}I$이다.

㉡. (다)에서 A와 C의 합성 저항값과 B와 D의 합성 저항값의 비가 3 : 4이므로 (다)에서 전압계의 전압은 $\dfrac{4}{7}V$이다. 따라서 ㉡은 $\dfrac{4}{7}V$이다.

✗. 저항값이 같을 때 저항의 소비 전력은 저항 양단에 걸리는 전압의 제곱에 비례한다. (다)에서 B와 C의 양단에 걸리는 전압의 비가 4 : 3이므로 소비 전력의 비는 16 : 9이다. 따라서 (다)에서 B와 C의 소비 전력은 같지 않다.

05 전위차와 전기력에 의한 일

A는 음($-$)전하, B는 양($+$)전하이고 영역 Ⅰ, Ⅱ에서 A, B의 운동 방향이 같으므로 전기장의 방향은 Ⅰ에서는 $-x$방향, Ⅱ에서는 $+x$방향이다.

㉠. A, B가 각각 등가속도 직선 운동을 하고 A, B의 $x=4d$, $x=6d$에서의 속력이 같으므로 A, B의 가속도의 크기는 이동 거리에 반비례한다. 즉, A의 가속도의 크기를 a라고 하면, B의 가속도의 크기는 $2a$이다. A의 질량과 전하량의 크기가 각각 m, q일 때, B의 질량과 전하량의 크기는 각각 $2m$, $4q$이다. Ⅰ, Ⅱ에서 전기장의 세기가 E_1, E_2일 때 $a=\dfrac{qE_1}{m}$, $2a=\dfrac{4qE_2}{2m}$이므로 $E_1=E_2$이다. 따라서 전기장의 세기는 Ⅰ에서와 Ⅱ에서가 같다.

✗. 전위가 감소하는 방향이 전기장의 방향이므로 전위는 $x=4d$에서가 $x=2d$, $x=5d$에서보다 높고 $x=4d$와의 전위차는 $x=2d$에서가 $x=5d$에서보다 크기 때문에 전위는 $x=2d$에서가 $x=5d$에서보다 낮다.

✗. 세기가 E인 균일한 전기장 영역에서 전기력이 전하량 q인 전하를 전기장의 방향으로 d만큼 이동시킬 때 한 일은 $W=qEd$이다. $x=0$에서 $x=4d$까지 이동 거리가 $x=4d$에서 $x=6d$까지의 2배이고, 전하량은 B가 A의 4배이므로 $x=0$에서 $x=4d$까지 전기력이 A에 한 일은 $x=4d$에서 $x=6d$까지 전기력이 B에 한 일의 $\dfrac{1}{2}$배이다.

06 저항의 연결과 소비 전력

S를 닫았을 때 그림에 점선으로 표시된 부분의 합성 저항값은 각각 $\dfrac{R\times 3R}{R+3R}=\dfrac{3}{4}R$이고, 이 부분이 서로 직렬연결되어 있으므로 합성 저항값은 $\dfrac{3}{2}R$이다. 전체 회로의 합성 저항값은 $\dfrac{1}{R_1}=\dfrac{1}{3R}+\dfrac{1}{R}+\dfrac{2}{3R}=\dfrac{2}{R}$이므로 $R_1=\dfrac{R}{2}$이다. 전원의 전압이 V_0일 때 소비 전력 $P_0=\dfrac{2V_0{}^2}{R}$이다.

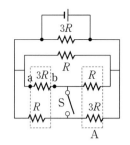

㉠. S를 열었을 때 전체 합성 저항값은 $\dfrac{1}{R_2}=\dfrac{1}{3R}+\dfrac{1}{R}+\dfrac{1}{4R}+\dfrac{1}{4R}=\dfrac{11}{6R}$이므로 $R_2=\dfrac{6}{11}R$이고, 회로의 소비 전력은 $\dfrac{11V_0{}^2}{6R}=\dfrac{11}{12}P_0$이다.

㉡. 직렬연결된 저항의 양단에 걸리는 전압은 저항값에 비례한다. 저항값이 $3R$인 저항과 R인 저항이 직렬연결되어 있을 때 저항값이 $3R$인 저항 양단에 $\dfrac{3}{4}V$의 전압이 걸려 있으므로 전원의 전압은 V이다.

㉢. 회로에 연결된 저항의 저항값을 증가시키면 회로의 전체 합성 저항값이 증가한다. 전압이 일정할 때 저항의 소비 전력은 저항의 저항값에 반비례하므로 S를 닫았을 때 A만을 저항값이 4 Ω인 저항으로 바꾸면 회로의 소비 전력은 감소한다.

07 비저항과 저항

전압이 일정할 때 저항의 저항값은 전류의 세기에 반비례하므로 (나)에서 저항값은 A가 B의 $\dfrac{2}{3}$배이다.

㉠. 비저항 ρ, 단면적 S, 길이 l인 저항체의 저항값 $R=\rho\dfrac{l}{S}$이므로 A, C의 저항값은 같다. 따라서 저항값은 B가 C의 $\dfrac{3}{2}$배이다.

㉡. A에 흐르는 전류의 세기는 B와 C에 흐르는 전류의 세기의 합과 같고, B와 C 양단에 걸리는 전압은 같다. 따라서 B와 C에 흐르는 전류의 세기는 B, C의 저항값에 반비례한다. A에 흐르는 전류의 세기를 I라 하면, B, C에 흐르는 전류의 세기는 각각 $\dfrac{2}{5}I$, $\dfrac{3}{5}I$이다. 따라서 전류의 세기는 A에서가 C에서의 $\dfrac{5}{3}$배이다.

✗. A의 저항값과 B, C의 합성 저항값의 비는 5 : 3이므로, A 양단에 걸리는 전압과 B, C 양단에 걸리는 전압의 비도 5 : 3이다. 저항의 소비 전력은 저항값에 반비례하고 전압의 제곱에 비례하므로 B와 C에서 소비되는 전력의 합은 A에서 소비되는 전력보다 작다.

08 저항의 연결과 소비 전력

두 스위치가 모두 닫혀 있을 때는 A와 저항값이 R인 저항, B와 C가 각각 병렬연결되어 있고, A, B, C의 소비 전력이 같기 때문에 병렬연결된 저항에 걸린 전압이 같다. 따라서 A, B, C의 저항값은 R이다.

㉠. Ⅱ에서 S_2가 열렸기 때문에 B와 연결된 저항에 전류가 흐르게 되므로 B, C, 저항값이 R인 저항이 연결된 부분의 합성 저항값은 $\dfrac{2}{3}R$이다. A에 걸리는 전압과 C에 걸리는 전압의 비는 $\dfrac{1}{2}R$: $\dfrac{2}{3}R=3$: 4이고, B와 직렬연결된 저항에 걸리는 전압이 같으므로 A에 걸리는 전압과 B에 걸리는 전압의 비는 3 : 2이다. 따라서 Ⅱ에서 소비 전력은 A가 B보다 크다.

ⓛ. Ⅰ에서 A 양단의 전위차는 $\frac{V}{2}$이다. Ⅳ에서 A를 제외한 저항들의 합성 저항값은 $\frac{2}{3}R$이므로 A 양단의 전위차는 $\frac{3}{5}V$이다. 전원 장치의 (+)극 쪽의 전위를 V라 하면, p, q 사이의 전위차는 Ⅰ에서 $\frac{V}{2}$, Ⅳ에서 $\frac{2}{5}V$이다. 따라서 p, q 사이의 전위차는 Ⅰ에서가 Ⅳ에서의 $\frac{5}{4}$배이다.

ⓒ. Ⅱ에서 전체 저항의 합성 저항값은 $\frac{7}{6}R$이고, Ⅲ에서는 병렬연결된 B, C와 A가 직렬연결되어 있으므로 합성 저항값이 $\frac{3}{2}R$이다. 합성 저항값이 Ⅲ에서가 Ⅱ에서보다 크기 때문에 전류계에 흐르는 전류의 세기는 Ⅱ에서가 Ⅲ에서보다 크다.

수능 3점 테스트   본문 58~60쪽

01 ⑤   **02** ②   **03** ①   **04** ③   **05** ②
06 ③

01 비저항과 저항의 연결

저항의 소비 전력은 1초 동안 저항에서 소모되는 전기 에너지이고 전압이 같을 때 소비 전력은 저항의 저항값에 반비례한다. A의 저항값이 $2R$이고 A, B, C의 소비 전력의 비가 6 : 3 : 2이므로 B, C의 저항값은 각각 $4R$, $6R$이다.

ⓖ. 금속 막대의 길이와 단면적이 같으므로 금속 막대의 저항값은 비저항에 비례한다. 따라서 비저항은 B가 A의 2배이다.

ⓛ. 금속 막대의 저항값은 금속 막대의 길이에 비례하므로 도선이 연결된 부분을 기준으로 A는 각각 저항값이 R인 금속 막대 2개의 연결과 같고, C는 도선이 연결된 부분을 기준으로 각각 저항값이 $3R$인 저항체 2개의 연결과 같다. S가 열려 있을 때 저항값이 R, $4R$, $3R$인 저항이 직렬연결되어 있으므로 합성 저항값은 $8R$이다. 따라서 p에 흐르는 전류의 세기는 $\frac{V}{8R}$이다.

S가 닫혀 있을 때는 병렬연결된 부분의 합성 저항값이 $2R$이고 전체 회로의 합성 저항값은 $6R$이다. A_1에 흐르는 전류의 세기는 $\frac{V}{6R}$이고 이 전류가 병렬연결된 저항으로 나누어져 흐르므로 p에 흐르는 전류의 세기는 $\frac{V}{12R}$이다. 따라서 회로상의 점 p에 흐르는 전류의 세기는 S를 닫은 후가 S를 닫기 전의 $\frac{2}{3}$배이다.

ⓒ. S를 닫은 후 B의 양단에 걸리는 전압은 $\frac{V}{3}$이고, 소비 전력은 $\frac{\left(\frac{V}{3}\right)^2}{4R}=\frac{V^2}{36R}$이다. B의 양단에 걸리는 전압이 V일 때 소비 전력은 $3E_0=\frac{V^2}{4R}$이므로 S를 닫은 후 1초 동안 B에서 소모되는 전기에너지는 $\frac{E_0}{3}$이다.

02 저항의 연결과 소비 전력

스위치가 p에 연결되었을 때 a, b의 전위가 같으므로 a−b 사이에는 전류가 흐르지 않는다.

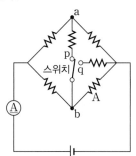

ⓩ (가)에서 직렬연결된 2개의 저항이 병렬로 연결되어 있으므로 각 저항의 저항값이 R일 때, 합성 저항값은 $\frac{2R \times 2R}{2R + 2R}=R$이다. 전원 장치의 전압이 V일 때 전류계에 흐르는 전류의 세기는 $I_1=\frac{V}{R}$이고, A 양단에 걸리는 전압은 $\frac{V}{2}$이므로 A의 소비 전력은 $P_1=\frac{\left(\frac{V}{2}\right)^2}{R}=\frac{V^2}{4R}$이다. (나)에서 합성 저항값은 $\frac{2R \times \frac{3}{2}R}{2R + \frac{3}{2}R}=\frac{6}{7}R$이므로 전류계에 흐르는 전류의 세기는 $I_2=\frac{7V}{6R}$이고, A 양단에 걸리는 전압은 $\frac{V}{3}$이므로 A의 소비 전력은 $P_2=\frac{\left(\frac{V}{3}\right)^2}{R}=\frac{V^2}{9R}$이다. 따라서 $I_1 : I_2=6 : 7$이고 $P_1 : P_2= 9 : 4$이다.

03 소비 전력

병렬연결된 저항 양단에 걸리는 전압은 같고, 직렬연결된 저항 양단에 걸리는 전압은 저항값에 비례한다.

ⓖ. 소비 전력이 P인 전구의 양단에 걸린 전압이 V일 때 전구의 저항값은 $R=\frac{V^2}{P}$이다. A_1의 저항값은 $\frac{100^2}{100}=100(\Omega)$이고, B_1의 저항값은 $\frac{100^2}{200}=50(\Omega)$이다. 따라서 저항값은 A_1이 B_1의 2배이다.

Ⅹ. S를 닫았을 때 A_1, B_1 양단에 걸리는 전압의 비가 2 : 1이므로 B_1 양단에 걸리는 전압은 $\frac{100}{3}$ V이다. S를 닫았을 때 A_2, B_2, B_3의 합성 저항값은 50 Ω이고, B_2, B_3 양단에 걸리는 전압은 같으므로 B_2 양단에 걸리는 전압은 $\frac{100}{6}$ V이다. 두 전구의 저항이 같으므로 S를 닫았을 때 소비 전력은 B_2가 B_1보다 작다.

Ⅹ. S가 열려 있을 때 B_2, B_3, A_3이 직렬로 연결되므로 합성 저항값은 200 Ω이고 p에 흐르는 전류의 세기는 $\frac{1}{2}$ A이다. S를 닫은 후 A_2

가 추가로 연결되어 네 전구의 합성 저항값은 150 Ω이므로 p에 흐르는 전류의 세기는 $\frac{2}{3}$ A이다. 따라서 p에 흐르는 전류의 세기는 S가 열려 있을 때가 S를 닫은 후의 $\frac{3}{4}$배이다.

04 전위차와 전기력이 한 일

Ⅰ, Ⅱ에서 전기장이 균일하므로 (가)에서 그래프의 기울기는 각 영역에서 전기장의 세기와 같다. 따라서 전기장의 세기는 Ⅱ에서가 Ⅰ에서의 2배이고, Ⅰ에서는 y에 따라 전위가 증가하고, Ⅱ에서는 전위가 감소하므로 Ⅰ, Ⅱ에서 전기장의 방향은 서로 반대이고 A, B의 전하의 종류는 같다.

㉠. A, B는 Ⅰ, Ⅱ에서 각각 x축 방향으로는 등속도 운동, y축 방향으로는 등가속도 운동을 한다. A, B의 질량과 전하량의 크기가 같으므로 가속도의 크기는 B가 A의 2배이다. 변위의 y성분의 크기는 가속도의 크기에 비례하므로 변위의 y성분의 크기는 Ⅱ에서가 Ⅰ에서의 2배이다. 따라서 Ⅰ에서 변위의 y성분의 크기는 $\frac{d}{2}$이므로 $y_0 = \frac{3}{2}d$이다.

✗. 전기장 영역에서 전기력이 전하에 한 일은 전하량이 같을 때 전기장의 세기와 전기장 방향의 이동 거리의 곱에 비례한다. Ⅰ, Ⅱ에서 전기장의 세기를 각각 E, $2E$라고 하면 A, B가 (나), (다)의 전기장 영역에 입사한 순간부터 p에 도달할 때까지 전기력이 A, B에 각각 한 일은 $W_1 = qE \times \frac{d}{2}$, $W_2 = 2qE \times d$이다. 따라서 전기장 영역에 입사한 순간부터 p에 도달할 때까지 Ⅱ에서 전기력이 B에 한 일은 Ⅰ에서 전기력이 A에 한 일의 4배이다.

㉢. 전하량이 q인 점전하를 전위차가 V인 두 지점 사이를 이동시키는 데 전기력이 한 일은 점전하의 운동 에너지 변화량과 같다. B의 변위의 x성분의 크기는 y성분의 크기의 2배이다. 따라서 y축 방향 평균 속력은 $\frac{1}{2}v_0$이므로 p에 도달할 때 B의 속도의 y성분의 크기는 v_0이고, 속력은 $\sqrt{2}v_0$이다. $y = 2d$와 $y = 3d$ 사이의 전위차가 V_0이므로 $qV_0 = \frac{1}{2}m(\sqrt{2}v_0)^2 - \frac{1}{2}mv_0^2 = \frac{1}{2}mv_0^2$이고, $V_0 = \frac{mv_0^2}{2q}$이다.

05 저항의 연결

전원 장치를 b, c에 연결했을 때와 a, c에 연결했을 때 회로는 그림과 같이 구성된다.

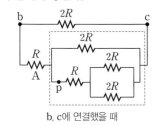

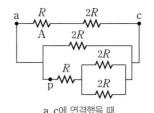

b, c에 연결했을 때   a, c에 연결했을 때

✗. 그림의 점선으로 표시된 부분의 합성 저항값은 R이고 전원 장치를 b, c에 연결했을 때 A와의 합성 저항값은 $2R$이므로 전체 합성 저항값은 R이다. 전원 장치를 a, c에 연결했을 때 합성 저항값은 $\frac{3}{4}R$이다. 전압이 일정할 때 저항의 소비 전력은 저항값에 반비례하

므로 전원 장치를 a, c에 연결했을 때 회로의 소비 전력은 $\frac{4}{3}P_0$이다.

㉡. a, c에 전원 장치를 연결했을 때 직렬연결된 A와 저항값이 $2R$인 저항 양단에 걸리는 전압의 비는 1 : 2이므로, A 양단에 걸린 전압은 $\frac{1}{3}V_0$이다. b, c에 전원 장치를 연결했을 때 A 양단에 걸린 전압은 $V = \frac{V_0}{2}$이므로 전원 장치를 a, c에 연결했을 때 A 양단에 걸린 전압은 $\frac{2}{3}V$이다.

✗. 전원 장치를 b, c에 연결했을 때 A에 흐르는 전류의 세기는 $\frac{V_0}{2R}$이고, 병렬연결된 저항에 흐르는 전류의 세기의 합과 같으므로 p에 흐르는 전류의 세기는 $\frac{V_0}{4R}$이다. 전원 장치를 a, c에 연결했을 때 p에 흐르는 전류의 세기는 $\frac{V_0}{2R}$이므로 p에 흐르는 전류의 세기는 전원 장치를 a, c에 연결했을 때가 b, c에 연결했을 때의 2배이다.

06 비저항과 저항의 연결

P와 Q에서 단면적과 길이의 비가 같고, 비저항은 P가 Q의 2배이므로 P의 저항값은 6 Ω이고, 병렬연결된 P와 Q의 합성 저항값은 2 Ω이다.

㉠. S가 닫혀 있을 때 R_1에는 전류가 흐르지 않고 P 양단에 걸린 전압이 R_2 양단에 걸린 전압의 2배이므로 R_2의 저항값은 1 Ω이다. S가 열려 있을 때 R_1, R_2 양단에 걸린 전압이 P 양단에 걸린 전압의 2배이므로 R_1, R_2의 합성 저항값은 4 Ω이다. 따라서 R_1의 저항값은 3 Ω이다.

㉡. 전원 장치의 전압을 V라 하면 R_2 양단에 걸린 전압은 S가 닫혀 있을 때는 $\frac{V}{3}$이고, S가 열려 있을 때는 $\frac{V}{6}$이다. 따라서 R_2의 소비 전력은 S가 닫혀 있을 때가 열려 있을 때의 4배이다.

✗. S가 열려 있을 때 R_1, R_2에 흐르는 전류의 세기는 P, Q에 흐르는 전류의 세기의 합과 같고, P, Q 양단에 걸리는 전압은 같으므로 전류의 세기는 Q에서가 P에서의 2배이다. 따라서 S가 열려 있을 때 R_1에 흐르는 전류의 세기는 P에 흐르는 전류의 세기의 3배이다.

08 트랜지스터와 축전기

닮은 꼴 문제로 유형 익히기

본문 63쪽

정답 ③

축전기의 전기 용량이 C, 축전기 양단에 걸리는 전압이 V일 때, 축전기에 저장된 전하량은 $Q=CV$이고, 축전기에 저장된 전기 에너지는 $E=\frac{1}{2}CV^2$이다.

ㄱ. A와 B의 전기 용량을 각각 C_A, C_B라고 할 때, B의 절반은 유전체로 채워져 있으므로 $C_A < C_B$이다. 축전기 양단에 걸리는 전압이 같을 때 축전기에 저장된 전하량은 축전기의 전기 용량에 비례하므로 ㉠은 B이고, ㉡은 A이다.

ㄴ. A의 극판의 면적을 S, 극판 사이의 간격을 d라 하면, A의 전기 용량은 $C_A=\varepsilon_0\frac{S}{d}$이다. 또한 B는 유전율이 각각 ε_0, ε_1이고, 극판의 면적이 $\frac{S}{2}$, 극판 사이의 간격이 d인 동일한 두 축전기가 병렬로 연결되어 있으므로 B의 전기 용량은 $C_B=\varepsilon_0\frac{S}{2d}+\varepsilon_1\frac{S}{2d}$이다. (나)에서 축전기의 전기 용량은 B가 A의 2배이므로 $\varepsilon_1=3\varepsilon_0$이다.

✗. 축전기 양단에 걸리는 전압이 같을 때 축전기에 저장된 전기 에너지는 축전기의 전기 용량에 비례한다. 축전기의 전기 용량은 B가 A의 2배이므로 전원 장치의 전압이 V일 때, 축전기에 저장된 전기 에너지는 B가 A의 2배이다.

수능 2점 테스트

본문 64~65쪽

01 ⑤	02 ⑤	03 ⑤	04 ③	05 ③
06 ①	07 ③	08 ⑤		

01 트랜지스터

전류가 증폭되는 회로에 연결된 트랜지스터의 이미터와 베이스 사이에는 순방향의 전압을, 베이스와 컬렉터 사이에는 역방향의 전압을 걸어 준다.

✗. 트랜지스터의 이미터와 베이스 사이에는 순방향의 전압이 걸리므로 A는 n형 반도체이다.

ㄴ. 트랜지스터의 이미터와 베이스 사이에는 순방향의 전압을, 베이스와 컬렉터 사이에는 역방향의 전압을 걸어 준다.

ㄷ. 이미터에 흐르는 전류의 세기는 베이스와 컬렉터에 흐르는 전류의 세기의 합과 같다. 따라서 $I_A=I_B+I_C$이다.

02 트랜지스터

전류가 증폭되는 회로에 연결된 트랜지스터의 이미터와 베이스 사이에는 순방향의 전압을, 베이스와 컬렉터 사이에는 역방향의 전압을 걸어 준다.

ㄱ. 이미터 단자에 전원의 (+)극이 연결되어 있으므로 트랜지스터는 p-n-p형 트랜지스터이다.

ㄴ. 전류는 전위가 높은 곳에서 낮은 곳으로 흐르므로 트랜지스터에서 전류가 증폭되고 있을 때, 이미터 단자의 전위는 베이스 단자의 전위보다 높다.

ㄷ. 트랜지스터에서 전류가 증폭되고 있을 때, 이미터에 흐르는 전류의 세기는 베이스와 컬렉터에 흐르는 전류의 세기의 합과 같다. 따라서 이미터 단자에 흐르는 전류의 세기는 컬렉터 단자에 흐르는 전류의 세기보다 크다.

03 트랜지스터의 증폭 작용

트랜지스터에서는 베이스에 약간의 전류만 흐르게 하여도 컬렉터에 큰 전류를 흐르게 할 수 있으며, 베이스 전류에 대한 컬렉터 전류의 비를 전류 증폭률이라 한다.

ㄱ. 트랜지스터의 이미터와 베이스 사이에는 순방향의 전압이 걸린다. 이미터와 베이스에 전원의 (−)극과 전원의 (+)극이 각각 연결되어 있으므로 A는 n-p-n형 트랜지스터이다.

ㄴ. 전류는 전위가 높은 곳에서 낮은 곳으로 흐르므로 베이스 단자가 이미터 단자보다 전위가 높다.

ㄷ. 베이스에 흐르는 전류에 대한 컬렉터에 흐르는 전류의 비를 전류 증폭률이라 한다. R_1과 R_2에는 각각 베이스 전류와 컬렉터 전류가 흐르므로 R_1에 흐르는 전류의 세기는 R_2에 흐르는 전류의 세기의 100배이다.

04 트랜지스터와 바이어스 전압

트랜지스터를 정상적으로 작동시키기 위해서는 이미터와 베이스 사이에 적절한 전압을 걸어 주어야 하는데, 이 전압을 바이어스 전압이라 한다.

ㄱ. 마이크에 입력된 신호가 증폭되어 스피커로 출력되어야 하므로 마이크는 베이스에, 스피커는 컬렉터에 연결되어야 한다. 따라서 X는 이미터 단자에 연결되어 있고, 이미터와 전원의 (+)극이 연결되어 있으므로 X는 p형 반도체이다.

ㄴ. 마이크에 입력된 신호가 증폭되어 스피커로 출력되어야 하므로 마이크는 베이스에, 스피커는 컬렉터에 연결되어야 한다. 따라서 마이크에 흐르는 전류의 세기는 스피커에 흐르는 전류의 세기보다 작다.

✗. R_1의 저항값을 증가시키면 R_1에 걸리는 전압은 증가하고, R_2에 걸리는 전압은 감소한다. 따라서 R_1의 저항값을 증가시키면 이미터와 베이스 사이에 걸리는 바이어스 전압이 증가한다.

05 축전기의 직렬연결

축전기가 직렬로 연결되어 있을 때, 각 축전기에 충전되는 전하량이 같다.

ㄱ. (가)에서 A와 B는 직렬로 연결되어 있으므로 A와 B에 충전된 전하량은 같다.

ㄴ. 동일한 축전기에서 두 극판 사이의 간격이 증가할수록 축전기의 전기 용량은 감소한다. B의 두 극판 사이의 간격이 (나)에서가 (가)에서의 2배이므로 B의 전기 용량은 (가)에서가 (나)에서의 2배이다.

✗. 동일한 축전기에 저장되는 전하량이 증가할수록 축전기에 저장된 전기 에너지는 증가한다. A의 전기 용량은 (가)에서와 (나)에서가 같지만 A에 충전된 전하량이 (가)에서와 (나)에서가 다르므로 A에 저장된 전기 에너지는 (가)에서와 (나)에서가 같지 않다.

별해 | (가)에서는 동일한 평행판 축전기 A, B가 직렬로 연결되어 있으므로 A의 전기 용량을 C, 전원의 전압을 V라 하면 A의 양단에 걸리는 전압은 $\frac{1}{2}V$이고 A에 저장되는 전기 에너지는 $U_{A가}=\frac{1}{8}CV^2$이다. 또한 (나)에서는 A, B의 전기 용량이 각각 C, $\frac{1}{2}C$이고 A, B에 충전된 전하량이 같으므로 A의 양단에 걸리는 전압은 $\frac{1}{3}V$이고 A에 저장되는 전기 에너지는 $U_{A나}=\frac{1}{18}CV^2$이다. 따라서 A에 저장된 전기 에너지는 (가)에서가 (나)에서보다 크다.

06 축전기의 병렬연결

축전기가 병렬로 연결되어 있을 때, 각 축전기 양단에 걸리는 전압은 같다.

✗. 극판의 면적과 극판 사이의 간격이 같은 평행판 축전기의 전기 용량은 축전기 내부에 채워진 유전체의 유전율에 비례한다. 축전기 내부에 채워진 유전체의 유전율은 B가 A의 2배이므로 축전기의 전기 용량은 B가 A의 2배이다.

Ⓛ. A와 B는 병렬로 연결되어 있으므로 A와 B 양단에 걸리는 전압은 같다. 축전기 양단에 걸리는 전압이 같을 때 축전기에 충전된 전하량은 축전기의 전기 용량에 비례하므로 축전기에 충전된 전하량은 B가 A의 2배이다.

✗. 축전기 양단에 걸리는 전압이 일정할 때, 축전기에 저장되는 전기 에너지는 축전기의 전기 용량에 비례한다. 축전기의 전기 용량은 B가 A의 2배이므로 축전기에 저장된 전기 에너지는 B가 A의 2배이다.

07 축전기의 전기 용량

두 극판의 면적이 S, 두 극판 사이의 간격이 d, 진공의 유전율이 ε_0인 평행판 축전기의 전기 용량은 $C=\varepsilon_0\frac{S}{d}$이다.

⋂. 동일한 축전기에서 두 극판 사이의 간격이 증가할수록 축전기의 전기 용량은 감소한다. B의 두 극판 사이의 간격이 (나)에서가 (가)에서의 2배이므로 축전기의 전기 용량은 (가)에서가 (나)에서의 2배이다.

Ⓛ. (나)에서 S를 열고 축전기의 극판 사이의 간격을 증가시켰으므로 축전기에 충전된 전하량은 일정하다. 따라서 축전기에 충전된 전하량은 (가)에서와 (나)에서가 같다.

✗. 동일한 축전기에 저장되는 전하량이 일정할 때, 축전기에 저장되는 전기 에너지는 축전기의 전기 용량에 반비례한다. 축전기의 전기 용량이 (가)에서가 (나)에서의 2배이므로 축전기에 저장된 전기 에너지는 (나)에서가 (가)에서의 2배이다.

08 축전기의 전기 용량

두 극판의 면적이 S, 두 극판 사이의 간격이 d, 진공의 유전율이 ε_0인 평행판 축전기의 전기 용량은 $C=\varepsilon_0\frac{S}{d}$이다.

⋂. 축전기의 전기 용량은 두 극판 사이의 간격에 반비례하므로 정전식 키보드의 글자판을 누르면 두 금속판 사이의 간격이 줄어 축전기의 전기 용량이 증가한다. 따라서 '증가하여'는 ⊙으로 적절하다.

Ⓛ. 축전기의 전기 용량은 두 극판의 면적에 비례하므로 키보드의 금속판 면적이 증가하면 축전기의 전기 용량이 증가한다.

Ⓒ. 키보드의 글자판을 누르면 축전기의 전기 용량이 증가한다. 동일한 축전기에 걸리는 전압이 일정할 때 축전기에 저장되는 전기 에너지는 축전기의 전기 용량에 비례하므로 키보드의 글자판을 누르면 축전기에 저장된 전기 에너지가 증가한다.

수능 **3점** 테·스·트   본문 66~68쪽

01 ⑤	02 ④	03 ①	04 ②	05 ③
06 ③				

01 트랜지스터

전류가 증폭되는 회로에 연결된 트랜지스터의 이미터와 베이스 사이에는 순방향의 전압을, 베이스와 컬렉터 사이에는 역방향의 전압을 걸어 준다.

✗. 이미터와 베이스 사이에 순방향 전압이 연결되어야 하고, 이미터에 전원의 (−)극이 연결되어 있으므로 이미터에 연결된 반도체는 n형 반도체이다. 따라서 트랜지스터는 n−p−n형 트랜지스터이고 X는 n형 반도체이다.

Ⓛ. 트랜지스터는 n−p−n형 트랜지스터이므로 베이스로 전류가 들어가서 이미터로 전류가 나온다. 따라서 B에 흐르는 전류의 방향은 a이다.

Ⓒ. R의 저항값을 증가시키면 이미터와 베이스 사이에 걸리는 전압이 증가한다. 따라서 이미터 단자에 흐르는 전류의 세기가 증가한다.

02 트랜지스터의 증폭 작용

트랜지스터에서는 베이스에 약간의 전류만 흐르게 하여도 컬렉터에 큰 전류를 흐르게 할 수 있다.

✗. 트랜지스터의 이미터와 베이스 사이에는 순방향의 전압이 걸린다. 이미터와 베이스에 전원의 (+)극과 (−)극이 각각 연결되어 있으므로 A는 p−n−p형 트랜지스터이다.

Ⓛ. p−n−p형 트랜지스터에서는 이미터에서 베이스로 이동하는 대다수의 양공이 컬렉터 쪽으로 확산된다. X는 컬렉터 단자이고, Y는 베이스 단자이므로 X에 흐르는 전류의 세기는 Y에 흐르는 전류의 세기보다 크다.

Ⓒ. 마이크에 입력된 신호가 증폭되어 스피커로 출력되어야 하므로 마이크는 베이스에, 스피커는 컬렉터에 연결되어야 한다. 따라서 ⓛ은 마이크이다.

03 축전기의 전기 용량

두 극판의 면적이 S, 두 극판 사이의 간격이 d, 두 극판 사이에 채워진 물질의 유전율이 ε인 평행판 축전기의 전기 용량은 $C=\varepsilon\dfrac{S}{d}$이다.

✗. (가)에서 두 극판 사이에 채워진 물질의 유전율이 A가 B의 2배이고, 두 극판 사이의 간격이 A가 B의 2배이므로 축전기의 전기 용량은 A와 B가 같다.

○. (가)에서 A, B의 전기 용량을 C, 전원의 전압을 V라 하면, (가)에서 A, B에 저장되는 전체 전하량은 $Q_가=2CV$이다. (나)에서는 A, B가 병렬로 연결되어 있으므로 A, B 양단에 걸리는 전압은 같고, S가 열려 있으므로 A, B에 저장되는 전체 전하량은 (가)에서와 같다. (나)에서 B의 전기 용량은 $\dfrac{1}{2}C$이므로 A, B 양단에 걸리는 전압을 $V_나$라 하면, $Q_가=Q_나$에서 $2CV=CV_나+\dfrac{1}{2}CV_나$이다. 따라서 $V_나=\dfrac{4}{3}V$이므로 B의 양단에 걸리는 전압은 (가)에서가 (나)에서의 $\dfrac{3}{4}$배이다.

✗. 축전기의 전기 용량을 C, 축전기 양단에 걸리는 전압을 V라 하면, 축전기에 저장된 전기 에너지는 $U=\dfrac{1}{2}CV^2$이다. B에 저장된 전기 에너지는 (가)에서가 $U_가=\dfrac{1}{2}CV^2$, (나)에서가 $U_나=\dfrac{1}{2}\times\dfrac{1}{2}C\left(\dfrac{4}{3}V\right)^2=\dfrac{4}{9}V^2$이므로 B에 저장된 전기 에너지는 (나)에서가 (가)에서의 $\dfrac{8}{9}$배이다.

04 축전기에 충전된 전하량

축전기 양단에 걸리는 전압이 V이고, 축전기의 전기 용량을 C라고 하면 축전기에 충전되는 전하량은 $Q=CV$이다.

✗. (가)에서 A, B가 직렬로 연결되어 있으므로 A, B에 충전된 전하량은 같다.

○. 축전기 양단에 걸리는 전압이 같을 때 축전기에 충전되는 전하량은 축전기의 전기 용량에 비례한다. (나)에서 A와 B에 각각 $2V_0$의 전압이 걸릴 때 충전되는 전하량이 A가 B의 2배이므로 축전기의 전기 용량은 A가 B의 2배이다.

✗. 축전기의 전기 용량을 C, 축전기에 충전된 전하량을 Q라 하면, 축전기에 저장된 전기 에너지는 $U=\dfrac{Q^2}{2C}$이다. 축전기에 저장된 전하량은 A와 B가 같고, 축전기의 전기 용량은 A가 B의 2배이므로 축전기에 저장된 전기 에너지는 B가 A의 2배이다.

05 축전기의 전기 용량

극판의 면적이 S, 극판 사이의 간격이 d, 진공의 유전율이 ε_0인 평행판 축전기의 전기 용량은 $C=\varepsilon_0\dfrac{S}{d}$이다.

○. 축전기의 극판의 면적을 S라 하면, 축전기의 전기 용량은 (가)에서가 $C_가=\varepsilon_0\dfrac{S}{d}$, (다)에서가 $C_다=2\varepsilon_0\dfrac{S}{2d}$이다. 따라서 축전기의 전기 용량은 (가)에서와 (다)에서가 같다.

✗. 축전기 양단에 걸리는 전압이 V일 때, 축전기에 충전된 전하량은 $Q=CV$이다. (나)에서 스위치를 열었으므로 축전기에 충전된 전하량은 (가)에서와 (나)에서가 $Q_나=Q_가=CV$로 같다. 또한 축전기의 전기 용량은 (가)에서와 (다)에서가 같고, 전원의 전압은 (가)에서와 (다)에서가 같다. 따라서 (다)에서 축전기에 충전된 전하량은 $Q_다=CV$이므로 축전기에 충전된 전하량은 (나)에서와 (다)에서가 같다.

○. 축전기에 충전된 전하량이 같을 때, 축전기에 저장된 전기 에너지는 축전기의 전기 용량에 반비례한다. 따라서 축전기의 전기 용량은 (다)에서가 (나)에서의 2배이므로 축전기에 저장된 전기 에너지는 (나)에서가 (다)에서의 2배이다.

06 축전기의 연결

축전기를 직렬로 연결하면 각 축전기에 충전되는 전하량이 같고, 축전기를 병렬로 연결하면 각 축전기 양단에 걸린 전압은 서로 같다.

○. (가)에서 A, B의 전기 용량이 같고, A, B는 직렬로 연결되어 있으므로 A, B에 저장되는 전하량도 같다. 따라서 (가)의 축전기에 저장된 전기 에너지는 A와 B가 같다.

○. (나)에서 B, C는 병렬로 연결되어 있으므로 B, C의 양단에 걸리는 전압이 같다. 또한 (나)에서 축전기에 저장된 전기 에너지는 B가 C의 2배이고, 축전기 양단에 걸리는 전압이 같을 때 축전기에 저장된 전기 에너지는 축전기의 전기 용량에 비례하므로 (나)에서 축전기의 전기 용량은 B가 C의 2배이다. 따라서 $\varepsilon_C=\varepsilon_0$이다.

✗. (나)에서 축전기의 전기 용량은 B가 C의 2배이고, B, C는 병렬로 연결되어 있으므로 B, C의 양단에 걸리는 전압은 서로 같다. 따라서 (나)에서 축전기에 저장되는 전하량은 B가 C의 2배이다.

09 전류에 의한 자기장

닮은 꼴 문제로 유형 익히기   본문 71쪽

정답 ⑤

(가)의 O에서 B, C에 의한 자기장의 방향이 $+y$방향이므로 B와 C에 흐르는 전류의 세기는 같다.

㉠. (가)의 O에서 B, C에 의한 자기장의 방향이 $+y$방향이므로 B와 C에 흐르는 전류의 방향은 각각 xy 평면에서 수직으로 나오는 방향과 xy 평면에 수직으로 들어가는 방향이다. 또한 (가)의 O에서 A, B, C에 의한 자기장의 방향이 x축과 45°의 각을 이루므로 A에 흐르는 전류의 방향은 xy 평면에서 수직으로 나오는 방향이다. 따라서 (가)에서 A와 B에 흐르는 전류의 방향은 같다.

㉡. (가)의 O에서 A, B, C에 의한 자기장의 방향이 x축과 45°의 각을 이루므로 O에서 A에 의한 자기장의 세기는 B, C에 의한 자기장의 세기와 같다. A와 C에 흐르는 전류의 세기를 각각 I_A, I_C라 하면 $k\dfrac{I_A}{2d}=2\times k\dfrac{I_C}{\sqrt{2}d}\times\dfrac{1}{\sqrt{2}}$이므로 $\dfrac{I_A}{2}=I_C$이다. 따라서 도선에 흐르는 전류의 세기는 A에서가 C에서의 2배이다.

㉢. O에서 A에 의한 자기장의 방향은 (가)에서는 $+x$방향이고, (나)에서는 xy 평면에 수직인 방향이다. 또한 O에서 B, C에 의한 자기장의 방향은 $+y$방향으로 (가)와 (나)에서 동일하다. 따라서 O에서 A에 의한 자기장의 방향과 B, C에 의한 자기장이 방향이 (가)와 (나)에서 모두 수직이고, A, B, C에 흐르는 전류의 세기는 (가)와 (나)에서 동일하므로 (나)의 O에서 A, B, C에 의한 자기장의 세기는 B_0이다.

수능 2점 테스트   본문 72~73쪽

01 ③	**02** ③	**03** ⑤	**04** ⑤	**05** ⑤
06 ⑤	**07** ③	**08** ⑤		

01 자기력선

자기력선은 N극에서 나와 S극으로 들어가고, 자기력선의 접선 방향이 자기장의 방향이다.

㉠. 같은 세기의 전류가 흐르는 두 직선 도선이 종이면에 수직으로 고정되어 있는 경우 각각의 도선에 흐르는 전류에 의한 자기장이 서로 중첩된다. 자기력선의 밀도가 O에서가 p에서보다 작으므로 A와 B 사이에서 A, B에 흐르는 전류에 의한 자기장의 방향은 서로 반대 방향이다. 따라서 전류의 방향은 A에서와 B에서가 같다.

✗. A와 B에 흐르는 전류의 세기가 같으므로 p, q에서 자기장의 방향은 각각 A, B에 흐르는 전류에 의한 자기장의 방향이다. A, B에 흐르는 전류의 방향이 같으므로 자기장의 방향은 p에서와 q에서가 서로 반대 방향이다.

㉢. 자기장의 세기는 자기장에 수직인 단위 면적을 지나는 자기력선의 밀도에 비례한다. O에서 자기장이 0이므로 자기력선의 밀도는 O에서가 r에서보다 작다. 따라서 자기장의 세기는 O에서가 r에서보다 작다.

02 직선 전류에 의한 자기장

직선 전류에 의한 자기장의 세기는 전류의 세기에 비례하고, 도선으로부터 떨어진 거리에 반비례한다.

㉠. p에서 A, B에 흐르는 전류에 의한 자기장이 0이므로 p에서 A와 B에 흐르는 전류에 의한 자기장의 방향은 서로 반대 방향이다. 따라서 B에 흐르는 전류의 방향은 $-y$방향이다.

㉡. p에서 A, B에 흐르는 전류에 의한 자기장이 0이므로 p에서 A, B에 흐르는 전류에 의한 자기장의 세기는 같다. 전류의 세기는 B가 A의 3배이므로 B에 흐르는 전류의 세기는 $3I_0$이다.

✗. O에서 A, B에 흐르는 전류에 의한 자기장의 방향은 xy 평면에 수직으로 들어가는 방향이다. 또한 q에서 전류에 의한 자기장의 세기는 A가 B보다 작으므로 q에서 A, B에 흐르는 전류에 의한 자기장의 방향은 xy 평면에서 수직으로 나오는 방향이다. 따라서 O와 q에서 A, B에 흐르는 전류에 의한 자기장의 방향은 서로 반대 방향이다.

03 직선 전류에 의한 자기장

p에서 A, B에 흐르는 전류에 의한 자기장의 세기가 $+y$방향이므로 p에서 A에 흐르는 전류에 의한 자기장의 x성분의 세기는 B에 흐르는 전류에 의한 자기장의 세기와 같다.

㉠. p에서 A, B에 흐르는 전류에 의한 자기장의 방향이 $+y$방향이므로 p에서 B에 흐르는 전류에 의한 자기장의 방향은 $+x$방향이다. 따라서 B에 흐르는 전류의 방향은 xy 평면에 수직으로 들어가는 방향이다.

㉡. A에 흐르는 전류의 세기를 I라 하면 B에 흐르는 전류의 세기는 $\dfrac{I}{2}$이고, p에서 A, B에 흐르는 전류에 의한 자기장의 세기는 $k\dfrac{I}{4d}$이다. 또한 q에서 A와 B에 흐르는 전류에 의한 자기장의 세기는 각각 $k\dfrac{I}{2d}$, $k\dfrac{\frac{1}{2}I}{2\sqrt{2}d}=k\dfrac{I}{4\sqrt{2}d}$이다. 따라서 A, B에 흐르는 전류에 의한 자기장의 세기는 p에서가 q에서보다 작다.

㉢. 전류의 세기가 A에서가 B에서보다 크므로 오른나사 법칙에 의해 r에서 A, B에 흐르는 전류에 의한 자기장의 방향은 $+y$방향이다.

04 직선 전류에 의한 자기장

직선 전류에 의한 자기장의 세기는 전류의 세기에 비례하고, 도선으로부터 떨어진 거리에 반비례한다.

㉠. 오른나사 법칙에 의해 P에서 전류에 의한 자기장의 방향은 종이면에 수직이다.

㉡. A에 흐르는 전류에 의한 자기장의 세기는 (가)의 P에서는 B_0이고, (나)의 Q에서는 $\dfrac{1}{2}B_0$이다. P와 Q에서 전류에 의한 자기장의 세

기는 B_0으로 같고 Q에서 A와 B에 흐르는 전류에 의한 자기장의 방향은 서로 수직이다. 따라서 Q에서 B에 흐르는 전류에 의한 자기장의 세기는 $\frac{\sqrt{3}}{2}B_0$이므로 B에 흐르는 전류의 세기는 $\frac{\sqrt{3}}{2}I$이다.

ㄷ. R에서 A와 B에 흐르는 전류에 의한 자기장의 세기는 각각 $\frac{1}{2}B_0$, $\frac{\sqrt{3}}{4}B_0$이다. 따라서 R에서 A, B에 흐르는 전류에 의한 자기장의 세기는 $\sqrt{\left(\frac{1}{2}B_0\right)^2+\left(\frac{\sqrt{3}}{4}B_0\right)^2}=\sqrt{\frac{7}{16}B_0{}^2}=\frac{\sqrt{7}}{4}B_0$이다.

05 직선 전류에 의한 자기장

직선 전류에 의한 자기장의 세기는 전류의 세기에 비례하고, 도선으로부터 떨어진 거리에 반비례한다.

ㄱ. p에서 A, B에 흐르는 전류에 의한 자기장의 세기는 (가)에서와 (나)에서가 같고, p에서 B에 흐르는 전류에 의한 자기장의 세기는 (가)에서가 (나)에서보다 크다. 따라서 B에 흐르는 전류의 방향은 xy 평면에 수직으로 들어가는 방향이고, (가)의 p에서 전류에 의한 자기장의 세기는 B가 A보다 크므로 (가)의 p에서 A, B에 흐르는 전류에 의한 자기장의 방향은 $+y$방향이다.

ㄴ. (가)의 p에서 A와 B에 흐르는 전류에 의한 자기장의 세기를 각각 B_A, $\frac{1}{2}B_B$라 하면, (가)에서 $\frac{1}{2}B_B-B_A=B_0$, (나)에서 $B_A-\frac{1}{3}B_B=B_0$이 각각 성립한다. 따라서 $B_A=5B_0$, $B_B=12B_0$이므로 B에 흐르는 전류의 세기는 $\frac{12}{5}I_0$이다.

ㄷ. q에서 A와 B에 흐르는 전류에 의한 자기장의 방향이 같으므로 q에서 A, B에 흐르는 전류에 의한 자기장의 세기는 $5B_0+12B_0=17B_0$이다.

06 원형 전류에 의한 자기장

O에서 A와 B에 흐르는 전류에 의한 자기장의 세기를 각각 B_A, B_B라 하면 $B_A-B_B=B_{\text{I}}$, $B_B-B_A=B_{\text{II}}$가 각각 성립한다.

ㄱ. I의 O에서 전류에 의한 자기장의 세기는 A가 B보다 크므로 I의 O에서 A, B에 흐르는 전류에 의한 자기장의 방향은 종이면에 수직으로 들어가는 방향으로 일정하다.

ㄴ. I에서 $B_A+B_B=2B_{\text{I}}$과 $B_A-B_B=B_{\text{I}}$을 연립하면 $B_B=\frac{1}{3}B_A$가 성립하고, II에서 $B_A+B_B=2B_{\text{II}}$와 $B_B-B_A=B_{\text{II}}$를 연립하면 $B_B=3B_A$가 성립한다. 따라서 $I_{\text{II}}=9I_{\text{I}}$이다.

ㄷ. I에서 $B_A-B_B=B_{\text{I}}$과 $B_B=\frac{1}{3}B_A$를 연립하면 $B_{\text{I}}=\frac{2}{3}B_A$가 성립하고, II에서 $B_B-B_A=B_{\text{II}}$와 $B_B=3B_A$를 연립하면 $B_{\text{II}}=2B_A$가 성립한다. 따라서 $3B_{\text{I}}=B_{\text{II}}$이다.

07 직선 전류와 원형 전류에 의한 자기장

(가)의 O에서 A와 B에 흐르는 전류에 의한 자기장의 세기를 각각 B_A, B_B라 하면, (가)와 (나)의 O에서 A, B에 흐르는 전류에 의한 자기장의 방향이 같으므로 $B_B-B_A=\frac{2}{3}\left(B_B-\frac{1}{2}B_A\right)$가 성립한다.

ㄱ. $B_B-B_A=\frac{2}{3}\left(B_B-\frac{1}{2}B_A\right)$에서 $B_B=2B_A$이므로 (가)의 O에

서 B에 흐르는 전류에 의한 자기장의 세기는 A에 흐르는 전류에 의한 자기장의 세기의 2배이다.

ㄴ. (나)의 O에서 B에 흐르는 전류에 의한 자기장의 세기가 A에 흐르는 전류에 의한 자기장의 세기보다 크므로 (나)의 O에서 A, B에 흐르는 전류에 의한 자기장의 방향은 xy 평면에서 수직으로 나오는 방향이다.

ㄷ. O에서 A, B에 흐르는 전류에 의한 자기장의 세기는 (가)에서 B_A이고, (나)에서 B에 흐르는 전류의 방향만을 반대로 하면 $\frac{1}{2}B_A+2B_A=\frac{5}{2}B_A$이다. 따라서 (나)에서 B에 흐르는 전류의 방향만을 반대로 하면, O에서 A, B에 흐르는 전류에 의한 자기장의 세기는 (가)에서가 (나)에서의 $\frac{2}{5}$배이다.

08 솔레노이드에 흐르는 전류에 의한 자기장

솔레노이드의 중심에서 솔레노이드에 흐르는 전류에 의한 자기장의 방향은 오른손의 네 손가락으로 솔레노이드에 흐르는 전류의 방향으로 코일을 감아쥘 때 엄지손가락이 가리키는 방향이다.

ㄱ. s에서 자기장의 방향이 $-x$방향이므로 q에서 솔레노이드의 전류에 의한 자기장의 방향은 $+x$방향이다.

ㄴ. q에서 솔레노이드의 전류에 의한 자기장의 방향이 $+x$방향이므로 솔레노이드에 흐르는 전류의 방향은 @ 방향이다.

ㄷ. 자기력선의 밀도가 클수록 자기장의 세기가 크다. 따라서 솔레노이드의 전류에 의한 자기장의 세기는 p에서가 r에서보다 작다.

수능 3점 테스트   본문 74~75쪽

01 ③   02 ⑤   03 ⑤   04 ③

01 직선 전류에 의한 자기장

O에서 A, B, C에 흐르는 전류에 의한 자기장의 세기는 x성분과 y성분이 같다.

ㄱ. x축상의 $x=d$인 점에서 A와 B에 흐르는 전류에 의한 자기장의 y성분은 $+y$방향이므로 C에 흐르는 전류에 의한 자기장의 방향은 $-y$방향이어야 한다. 따라서 C에 흐르는 전류의 방향은 xy 평면에서 수직으로 나오는 방향이다.

ㄴ. O에서 A, B, C에 흐르는 전류에 의한 자기장의 세기를 각각 B_A, B_B, $\frac{1}{2}B_C$라 하면, $B_A=B_B-\frac{1}{2}B_C$가 성립한다. 따라서 O에서 A에 흐르는 전류에 의한 자기장의 세기는 B에 흐르는 전류에 의한 자기장의 세기보다 작다.

ㄷ. x축상의 $x=d$인 점에서 A와 B에 흐르는 전류에 의한 자기장의 y성분이 0이므로 $\frac{B_A}{2}+\frac{B_B}{2}=B_C$이다. O에서 $B_A=B_B-\frac{1}{2}B_C$이므로 $B_C=\frac{4}{5}B_B$이고, B에 흐르는 전류의 세기는 I_0이므로 C에 흐르는 전류의 세기는 $\frac{4}{5}I_0$이다.

02 직선 전류에 의한 자기장

O에서 A, B, C에 흐르는 전류에 의한 자기장의 방향이 $+y$방향이 므로 A와 B에 흐르는 전류의 세기는 같다.

㉠. O에서 A, B, C에 흐르는 전류에 의한 자기장의 방향이 $+y$방 향이므로 O에서 A, B에 흐르는 전류에 의한 자기장은 0이다. 따라 서 A, B에 흐르는 전류의 방향은 서로 같다.

㉡. p에서 A까지의 거리는 p에서 B까지의 거리와 같다. 따라서 p 에서 A, B에 흐르는 전류에 의한 자기장은 0이므로 p에서 A, B, C 에 흐르는 전류에 의한 자기장의 방향은 C에 흐르는 전류에 의한 자 기장의 방향과 같은 $+y$방향이다.

㉢. O에서 C에 흐르는 전류에 의한 자기장의 세기를 B_0이라 하면, q에서 C에 흐르는 전류에 의한 자기장의 세기는 $\frac{1}{\sqrt{2}}B_0$이고, q에서 A와 B에 흐르는 전류에 의한 자기장의 세기는 각각 B_0, $\frac{1}{3}B_0$이다. 따라서 q에서 A, B, C에 흐르는 전류에 의한 자기장의 세기는 $\sqrt{\left(B_0-\frac{1}{3}B_0\right)^2+\left(\frac{1}{\sqrt{2}}B_0\right)^2}=\sqrt{\frac{4}{9}B_0{}^2+\frac{1}{2}B_0{}^2}=\frac{\sqrt{34}}{6}B_0$이다.

03 직선 전류와 원형 전류에 의한 자기장

p에서 A, B에 흐르는 전류에 의한 자기장이 0이므로 B에 흐르는 전 류의 세기를 I_0이라 하면 A에 흐르는 전류의 세기는 $4I_0$이다.

✗. O에서 A, B, C에 흐르는 전류에 의한 자기장이 0이고 O에서 전류에 의한 자기장의 세기는 A가 B보다 크다. 따라서 O에서 전류 에 의한 자기장의 방향은 A와 C가 반대이다.

㉡. O에서 A와 B에 흐르는 전류에 의한 자기장의 세기는 각각 $2B_0$, $\frac{1}{3}B_0$이다. 따라서 O에서 C에 흐르는 전류에 의한 자기장의 세 기는 $\frac{5}{3}B_0$이다.

㉢. A에 흐르는 전류의 방향만을 반대로 하면, O에서 A, B, C에 흐르는 전류에 의한 자기장의 방향은 모두 같다. 따라서 O에서 A, B, C에 흐르는 전류에 의한 자기장의 세기는 $2B_0+\frac{1}{3}B_0+\frac{5}{3}B_0$ $=4B_0$이다.

04 솔레노이드에 흐르는 전류에 의한 자기장

솔레노이드의 중심에서 솔레노이드에 흐르는 전류에 의한 자기장의 세기는 전류의 세기 및 단위 길이당 도선의 감은 수에 비례한다.

㉠. (나)와 (다)에서 자침의 N극이 서쪽으로 회전하였으므로 솔레노 이드의 중심에서 솔레노이드에 흐르는 전류에 의한 자기장의 방향은 서쪽이다. 따라서 a는 (+)극이다.

㉡. 지구 자기장의 세기를 B_0이라 하면, (나)와 (다)에서 솔레노이드 에 흐르는 전류에 의한 자기장의 세기는 각각 $B_0\tan30°$, $B_0\tan45°$ 이다. 따라서 솔레노이드에 흐르는 전류에 의한 자기장의 세기는 (다) 에서가 (나)에서의 $\sqrt{3}$배이다.

✗. 전원 장치의 전압이 일정할 때, 솔레노이드에 흐르는 전류의 세 기는 가변 저항기의 저항값에 반비례한다. 따라서 ㉠은 $\frac{R}{\sqrt{3}}$이다.

10 전자기 유도와 상호유도

닮은꼴 문제로 유형 익히기

본문 78쪽

정답 ③

O와 A가 이루는 선분이 y축과 이루는 각 θ에 따른 Ⅰ, Ⅱ, Ⅲ의 자 기장이 고리면을 통과하는 자기 선속의 변화는 다음과 같다.

θ	Ⅰ의 자기 선속	Ⅱ의 자기 선속	Ⅲ의 자기 선속
$0\leq\theta<\frac{\pi}{2}(\cdots①)$	증가	일정	감소
$\frac{\pi}{2}\leq\theta<\pi(\cdots②)$	일정	감소	없음
$\pi\leq\theta<\frac{3\pi}{2}(\cdots③)$	감소	없음	증가

㉠. ①과 ③에서 Ⅰ, Ⅱ, Ⅲ의 자기장이 고리면을 통과하는 자기 선속 의 변화는 서로 반대이며, 고리에 유도되는 전류의 세기는 $\theta=\frac{5\pi}{4}$일 때가 $\theta=\frac{\pi}{4}$일 때의 2배이므로 $\omega_2=2\omega_1$이다.

㉡. 고리의 넓이를 $2S$라 하면, Ⅰ, Ⅱ의 자기장이 고리면을 통과하는 자기 선속의 크기는 $\theta=\frac{\pi}{2}$일 때는 $B_\text{Ⅰ}S+B_\text{Ⅱ}S$이고, $\theta=\pi$일 때는 $B_\text{Ⅰ}S$이다. 따라서 $B_\text{Ⅱ}=2B_\text{Ⅰ}$이다.

✗. $\theta=\frac{\pi}{4}$일 때와 $\theta=\frac{5\pi}{4}$일 때 금속 고리는 O와 고리상의 점 A가 이루는 선분을 기준으로 대칭으로 있고, 자기 선속의 변화는 $\theta=\frac{\pi}{4}$ 일 때와 $\theta=\frac{5\pi}{4}$일 때가 서로 반대이다. 따라서 고리에서 O와 고리상 의 점 A가 이루는 선분에 유도되는 전류의 방향은 $\theta=\frac{\pi}{4}$일 때와 $\theta=\frac{5\pi}{4}$일 때가 같은 방향이다.

수능 2점 테스트

본문 79~81쪽

01 ③	02 ③	03 ①	04 ④	05 ⑤
06 ③	07 ①	08 ⑤	09 ①	10 ④
11 ⑤	12 ⑤			

01 자기 선속

자기장의 세기가 B, 자기장을 통과하는 정사각형 도선 내부의 수직 자기장 영역의 면적이 S일 때 정사각형 도선을 수직으로 통과하는 자 기 선속은 $\Phi=B\times S$이다.

③ A, B, C를 통과하는 자기 선속은 각각

$\Phi_\text{A}=B_0\times d^2=B_0d^2$, $\Phi_\text{B}=B_0\times d^2=B_0d^2$

$\Phi_\text{C}=2B_0\times 4d^2=8B_0d^2$이다. 따라서 A, B, C를 통과하는 자기 선 속의 비는 1 : 1 : 8이다.

02 전자기 유도

막대자석이 코일에 가까이 가면 코일을 통과하는 자기 선속이 증가하므로 자기 선속을 감소시키는 방향으로 유도 전류가 흐르고, 막대자석이 코일에서 멀어지면 코일을 통과하는 자기 선속이 감소하므로 자기 선속을 증가시키는 방향으로 유도 전류가 흐른다.

ㄱ. 코일을 통과하는 자기 선속은 막대자석과 코일 사이의 거리가 작을수록 크다. 코일로부터 N극까지의 거리는 $\frac{1}{2}t_0$일 때가 $\frac{9}{2}t_0$일 때보다 작으므로 코일을 통과하는 자기 선속은 $\frac{1}{2}t_0$일 때가 $\frac{9}{2}t_0$일 때보다 크다.

ㄴ. 코일에 흐르는 유도 전류의 세기는 막대자석의 속력이 클수록 크다. 막대자석의 속력은 $\frac{5}{4}t_0$일 때가 $\frac{9}{4}t_0$일 때보다 작으므로 코일에 흐르는 유도 전류의 세기는 $\frac{5}{4}t_0$일 때가 $\frac{9}{4}t_0$일 때보다 작다.

✗. $3t_0$일 때, 막대자석의 N극과 코일이 멀어지므로 코일을 통과하는 자기 선속이 감소한다. 따라서 자기 선속을 증가시키는 방향으로 유도 전류가 흘러야 하므로 검류계에는 ⓐ와 반대 방향으로 유도 전류가 흐른다.

03 전자기 유도

막대자석이 원형 도선과 가까워질 때는 서로 미는 방향의 자기력이 작용하고, 막대자석이 원형 도선과 멀어질 때는 서로 당기는 방향의 자기력이 작용한다.

ㄱ. 막대자석이 올라가면서 q를 지날 때 원형 도선을 통과하는 자기 선속이 감소한다. 따라서 자기 선속을 증가시키는 방향으로 유도 전류가 흘러야 하므로 원형 도선에 흐르는 유도 전류의 방향은 ⓐ 방향이다.

✗. 막대자석과 원형 도선 사이에 작용하는 자기력은 막대자석이 올라가면서 p를 지날 때는 서로 미는 방향으로, 막대자석이 올라가면서 q를 지날 때는 서로 당기는 방향으로 작용한다. 따라서 막대자석에 작용하는 자기력의 방향은 막대자석이 올라가면서 p를 지날 때와 올라가면서 q를 지날 때 서로 같은 방향이다.

✗. 막대자석이 원형 도선을 통과하는 과정에서 전자기 유도에 의해 원형 도선에 유도 전류가 흐른다. 따라서 막대자석의 역학적 에너지는 감소하므로 막대자석의 역학적 에너지는 p를 처음 통과할 때가 내려오면서 다시 p를 지날 때보다 크다.

04 전자기 유도

자석 주위에서 직사각형 도선을 움직이면 직사각형 도선을 통과하는 자기 선속이 변하여 직사각형 도선에 전류가 흐른다.

ㄱ. 자기장의 세기가 같을 때, 자기 선속은 자기장이 통과하는 면적이 클수록 크다. 자기장이 통과하는 면적이 (가)에서가 (나)에서보다 크므로 도선을 통과하는 자기 선속은 (가)에서가 (나)에서보다 크다.

✗. 도선에 흐르는 유도 전류의 세기는 도선을 통과하는 자기 선속의 시간에 따른 변화율에 비례한다. 자기 선속의 시간에 따른 변화율은 (가)에서가 (나)에서보다 작으므로 도선에 흐르는 유도 전류의 세기는 (가)에서가 (나)에서보다 작다.

ㄷ. (나)의 직후에는 도선을 통과하는 자기 선속이 증가하므로 자기

선속을 감소시키는 방향으로 유도 전류가 흐른다. 따라서 (나)에서 도선에 흐르는 유도 전류의 방향은 b → 저항 → a이다.

05 전자기 유도

A와 C에 유도되는 기전력의 크기가 같고 $B_1 \neq B_2$이므로 C를 통과하는 자기 선속의 변화량은 Ⅰ에서가 Ⅱ에서보다 작다.

ㄱ. B에 흐르는 유도 전류의 방향이 시계 방향이므로 Ⅱ의 자기장의 방향은 xy 평면에 수직으로 들어가는 방향이다. 또한 A와 C에 유도되는 기전력의 크기가 같고, $B_1 \neq B_2$이므로 Ⅰ의 자기장의 방향은 xy 평면에서 수직으로 나오는 방향이다.

ㄴ. A와 C에 유도되는 기전력의 크기가 같으므로 A와 C의 단위 시간당 자기 선속의 변화량의 크기는 같다. A, B, C의 속력을 v, 모눈의 간격을 d라 하면 A의 단위 시간당 자기 선속의 변화량의 크기는 $3B_1vd$이고, C의 단위 시간당 자기 선속의 변화량의 크기는 $B_2vd - 2B_1vd$이다. 따라서 $5B_1 = B_2$이다.

ㄷ. 면적의 변화량이 같을 때 유도 기전력의 크기는 자기장의 세기에 비례한다. $5B_1 = B_2$이므로 유도 기전력의 크기는 B가 A의 5배이다.

06 전자기 유도

유도 기전력의 크기는 원형 도선을 통과하는 단위 시간당 자기 선속의 변화량의 크기에 비례한다.

ㄱ. 자기 선속은 자기장의 세기에 비례하므로 도선을 통과하는 자기장에 의한 자기 선속은 $1.5t_0$일 때가 $3t_0$일 때보다 크다.

✗. $0.5t_0$일 때, 도선을 통과하는 자기 선속이 증가하므로 자기 선속의 증가를 방해하는 방향으로 유도 전류에 의한 자기장이 형성되도록 유도 전류가 흐른다. 따라서 $0.5t_0$일 때, 유도 전류는 b → 저항 → a 방향으로 흐른다.

ㄷ. $2.5t_0$일 때, 유도 기전력의 크기는 $V = \pi d^2 \times \frac{1.5B_0}{t_0} = \frac{3B_0\pi d^2}{2t_0}$ 이므로 $2.5t_0$일 때 저항에 흐르는 유도 전류의 세기는 $\frac{3B_0\pi d^2}{2Rt_0}$이다.

07 전자기 유도

p가 $x = 2.5d$를 지날 때 p에 흐르는 유도 전류의 방향이 $+y$방향이므로 Ⅱ에서 자기장의 방향은 종이면에서 수직으로 나오는 방향이다.

ㄱ. p에 흐르는 유도 전류의 세기는 p가 $x = 1.5d$를 지날 때가 $x = 0.5d$를 지날 때의 3배이고, 자기장의 방향은 Ⅰ에서와 Ⅱ에서가 서로 반대 방향이므로 Ⅱ에서 자기장의 세기는 $2B_0$이다.

✗. p가 $x = 1.5d$를 지날 때, Ⅰ에서 자기 선속의 감소 및 Ⅱ에서 자기 선속의 증가에 의한 유도 전류가 흐른다. 따라서 p가 $x = 1.5d$를 지날 때, p에 흐르는 유도 전류의 방향은 $-y$방향이다.

✗. 유도 기전력의 크기는 단위 시간당 자기 선속의 변화량과 같으므로 p가 $x = 2.5d$를 지날 때, 금속 고리에 유도되는 기전력의 크기는 $2B_0vd$이다.

08 전자기 유도

금속 막대가 $x = 2d$를 지날 때, Ⅰ에서 자기 선속의 변화는 없고 Ⅱ에서 자기 선속의 변화에 의한 유도 전류가 흐른다.

ㄱ. 단위 시간당 자기 선속의 변화량의 크기는 금속 막대가 $x=d$를 지날 때와 $x=3d$를 지날 때가 같으므로 Ⅰ에서와 Ⅱ에서의 자기장의 세기는 같다. 따라서 Ⅱ에서 자기장의 세기는 B_0이다.

ㄴ. 금속 막대가 $x=d$를 지날 때는 Ⅰ에서 자기 선속이 증가하고, 금속 막대가 $x=3d$를 지날 때는 Ⅱ에서 자기 선속이 증가한다. Ⅰ에서와 Ⅱ에서의 자기장의 세기가 B_0으로 같으므로 금속 고리에 흐르는 유도 전류의 세기는 $x=d$를 지날 때와 $x=3d$를 지날 때가 같다.

ㄷ. 금속 막대가 $x=3d$를 지날 때, 금속 고리에 유도되는 기전력의 크기는 $2B_0vd$이다. 따라서 금속 막대가 $x=3d$를 지날 때, 금속 고리에 흐르는 유도 전류의 세기는 $\dfrac{2B_0vd}{R}$이다.

09 전자기 유도

금속 고리에 흐르는 유도 전류의 세기는 단위 시간당 금속 고리를 통과하는 자기 선속의 변화량의 크기에 비례한다.

ㄱ. 자기장 영역에 걸쳐 있는 면적은 Ⅰ에서가 Ⅱ에서의 3배이고, 1초일 때 자기장 변화량의 크기는 B_1이 B_2의 $\dfrac{2}{3}$배이다. 따라서 1초일 때 자기 선속의 변화량은 Ⅰ에서가 Ⅱ에서의 2배이므로 1초일 때, 금속 고리에는 시계 방향으로 유도 전류가 흐른다.

✗. 3초일 때, Ⅰ에서 자기장은 감소하고 Ⅱ에서 자기장은 일정하다. 따라서 3초일 때, 금속 고리에는 시계 반대 방향으로 유도 전류가 흐른다.

✗. 유도 기전력의 크기는 단위 시간당 자기 선속의 변화량의 크기에 비례하므로 4초일 때, 금속 고리에 유도되는 기전력의 크기는 $12d^2 \times 2B_0 = 24B_0d^2$이다.

10 전자기 유도

자기장의 세기가 B_0으로 일정하고 자기장이 통과하는 도선의 면적이 S일 때, 도선에 유도되는 기전력의 크기는 $V = B_0 \dfrac{\Delta S}{\Delta t}$이다.

✗. $\dfrac{T}{8}$일 때, 도선을 통과하는 Ⅰ영역의 자기 선속은 감소하고, Ⅱ영역의 자기 선속은 증가한다. 따라서 $\dfrac{T}{8}$일 때, 도선에는 시계 반대 방향으로 유도 전류가 흐른다.

ㄴ. $\dfrac{3}{8}T$일 때, 도선을 통과하는 Ⅱ영역의 자기 선속은 감소하고, Ⅲ영역의 자기 선속은 증가한다. 또한 $\dfrac{5}{8}T$일 때, 도선을 통과하는 Ⅲ영역의 자기 선속은 감소하므로 도선을 통과하는 자기 선속의 변화량의 크기는 $\dfrac{3}{8}T$일 때가 $\dfrac{5}{8}T$일 때의 2배이다. 따라서 도선에 유도되는 기전력의 크기는 $\dfrac{3}{8}T$일 때가 $\dfrac{5}{8}T$일 때의 2배이다.

ㄷ. $\dfrac{7}{8}T$일 때, 도선을 통과하는 Ⅰ영역의 자기 선속이 증가한다. 따라서 도선을 통과하는 자기 선속의 변화량은 $\Delta\Phi = \Delta B_0 S = B_0 \times \left(\dfrac{1}{2}r^2\dfrac{2\pi}{T}\Delta t\right)$이므로 $\dfrac{7}{8}T$일 때, 도선에 유도되는 기전력의 크기는 $\dfrac{\pi B_0 r^2}{T}$이다.

11 상호유도의 이용

1차 코일에 흐르는 전류가 변할 때 2차 코일에 유도 기전력이 발생하는 현상을 상호유도라 한다.

ㄱ. 1차 코일 내부에서 오른쪽 방향으로 전류에 의한 자기장이 형성되었으므로 ㉠은 (+)극이다.

ㄴ. 1차 코일에 흐르는 전류의 세기가 증가하는 동안 1차 코일에 흐르는 전류에 의한 자기장의 세기가 증가하여 2차 코일 내부를 통과하는 자기 선속이 증가한다. 따라서 자기 선속의 변화를 방해하는 방향으로 유도 전류가 흐르므로 2차 코일에는 a → 검류계 → b 방향으로 유도 전류가 흐른다.

ㄷ. 1차 코일의 스위치를 열어 1차 코일에 흐르는 전류의 세기가 감소하면 2차 코일 내부를 통과하는 자기 선속이 감소한다. 따라서 자기 선속의 변화를 방해하는 방향으로 유도 전류가 흐르므로 2차 코일에는 b → 검류계 → a 방향으로 유도 전류가 흐른다.

12 변압기와 전자기 유도

변압기는 1차 코일과 2차 코일을 동일한 철심에 감아 두 코일 사이에 상호유도가 잘 일어나게 한 것으로, 1차 코일과 2차 코일의 감은 수의 비에 따라 전압을 변화시키는 장치이다.

ㄱ. $N_1 : N_2 = 2 : 1$이고, 교류 전원의 전압이 100 V이므로 2차 코일에 유도되는 전압은 50 V이다.

ㄴ. 2차 코일에 유도되는 전압은 50 V이고 저항의 저항값이 25 Ω이므로 저항에 흐르는 전류의 세기는 2 A이다.

ㄷ. 1차 코일에 공급되는 전력은 2차 코일에 연결된 저항에서 소모되는 전력과 같다. 따라서 1차 코일에 공급되는 전력은 $\dfrac{(50 \text{ V})^2}{25 \ \Omega}$ $=100$ W이다.

수능 3점 테스트 본문 82~84쪽

01 ②   02 ⑤   03 ①   04 ①   05 ⑤
06 ④

01 자기 선속과 전자기 유도

임의의 면을 지나가는 자기력선의 총 개수를 자기 선속이라 하고, 자기장의 세기가 B, 도선의 단면적이 S, 자기장과 면의 법선이 이루는 각이 θ일 때 자기 선속은 $\Phi = BS\cos\theta$이다.

✗. $t = \dfrac{1}{2}t_0$일 때, a는 b보다 위쪽에 있고, 도선을 통과하는 자기 선속이 증가하므로 유도 전류의 방향은 a → 저항 → b이다.

✗. $t = 3t_0$일 때, 자기 선속의 변화량이 0이므로 유도 기전력의 크기는 0이다.

ㄷ. 도선의 각속도만을 2배로 증가시키면 단위 시간당 자기 선속의 변화량이 2배로 증가한다. 따라서 $t = 2t_0$일 때 유도 기전력의 크기는 2배로 증가한다.

02 전자기 유도

p에 흐르는 유도 전류의 세기는 p가 $x=2.5d$를 지날 때와 $x=3.5d$

를 지날 때가 같으므로 p가 $x=2.5d$를 지날 때와 $x=3.5d$를 지날 때의 자기 선속의 변화량의 크기가 같다.

㉠ 금속 고리의 단면적을 S라 하면, p가 $x=3.5d$를 지날 때 자기 선속의 변화량의 크기가 $2B_0\frac{\Delta S}{\Delta t}$이므로 p가 $x=2.5d$를 지날 때 자기 선속의 변화량의 크기도 $2B_0\frac{\Delta S}{\Delta t}$이다. p가 $x=2.5d$를 지날 때와 $x=3.5d$를 지날 때 유도 전류의 방향이 서로 반대 방향이므로 Ⅱ에서 자기장의 세기는 $3B_0$이고, 자기장의 방향은 xy 평면에 수직으로 들어가는 방향이다.

㉡ p가 $x=2.5d$를 지날 때, 금속 고리를 통과하는 자기 선속은 증가한다. 따라서 p에 흐르는 유도 전류의 방향은 $+y$방향이다.

㉢ p가 $x=0.5d$를 지날 때 자기 선속의 변화량의 크기는 $B_0\frac{\Delta S}{\Delta t}$이고, p가 $x=4.5d$를 지날 때 자기 선속의 변화량의 크기는 $3B_0\frac{\Delta S}{\Delta t}+B_0\frac{\Delta S}{\Delta t}=4B_0\frac{\Delta S}{\Delta t}$이다. 따라서 p에 흐르는 유도 전류의 세기는 p가 $x=4.5d$를 지날 때가 $x=0.5d$를 지날 때의 4배이다.

03 전자기 유도

정사각형 도선에 흐르는 유도 전류의 세기는 단위 시간당 도선을 통과하는 자기 선속의 변화량의 크기에 비례한다.

㉠ $\frac{1}{8}T$일 때, A의 내부를 통과하는 xy 평면에 수직으로 들어가는 방향의 자기 선속이 감소하고 있으므로 p에 흐르는 유도 전류의 방향은 $-y$방향이다.

✗ p에 흐르는 유도 전류의 세기는 A의 내부를 통과하는 자기 선속의 변화량의 크기에 비례한다. 자기장의 세기가 Ⅰ에서가 Ⅱ에서의 2배이므로 A의 내부를 통과하는 단위 시간당 자기 선속의 변화량의 크기는 $\frac{1}{8}T$일 때가 $\frac{3}{8}T$일 때의 2배이다. 따라서 p에 흐르는 유도 전류의 세기는 $\frac{1}{8}T$일 때가 $\frac{3}{8}T$일 때의 2배이다.

✗ A에 유도되는 기전력의 크기는 A의 내부를 통과하는 단위 시간당 자기 선속의 변화량의 크기에 비례한다. A의 내부를 통과하는 단위 시간당 자기 선속의 변화량의 크기는 $\frac{5}{8}T$일 때가 $\frac{7}{8}T$일 때보다 작으므로 A에 유도되는 기전력의 크기는 $\frac{5}{8}T$일 때가 $\frac{7}{8}T$일 때보다 작다.

04 전자기 유도

p가 $x=d$를 지날 때와 $x=7d$를 지날 때 p에 흐르는 유도 전류의 방향이 같으므로 Ⅲ에서 자기장의 방향은 xy 평면에서 수직으로 나오는 방향이다.

㉠ p가 $x=7d$를 지날 때 금속 고리가 Ⅲ을 지나는 면적은 p가 $x=d$를 지날 때 금속 고리가 Ⅰ을 지나는 면적의 2배이므로 Ⅲ에서 자기장의 세기는 $2B_0$이다. 또한 p가 $x=5d$를 지날 때 p에는 유도 전류가 흐르지 않으므로 자기 선속의 변화량이 0이다. 따라서 Ⅱ에서 자기장의 세기는 $5B_0$이고, 방향은 xy 평면에서 수직으로 나오는 방향이다.

✗ p가 $x=d$를 지날 때 금속 고리를 통과하는 Ⅰ영역의 자기 선속

이 증가하고, p가 $x=3d$를 지날 때 금속 고리를 통과하는 Ⅱ영역의 자기 선속이 증가한다. 자기장의 세기는 Ⅰ이 Ⅱ보다 작으므로 p에 흐르는 유도 전류의 세기는 p가 $x=d$를 지날 때가 $x=3d$를 지날 때보다 작다.

✗ p가 $x=3d$를 지날 때 금속 고리를 통과하는 Ⅱ영역의 자기 선속이 증가하고, p가 $x=7d$를 지날 때 금속 고리를 통과하는 Ⅲ영역의 자기 선속이 감소한다. Ⅱ에서와 Ⅲ에서 자기장의 방향은 같은 방향이므로 p에 흐르는 유도 전류의 방향은 $x=3d$를 지날 때와 $x=7d$를 지날 때가 반대이다.

05 전자기 유도

$t=0$일 때 금속 고리를 통과하는 Ⅰ의 면적은 $\frac{\pi d^2}{4}$이고, $t=\frac{T}{2}$일 때 금속 고리를 통과하는 Ⅱ의 면적은 $\frac{\pi(2d)^2}{4}-\frac{\pi d^2}{4}=\frac{3\pi d^2}{4}$이다.

㉠ $t=\frac{1}{8}T$일 때 금속 고리를 통과하는 Ⅰ에서 자기 선속이 감소하고, $t=\frac{3}{8}T$일 때 금속 고리를 통과하는 Ⅱ에서 자기 선속이 증가한다. $\frac{1}{8}T$일 때와 $\frac{3}{8}T$일 때 금속 고리에 흐르는 유도 전류의 세기와 방향이 같으므로 Ⅰ과 Ⅱ에서 자기장의 방향은 서로 반대 방향이다.

㉡ 금속 고리에 흐르는 유도 전류는 $t=\frac{1}{8}T$일 때와 $t=\frac{3}{8}T$일 때가 같고, $t=\frac{T}{2}$일 때 금속 고리를 통과하는 Ⅱ의 면적은 $t=0$일 때 금속 고리를 통과하는 Ⅰ의 면적의 3배이므로 Ⅱ에서 자기장 세기는 $\frac{1}{3}B_0$이다.

㉢ $t=\frac{5}{8}T$일 때, 금속 고리를 통과하는 Ⅱ영역의 자기 선속이 감소한다. 따라서 금속 고리를 통과하는 자기 선속의 변화량의 크기는 $\Delta\Phi=\frac{1}{3}B_0\times\frac{3}{4}\times\left(\frac{1}{2}4d^2\frac{2\pi}{T}\Delta t\right)$이므로 금속 고리에 흐르는 유도 전류의 세기는 $I=\frac{V}{R}=\frac{1}{R}\times\frac{\Delta\Phi}{\Delta t}=\frac{\pi B_0 d^2}{RT}$이다.

06 변압기와 전자기 유도

변압기는 1차 코일과 2차 코일을 동일한 철심에 감아 두 코일 사이에 상호유도가 잘 일어나게 한 것으로, 1차 코일과 2차 코일의 감은 수의 비에 따라 전압을 변화시키는 장치이다.

✗ 1차 코일과 2차 코일의 감은 수가 각각 N, $2N$이고, 교류 전원의 전압이 V_0이므로 2차 코일에 유도되는 전압은 $2V_0$이다.

㉡ 스위치를 닫기 전, 2차 코일에는 저항값이 각각 R, $2R$인 저항이 서로 직렬로 연결되어 있으므로 저항값이 R인 저항에 흐르는 전류의 세기는 $\frac{2V_0}{3R}$이다.

㉢ 저항값이 R인 저항에 흐르는 전류의 세기는 스위치를 닫기 전에는 $\frac{2V_0}{3R}$이고, 스위치를 닫은 후에는 $\frac{V_0}{R}$이다. 저항값이 같을 때 저항의 소비 전력은 전류의 제곱에 비례하므로 저항값이 R인 저항의 소비 전력은 스위치를 닫기 전이 스위치를 닫은 후의 $\frac{4}{9}$배이다.

11 전자기파의 간섭과 회절

닮은 꼴 문제로 유형 익히기 | 본문 86쪽

정답 ②

이중 슬릿을 이용한 빛의 간섭에서 이웃한 밝은 무늬 사이의 간격
$\Delta x = \dfrac{L\lambda}{d}$ 이므로 빛의 파장 λ, 슬릿과 스크린 사이의 거리 L에 각각
비례하고 슬릿 사이의 간격 d에 반비례한다.

② (나)에서 파장이 각각 λ_1, λ_2일 때 스크린에 생긴 간섭무늬 중 이
웃한 밝은 무늬 사이의 간격을 각각 Δx_1과 Δx_2라 하면 $\overline{OP} = 3\Delta x_1$
$= \dfrac{3}{2}\Delta x_2$이다. 따라서 $\Delta x_1 = \dfrac{L\lambda_1}{d}$, $\Delta x_2 = \dfrac{L\lambda_2}{d}$이므로 $\dfrac{\Delta x_1}{\Delta x_2} = \dfrac{1}{2}$에
의해 $\dfrac{\lambda_1}{\lambda_2} = \dfrac{1}{2}$이다.

수능 2점 테스트
본문 87~88쪽

01 ⑤	02 ①	03 ②	04 ①	05 ⑤
06 ①	07 ③	08 ⑤		

01 이중 슬릿 실험

이중 슬릿을 이용한 빛의 간섭에서 이웃한 밝은 무늬 사이의 간격은
$\Delta x = \dfrac{L}{d}\lambda$이므로 빛의 파장 λ, 이중 슬릿과 스크린 사이의 거리 L에
각각 비례하고, 슬릿 사이의 간격 d에 반비례한다.

⑤ 이중 슬릿과 나란한 축의 방향의 좌우로 간섭무늬가 서로 대칭하
여 나타난다. 따라서 (나)의 A는 y축과 나란한 이중 슬릿에 의해 나
타난 간섭무늬이며, (나)의 B는 x축과 나란한 이중 슬릿에 의해 나타
난 간섭무늬이다. 또한, 레이저의 파장과 이중 슬릿과 스크린 사이의
거리가 같고 $\Delta x > \Delta y$이므로 이중 슬릿 사이의 간격은 B가 A보다
크다. 즉, $d_A < d_B$이다.

02 이중 슬릿에 의한 빛의 간섭

이중 슬릿을 이용한 빛의 간섭에서 이웃한 밝은 무늬 사이의 간격은
$\Delta x = \dfrac{L}{d}\lambda$이므로 빛의 파장 λ, 이중 슬릿과 스크린 사이의 거리 L에
각각 비례하고, 슬릿 사이의 간격 d에 반비례한다. 회절 무늬의 폭은
슬릿의 폭에 반비례하고 슬릿과 스크린 사이의 거리와 빛의 파장에
비례한다.

㉠. Ⅰ, Ⅱ에서 Δx를 $\Delta x_Ⅰ$, $\Delta x_Ⅱ$라 할 때 $\Delta x_Ⅰ$는 $\Delta x_Ⅱ$의 2배이다.
따라서 $\Delta x_Ⅰ = \dfrac{L_0}{d_0}\lambda_0$이고 $\Delta x_Ⅱ = \dfrac{㉠}{2d_0}2\lambda_0$이므로 ㉠$= \dfrac{1}{2}L_0$이다.

✗. Ⅲ의 Δx를 $\Delta x_Ⅲ$이라 할 때 $\Delta x_Ⅲ = \dfrac{L_0}{2d_0}\lambda_0$이므로 Δx는 Ⅱ에서
가 Ⅲ에서가 같다.

✗. 단일 슬릿의 폭은 같고 빛의 파장은 Ⅱ에서가 Ⅰ에서의 2배이다. 따
라서 단일 슬릿에서 단색광의 회절은 Ⅱ에서가 Ⅰ에서보다 잘 일어난다.

03 이중 슬릿에 의한 빛의 간섭

이중 슬릿을 이용한 빛의 간섭에서 이웃한 밝은 무늬 사이의 간격은
$\Delta x = \dfrac{L}{d}\lambda$이므로 빛의 파장 λ, 이중 슬릿과 스크린 사이의 거리 L에
각각 비례하고, 슬릿 사이의 간격 d에 반비례한다. 단색광이 서로 같
은 위상으로 중첩하면 밝은 무늬가, 서로 반대 위상으로 중첩하면 어
두운 무늬가 스크린에 나타난다.

✗. 단색광의 파장이 λ_0일 때 O로부터 이웃한 밝은 무늬 중심의 위치가
P이고, λ_1일 때 O로부터 이웃한 밝은 무늬 중심의 위치가 Q이다. 따라
서 Δx는 단색광의 파장이 λ_1일 때가 λ_0일 때보다 크므로 $\lambda_1 > \lambda_0$이다.

✗. 이웃한 보강 간섭 사이에는 상쇄 간섭이 나타난다. 따라서 O와
Q 사이에서 상쇄 간섭이 일어나는 지점의 개수는 파장이 λ_0일 때가 2
개이고 λ_1일 때가 1개이다.

ㄷ. 파장이 λ_1일 때 P는 밝은 무늬 중심 사이에 위치한 어두운 무늬
중심이므로 P에서는 상쇄 간섭이 나타난다. 따라서 P에서는 이중 슬
릿의 두 슬릿을 통과한 단색광이 서로 반대 위상으로 중첩한다.

04 광전 효과와 이중 슬릿에 의한 빛의 간섭

금속판에 비춘 단색광의 진동수가 금속판의 문턱(한계) 진동수보다
클 경우 금속판에서 광전자가 방출되며 작을 경우 금속판에서 광전자
가 방출되지 않는다.

㉠. 이웃한 밝은 무늬 사이의 간격 Δx는 단색광이 A일 때가 B일 때
보다 크다. 따라서 슬릿 사이 간격과 이중 슬릿과 스크린 사이 거리가
각각 같을 경우 Δx는 단색광의 파장에 비례하므로 단색광의 파장은
A가 B보다 길다.

✗. 단색광의 광자 1개의 에너지는 단색광의 진동수에 비례한다. 파장
과 진동수는 서로 반비례하므로 광자 1개의 에너지는 A가 B보다 작다.

✗. 단색광의 파장은 A가 B보다 길고, 진동수는 A가 B보다 작다.
금속판에 비춘 단색광 중 하나에 의해서만 금속판으로부터 광전자가
방출되므로 단색광이 B일 때 금속판에서 광전자가 방출된다.

05 단일 슬릿에 의한 회절 무늬

단일 슬릿을 이용한 빛의 회절에서 가운데 밝은 무늬를 중심으로 양
쪽 첫 번째 어두운 무늬 중심 사이의 거리는 슬릿의 폭에 반비례하고
슬릿과 스크린 사이의 거리와 단색광의 파장에 각각 비례한다.

㉠. D는 레이저의 파장에 비례하므로 파장을 길게 할 경우 D는 처
음보다 커진다.

ㄴ. D는 슬릿과 스크린 사이의 거리에 비례하므로 L을 증가시킬 경
우 D는 처음보다 커진다.

ㄷ. D는 슬릿의 폭에 반비례하므로 폭을 감소시킬 경우 D는 처음보
다 커진다.

06 단일 슬릿에 의한 회절 무늬

빛의 파장이 λ, 슬릿의 폭이 a, 슬릿과 스크린 사이의 거리가 L일 때
스크린 중앙에서 첫 번째 어두운 지점까지의 거리 $x = \dfrac{L\lambda}{a}$이다.

㉠. $L_1 : L_2$가 2 : 1일 때 D는 A일 때가 B일 때의 $\dfrac{1}{3}$배이다. 슬릿

의 폭과 슬릿과 스크린 사이의 거리가 같을 때 레이저의 파장과 D는 서로 비례하므로 레이저의 파장은 A가 B보다 짧다.

✗. 레이저 파장은 A가 B보다 짧고 $L_1 : L_2 = 1 : 1$이다. 따라서 A일 때 $D = D_0$이므로 B일 때 D는 D_0보다 크다.

✗. 슬릿의 폭과 슬릿과 스크린 사이의 거리가 같을 때 레이저의 파장이 A가 B보다 짧으므로 D는 A일 때가 B일 때보다 작다. 따라서 ㉡은 ㉢보다 작다.

07 얇은 막의 간섭

얇은 막 위에서 반사한 빛과 얇은 막 아래에서 반사한 빛이 서로 중첩하여 간섭무늬를 만든다.

㉠. 막의 두께에 따라 간섭무늬가 다르게 나타나므로 막의 두께는 빛의 간섭에 영향을 준다.

✗. 빛의 간섭으로 설명할 때 ㉠은 보강 간섭을, ㉡은 상쇄 간섭을 의미한다. 따라서 ㉠은 간섭하는 반사파의 위상이 서로 같을 때 나타난다.

㉢. ㉡은 빛의 간섭으로 나타나는 현상이므로 빛의 파동성을 통해 설명할 수 있다.

08 회절과 간섭

(가)는 X선의 회절로 DNA의 구조를 밝힌 사진이고 (나)는 뉴턴링의 간섭무늬 사진이다.

㉠. (가)는 DNA 구조에 대한 X선의 회절에 의한 간섭 무늬이다.

㉡. (나)의 a는 상쇄 간섭을, b는 보강 간섭을 하는 지점이다.

㉢. 간섭과 회절은 빛의 파동성을 나타내는 성질이다. 따라서 (가), (나)를 빛의 파동성으로 설명할 수 있다.

수능 3점 테스트
본문 89~90쪽

01 ④   02 ③   03 ⑤   04 ⑤

01 이중 슬릿에 의한 간섭무늬

이중 슬릿을 이용한 빛의 간섭에서 이웃한 밝은 무늬 사이의 간격은 $\Delta x = \dfrac{L}{d}\lambda$이므로 빛의 파장 λ, 이중 슬릿과 스크린 사이의 거리 L에 각각 비례하고, 슬릿 사이의 간격 d에 반비례한다.

✗. I일 때 $\Delta x = \dfrac{L_0}{2d_0}\lambda$이고 II일 때 $\Delta x = \dfrac{2L_0}{㉠}\lambda$이다. I에서 OP 사이의 밝은 무늬 수가 0이므로 O와 P가 이웃하는 밝은 무늬 중심 위치이고, II에서 OP 사이의 밝은 무늬 수가 2이므로 P가 O로부터 세 번째 밝은 무늬 중심 위치이다. 따라서 Δx는 I일 때가 II일 때의 3배이므로 ㉠은 $12d_0$이다.

㉡. II일 때 P에서 보강 간섭이 나타나므로 O를 중심으로 대칭인 Q에서도 보강 간섭이 나타난다. 따라서 II일 때 Q는 O로부터 세 번째 밝은 무늬 중심의 위치이다.

㉢. II일 때 OP 사이의 밝은 무늬 수는 2개이므로 OP 사이의 어두운 무늬 수는 3개이다. 따라서 OP 사이의 간섭무늬와 OQ 사이 간섭무늬는 서로 대칭으로 나타나므로 OQ 사이의 어두운 무늬 수는 3개이다.

02 이중 슬릿에 의한 간섭무늬

이중 슬릿을 이용한 빛의 간섭에서 이웃한 밝은 무늬 사이의 간격은 $\Delta x = \dfrac{L}{d}\lambda$이므로 빛의 파장 λ, 이중 슬릿과 스크린 사이의 거리 L에 각각 비례하고, 슬릿 사이의 간격 d에 반비례한다.

㉠. 단색광의 파장만 λ_0에서 λ_1로 변경하였을 때 P 지점이 두 번째 밝은 무늬에서 첫 번째 어두운 무늬로 변했다. 따라서 Δx는 단색광의 파장이 λ_0일 때는 OP 사이 거리보다 좁고, λ_1일 때는 OP 사이 거리보다 넓다. 즉, $\lambda_0 < \lambda_1$이다.

✗. 파장이 λ_0일 때 P에서는 O로부터 두 번째 밝은 무늬가 나타났다. 따라서 파장이 λ_0일 때 $\Delta x = \dfrac{L}{d}\lambda_0$이므로 OP 사이 거리는 $\dfrac{2L}{d}\lambda_0$이다.

㉢. 파장이 λ_0일 때 P에서는 O로부터 두 번째 밝은 무늬가 나타나므로 O와 P 사이에는 어두운 무늬가 2번 나타난다.

03 이중 슬릿에 의한 간섭무늬

이중 슬릿을 이용한 빛의 간섭에서 이웃한 밝은 무늬 사이의 간격은 $\Delta x = \dfrac{L}{d}\lambda$이므로 빛의 파장 λ, 이중 슬릿과 스크린 사이의 거리 L에 각각 비례하고, 슬릿 사이의 간격 d에 반비례한다.

㉠. 빛의 간섭 실험이다. 간섭과 회절은 빛의 파동적 성질이므로 이 실험을 통해 빛의 파동성을 확인할 수 있다.

㉡, ㉢. Δx는 (가)에서가 (다)에서보다 넓다. 또한 (나)에서 슬릿 간격을 d에서 $\dfrac{d}{2}$로 변경하면 Δx는 (나)에서가 (가)에서보다 넓어진다. 즉, Δx는 (나)에서가 가장 넓고 다음으로 (가), (다) 순으로 좁아진다. (다)에서는 (가)의 조건 중 빛만 파장이 λ_1인 레이저로 변경하였으므로 Δx를 (가)에서보다 (다)에서 더 좁게 만들기 위해서는 레이저의 파장은 λ_0이 λ_1보다 길어야 한다.

04 단일 슬릿에 의한 회절 무늬

단일 슬릿을 이용한 빛의 회절에서 가운데 밝은 무늬를 중심으로 양쪽 첫 번째 어두운 무늬 중심 사이의 거리(D)는 슬릿의 폭(a)에 반비례하고 단색광의 파장과 슬릿과 스크린 사이의 거리(L)에 각각 비례한다.

㉠. 실험 조건에서 단색광의 파장만 λ_0, λ_1로 서로 다르다. 따라서 단일 슬릿을 이용한 빛의 회절에서 가운데 밝은 무늬를 중심으로 양쪽 첫 번째 어두운 무늬 중심 사이의 거리는 단색광의 파장에 비례하므로 $2\lambda_0 = \lambda_1$이다.

㉡. 빛의 속력은 굴절률에 반비례한다. 매질을 통과하는 단색광의 진동수는 변하지 않으므로 동일한 단색광이 매질을 통과할 때 매질의 굴절률이 클수록 단색광의 파장은 짧아진다. 따라서 $2\lambda_0 = \lambda_1$이므로 굴절률은 A가 B보다 크다.

㉢. 단일 슬릿을 이용한 빛의 회절에서 가운데 밝은 무늬를 중심으로 양쪽 첫 번째 어두운 무늬 중심 사이의 거리는 슬릿의 폭에 반비례한다. 따라서 (나)에서 슬릿의 폭만 $\dfrac{a}{2}$로 변경하면 양쪽 첫 번째 어두운 무늬의 중심 사이의 거리는 슬릿의 폭이 a일 때의 2배인 $4D$이다.

12 도플러 효과와 전자기파

닮은 꼴 문제로 유형 익히기
본문 93쪽

정답 ④

진동수가 f_0인 음파를 발생시키는 음원이 음파 측정기를 향해 다가오거나 음파 측정기에게서 멀어질 때 음파 측정기가 측정하는 음파의 진동수는 $f=\dfrac{v}{v\mp v_s}f_0$이다.

(v: 음파의 속력, v_s: 음원의 속력, $-$: 음원이 음파 측정기를 향해 다가감, $+$: 음원이 음파 측정기에서 멀어짐)

④ 음원 A, B에서 발생하는 음파의 진동수를 각각 f_0, (가)에서 S가 측정한 A의 음파의 진동수를 $f_{A(가)}$, B의 음파의 진동수를 $f_{B(가)}$, (나)에서 S가 측정한 A의 음파의 진동수를 $f_{A(나)}$, B의 음파의 진동수를 $f_{B(나)}$라 하면 $f_{A(가)}=\dfrac{v}{v-v_A}f_0$, $f_{A(나)}=\dfrac{v}{v+3v_A}f_0$, $f_{B(가)}=\dfrac{v}{v+v_B}f_0$,

$f_{B(나)}=f_0$이므로 $\dfrac{v}{v-v_A}=\dfrac{7}{3}\left(\dfrac{v}{v+3v_A}\right)$ ··· ①, $\dfrac{8}{9}=\dfrac{v}{v+v_B}$ ··· ②

이다. ①, ②에 의해 $v_A=\dfrac{1}{4}v$, $v_B=\dfrac{1}{8}v$가 된다. 따라서 $\dfrac{v_A}{v_B}=2$이다.

수능 2점 테스트
본문 94~95쪽

| 01 ⑤ | 02 ① | 03 ④ | 04 ④ | 05 ① |
| 06 ② | 07 ⑤ | 08 ② | | |

01 도플러 효과

동일한 진동수의 음파를 발생시키며, 음파 측정기에 대해 A, B는 가까워지고, C는 멀어진다.

⑤ P, Q에 A, B는 각각 가까워지고 P가 측정한 음파의 진동수는 Q가 측정한 음파의 진동수보다 크므로 λ_P는 λ_Q보다 작다. R에 대해 C는 멀어지므로 R이 측정한 C의 음파의 진동수는 P, Q가 측정한 A, B의 음파의 진동수보다 작다. 따라서 $\lambda_R>\lambda_Q>\lambda_P$이다.

02 도플러 효과

음파 측정기에 대해 A는 멀어지고, B는 가까워진다.

① 음속을 V, B에서 발생하는 음파의 진동수를 f라 하면
$\left(\dfrac{V}{V+v_A}\right)2f=\left(\dfrac{V}{V-v_B}\right)f$이고, $V=v_A+2v_B$, $V=9v_A$이다. 따라서

$v_B=4v_A$이므로 $\dfrac{v_A}{v_B}=\dfrac{1}{4}$이다.

03 도플러 효과의 이용

(가), (나)에서 축바퀴의 회전 방향이 시계 방향인 경우 A는 P에 대해 멀어지며, B는 Q에 대해 가까워진다.

ㄱ. A, B에서 발행하는 음파의 진동수는 같고, P, Q에서 측정한 음파의 파장은 P에서가 Q에서의 $\dfrac{10}{9}$배이다. 음파의 진동수는 음파의 파장에 반비례하므로 음속을 V, A, B의 속력을 v, A, B에서 발생한 음파의 진동수를 f라 하면 $\dfrac{9}{10}\left(\dfrac{V}{V-v}\right)f=\left(\dfrac{V}{V+v}\right)f$에 의해 $V=19v$이다.

ㄴ. 축바퀴를 더 빨리 회전시키면 A는 P에 대해 처음보다 더 빠른 속력으로 멀어지므로 P가 측정한 음파의 진동수는 처음보다 작아진다.

ㄷ. 축바퀴가 시계 반대 방향으로 회전할 경우 A는 P에 대해 가까워지고, B는 Q에 대해 멀어진다. 따라서 P, Q에서 측정한 음파의 진동수는 P에서가 Q에서의 $\dfrac{10}{9}$배이다.

04 도플러 효과

음원과 수레의 이동 방향이 서로 반대이므로 음원은 음파 측정기를 향해 $+x$방향으로 속력 v로 등속 직선 운동을 한다.

④ 음원에서 발생한 음파의 진동수를 f_0이라 하면 $\left(\dfrac{20v}{20v-v}\right)f_0=10f$에 의해 $f_0=\dfrac{19}{2}f$이다.

05 교류 전원에서 축전기의 역할

교류 전원이 연결된 회로에서 축전기의 저항의 역할은 교류 전원의 진동수가 작을수록 크다.

① 교류 전원의 진동수가 작을수록 축전기가 전류의 흐름을 방해하는 정도가 크다. 따라서 전류의 최댓값이 클수록 진동수가 크므로 진동수를 옳게 비교한 것은 $f_1>f_3>f_2$이다.

06 교류 회로에서 축전기와 코일의 역할

축전기의 전기 용량을 C, 코일의 자체 유도 계수를 L, 공명 진동수를 f라 하면 $f=\dfrac{1}{2\pi\sqrt{LC}}$이다.

ㄱ. L_1은 L_2보다 크므로 공명 진동수는 (가)에서가 (나)에서보다 작다. 따라서 (가)에서 회로의 공명 진동수는 f_0보다 작다.

ㄴ. 동일한 교류 전원일 때 코일의 자체 유도 계수가 클수록 회로에서 코일의 저항 역할이 크다. 따라서 회로에서 코일의 저항 역할은 (가)에서가 (나)에서보다 크다.

ㄷ. 회로의 공명 진동수는 축전기의 전기 용량 제곱근에 반비례한다. $\left(f\propto\dfrac{1}{\sqrt{C}}\right)$ 따라서 (나)에서 축전기의 전기 용량을 증가시키면 회로의 공명 진동수는 f_0보다 작아진다.

07 전자기파의 수신

수신 회로의 공명 진동수와 안테나에서 수신한 전자기파의 진동수가 같을 때 수신 회로에는 최대 전류가 흐른다.

ㄱ. 코일이 수신 회로의 전류의 흐름을 방해하는 정도는 f_1일 때가 f_2일 때보다 크므로 $f_1>f_2$이다. 따라서 $f_1<f_3$이므로 $f_2<f_3$이다.

ㄴ. 전자기파의 진동수가 f_2일 때 수신 회로에 최대 전류가 흐르므로 수신 회로의 공명 진동수는 f_2이다.

ㄷ. 축전기는 교류 전원의 진동수가 작을수록 저항 역할이 커진다. 따라서 진동수가 작은 f_1일 때가 진동수가 큰 f_3일 때보다 축전기의 저항 역할이 크다.

08 교류 전원에서 축전기의 역할

교류 전원이 연결된 회로에서 축전기는 교류 전원의 진동수가 클수록 전류의 흐름을 방해하는 정도가 작다.

✗. (나)에서 교류 전원의 진동수가 클수록 R_2에 흐르는 전류의 최댓값이 증가하므로 X는 축전기이다.

✗. 교류 전원의 진동수의 변화와 상관없이 R_1의 양단에 걸린 전압의 최댓값과 R_1의 저항값은 일정하다. 따라서 R_1에 흐르는 전류의 최댓값은 일정하다.

ㄷ. 직렬로 연결된 전기 소자의 양단에 걸린 전압의 최댓값은 전기 소자의 저항값이 클수록 크다. 따라서 교류 전원의 진동수가 클수록 축전기의 저항 역할이 작아지므로 상대적으로 축전기와 직렬로 연결된 R_2 양단에 걸리는 전압의 최댓값은 커진다.

수능 3점 테스트

본문 96~98쪽

| 01 ④ | 02 ⑤ | 03 ④ | 04 ② | 05 ① |
| 06 ③ | | | | |

01 운동량 보존 법칙과 도플러 효과

A, B의 충돌 전 운동량의 총합과 충돌 후 운동량의 총합은 서로 같다.

✗. 충돌 전 A, B의 속력을 v, 충돌 후 A의 속력을 V라 하면 운동량 보존 법칙에 의해 $mv-2mv=mV$가 성립한다. 따라서 $V=-v$이므로 A의 속력은 충돌 전과 충돌 후가 같다.

ㄴ. 충돌 후 A에서 발생한 음파를 음파 측정기가 측정한 음파의 진동수는 $\frac{20}{21}f_0$이다. 음속을 $v_음$이라 하면 $\frac{20}{21}f_0=\left(\frac{v_음}{v_음+v}\right)f_0$이므로 $v_음=20v$이다. 따라서 충돌 전후 A의 속력은 v이므로 충돌 전 A의 속력은 음속의 $\frac{1}{20}$배이다.

ㄷ. 충돌 전후 A에서 발생한 음파를 음파 측정기가 측정한 진동수는 각각 $\left(\frac{20v}{20v-v}\right)f_0=\frac{20}{19}f_0$, $\frac{20}{21}f_0$이다. 따라서 음속이 일정할 때 파장은 진동수에 반비례하므로 음파 측정기가 측정한 A가 발생시킨 음파의 파장은 충돌 전일 때가 충돌 후일 때보다 짧다.

02 도플러 효과

P와 A, B 사이의 거리가 멀어지면 P가 측정한 A에서 발생한 음파의 진동수는 정지한 음원의 진동수보다 작아진다.

ㄱ. t_0일 때 P가 측정한 A에서 발생한 음파의 진동수가 $\frac{11}{12}f$이므로

$2t_0$일 때 음원의 속력을 v라 하면 $\frac{11}{12}f=\left(\frac{V}{V+v}\right)f$에 의해 $v=\frac{1}{11}V$이다.

ㄴ. $5t_0$일 때 S의 변화가 없으므로 음원은 정지해 있다. 따라서 Q가 측정한 B에서 발생한 음파의 진동수는 $2f$이므로 이때 음파의 파장은 $\frac{V}{2f}$이다.

ㄷ. $3t_0$일 때 음원의 속력은 $\frac{1}{11}V$이고 $7t_0$일 때 음원의 속력은 $\frac{1}{11}V\times 2=\frac{2}{11}V$이다. $3t_0$일 때 Q가 측정한 B에서 발생한 음파의 진동수는 $\left(\frac{V}{V-\frac{1}{11}V}\right)2f=\frac{11}{10}\times 2f$이고 $7t_0$일 때 Q가 측정한 B에서 발생한 음파의 진동수는 $\left(\frac{V}{V-\frac{2}{11}V}\right)2f=\frac{11}{9}\times 2f$이다.

따라서 Q가 측정한 B의 진동수는 $3t_0$일 때가 $7t_0$일 때의 $\frac{9}{10}$배이다.

03 도플러 효과

음원에서 발생한 음파의 진동수보다 음파 측정기에서 측정한 진동수가 크면 음원은 음파 측정기에 가까이 다가가는 방향으로 운동하고 음파 측정기에서 측정한 진동수가 음원에서 발생한 음파의 진동수보다 작으면 음원은 음파 측정기에서 멀어지는 방향으로 운동한다.

✗. Ⅰ에서 음파 측정기에서 측정한 음파의 진동수는 음원의 진동수보다 작고 Ⅲ에서 음파 측정기에서 측정한 음파의 진동수는 음원의 진동수보다 크다. 따라서 ㉠에는 $-x$가 ㉣에는 $+x$가 적절하므로 ㉠과 ㉣에서의 음원의 진행 방향은 서로 반대이다.

ㄴ. 음속을 V라 하면 Ⅰ에서 $\frac{10}{11}f_0=\left(\frac{V}{V+v_0}\right)f_0$이므로 $v_0=\frac{1}{10}V$이다. 따라서 Ⅱ에서 $\left(\frac{V}{V+\frac{1}{5}V}\right)f_0=\frac{5}{6}f_0$이 되므로 ㉡은 $\frac{5}{6}f_0$이다.

ㄷ. Ⅲ에서 ㉢을 v_1이라 하면 $\frac{25}{14}f_0=\left(\frac{V}{V-v_1}\right)f_0$이 성립한다.

따라서 이를 정리하면 $v_1=\frac{11}{25}V$이 되므로 $10v_0=V$를 v_1에 대입하면 $v_1=\frac{22}{5}v_0$이다.

04 공명 진동수

회로에 최대 전류가 흐르는 진동수는 공명 진동수이다.

축전기의 전기 용량을 C, 코일의 자체 유도 계수를 L, 공명 진동수를 f라 하면 $f=\frac{1}{2\pi\sqrt{LC}}$이다.

✗. Ⅰ에서 $f_0=\frac{1}{2\pi\sqrt{L_1C_1}}$이다. Ⅲ에서 $2f_0=\frac{1}{2\pi\sqrt{L_2C_1}}$이다. $4L_2=L_1$이므로 $L_1>L_2$이다.

✗. Ⅱ에서 $\frac{1}{2}f_0=\frac{1}{2\pi\sqrt{L_1C_2}}$이다. $4C_1=C_2$이므로 C_1은 C_2의 $\frac{1}{4}$배이다.

ㄷ. Ⅳ에서 회로에 최대 전류가 흐르는 진동수를 f라 하면 $f=\frac{1}{2\pi\sqrt{L_2C_2}}$이다. 따라서 ㉠은 f_0이다.

05 교류 전원에서 축전기의 역할

교류 전원이 연결된 회로에서 축전기는 교류 전원의 진동수가 작을수록 전류의 흐름을 방해하는 정도가 크다.

㉠. R_1, R_2는 교류 전원에 각각 병렬로 연결되어 있고, R_1에 직렬로 연결된 전기 소자가 없다. R_1 양단에 걸리는 전압의 최댓값과 R_1의 저항값이 항상 일정하므로 R_1에 흐르는 전류의 최댓값은 일정하다. 따라서 '일정'은 ㉠으로 적절하다.

✗. R_2에 흐르는 전류의 최댓값이 교류 전원의 진동수를 증가시켰을 때는 증가하고 감소시켰을 때는 감소한다. 따라서 X는 교류 전원의 진동수가 작을수록 전류의 흐름을 방해하는 정도가 큰 축전기이다.

✗. 교류 전원의 진동수를 증가시키면 X가 전류의 흐름을 방해하는 정도가 감소하므로 상대적으로 X와 직렬로 연결된 R_2 양단에 걸리는 전압은 증가한다.

06 축전기의 전기 용량의 역할과 공명 진동수

수신 회로의 안테나가 공명 진동수의 전파를 수신했을 때 수신 회로에는 최대 전류가 흐른다.

㉠. 축전기의 전기 용량을 C, 코일의 자체 유도 계수를 L, 공명 진동수를 f라 하면 $f = \dfrac{1}{2\pi\sqrt{LC}}$이므로 가변 축전기의 전기 용량을 증가시키면 공명 진동수는 작아진다. 따라서 가변 축전기의 전기 용량을 증가시킬 때 A, B 순으로 스피커에서 가장 선명한 방송이 나오므로 전자기파의 진동수는 A가 B보다 크다.

✗. 공명 진동수는 축전기의 전기 용량의 제곱근에 반비례한다. 따라서 가변 축전기의 전기 용량을 감소시키면 공명 진동수는 커진다.

㉢. 수신 회로의 안테나가 공명 진동수의 전파를 수신했을 때 수신 회로에는 최대 전류가 흐르며, 이때 가장 선명한 방송이 스피커에서 나온다.

테마 13 볼록 렌즈에 의한 상

닮은 꼴 문제로 유형 익히기
본문 100쪽

정답 ③

볼록 렌즈와 물체 사이의 거리가 a, 볼록 렌즈와 상 사이의 거리가 b, 볼록 렌즈의 초점 거리가 f일 때 렌즈 방정식은 $\dfrac{1}{a} + \dfrac{1}{b} = \dfrac{1}{f}(a>f)$ 또는 $\dfrac{1}{a} - \dfrac{1}{b} = \dfrac{1}{f}(a<f)$이고, 물체의 크기가 l, 상의 크기가 l'일 때 볼록 렌즈에 의한 상의 배율은 $M = \dfrac{l'}{l} = \left|\dfrac{b}{a}\right|$이다.

③ 상의 크기가 같았다는 것은 하나는 실상, 하나는 허상임을 의미하므로 f가 5 cm보다 크면 허상이 생기고, 15 cm보다 작으면 실상이 생긴다.

상의 크기가 같았다는 것은 배율이 같음을 의미한다. 배율을 M이라고 하면 $x=5$ cm일 때, 허상이 생기므로 상의 위치는 볼록 렌즈 앞쪽으로 $5M$(cm)이고, $x=15$ cm일 때, 실상이 생기므로 상의 위치는 볼록 렌즈 뒤쪽으로 $15M$(cm)이다.

$\dfrac{1}{5} - \dfrac{1}{5M} = \dfrac{1}{f}$, $\dfrac{1}{15} + \dfrac{1}{15M} = \dfrac{1}{f}$에서 $\dfrac{1}{5} - \dfrac{1}{5M} = \dfrac{1}{15} + \dfrac{1}{15M}$이다. 따라서 $M=2$이다. 배율이 2이고, 상의 크기가 6 cm이므로 물체의 크기는 $h = \dfrac{6\,\text{cm}}{2} = 3$ cm이다. $\dfrac{1}{5} - \dfrac{1}{5M} = \dfrac{1}{f}$에 $M=2$를 대입하면 $f=10$ cm이다. 따라서 $f+h = 10\,\text{cm} + 3\,\text{cm} = 13$ cm이다.

수능 2점 테스트
본문 101~102쪽

| 01 ② | 02 ④ | 03 ② | 04 ① | 05 ① |
| 06 ⑤ | 07 ⑤ | 08 ⑤ | | |

01 볼록 렌즈에 의한 상

볼록 렌즈의 중심과 물체 사이의 거리를 a, 볼록 렌즈의 초점 거리를 f라고 할 때, a에 따라 생기는 상의 종류는 다음과 같다.
- $0<a<f$ 확대된 정립 허상
- $a=f$ 상이 생기지 않는다.
- $f<a<2f$ 확대된 도립 실상
- $a=2f$ 크기가 같은 도립 실상
- $a>2f$ 축소된 도립 실상

✗. 볼록 렌즈의 중심과 p 사이의 거리는 볼록 렌즈의 초점 거리의 2배이다.

㉡. 물체가 p에서 볼록 렌즈의 중심으로부터 멀어지는 동안 생기는 상은 항상 축소된 도립 실상이다.

✗. 물체가 p에서 볼록 렌즈의 중심으로부터 멀어지는 동안 생기는 상은 항상 축소된 도립 실상이므로 상의 크기는 항상 물체의 크기보다 작다.

02 볼록 렌즈에 의한 상

물체가 렌즈의 중심으로부터 5 cm 떨어진 곳에 있을 때, 배율이 4인 허상이 생겼으므로 상은 렌즈 앞쪽에 거리가 20 cm인 곳에 생긴다.

④ 볼록 렌즈의 초점 거리를 f라고 하면 $\frac{1}{5}-\frac{1}{20}=\frac{1}{f}$에서 $f=$ $\frac{20}{3}$ cm이다.

물체가 렌즈의 중심으로부터 15 cm 떨어진 곳에 있을 때 물체와 볼록 렌즈의 중심 사이의 거리를 b라고 하면 $\frac{1}{15}+\frac{1}{b}=\frac{3}{20}$에서 $b=12$ cm이다. 따라서 렌즈 뒤쪽에 도립 실상이 생기고, 볼록 렌즈의 배율을 M이라고 하면 $M=\left|\frac{b}{a}\right|=\frac{12}{15}=\frac{4}{5}$이다.

03 볼록 렌즈에 의한 상
렌즈 방정식을 적용하면 다음과 같다.
$$\frac{1}{20}+\frac{1}{D-20}=\frac{1}{f},\ \frac{1}{60}+\frac{1}{D-60}=\frac{1}{f}$$
따라서 $D=80$ cm, $f=15$ cm이다.

✗. $D=80$ cm이다.

ㄴ. 볼록 렌즈의 초점 거리는 15 cm이다.

✗. 스크린에 또렷한 상이 생겼으므로 두 번 생긴 상은 모두 도립 실상이다.

04 볼록 렌즈에 의한 상
상의 크기가 같았다는 것은 하나는 실상, 하나는 허상임을 의미한다. 초점 거리를 f라고 할 때, $x<f$일 때 허상이 생기고, $x>f$일 때 실상이 생기므로 5 cm$<f<$10 cm이다.

ㄱ. 5 cm$<f<$10 cm에서 $x=5$ cm일 때에는 정립 허상이 생기고, $x=10$ cm일 때에는 도립 실상이 생긴다.

✗. 상의 크기가 같은 것은 배율이 같음을 의미한다. 배율을 M이라고 하면 $x=5$ cm일 때, 허상이 생기므로 상의 위치는 볼록 렌즈 앞쪽으로 $5M$(cm)이고, $x=10$ cm일 때, 실상이 생기므로 상의 위치는 볼록 렌즈 뒤쪽으로 $10M$(cm)이다.

$\frac{1}{5}-\frac{1}{5M}=\frac{1}{f},\ \frac{1}{10}+\frac{1}{10M}=\frac{1}{f}$에서 $\frac{1}{5}-\frac{1}{5M}=\frac{1}{10}+\frac{1}{10M}$이다. 따라서 $\frac{1}{10}=\frac{3}{10M}$에서 $M=3$이다. 배율이 3이고, 상의 크기가 12 cm이므로 물체의 크기는 $\frac{12\text{ cm}}{3}=4$ cm이다.

✗. $\frac{1}{5}-\frac{1}{5M}=\frac{1}{f}$에 $M=3$을 대입하면 $f=\frac{15}{2}$ cm이다.

05 볼록 렌즈에 의한 상
A에 의해 물체에서 나온 빛의 일부가 A를 통과한 후 모이므로 A에 의한 상은 실상이다. 이 실상은 B의 물체에 해당하고, B를 통과한 후, 빛이 퍼지고 있으므로 B에 의한 상은 허상이다.

ㄱ. A에 의한 상에서 나온 빛이 B를 통과한 후 빛이 퍼지고 있으므로 B에 의한 상은 허상이다. 따라서 A에 의한 상과 B의 중심 사이의 거리는 B의 초점 거리보다 작다.

✗. 물체에서 나온 빛의 일부가 A를 통과한 후 모이므로 A에 의한 상은 실상이다.

✗. B를 통과한 후 빛이 퍼지므로 B에 의한 상은 확대된 정립 허상이다. 따라서 B에 의한 상의 배율은 1보다 크다.

06 볼록 렌즈에 의한 상
$x=20$ cm, $x=40$ cm일 때 상의 크기가 같으므로 $x=20$ cm일 때에는 허상, $x=40$ cm일 때에는 실상이고 f는 20 cm$<f<$40 cm임을 알 수 있다.

⑤ 상의 크기가 같다는 것은 배율이 같다는 것이므로 이때의 배율을 M이라고 하면
$$\frac{1}{20}-\frac{1}{20M}=\frac{1}{f},\ \frac{1}{40}+\frac{1}{40M}=\frac{1}{f}$$이므로
$$\frac{1}{20}-\frac{1}{20M}=\frac{1}{40}+\frac{1}{40M}$$이다. 따라서 $\frac{1}{40}=\frac{3}{40M}$에서 $M=3$, $f=30$이다. $\frac{8}{h}=3$이므로 물체의 크기 h는 $\frac{8}{3}$ cm이다.

$\frac{1}{80}+\frac{1}{b}=\frac{1}{30}$에서 $\frac{1}{b}=\frac{1}{48}$이므로 배율은 $\frac{3}{5}$이고, ㉠은 $\frac{8}{3}\times\frac{3}{5}=\frac{8}{5}$ cm이다.

07 볼록 렌즈에 의한 상
물체에서 나온 빛이 렌즈를 통과 후, 렌즈 앞에 상이 생겼으므로 이 상은 정립 허상이다.

✗. 허상은 스크린에 상이 맺히지 않는다.

ㄴ. 배율은 $\left|\dfrac{-\frac{9}{4}a}{a}\right|=\frac{9}{4}$이므로 상의 크기는 물체의 크기의 $\frac{9}{4}$배이다.

ㄷ. 렌즈의 초점 거리를 f라고 하면 $\dfrac{1}{a}-\dfrac{1}{\frac{9}{4}a}=\dfrac{1}{f}$에서 초점 거리 $f=\frac{9}{5}a$이다.

08 볼록 렌즈에 의한 상
물체와 상의 크기가 같은 경우는 도립 실상만 가능하다. 렌즈의 초점 거리를 f라고 하면 $\frac{1}{d}+\frac{1}{d}=\frac{1}{f}$에서 $f=\frac{d}{2}$이므로 초점 거리는 $\frac{d}{2}$이다.

ㄱ. $a>d$ 일 때에는 렌즈 뒤쪽으로 축소된 도립 실상이 생긴다.

ㄴ. $\frac{d}{2}<a<d$일 때에는 렌즈 뒤쪽으로 확대된 도립 실상이 생긴다.

ㄷ. $a<\frac{d}{2}$일 때에는 렌즈 앞쪽으로 확대된 정립 허상이 생긴다.

수능 3점 테스트   본문 103~104쪽

01 ②   02 ①   03 ①   04 ③

01 볼록 렌즈에 의한 상
$x=L$부터 $x=3L$까지 상의 크기가 증가하므로 상은 허상이다.

② 거리가 증가할수록 상의 크기가 커지므로 렌즈에 의한 상은 허상이다. 따라서 렌즈의 초점 거리를 f라고 할 때, $\dfrac{1}{L}-\dfrac{1}{\frac{7}{5}L}=\dfrac{1}{f}$이고,

$\dfrac{1}{3L} - \dfrac{1}{21L} = \dfrac{1}{f}$ 이다. 따라서 f는 $\dfrac{7}{2}L$이므로 렌즈의 초점 거리는

$\dfrac{7}{2}L$이다. 상의 크기가 $4h$가 될 때 ㉠의 값을 a라고 하면 $\dfrac{1}{a} - \dfrac{1}{4a}$

$= \dfrac{2}{7L}$이므로 $a = \dfrac{21}{8}L$이다.

02 볼록 렌즈에 의한 상

볼록 렌즈의 초점 거리를 f라 하면 렌즈 방정식에 의해 $\dfrac{1}{a} - \dfrac{1}{6a} = \dfrac{1}{f}$

에서 $f = \dfrac{6}{5}a$이다.

㉠. 상이 렌즈 앞의 정립상이므로 (가)에서 상은 허상이다.

✗. 물체와 렌즈 사이의 거리를 x라 하면, 렌즈 방정식에 의해

$\dfrac{1}{x} + \dfrac{1}{5a-x} = \dfrac{5}{6a}$이므로 $\dfrac{5a}{x(5a-x)} = \dfrac{5}{6a}$이고,

$x^2 - 5ax + 6a^2 = 0$이므로 $x = 2a$, $x = 3a$이다. (나)에서 상은 물체

보다 크므로 $\dfrac{5a-x}{x} > 1$에 의해 $x = 2a$이다.

✗. (나)에서 상의 배율은 $M = \left| \dfrac{b}{a} \right| = \dfrac{3a}{2a} = \dfrac{3}{2}$이다.

03 볼록 렌즈에 의한 상

볼록 렌즈 앞에 물체를 놓았을 때, 상이 생긴 곳이 물체 쪽이므로 볼록 렌즈에 의한 상은 허상이다.

① 볼록 렌즈와 물체 사이의 거리를 a라고 하면, 볼록 렌즈에 의한 상은 허상이므로 렌즈 방정식은 다음과 같다.

$\dfrac{1}{a} - \dfrac{1}{a + \dfrac{16}{5}f} = \dfrac{1}{f}$에서 $5a^2 + 16af - 16f^2 = 0$이므로 $a = \dfrac{4}{5}f$ 또는

$a = -4f$이다. 따라서 $a = \dfrac{4}{5}f\,(a > 0)$이고, 볼록 렌즈의 중심과 p 사

이의 거리는 $a + \dfrac{16}{5}f = 4f$이므로 상의 배율은 $M_{(가)} = \left| \dfrac{4f}{\dfrac{4}{5}f} \right| = 5$이다.

(나)에서 $a = 4f$이고, 볼록 렌즈의 중심과 상 사이의 거리를 b라 하

면, $\dfrac{1}{4f} + \dfrac{1}{b} = \dfrac{1}{f}$이므로 $b = \dfrac{4}{3}f$이다. 따라서 상의 배율은

$M_{(나)} = \left| \dfrac{\dfrac{4}{3}f}{4f} \right| = \dfrac{1}{3}$이다. 따라서 $\dfrac{M_{(나)}}{M_{(가)}} = \dfrac{1}{15}$이다.

04 볼록 렌즈에 의한 상

볼록 렌즈의 광축과 나란하게 통과한 빛은 볼록 렌즈의 초점을 지나고, 볼록 렌즈의 중심을 통과한 빛은 직진한다.

✗. ㉠은 렌즈를 지난 후 초점을 지나므로 $x = d$에서 초점 거리 $2d$

만큼 떨어진 $x = 3d$를 지난다. 따라서 $x = 3d$를 지난다.

✗. 렌즈 방정식에서 $\dfrac{1}{d} + \dfrac{1}{b} = \dfrac{1}{2d}$, $b = -2d$이므로 $x = -d$인 곳

에 허상이 생긴다. 따라서 $x = 3d$인 곳에서 ㉠과 ㉡이 만나는 것이 아니라 마치 $x = -d$인 곳에서 ㉠과 ㉡이 같은 지점에서 오는 것처럼 보인다.

㉢. 렌즈의 배율은 $\left| \dfrac{-2d}{d} \right| = 2$이므로 렌즈에 의해 생긴 상의 크기는 $2h$이다.

닮은 꼴 문제로 유형 익히기   본문 107쪽

정답 ①

광전자의 최대 운동 에너지는 광자의 에너지에서 일함수를 뺀 값과 같고, 정지 전압에 비례하며, 광전자의 물질파 파장의 제곱에 반비례한다.

㉠. 광전자의 최대 운동 에너지는 정지 전압에 비례하므로 광전자의 최대 운동 에너지는 B를 비춘 경우가 A를 비춘 경우보다 크다. 광전자의 최대 운동 에너지는 광자의 에너지에서 일함수를 뺀 값과 같으므로 광자의 에너지는 B가 A보다 크다. 빛의 파장은 광자의 에너지에 반비례하므로 단색광의 파장은 A가 B보다 길다.

✗. A와 B를 동시에 비출 때 광전류의 최댓값은 B를 비추었을 때 광전류의 세기보다 크다. 따라서 ㉠은 $2I_0$보다 크다.

✗. 정지 전압이 B를 비춘 경우가 A를 비춘 경우의 3배이므로, 광전자의 최대 운동 에너지도 B를 비춘 경우가 A를 비춘 경우의 3배이다. 광전자의 최대 운동 에너지는 광전자의 물질파 파장의 제곱에 반비례하므로 광전자의 물질파 파장은 B를 비춘 경우가 A를 비춘 경우의 $\dfrac{1}{\sqrt{3}}$배이다. 따라서 ㉡은 $\dfrac{\lambda_0}{\sqrt{3}}$이다.

수능 2점 테스트   본문 108~109쪽

01 ④	02 ④	03 ⑤	04 ①	05 ④
06 ③	07 ①	08 ②		

01 광전 효과

광전 효과는 금속 표면에 진동수가 문턱 진동수보다 큰 빛을 비출 때, 광전자가 방출되는 현상이다.

Ⓐ. 빛의 입자성을 통해 광전 효과를 설명할 수 있다.

✗. 빛의 진동수가 문턱 진동수보다 크면 빛의 세기와 관계없이 광전자는 즉시 방출된다.

Ⓒ. 일함수는 금속에 따라 다르므로 동일한 진동수의 단색광을 다른 금속에 비출 때, 방출되는 광전자의 최대 운동 에너지는 다르다.

02 광전 효과

일함수가 W인 금속판에 진동수가 f인 단색광을 비추었을 때, 광전자의 최대 운동 에너지는 $E_k = hf - W$이다.

㉠. 정지 전압은 광전자의 최대 운동 에너지와 비례하므로 광전자의 최대 운동 에너지는 A를 비추었을 때가 B를 비추었을 때보다 크다.

✗. 광전자의 최대 운동 에너지는 A를 비추었을 때가 C를 비추었을 때의 2배이다. 따라서 광전자의 최대 운동 에너지는 $hf-W$이므로 광전자의 최대 운동 에너지가 2배라고 해서 단색광의 진동수 f가 2배는 아니다.

ⓒ. 광전류의 세기의 최댓값은 B가 C보다 크므로, 단색광의 세기도 B가 C보다 크다.

03 광전 효과

진동수에 따른 광전자의 최대 운동 에너지 그래프는 기울기가 플랑크 상수 h인 직선 그래프이다. 따라서 r와 q는 동일한 금속판에 대해 실험한 결과이다.

ⓐ. r에서가 p에서보다 광전자의 최대 운동 에너지가 작다. 금속판에 비춘 단색광의 진동수가 같을 때 광전자의 최대 운동 에너지는 금속판의 일함수가 클수록 작으므로 r는 금속판이 A일 때 측정한 결과이고, p는 금속판이 B일 때 측정한 결과이다.

ⓑ. r와 q를 잇는 직선이 x축과 만나는 값이 $\frac{3}{2}f_0$이므로 A의 문턱 진동수는 $\frac{3}{2}f_0$이다.

ⓒ. p를 지나는 직선이 y축과 만나는 값이 $-E_0$이므로 B의 일함수는 E_0이다.

04 광전 효과

플랑크 상수를 h, 빛의 속력을 c, 금속판에 비춘 단색광의 진동수를 f, 파장을 λ라 하면, 광자 1개의 에너지는 $E=hf=\frac{hc}{\lambda}$이고, 전자의 전하량을 e, 정지 전압을 V_s라 하면, 방출된 광전자의 최대 운동 에너지는 eV_s이다. 금속의 일함수를 W라 하면 $5eV_0=\frac{hc}{\lambda_0}-W$, $2eV_0=\frac{hc}{2\lambda_0}-W$이고 두 식을 연립하면 $W=\frac{hc}{6\lambda_0}$이다. 따라서 금속판의 일함수는 $\frac{hc}{6\lambda_0}$이다.

ⓐ. 광전자의 최대 운동 에너지는 정지 전압에 비례한다. 정지 전압은 단색광의 파장이 λ_0일 때가 $2\lambda_0$일 때의 $\frac{5}{2}$배이므로 광전자의 최대 운동 에너지도 $\frac{5}{2}$배이다.

✗. 금속판의 일함수가 $\frac{hc}{6\lambda_0}$이므로 단색광의 파장이 $6\lambda_0$보다 길 때 광전자가 방출되지 않는다. 단색광의 파장이 $5\lambda_0$일 때에는 광전자는 방출된다.

✗. $2eV_0=\frac{hc}{2\lambda_0}-W=\frac{hc}{2\lambda_0}-\frac{hc}{6\lambda_0}=\frac{1}{3}\frac{hc}{\lambda_0}$이므로 $\frac{hc}{\lambda_0}$는 $6eV_0$이다. $\frac{hc}{\left(\frac{\lambda_0}{2}\right)}-\frac{hc}{6\lambda_0}=\frac{11}{6}\frac{hc}{\lambda_0}=\frac{11}{6}\times 6eV_0=11eV_0$이므로 정지 전압은 $11V_0$이다.

05 물질파 파장

플랑크 상수를 h, 질량을 m, 운동 에너지를 E_k라고 할 때, 전자의 물질파 파장은 $\lambda=\frac{h}{\sqrt{2mE_k}}$이다.

ⓐ. 물질파 파장은 $\lambda=\frac{h}{\sqrt{2mE_k}}$이므로 전자의 운동 에너지가 클수록 전자의 물질파 파장은 짧다.

✗. 전자의 질량을 m, 속력을 v라고 할 때, 전자의 물질파 파장은 $\lambda=\frac{h}{mv}$이므로 전자의 물질파 파장은 속력에 반비례한다.

ⓒ. 데이비슨 거머 실험과 톰슨의 전자 회절 실험은 물질파 이론을 입증하였다.

06 물질파 파장

플랑크 상수를 h, 물질파 파장을 λ라 하면, 입자의 운동 에너지는 $E_k=\frac{1}{2}mv^2=\frac{1}{2m}\left(\frac{h}{\lambda}\right)^2$이다. 물질파 파장이 λ로 같은 A와 B의 운동 에너지가 각각 E_0, $2E_0$이므로 질량의 비는 $m_A : m_B=2 : 1$이다.

✗. $m_B=\frac{1}{2}m_A$이다.

✗. $\lambda=\frac{h}{\sqrt{2mE_k}}$이므로 운동 에너지가 2배가 되면 물질파 파장은 $\frac{1}{\sqrt{2}}$배가 되므로 A의 물질파 파장은 $\frac{\lambda}{\sqrt{2}}$이다.

ⓒ. $\lambda=\frac{h}{mv}$이고 질량은 A가 B의 2배이므로 입자의 속력은 B가 A의 2배이다.

07 물질파 파장

플랑크 상수를 h, 전자의 질량을 m, 전자의 속력을 v라 하면, 전자의 물질파 파장은 $\lambda=\frac{h}{mv}$이다.

ⓐ. $\lambda=\frac{h}{mv}$이므로 전자의 속력이 클수록 전자의 물질파 파장은 짧다.

✗. $\theta=50°$에서 검출된 전자의 개수가 많으므로 $\theta=50°$로 산란된 전자의 물질파 파장은 보강 간섭 조건을 만족한다.

✗. 이 실험은 전자의 물질파 이론을 입증하는 실험 결과이다.

08 물질파 파장

전자는 $(-)$전하이므로 양극판에서 음극판으로 운동하는 동안 속력이 감소한다.

②. 전자의 질량을 m, 전하량을 e라 하고 p와 음극판을 통과한 이후의 운동 에너지를 각각 E_{kp}와 E_{kq}라고 하면, $E_{kp}=\frac{1}{2}mv_1^2-\frac{1}{2}eV$, $E_{kq}=\frac{1}{2}mv_1^2-eV=\frac{1}{2}mv_2^2$이다.

전자의 물질파 파장 λ는 $\frac{h}{\sqrt{2mE_k}}$이고, 음극판을 통과한 이후의 물질파 파장은 p에서의 2배이므로, 운동 에너지는 음극판을 통과한 이후에서가 p에서의 $\frac{1}{4}$배이다.

$\frac{1}{2}mv_1^2-\frac{1}{2}eV : \frac{1}{2}mv_1^2-eV=4 : 1$이므로 $\frac{1}{2}mv_1^2=\frac{7}{6}eV$이다.

따라서 속력이 v_1일 때 전자의 운동 에너지는 $\frac{7}{6}eV$, p를 지나는 순간의 운동 에너지는 $\frac{4}{6}eV$, 음극판을 통과한 이후의 운동 에너지는 $\frac{1}{6}eV$이므로 $\frac{1}{2}mv_1^2 : \frac{1}{2}mv_2^2 = 7 : 1$이다. 따라서 $\frac{v_1}{v_2} = \sqrt{7}$이다.

수능3점테스트 본문 110~112쪽

01 ⑤   **02** ②   **03** ③   **04** ⑤   **05** ③
06 ④

01 광전 효과

플랑크 상수를 h, 빛의 속력을 c, 금속판의 일함수를 W, 금속판에 비추는 단색광의 파장을 λ라 하면, 방출되는 광전자의 최대 운동 에너지는 $E_k = \frac{hc}{\lambda} - W$이다.

✗. $E_0 = \frac{hc}{2\lambda_0} - W$, $9E_0 = \frac{hc}{\lambda_0} - W$이므로 이를 연립하면 $\frac{hc}{\lambda_0} = 16E_0$, $W = 7E_0$이다. $\frac{hc}{\lambda} - W = 0$이므로 $\frac{hc}{\lambda} = W = 7E_0 = \frac{7hc}{16\lambda_0}$이다. 따라서 $\lambda = \frac{16}{7}\lambda_0$이다.

ㄴ. $W = 7E_0$이므로 금속판의 일함수는 $7E_0$이다.

ㄷ. 금속판에 파장이 $\frac{3}{2}\lambda_0$인 단색광을 비추었을 때 방출되는 광전자의 최대 운동 에너지는 $E_k = \frac{2hc}{3\lambda_0} - W = \frac{2}{3} \times 16E_0 - 7E_0 = \frac{11}{3}E_0$이다.

02 광전 효과와 물질파 파장

P에 비춘 단색광의 진동수가 각각 $2f$, $3f$일 때 방출된 광전자의 물질파 파장이 각각 2λ, λ이므로 $E_k = \frac{1}{2m}\left(\frac{h}{\lambda}\right)^2$을 적용하면 광전자의 최대 운동 에너지의 비는 $1 : 4$이므로 $E_1 = 4E_0$이다. P의 일함수를 W_P라 하면, $E_0 = 2hf - W_P$, $4E_0 = 3hf - W_P$이므로 $hf = 3E_0$, $W_P = 5E_0$이다.

Q에 비춘 단색광의 진동수가 $2f$일 때 방출된 광전자의 물질파 파장이 λ이므로 최대 운동 에너지는 $E_2 = 4E_0$이다. Q의 일함수를 W_Q라 하면, $4E_0 = 2hf - W_Q$이므로 $W_Q = 2E_0$이다.

Q에 비춘 단색광의 진동수가 $3f$일 때 $E_3 = 3hf - W_Q$이므로 $E_3 = 7E_0$이다.

✗. P와 Q의 일함수는 각각 $W_P = 5E_0$, $W_Q = 2E_0$이므로 일함수는 P가 Q의 $\frac{5}{2}$배이다.

ㄴ. $E_1 = E_2 = 4E_0$이고, $E_3 = 7E_0$이다.

✗. Q에 비춘 단색광의 진동수가 각각 $2f$, $3f$일 때, 광전자의 최대 운동 에너지는 각각 $4E_0$, $7E_0$이므로 최대 운동 에너지의 비는 $4 : 7$이고, 물질파 파장의 비는 $\sqrt{7} : 2$이다. 따라서 ㉠은 $\frac{2\sqrt{7}}{7}\lambda$이다.

03 광전 효과

전자의 전하량이 e이고 정지 전압이 V_0일 때 광전자의 최대 운동 에너지는 eV_0이므로 P의 일함수를 W_P라 하면, $6eV_0 = \frac{hc}{\lambda} - W_P$, $eV_0 = \frac{hc}{2\lambda} - W_P$이다. 따라서 $eV_0 = \frac{hc}{10\lambda}$, $W_P = \frac{2hc}{5\lambda}$이다.

Q의 일함수를 W_Q라 하면, $3eV_0 = \frac{hc}{2\lambda} - W_Q$이고, $eV_0 = \frac{hc}{10\lambda}$이므로 $W_Q = \frac{hc}{5\lambda}$이다.

ㄱ. 광전자의 최대 운동 에너지는 정지 전압에 비례하므로, 정지 전압이 $6V_0$일 때는 정지 전압이 V_0일 때의 6배이다.

ㄴ. $W_P = \frac{2hc}{5\lambda}$, $W_Q = \frac{hc}{5\lambda}$이므로 일함수는 P가 Q의 2배이다.

✗. $\frac{hc}{\lambda} - W_Q = \frac{hc}{\lambda} - \frac{hc}{5\lambda} = \frac{4}{5}\frac{hc}{\lambda}$이다. $eV_0 = \frac{hc}{10\lambda}$이므로 $\frac{4}{5}\frac{hc}{\lambda} = 8eV_0$이다. 따라서 정지 전압은 $8V_0$이다.

04 전기력과 물질파 파장

전기력이 구심력의 역할을 한다. (가)에서 $k\frac{qQ}{(2r)^2} = \frac{mv_A^2}{2r}$이므로 $v_A^2 = \frac{1}{2}k\frac{qQ}{mr}$이다. 마찬가지로 (나)에서 $v_B^2 = k\frac{(4q)Q}{(2m)(r)} = 2k\frac{qQ}{mr}$이므로 $v_A : v_B = 1 : 2$이다.

ㄱ. A, B에는 전기력만 작용하므로 A와 B에 작용하는 전기력의 크기는 각각 $k\frac{qQ}{(2r)^2} = \frac{1}{4}k\frac{qQ}{r^2}$, $k\frac{4qQ}{r^2} = 4k\frac{qQ}{r^2}$이므로 B에 작용하는 전기력의 크기는 A의 16배이다.

ㄴ. $v_A : v_B = 1 : 2$이고, $m_A : m_B = 1 : 2$이므로 운동 에너지는 B가 A의 8배이다.

ㄷ. $\lambda = \frac{h}{mv}$이므로 $\lambda_A : \lambda_B = 4 : 1$이다. 따라서 물질파 파장은 B가 A의 $\frac{1}{4}$배이다.

05 물질파 파장

입자 가속기에서 A가 가속될 때 $\frac{1}{2}mv^2 = qV$이고, $mv = \frac{h}{\lambda}$에서 $\frac{1}{2}mv^2 = \frac{1}{2m}\left(\frac{h}{\lambda}\right)^2$이므로 $\frac{1}{2m}\left(\frac{h}{\lambda}\right)^2 = qV$이다. 따라서 A의 물질파 파장은 $\lambda = \frac{h}{\sqrt{2mqV}}$이다.

단일 슬릿과 스크린 사이의 거리가 L, 단일 슬릿의 폭이 a, 물질파 파장이 λ일 때 $\Delta x = \frac{2L\lambda}{a}$이다.

ㄱ. V를 증가시키면 입자의 물질파 파장이 짧아지므로 Δx는 감소한다.

ㄴ. 단일 슬릿의 폭을 감소시키면 Δx는 증가한다.

✗. 물질파 파장은 $\lambda = \frac{h}{\sqrt{2mqV}}$이므로 전하의 질량이 $2q$, 질량이 $4m$인 입자로 동일한 실험을 하면 물질파 파장은 A의 $\frac{\sqrt{2}}{4}$배가 된다.

06 물질파 파장

플랑크 상수를 h, 물질파 파장을 λ, 입자의 질량을 m, 입자의 속력을 라 v하면, 입자의 물질파 파장은 $\lambda = \dfrac{h}{mv}$이고, 입자의 운동 에너지는 $E_k = \dfrac{1}{2}mv^2 = \dfrac{1}{2m}\left(\dfrac{h}{\lambda}\right)^2$이다.

✗. 물질파 파장이 λ_0으로 같은 A, B, C의 속력이 각각 v_0, $2v_0$, $3v_0$이므로 A, B, C의 질량 비는 $m_A : m_B : m_C = \dfrac{\lambda_0}{v_0} : \dfrac{\lambda_0}{2v_0} : \dfrac{\lambda_0}{3v_0}$ $= 6 : 3 : 2$이다.

ㄴ. C가 속력이 $3v_0$일 때 물질파 파장이 λ_0이므로 $\lambda_0 = \dfrac{h}{m_C(3v_0)}$이다. 속력이 $3v_0$일 때, B의 물질파 파장을 λ'라 하면 $\lambda' = \dfrac{h}{m_B(3v_0)}$ $= \dfrac{2}{3}\dfrac{h}{m_C(3v_0)} = \dfrac{2}{3}\lambda_0$이다.

ㄷ. 운동 에너지는 $E_k = \dfrac{1}{2}mv^2 = \dfrac{1}{2m}\left(\dfrac{h}{\lambda_0}\right)^2$이므로 A와 C의 운동 에너지의 비는 $\dfrac{1}{2m_A}\left(\dfrac{h}{\lambda_0}\right)^2 : \dfrac{1}{2m_C}\left(\dfrac{h}{\lambda_0}\right)^2 = 1 : 3$이다.

테마 15 불확정성 원리

닮은꼴 문제로 유형 익히기
본문 114쪽

정답 ②

불확정성 원리에 의하면 위치와 운동량은 동시에 정확하게 측정할 수 없다. 현대적 원자 모형에서는 파동 함수에 의해 전자가 발견될 확률을 3차원의 전자구름 형태로 나타낸다.

✗. ㉠은 전자의 위치를 확률적으로 표현하므로 현대적 원자 모형이다.

ㄴ. ㉠은 현대적 원자 모형으로, 전자를 발견할 확률로 원자 모형을 설명하며, 전자의 위치와 운동량을 동시에 정확하게 측정하지 못한다는 것을 포함한 불확정성 원리를 만족한다.

✗. 전자가 양자 조건을 만족하는 안정된 원 궤도를 따라 운동할 때에는 전자기파를 방출하거나 흡수하지 않는다.

수능 2점 테스트
본문 115~116쪽

| 01 ③ | 02 ⑤ | 03 ③ | 04 ① | 05 ③ |
| 06 ⑤ | 07 ④ | 08 ③ | | |

01 불확정성 원리

하이젠베르크는 위치를 정확하게 측정하기 위해서는 운동량에 영향을 줄 수 밖에 없고, 운동량을 정확히 측정하기 위해서는 위치에 영향을 줄 수밖에 없다는 위치−운동량 불확정성 원리를 제시하였다.

③ 위치 불확정성과 운동량 불확정성을 각각 Δx, Δp라고 하면 $\Delta x \Delta p \geq \dfrac{\hbar}{2}$이다. (가)와 (나)는 위치, 운동량 또는 운동량, 위치이다. (다)는 불확정성 원리이다.

02 불확정성 원리

단일 슬릿에서는 슬릿의 폭이 좁을수록, 파장이 길수록 회절이 잘 일어난다. 슬릿의 폭이 좁을수록 위치 불확정성(Δy)은 감소하고, 회절이 잘 일어나므로 운동량 불확정성(Δp_y)은 증가한다. 반대로 슬릿의 폭이 클수록 위치 불확정성(Δy)은 커지고, 회절이 적게 일어나므로 운동량 불확정성(Δp_y)은 감소한다.

ㄱ. 슬릿의 폭이 좁은 (가)에서가 (나)에서보다 회절이 더 잘 일어난다.

ㄴ. (가)에서 슬릿의 폭이 더 좁으므로 위치 불확정도는 (나)에서보다 작다.

ㄷ. 슬릿의 폭이 좁은 (가)에서 회절이 더 잘 일어나므로 운동량 불확정도는 (가)에서가 (나)에서보다 크다.

03 보어의 수소 원자 모형

보어의 수소 원자 모형의 제1가설(양자 조건)은 원 궤도의 둘레는 그

궤도를 따라 운동하는 전자의 물질파 파장의 정수배임을 의미한다.
즉 $2\pi r_n = n\dfrac{h}{e_m v}$이다.

제2가설(진동수 조건)은 양자수 n인 궤도에서 m인 궤도($n > m$)로 전자가 전이할 때, 에너지 차에 해당하는 전자기파를 방출함을 의미한다. 즉 $E_n - E_m = hf$이다.

㉠. 수소 원자의 에너지 준위는 불연속적이다.

㉡. 전자가 $n = 1$인 궤도에서 $n = 2$인 궤도로 전이할 때 에너지 차에 해당하는 빛을 흡수한다. 반대로 $n = 2$인 궤도에서 $n = 1$인 궤도로 전이할 때 에너지 차에 해당하는 빛을 방출한다.

✗. 보어의 수소 원자 모형은 전자의 위치와 운동량이 동시에 정확하게 표현되므로 불확정성 원리를 만족하지 않는다.

04 보어의 수소 원자 모형

(가), (나), (다)에서 원 궤도 둘레는 각각 전자의 물질파 파장의 3배, 2배, 4배이므로 (가), (나), (다)는 각각 양자수가 $n = 3$, $n = 2$, $n = 4$인 상태를 나타낸다.

㉠. (가)는 $n = 3$인 상태이다.

✗. (나)는 $n = 2$인 상태이고, 원 궤도 둘레는 전자의 물질파 파장의 2배이다.

✗. (나)에서 (다)로 전자가 전이할 때는 $n = 2$에서 $n = 4$로 전이하는 것이므로 에너지 차에 해당하는 빛이 흡수된다.

05 현대적 원자 모형

현대적 원자 모형은 전자의 위치를 전자가 발견될 확률로 설명하며, 전자의 분포를 3차원 전자구름 형태로 나타낸다.

✗. 전자의 궤도를 고전 역학으로 설명할 수 없고, 불확정성 원리로 설명한다.

✗. 위치 불확정성 때문에 원자가 원자핵으로부터 떨어진 거리는 일정하지 않다.

㉢. 현대적 원자 모형은 전자의 위치와 운동량을 동시에 정확히 측정할 수 없다는 불확정성 원리를 만족한다.

06 보어의 수소 원자 모형과 현대적 수소 원자 모형

(가)는 현대적 수소 원자 모형이고, (나)는 보어의 수소 원자 모형이다.

㉠. (가)에서 전자의 위치는 확률적으로 설명한다.

✗. (나)에서 전자가 안정된 원 궤도를 따라 운동할 때에는 전자기파가 방출되지 않는다.

㉢. (가)에서는 전자의 위치와 운동량을 동시에 정확히 측정하는 것이 불가능하고, (나)에서는 전자의 위치와 운동량을 정확히 측정할 수 있다.

07 보어의 수소 원자 모형과 현대적 수소 원자 모형

A는 현대적 수소 원자 모형을 이야기하고, B는 보어의 수소 원자 모형을 이야기한 것이다.

㉠. ㉠은 현대적 수소 원자 모형이다.

✗. ㉡은 보어의 수소 원자 모형이며, 불확정성 원리를 만족하지 않는다.

㉢. 보어의 수소 원자 모형에서는 $n = 1$, $n = 2$, … 등 양자수가 결정된 상태에서 원 궤도 반지름은 $r_n = a_0 n^2$ (a_0: 보어 반지름)으로 일정하다.

08 현대적 수소 원자 모형

(가)는 원자핵으로부터의 거리에 대한 확률 밀도의 극댓값이 두 번 나오므로 $n = 2$일 때 $(2, 0, 0)$인 상태를 나타내고, (나)는 원자핵으로부터의 거리에 대한 확률 밀도의 극댓값이 한 번 나오므로 $n = 1$일 때 $(1, 0, 0)$인 상태를 나타낸다.

㉠. (가)는 $(2, 0, 0)$인 상태이다.

✗. (가)는 $n = 2$, (나)는 $n = 1$인 상태이므로 전자의 에너지는 (가)에서가 (나)에서보다 크다.

㉢. (가), (나) 모두 전자의 상태는 불확정성 원리를 만족한다.

수능 3점 테스트   본문 117~118쪽

01 ②   02 ④   03 ⑤   04 ④

01 불확정성 원리

전자의 회절 현상에서 불확정성 원리를 적용하면 슬릿의 폭이 클수록 위치 불확정성이 크고, 운동량 불확정성이 작다.

② (가): 슬릿의 폭이 넓어지므로 위치 불확정성은 커지고, 운동량 불확정성은 작아진다. 따라서 (가)에 들어갈 말은 위치이다.

(나): 운동량 불확정성이 작아진다는 것은 운동량의 정확도가 커지는 것을 의미한다. 따라서 (나)에 들어갈 말은 운동량이다.

(다): 운동량 불확정성이 감소한다는 것은 전자가 진행하는 범위가 좁아짐을 의미한다.

02 불확정성 원리

빛을 비추어 산란되는 빛으로 물체를 관측할 때 빛과 물체는 상호작용 할 수 밖에 없다. 비추는 빛의 진동수가 클수록, 회절 현상이 작아 위치 불확정성은 작고, 빛의 운동량은 전자의 운동량 변화에 영향을 많이 주므로 전자의 운동량 불확정성은 크다.

㉠. 전자의 위치 불확정성은 빛의 진동수가 클수록 회절이 작기 때문에 작다. 따라서 빛의 진동수가 f일 때가 $2f$일 때보다 위치 불확정성이 크다.

㉡. 전자의 운동량 불확정성은 빛의 진동수가 큰 $2f$일 때가 f일 때보다 크므로 $\Delta p_1 < \Delta p_2$이다.

✗. 위치와 운동량에 대한 불확정성 원리는 $\Delta x \Delta p \geq \dfrac{h}{2}$로 실험 장비를 아무리 정밀하게 발전시키더라도 위치와 운동량을 동시에 정확하게 측정할 수 없다. 불확정성은 측정 장비의 부정확함에 기인하는 것이 아니라 관계된 양들의 본질적인 부정확한 성질에 기인하는 것이다.

03 현대적 수소 원자 모형

현대적 수소 원자 모형에서는 전자가 발견될 확률로 전자의 위치를 표현하며, 전자구름 형태로 나타낸다. 주양자수를 n이라 할 때, (가)는 $n=2$인 상태를, (나)는 $n=1$인 상태를 나타낸다.

✗. 양자 조건을 만족하는 안정된 원 궤도를 따라 운동하는 것은 보어의 수소 원자 모형이다.

Ⓑ. 현대적 수소 원자 모형은 위치와 운동량을 동시에 정확히 측정할 수 없다는 불확정성 원리를 만족한다.

Ⓒ. 전자의 에너지 준위는 $n=2$일 때가 $n=1$일 때보다 크다.

04 보어의 수소 원자 모형

보어의 수소 원자 모형의 제1가설(양자 조건)은 원 궤도의 둘레는 그 궤도를 따라 운동하는 전자의 물질파 파장의 정수배임을 의미한다. 즉, $2\pi r_n = n\lambda$이므로 $2\pi r_n = n\dfrac{h}{mv}$이다.

제2가설(진동수 조건)은 양자수 n인 궤도에서 m인 궤도로 전자가 전이할 때, 에너지 차에 해당하는 전자기파를 방출하거나 흡수함을 의미한다.

㉠. ⊙은 전자기파이다.

㉡. 양자 조건을 만족하는 원 궤도에서 반지름은 일정하고, 전자의 운동량의 크기도 일정하므로 위치 불확정성은 0, 운동량 불확정성도 0이다.

✗. 보어의 수소 원자 모형에서 $\Delta r=0$, $\Delta p_r=0$이므로 $\Delta r \Delta p_r=0$이다.

01 ⑤	02 ②	03 ①	04 ③	05 ③
06 ④	07 ⑤	08 ①	09 ④	10 ②
11 ①	12 ⑤	13 ①	14 ①	15 ③
16 ②	17 ①	18 ⑤	19 ②	20 ②

01 열의 일당량

추가 낙하하는 동안 중력이 한 일에 의해 열량계 내부에 있는 회전 날개가 회전하고, 액체 내에서 회전하는 날개의 마찰에 의해 열이 발생한다.

Ⓐ. 추에 작용하는 중력의 크기는 mg이고, 추의 이동 거리는 h이므로 추에 작용하는 중력이 한 일은 mgh이다.

✗. 추가 낙하하면서 추의 운동 에너지는 증가하고 액체는 열을 흡수한다. 따라서 추의 중력 퍼텐셜 에너지 감소량은 추의 운동 에너지 증가량보다 크다.

Ⓒ. 액체는 열을 흡수하므로 액체의 온도는 높아진다.

02 평면에서의 등가속도 운동

정지해 있던 물체는 x축과 나란한 방향으로 등가속도 직선 운동을 하므로 물체에 작용하는 알짜힘의 y성분은 0이다.

✗. 물체에 작용하는 알짜힘의 y성분은 0이다. $4\sin60°=F\cos45°$이므로 F의 크기는 $2\sqrt{6}$ N이다.

Ⓛ. 물체에 작용하는 알짜힘의 x성분은 $4\cos60°-F\sin45°=2-\dfrac{F}{\sqrt{2}}=2-\dfrac{2\sqrt{6}}{\sqrt{2}}=2-2\sqrt{3}$ N이다. 따라서 물체에 작용하는 알짜힘의 방향은 $-x$방향이므로 물체의 운동 방향은 $-x$방향이다.

✗. 물체의 질량은 5 kg이므로 물체의 가속도의 크기는 $\dfrac{2(\sqrt{3}-1)}{5}$ m/s²이다.

03 관성력

관성력의 방향은 가속도의 방향과 반대이다.

㉠. 빛이 휘어진 정도는 B가 탄 우주선에서가 A가 탄 우주선에서보다 크므로 우주선의 가속도의 크기는 A가 탄 우주선이 B가 탄 우주선보다 작다.

✗. A가 탄 우주선 내부에서 빛은 $-y$방향으로 휘어지므로 A의 좌표계에서 A에 작용하는 관성력의 방향은 $-y$방향이다. 따라서 A의 좌표계에서 A가 우주선을 누르는 힘은 0이 아니다.

✗. 우주선에 탄 사람이 관측할 때 빛은 $-y$방향으로 휘어지므로 A, B가 탄 우주선의 가속도 방향은 $+y$방향으로 같다.

04 등속도 운동과 등가속도 운동

속도를 시간에 따라 나타낸 그래프에서 기울기는 가속도이다. 0초부터 2초까지 가속도의 방향은 $+x$방향이고, 2초부터 4초까지 가속도의 방향은 $-y$방향이다.

✗. 0초부터 2초까지 물체는 x축 방향으로 등가속도 운동을 하고 y축 방향으로 등속도 운동을 한다. 따라서 0초부터 2초까지 물체는 포물선 운동을 한다.

✗. 0초부터 2초까지 물체의 가속도의 방향은 $+x$방향이고 크기는 2 m/s^2이다. 2초부터 4초까지 가속도의 방향은 $-y$방향이고 크기는 3 m/s^2이다. 따라서 가속도의 크기는 1초일 때가 3초일 때보다 작다.

ⓒ. 2초부터 4초까지 변위의 x성분의 크기는 $4 \text{ m/s} \times 2 \text{ s} = 8 \text{ m}$이고, 변위의 y성분의 크기는 $6 \text{ m/s} \times 2 \text{ s} \times \frac{1}{2} = 6 \text{ m}$이다. 따라서 2초부터 4초까지 변위의 크기는 $\sqrt{8^2 + 6^2} = 10(\text{m})$이고, 평균 속도의 크기는 $\frac{10}{2} = 5(\text{m/s})$이다.

05 등속 원운동

등속 원운동 하는 물체에 작용하는 구심력의 방향은 원 궤도의 중심을 향하는 방향이다. B는 시계 방향으로 운동하므로 시간에 따른 물체의 위치와 B에 작용하는 구심력의 방향은 다음과 같다.

시간	t_0	$2t_0$	$3t_0$	$4t_0$
B의 위치	$(-2x_0, 0)$	$(0, 2x_0)$	$(2x_0, 0)$	$(0, -2x_0)$
구심력의 방향	$+x$방향	$-y$방향	$-x$방향	$+y$방향

✗. $t = \frac{1}{2}t_0$일 때 A에 작용하는 구심력의 방향은 $-y$방향이므로 A의 위치는 $(0, x_0)$이다. 따라서 A의 운동 방향은 시계 방향이다.

✗. A의 주기는 $2t_0$이고, B의 주기는 $4t_0$이다. A, B의 질량을 각각 m_A, m_B라고 하자. A에 작용하는 구심력의 크기는 $\frac{4\pi^2}{(2t_0)^2}m_A x_0 = F_0$이고, B에 작용하는 구심력의 크기는 $\frac{4\pi^2}{(4t_0)^2}m_B(2x_0) = 3F_0$이다. 이를 정리하면, $m_B = 6m_A$이다.

ⓒ. A의 위치를 시간에 따라 나타내면 다음과 같다.

시간	t_0	$2t_0$	$3t_0$	$4t_0$
A의 위치	$(x_0, 0)$	$(-x_0, 0)$	$(x_0, 0)$	$(-x_0, 0)$
구심력의 방향	$-x$방향	$+x$방향	$-x$방향	$+x$방향

따라서 $2t_0$일 때와 $3t_0$일 때 A와 B의 위치는 다음과 같다.

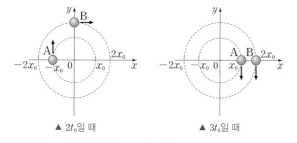

▲ $2t_0$일 때   ▲ $3t_0$일 때

따라서 A와 B 사이의 거리는 $2t_0$일 때가 $3t_0$일 때보다 크다.

06 빛의 간섭

빛을 이중 슬릿에 비추면 스크린에 간섭무늬가 나타난다. 이때 슬릿 사이의 간격(d)이 좁을수록, 단색광의 파장(λ)이 길수록, 이중 슬릿과 스크린 사이의 거리(L)가 클수록 이웃한 밝은 무늬 사이의 간격은 크다.

⊙. 이웃한 밝은 무늬 사이의 간격을 Δx라고 하면, $\Delta x = 2x_0 = \frac{L\lambda}{d}$이다. 따라서 $x_0 = \frac{L\lambda}{2d}$이다.

ⓒ. 단색광의 파장이 λ이고, $x = 2x_0$에서는 $x = 0$으로부터 첫 번째 보강 간섭이 일어난다. 따라서 S₁, S₂를 지나 $x = 2x_0$에 도달한 단색광의 경로차는 $\frac{\lambda}{2}(2 \times 1) = \lambda$이다.

✗. 단색광의 파장만을 2λ로 바꾸면, 이웃한 밝은 무늬 사이의 간격은 $4x_0$이므로 $x = 2x_0$에서는 상쇄 간섭이 일어난다. 따라서 단색광의 파장만을 2λ로 바꾸면, 빛의 세기는 $x = 2x_0$에서가 $x = 3x_0$에서보다 작다.

07 정전기 유도

한 도체에 대전된 동일한 도체를 접촉시키면 두 도체는 같은 전하로 대전된다.

⊙. A는 양(+)전하이고 B는 음(−)전하이므로 A와 B 사이에는 서로 당기는 전기력이 작용한다.

ⓛ. (나)에서 A와 B를 접촉시킨 후 A, B는 $+Q$로 대전된다.

ⓒ. (다)에서 A와 B 사이에는 서로 당기는 전기력이 작용했으므로 q는 음(−)전하이다.

08 저항의 연결

저항의 연결은 그림과 같다.

① 회로의 합성 저항값은 $\frac{1}{2}R + 3R + \frac{1}{2}R = 4R$이고, 회로에 흐르는 전류의 세기는 $\frac{V}{4R}$이다. 전류계가 연결된 저항에 걸리는 전압을 V_1이라고 하면, $V_1 = \frac{V}{4R}\left(\frac{1}{2}R\right) = \frac{V}{8}$이다. 따라서 전류계에 흐르는 전류의 세기는 $\frac{V}{8R}$이다.

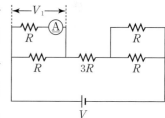

09 축전기의 연결

축전기를 병렬연결하면 축전기 양단에 걸리는 전위차가 같고, 축전기를 직렬연결하면 축전기에 충전되는 전하량이 같다.

④ 회로에서 C에 충전된 전하량은 A와 B에 충전된 전하량의 합과 같다. 따라서 B에 충전된 전하량은 $2Q_0$이다. A, B의 전기 용량을 각각 C_A, C_B라고 하면, A와 B의 양단에 걸리는 전위차는 같고 충전된 전하량은 B가 A의 2배이므로 $C_B = 2C_A$이다. A, B, C의 극판 면적을 S라고 하면, $\varepsilon_2 \frac{S}{2d} = 2\varepsilon_1 \frac{S}{d}$에서 $\varepsilon_2 = 4\varepsilon_1$이다. 축전기에 충전된 전하량은 C가 A의 3배이므로 C의 전기 용량을 C_C라고 하면, $\frac{9Q_0^2}{2C_C} = \frac{Q_0^2}{2C_A}\left(\frac{3}{2}\right)$에서 $C_C = 6C_A$이다. $\varepsilon_3 \frac{S}{d} = 6\varepsilon_1 \frac{S}{d}$에서 $\varepsilon_3 = 6\varepsilon_1$이다. 이를 정리하면, $\varepsilon_1 : \varepsilon_2 : \varepsilon_3 = 1 : 4 : 6$이다.

10 트랜지스터

트랜지스터 내부에 화살표가 붙은 쪽이 이미터이므로 X는 이미터이고 Y는 컬렉터이다.

✗. 베이스에서 이미터 방향으로 전류가 흐르므로 베이스는 p형 반도체이다. 따라서 n - p - n형 트랜지스터이다.

ⓛ. 전류는 Y(컬렉터) → X(이미터)로 흐르므로 전위는 Y가 X보다 높다.

✗. X(이미터), 베이스, Y(컬렉터)에 흐르는 전류의 세기를 각각 I_X, $I_베$, I_Y라고 하면, $I_X = I_베 + I_Y$이다. 전류 증폭률은 $\dfrac{컬렉터\ 전류}{베이스\ 전류} = 90$이므로 $I_Y = 90I_베$이다. 이를 정리하면, $I_X = \dfrac{1}{90}I_Y + I_Y = \dfrac{91}{90}I_Y$이다. 따라서 저항에 흐르는 전류의 세기는 A에서가 B에서의 $\dfrac{91}{90}$배이다.

11 도플러 효과

음파 측정기에 음원이 가까워질 때 음파 측정기가 측정하는 음파의 진동수는 증가하고, 음파 측정기로부터 음원이 멀어질 때 음파 측정기가 측정하는 음파의 진동수는 감소한다.

① 음속을 V라고 하면, A, B가 발생시킨 음파를 Y가 측정한 진동수는 같으므로 $\dfrac{V}{V-2v}(28f_0) = \dfrac{V}{V+3v}(33f_0)$이다. 이를 정리하면, $V = 30v$이다. X가 측정한 A가 발생시킨 음파의 진동수는 $\dfrac{V}{V+2v}(28f_0) = \dfrac{30}{32}(28f_0) = \dfrac{105}{4}f_0$이고, X가 측정한 B가 발생시킨 음파의 진동수는 $\dfrac{V}{V+3v}(33f_0) = \dfrac{30}{33}(33f_0) = 30f_0$이다. 따라서 X에서 측정한 A, B에서 발생시킨 음파의 진동수 차는 $30f_0 - \dfrac{105}{4}f_0 = \dfrac{15}{4}f_0$이다.

12 볼록 렌즈

물체를 볼록 렌즈의 초점 거리 안에 놓았을 때 확대된 정립 허상이 나타난다.

✗. A의 상과 볼록 렌즈 사이의 거리를 x_A라고 하면, A의 상의 크기는 A 크기의 2배이므로 $x_A = 2(f+3d)$이다. 따라서 $\dfrac{1}{f+3d} + \dfrac{1}{2(f+3d)} = \dfrac{1}{f}$이다. 이를 정리하면, $f=6d$이다.

ⓛ. A의 위치는 볼록 렌즈의 초점 거리 바깥에 위치하므로 A의 상은 도립 실상이다.

ⓒ. B의 상이 볼록 렌즈로부터 떨어진 거리를 x_B라고 하면, $\dfrac{1}{f-d} + \dfrac{1}{x_B} = \dfrac{1}{f}$이다. $f=6d$이므로 $x_B = -30d$이다. B에 대한 볼록 렌즈의 배율을 m이라고 하면, $m = \left|\dfrac{-30d}{5d}\right| = 6$이므로 B의 상의 크기는 B 크기의 6배이다.

13 상호유도

상호유도에 의해 1차 코일에 흐르는 전류가 형성하는 자기장의 변화를 방해하는 방향으로 2차 코일에 유도 전류가 흐른다

①. I의 세기는 4초일 때가 8초일 때보다 크므로 I에 의한 1차 코일의 자기장의 세기는 4초일 때가 8초일 때보다 크다. 따라서 2차 코일을 통과하는 자기 선속은 4초일 때가 8초일 때보다 크다.

✗. I의 단위 시간당 변화율은 1초일 때가 7초일 때보다 작다. 따라서 상호 유도에 의해 2차 코일에 흐르는 전류의 세기는 1초일 때가 7초일 때보다 작다.

✗. 6초부터 8초까지 I의 세기는 감소하므로 2차 코일에 흐르는 유도 전류는 2차 코일을 통과하는 자기 선속의 감소를 방해하는 방향으로 흐른다. 따라서 7초일 때 2차 코일에 흐르는 유도 전류의 방향은 b → ⓒ → a이다.

14 전류에 의한 자기장

p에서 A, B에 흐르는 전류에 의한 자기장의 방향은 $+x$방향이므로 p에서 A, B에 흐르는 전류에 의한 자기장의 y성분은 0이다.

①. p에서 A에 흐르는 전류에 의한 자기장의 y성분의 방향과 B에 흐르는 전류에 의한 자기장의 y성분의 방향은 서로 반대이다. 따라서 A, B에 흐르는 전류의 방향은 xy 평면에 수직으로 들어가는 방향으로 같다.

✗. A, B에 흐르는 전류의 세기를 I_A, I_B라고 하자. p에서 A에 흐르는 전류에 의한 자기장의 방향이 y축과 이루는 각을 θ_A, B에 흐르는 전류에 의한 자기장의 방향이 y축과 이루는 각을 θ_B라고 하자.

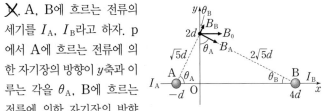

$\cos\theta_A = \dfrac{1}{\sqrt{5}}$이고 $\cos\theta_B = \dfrac{2}{\sqrt{5}}$이다. p에서 A, B에 흐르는 전류에 의한 자기장의 y성분은 0이므로 $k\dfrac{I_A}{\sqrt{5}d}\cos\theta_A = k\dfrac{I_B}{2\sqrt{5}d}\cos\theta_B$에서 $\dfrac{I_A}{\sqrt{5}d}\left(\dfrac{1}{\sqrt{5}}\right) = \dfrac{I_B}{2\sqrt{5}d}\left(\dfrac{2}{\sqrt{5}}\right)$이므로 $I_A = I_B$이다. p에서 A, B에 흐르는 전류에 의한 자기장의 x성분의 크기는 B_0이므로 $k\dfrac{I_A}{\sqrt{5}d}\sin\theta_A + k\dfrac{I_B}{2\sqrt{5}d}\sin\theta_B = B_0$이다. $\sin\theta_A = \dfrac{2}{\sqrt{5}}$이고 $\sin\theta_B = \dfrac{1}{\sqrt{5}}$이며 $I_A = I_B$이므로 $k\dfrac{I_A}{\sqrt{5}d}\left(\dfrac{2}{\sqrt{5}}\right) + k\dfrac{I_A}{2\sqrt{5}d}\left(\dfrac{1}{\sqrt{5}}\right) = k\dfrac{I_A}{2d} = B_0$이다. 따라서 p에서 B에 흐르는 전류에 의한 자기장의 세기는 $k\dfrac{I_A}{2\sqrt{5}d} = \dfrac{\sqrt{5}}{5}B_0$이다.

✗. O에서 A에 흐르는 전류에 의한 자기장의 방향과 B에 흐르는 전류에 의한 자기장의 방향은 서로 반대이므로 O에서 A, B에 흐르는 전류에 의한 자기장의 세기는 $k\dfrac{I_A}{d} - k\dfrac{I_B}{4d} = k\dfrac{3I_A}{4d} = \dfrac{3}{2}B_0$이다.

15 광전 효과

플랑크 상수를 h라고 하자. 문턱 진동수가 f_0인 금속판의 일함수는 hf_0이다. 진동수가 f인 단색광을 문턱 진동수가 f_0인 금속판에 비출 때 방출되는 광전자의 최대 운동 에너지는 $E_k = hf - hf_0$이다.

③ P, Q의 문턱 진동수를 각각 f_P, f_Q라고 하고, 광전자의 질량을 m이라고 하자. 실험 Ⅰ에서 $3\lambda_0 = \dfrac{h}{\sqrt{2mE_k}} = \dfrac{h}{\sqrt{2mh(f-f_P)}} = \sqrt{\dfrac{h}{2m(f-f_P)}}$이므로 $f-f_P = \dfrac{h}{18m\lambda_0{}^2}$ … ①이다. 마찬가지로 실험 Ⅱ에서 $\lambda_0 = \sqrt{\dfrac{h}{2m(2f-f_P)}}$이므로 $2f-f_P = \dfrac{h}{2m\lambda_0{}^2}$ … ②이고 실

험 Ⅲ에서 $\sqrt{2}\lambda_0=\sqrt{\dfrac{h}{2m(2f-f_Q)}}$이므로 $2f-f_Q=\dfrac{h}{4m\lambda_0^2}$ … ③이

다. ①, ②를 정리하면, $\dfrac{f-f_P}{2f-f_P}=\dfrac{1}{9}$이므로 $f=\dfrac{8}{7}f_P$이다. ②, ③을

정리하면, $\dfrac{2f-f_Q}{2f-f_P}=\dfrac{1}{2}$이므로 $2f=2f_Q-f_P$이다. $f=\dfrac{8}{7}f_P$이므로

$2f_Q=\dfrac{23}{7}f_P$이다. 따라서 $\dfrac{W_P}{W_Q}=\dfrac{f_P}{f_Q}=\dfrac{14}{23}$이다.

16 코일의 자체 유도 계수에 따른 공명 진동수의 변화

교류 전원의 진동수를 변화시켜 회로에 최대 전류가 흐를 때의 진동

수를 공명 진동수라고 하며, 회로의 공명 진동수는 $\dfrac{1}{2\pi\sqrt{LC}}$이다.

(C: 축전기의 전기 용량, L: 코일의 자체 유도 계수)

✗. $f_0=\dfrac{1}{2\pi\sqrt{L_1C}}$이고, $2f_0=\dfrac{1}{2\pi\sqrt{L_2C}}$이다. 이를 정리하면, $L_1=$

$4L_2$이다.

ⓛ. 축전기에 연결된 교류 전원의 진동수가 클수록 축전기의 저항 역

할은 작아진다. 따라서 축전기가 전류의 흐름을 방해하는 정도는 진

동수가 f_0일 때가 $2f_0$일 때보다 크다.

✗. 저항 양단에 걸리는 전압의 최댓값은 전류의 세기에 비례한다.

따라서 스위치를 b에 연결했을 때 공명 진동수는 $2f_0$이므로 저항 양

단에 걸리는 전압의 최댓값은 진동수가 f_0일 때가 $2f_0$일 때보다 작다.

17 입자의 회절과 불확정성 원리

단일 슬릿에 입사한 전자가 슬릿을 통과한 후 회절할 때, 단일 슬릿의

폭 Δx는 전자의 위치 불확정성이고, 회절 무늬의 폭이 클수록 전자

의 운동량 불확정성(Δp)이 크다.

ⓖ. Δx는 전자의 위치 불확정성이므로 Δx를 감소시키면 전자의 위

치 불확정성은 감소한다.

✗. 불확정성 원리에 의해 $\Delta x\Delta p\geq\dfrac{h}{2}$이므로 Δx가 감소하면 Δp는

증가한다.

✗. 슬릿의 폭이 작을수록 회절이 잘 일어난다.

18 전자기 유도

고리를 통과하는 단위 시간당 자기 선속의 변화량이 클수록 저항에

흐르는 유도 전류의 세기는 크다.

ⓖ. 자기 선속을 시간에 따라 나타낸 그래프에서 기울기가 클수록 유

도 전류의 세기는 크다. 자기 선속의 단위 시간당 변화율은 t_1일 때가

t_3일 때보다 크므로 저항에 흐르는 유도 전류의 세기는 t_1일 때가 t_3일

때보다 크다.

✗. t_2일 때, 자기 선속의 단위 시간당 변화율은 0이므로 저항에는 유

도 전류가 흐르지 않는다.

ⓒ. t_2부터 t_4까지 회로를 통과하는 자기 선속은 증가하므로 저항에

흐르는 유도 전류의 방향은 a → 저항 → b이다.

19 돌림힘의 평형

A에서 작은 바퀴에 연결된 실이 막대를 당기는 힘의 크기는 큰 바퀴

에 연결된 실이 막대를 당기는 힘의 크기의 2배이고, B에서 작은 바

퀴에 연결된 실이 막대를 당기는 힘의 크기는 $2mg$이다.

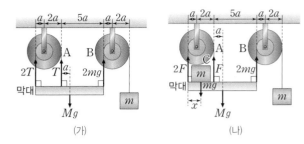

(가)   (나)

✗. A의 큰 바퀴 반지름은 작은 바퀴 반지름의 2배이다. (가)에서 A

의 큰 바퀴에 연결된 실이 막대를 당기는 힘의 크기를 T라고 하면,

A의 작은 바퀴에 연결된 실이 막대를 당기는 힘의 크기는 $2T$이다.

B의 큰 바퀴에 연결된 실에 매달린 물체가 큰 바퀴에 연결된 실을 당

기는 힘의 크기가 mg이므로 B의 작은 바퀴에 연결된 실에 매달린

실이 막대를 당기는 힘의 크기는 $2mg$이다. 막대의 질량을 M이라고

하면, 막대에 작용하는 알짜힘은 0이므로 $2T+T+2mg=Mg$ …

①이다. (가)에서 막대의 중심을 회전축으로 돌림힘의 평형을 적용하

면 $2T(4a)+Ta=2mg(4a)$ … ②에서 $T=\dfrac{8}{9}mg$이다. 이를 ①에

대입하여 정리하면, $3\left(\dfrac{8}{9}mg\right)+2mg=Mg$에서 $M=\dfrac{14}{3}m$이다.

ⓛ. (나)에서 A의 작은 바퀴와 큰 바퀴의 실이 막대를 당기는 힘의

크기를 각각 $2F$, F라고 하면, 막대에 작용하는 알짜힘은 0이므로

$2F+F+2mg=Mg+mg$이다. 이를 정리하면, $F=\dfrac{11}{9}mg$이

고, $T=\dfrac{8}{11}F$이므로 막대의 왼쪽 끝에 연결된 실이 막대를 당기는

힘의 크기는 (가)에서가 (나)에서의 $\dfrac{8}{11}$배이다.

✗. (나)에서 막대의 왼쪽 끝을 회전축으로 돌림힘의 평형을 적용하

면, $F(3a)+2mg(8a)-\dfrac{14}{3}mg(4a)-mgx=0$에서 $x=a$이다.

20 포물선 운동

p에서 속도의 y성분은 0이고, q에서 속도의 x성분은 0이다.

② 가속도의 x성분의 크기를 a_x, y성분의 크기를 a_y라고 하자. 물체

의 가속도의 x성분은 $-x$방향이고, 가속도의 y성분은 $-y$방향이다.

원점에서 p까지 운동하는 데 걸린 시간을 t라고 하자. p에서 물체의

속도의 y성분은 0이고, 원점과 q는 x축상의 점이다. 물체가 원점에

서 p까지 운동하는 데 걸린 시간과 p에서 q까지 운동하는 데 걸린 시

간은 같으므로 p에서 q까지 운동하는 데 걸린 시간은 t이다. q에서

물체의 속도의 x성분은 0이고, p와 r의 위치의 x성분은 같다. 물체

가 p에서 q까지 운동하는 데 걸린 시간과 q에서 r까지 운동하는 데

걸린 시간은 같으므로 q에서 r까지 운동하는 데 걸린 시간은 t이다.

p에서 속도의 y성분은 0이므로 $v\sin\theta_1-a_yt=0$에서 $a_y=\dfrac{v\sin\theta_1}{t}$

이고 $v\sin\theta_1(t)-\dfrac{1}{2}a_yt^2=d$에서 $v\sin\theta_1(t)-\dfrac{1}{2}\left(\dfrac{v\sin\theta_1}{t}\right)t^2=d$이

므로 $v\sin\theta_1=\dfrac{2d}{t}$이고 $a_y=\dfrac{2d}{t^2}$이다. q에서 속도의 x성분은 0이므

로 $v\cos\theta_1-a_x(2t)=0$에서 $a_x=\dfrac{v\cos\theta_1}{2t}$이고 $v\cos\theta_1(2t)-\dfrac{1}{2}a_x(2t)^2$

$=5d$에서 $v\cos\theta_1(2t)-\dfrac{1}{2}\left(\dfrac{v\cos\theta_1}{2t}\right)(2t)^2=5d$이므로 $v\cos\theta_1=\dfrac{5d}{t}$

이고 $a_x=\dfrac{5d}{2t^2}$이다. 따라서 $\tan\theta_1=\dfrac{v\sin\theta_1}{v\cos\theta_1}=\dfrac{2}{5}$이다.

r에서 속도의 x성분의 크기를 v_x라고 하면, $v_x=a_xt=\dfrac{5d}{2t}$이다. p에서 r까지 운동하는 데 걸린 시간은 $2t$이므로 r에서 속도의 y성분의 크기를 v_y라고 하면, $v_y=a_y(2t)=\dfrac{4d}{t}$이고, $\tan\theta_2=\dfrac{v_y}{v_x}=\dfrac{8}{5}$이다. 따라서 $\left|\dfrac{\tan\theta_1}{\tan\theta_2}\right|=\dfrac{1}{4}$이다.

실전 모의고사 **2회**　　　본문 125~129쪽

01 ⑤	02 ④	03 ①	04 ④	05 ②
06 ①	07 ⑤	08 ⑤	09 ②	10 ④
11 ②	12 ⑤	13 ①	14 ③	15 ①
16 ④	17 ③	18 ③	19 ②	20 ④

01 현대적 수소 원자 모형

현대적 수소 원자 모형은 전자의 위치와 운동량을 동시에 정확히 측정할 수 없다는 불확정성 원리를 만족한다.

Ⓐ. 주 양자수가 $n=1$일 때 전자의 에너지는 $-13.6\,eV$로 보어의 수소 원자 모형과 현대적 수소 원자 모형에서 서로 같다.

Ⓑ. 보어의 수소 원자 모형에서 전자는 제 1가설인 양자 조건을 만족하는 원 궤도에서 운동한다.

Ⓒ. 현대 수소 원자 모형은 불확정성 원리를 만족하므로 전자의 위치를 확률적으로만 설명할 수 있다.

02 포물선 운동

q에서 물체의 연직 방향 속력은 $\sqrt{3}v_0$이다.

④ p에서 q까지 물체가 운동하는 데 걸리는 시간을 t라고 하면 수평 방향과 연직 방향에 대해 $v_0t=d$, $gt=\sqrt{3}v_0$의 식이 각각 성립한다. 따라서 $t=\dfrac{\sqrt{3}v_0}{g}$이므로 $d=\dfrac{\sqrt{3}v_0^{\,2}}{g}$이다.

03 자기장과 자기력선

자기력선은 자석의 N극에서 나와서 S극으로 들어가며 자기력선의 간격이 조밀한 곳일수록 자기장의 세기는 크다.

㉠. 자기력선은 자석의 N극에서 나와서 S극으로 들어가므로 (가)의 A는 N극이다.

✗. 자기력선의 간격이 조밀한 곳일수록 자기장의 세기는 크다. 따라서 자기력선의 간격은 p에서가 q에서보다 조밀하므로 막대자석에 의한 자기장의 세기는 p에서가 q에서보다 크다.

✗. 솔레노이드 내부에서 자기력선의 방향이 오른쪽에서 왼쪽으로 향하는 방향이므로 솔레노이드에 흐르는 전류의 방향은 ⓑ 방향이다.

04 열과 일의 전환

실을 당기는 힘이 한 일과 액체의 온도 변화량은 비례한다.

✗. 실을 당긴 힘이 한 일은 $420\times0.5=210(J)$이다.

㉡. 액체가 흡수한 열량은 $1000\times0.1\times0.5=50(cal)$이다.

㉢. 실을 당긴 힘이 한 일이 모두 액체의 온도 변화에만 사용되었으므로 50 cal의 열은 210 J의 일에 해당한다. 따라서 열의 일당량은 $\dfrac{210}{50}=4.2(J/cal)$이다.

05 단일 슬릿에 의한 전자기파의 회절

전자기파는 단일 슬릿을 통과하며 회절하고, 전자기파의 파장이 길수록, 단일 슬릿의 폭이 좁을수록 회절이 잘 된다.

✗. 레이저의 파장이 길수록 회절이 잘 되어 중앙의 밝은 무늬에서 이웃한 첫 번째 밝은 무늬까지의 거리가 커진다. 따라서 $d_2>d_1$이므로 $\lambda_2>\lambda_1$이다.

㉡. 단일 슬릿의 폭이 좁을수록 회절이 잘 되므로 중앙의 밝은 무늬에서 이웃한 첫 번째 밝은 무늬까지의 거리가 커진다. 따라서 (가)에서 슬릿만 폭이 $2a$인 단일 슬릿으로 교체하면 중앙의 밝은 무늬에서 이웃한 첫 번째 밝은 무늬까지의 거리는 d_1보다 작아진다.

✗. 단일 슬릿과 스크린 사이의 거리와 밝은 무늬에서 이웃한 첫 번째 밝은 무늬까지의 거리는 비례하므로 (나)에서 단일 슬릿과 스크린 사이의 거리만 $2L$로 증가시키면 중앙의 밝은 무늬에서 이웃한 첫 번째 밝은 무늬까지의 거리는 $2d_2$가 된다.

06 전자기파의 발생과 송수신

교류 전원의 진동수와 송신 회로의 공명 진동수가 같을 때 송신 회로에 최대 전류가 흐르며, 안테나에 수신된 전자기파의 진동수가 수신 회로의 공명 진동수와 같을 때 수신 회로에 최대 전류가 흐르고 해당 진동수의 방송이 나온다.

㉠. 송신 회로의 공명 진동수와 수신 회로의 공명 진동수가 f_0으로 서로 같다. 따라서 $L_1C_1=L_2C_2$이다.

✗. 전기장 영역 내의 전자에는 전기장 방향과 반대 방향으로 전기력이 작용한다. 따라서 수신 회로의 안테나에 도달한 전자기파에 의해 안테나 속 전자에는 전기장 방향과 반대 방향의 전기력이 작용한다.

✗. 수신 회로의 안테나에 수신된 전자기파는 교류 전원의 역할을 한다. 따라서 축전기와 연결된 교류 전원의 진동수가 클수록 축전기의 저항 역할은 작아지므로 수신 회로의 축전기의 저항 역할은 수신 회로의 안테나에 진동수 $2f_0$의 전자기파가 수신되어 수신 회로에 전류가 흐를 때가 진동수 f_0의 전자기파가 수신되어 수신 회로에 전류가 흐를 때보다 작다.

07 트랜지스터

트랜지스터를 이용해 전류를 증폭하려면 이미터와 베이스 사이에 순방향 전압을 걸어 주어야 한다.

✗. A가 p-n-p형 트랜지스터라고 가정하면 X는 컬렉터, Y는 이미터 단자이므로 $I_Y>I_X$이어야 한다. 따라서 $I_X>I_Y$이므로 A는 n-p-n형 트랜지스터이다.

㉡. A가 n-p-n형 트랜지스터이고, $I_X>I_Y$이므로 X는 이미터 단자이다.

㉢. 이미터와 베이스 사이에 순방향 전압이 걸려 있으므로 베이스에 흐르는 전류의 방향은 ⓐ이다.

08 정전기 유도

대전체를 대전되지 않은 도체에 가까이 하면 정전기 유도에 의해 대전체와 도체 사이에 서로 당기는 방향의 전기력이 작용한다.

✗. Ⅲ에서 B를 C에 가까이 하면 정전기 유도에 의해 C의 B와 가까운 부분은 B와 다른 종류의 전하를 띠고, C의 B와 먼 부분은 B와 같은 종류의 전하를 띤다. 따라서 Ⅲ에서 B와 C 사이에 작용하는 전기력의 방향은 서로 당기는 방향이다.

ⓛ. 대전된 도체구를 대전되지 않은 도체구와 접촉시키면 대전된 도체구의 전하를 대전된 도체구와 대전되지 않은 도체구가 표면적에 비례하여 나눠가진다. 따라서 Ⅳ에서 B에 대전된 전하의 종류와 C에 대전된 전하의 종류가 같으므로 '서로 미는 방향'은 ⓛ으로 적절하다.

ⓒ. Ⅰ에서 A, B의 전하량을 각각 Q_A, Q_B라고 하면 Ⅰ에서 A, B의 전하의 종류가 다르므로 V에서 A, C에 대전된 전하량의 크기는 각각 $\left|\dfrac{Q_A-Q_B}{2}\right|$, $\left|\dfrac{Q_A-Q_B}{4}\right|$이다. 따라서 V에서 도체구에 대전된 전하량의 크기는 A가 C보다 크다.

09 볼록 렌즈에 의한 상

물체에서 볼록 렌즈의 중심까지의 거리가 볼록 렌즈의 초점 거리와 같으면 상이 생기지 않고 볼록 렌즈의 초점 거리보다 크면 실상이, 작으면 허상이 생기며 x에 따른 각각의 상은 그림과 같다.

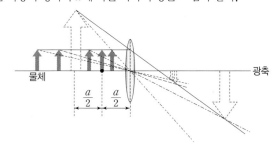

✗. $\dfrac{a}{2}>x$일 때 볼록 렌즈에 의해 허상이 생긴다. 따라서 Ⅱ에서는 물체에서 렌즈 중심까지의 거리가 볼록 렌즈의 초점 거리보다 크므로 ㉠은 실상이다.

ⓛ. Ⅰ에서 x가 작아질수록 볼록 렌즈 중심에서 상까지의 거리가 커지고 상의 크기 또한 커진다.

✗. 상의 크기는 Ⅰ에서는 물체의 크기보다 작고, Ⅳ에서는 물체의 크기보다 크다. 따라서 상의 크기는 Ⅰ에서가 Ⅳ에서보다 작다.

10 케플러 법칙

행성의 질량을 M, 중력 상수를 G, 행성 중심에서 위성까지의 거리를 r라고 하면 위성의 공전 주기는 $T=\sqrt{\dfrac{4\pi^2 r^3}{GM}}$이다.

✗. B의 가속도의 크기는 $\dfrac{G\times 4m}{r^2}$이고, q에서 D의 가속도의 크기는 $\dfrac{G\times m}{r^2}$이므로 B의 가속도의 크기는 q에서 D의 가속도의 크기보다 크다.

ⓛ. 면적 속도 일정의 법칙에 의해 위성에서 행성까지의 거리가 클수록 위성의 속력은 작다. 따라서 D의 속력은 p에서가 q에서보다 작다.

ⓒ. D의 공전 주기는 $T=\sqrt{\dfrac{32\pi^2 r^3}{Gm}}$이고, $T_0=\sqrt{\dfrac{4\pi^2 r^3}{4Gm}}=\sqrt{\dfrac{\pi^2 r^3}{Gm}}$이므로 $T=4\sqrt{2}\,T_0$이다.

11 저항의 연결

저항값이 각각 R_1, R_2인 저항을 직렬로 연결하였을 때와 병렬로 연결하였을 때의 합성 저항값은 각각 R_1+R_2, $\dfrac{R_1 R_2}{R_1+R_2}$이다.

② 저항이 그림과 같이 연결되어 있으므로

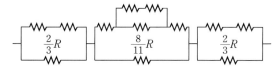

전체 저항값은 $\dfrac{2}{3}R+\dfrac{8}{11}R+\dfrac{2}{3}R=\dfrac{68}{33}R$이다. 따라서 전류계에 흐르는 전류의 세기 I는 $I=V\div\dfrac{68}{33}R=\dfrac{33V}{68R}$이다.

12 평면에서 등가속도 운동

속도 – 시간 그래프에서 기울기의 의미는 가속도이며, 가속도 – 시간 그래프에서 그래프와 시간 축이 이루는 면적은 속도의 변화량이다.

㉠. 3초일 때, 물체 가속도의 x성분의 크기는 $\dfrac{4-2}{4-2}=1(\text{m/s}^2)$이고, 가속도의 y성분의 크기는 $4\,\text{m/s}^2$이므로 3초일 때, 물체의 가속도의 크기는 $\sqrt{1^2+4^2}=\sqrt{17}(\text{m/s}^2)$이다. 따라서 물체의 질량이 $1\,\text{kg}$이므로 3초일 때, 물체에 작용하는 알짜힘의 크기는 $\sqrt{17}\,\text{N}$이다.

ⓛ. 3초일 때, $v_x=3\,\text{m/s}$이고, 0초일 때 물체 속도의 y성분은 0이므로 3초일 때, 물체 속도의 y성분의 크기는 $2\times 2+1\times 4=8(\text{m/s})$이다. 따라서 3초일 때, 물체 속도의 크기는 $\sqrt{3^2+8^2}=\sqrt{73}(\text{m/s})$이다.

ⓒ. 4초일 때, 물체 위치의 x성분은 $2\times 2+(2+4)\times 2\times\dfrac{1}{2}=10(\text{m})$이고, 위치의 y성분은 $\dfrac{1}{2}\times 2\times 2^2+4\times 2+\dfrac{1}{2}\times 4\times 2^2=20(\text{m})$이다. 따라서 0초부터 4초까지 변위의 크기는 $\sqrt{10^2+20^2}=10\sqrt{5}(\text{m})$이다.

13 전자기 유도

금속 고리 내부의 자기 선속이 변화하면 자기 선속의 변화를 방해하는 방향으로 금속 고리에 유도 전류가 흐른다.

㉠. $t=t_0$일 때 금속 고리 내부를 통과하는 xy 평면에 수직으로 들어가는 방향의 자기 선속이 증가하고 있다. 따라서 P에 흐르는 유도 전류의 방향은 $+y$방향이다.

✗. 금속 고리는 $t=t_0$일 때 Ⅰ로 들어가고 있고, $t=6t_0$일 때 Ⅱ에서 나가고 있다. 따라서 $t=t_0$일 때와 $t=6t_0$일 때의 고리 내부 자기 선속의 단위 시간당 변화량이 $B_0\times 2L\times\dfrac{3L}{2t_0}=\dfrac{3B_0 L^2}{t_0}$, $2B_0\times 2L\times\dfrac{3L}{4t_0}=\dfrac{3B_0 L^2}{t_0}$으로 서로 같으므로 고리에 유도되는 유도 전류의 세기는 $t=t_0$일 때와 $t=6t_0$일 때가 서로 같다.

✗. $t=3t_0$일 때의 고리 내부 자기 선속의 단위 시간당 변화량이 $\left|-(-B_0)\times 2L\times\dfrac{3L}{3t_0}+2B_0\times 2L\times\dfrac{3L}{3t_0}\right|=\dfrac{6B_0 L^2}{t_0}$이므로 고리 내부 자기 선속의 단위 시간당 변화량의 크기는 $t=3t_0$일 때가 $t=6t_0$일 때보다 크다.

14 볼록 렌즈의 이용

물체와 볼록 렌즈 사이의 거리가 볼록 렌즈의 초점 거리보다 작으면 볼록 렌즈에 의해 허상이 생긴다.

ㄱ. 물체와 A 사이의 거리를 a, A와 A에 의한 상 사이의 거리를 b 라고 하면 $\frac{1}{a}+\frac{1}{b}=\frac{1}{f_A}$의 식이 성립하고, A에 의한 상이 물체보다 크기가 작으므로 $1>\frac{b}{a}$이다. 따라서 $a>2f_A$이므로 물체와 A 사이의 거리는 $2f_A$보다 크다.

ㄴ. B에 의한 상은 A에 의한 상에서 나온 빛이 B에서 굴절된 후 실제로 모여서 만들어진 상이 아닌 허상이다.

ㄷ. B에 의한 상이 허상이므로 A에 의한 상과 B 사이의 거리는 f_B 보다 작다.

15 관성력과 단진자

중력 방향, 크기 a의 가속도로 등가속도 운동을 하는 가속 좌표계에서 단진동 하는 실의 길이 L인 단진자의 주기는 $T=2\pi\sqrt{\dfrac{L}{g-a}}$이다.

ㄱ. 단진자의 실의 길이를 L이라고 하면 (가)에서 단진자의 주기에 대해 $T_0=2\pi\sqrt{\dfrac{L}{g}}$의 식이 성립한다. 따라서 (나)에서 단진자의 주기가 $2T_0=2\pi\sqrt{\dfrac{L}{g-\frac{3}{4}g}}$이므로 (나)에서 엘리베이터의 가속도 크기는 $\frac{3}{4}g$이다.

ㄴ. 길이가 동일한 단진자의 주기가 (가)에서가 (나)에서보다 작으므로 (나) 엘리베이터의 가속도 방향은 연직 아래 방향이다.

ㄷ. 최고점에서 실이 연직선과 이루는 각을 θ, 최저점에서 엘리베이터 바닥까지의 거리를 h라고 하면 최저점에서 물체의 속력은 $\sqrt{2gL(1-\cos\theta)}$이고, 물체가 최저점에서 엘리베이터 바닥까지 운동하는 데 걸리는 시간은 $\sqrt{\dfrac{2h}{g}}$이므로 최저점에서 엘리베이터 바닥까지 물체가 운동하는 동안 물체의 수평 이동 거리는 $2\sqrt{hL(1-\cos\theta)}$ 이다. 따라서 (가)와 (나)에서 h, L, θ 모두 각각 서로 같으므로 최저점에서 엘리베이터 바닥까지 물체가 운동하는 동안 물체의 수평 이동 거리는 (가)에서와 (나)에서가 서로 같다.

16 전기장과 물질파

전기장에서 음(−)전하에 작용하는 전기력이 한 일만큼 음(−)전하의 운동 에너지가 증가하며, 플랑크 상수가 h, 음(−)전하의 운동 에너지가 E_k, 질량이 m일 때, 음(−)전하의 물질파 파장은 $\lambda=\dfrac{h}{\sqrt{2mE_k}}$ 이다.

④ 음(−)전하의 전하량을 q라고 하면 $x=2L$, $x=6L$에서의 음(−)전하의 운동 에너지가 각각 $2qEL$, $2qEL+8qEL=10qEL$ 이므로 $\lambda_1=\dfrac{h}{2\sqrt{mqEL}}$, $\lambda_2=\dfrac{\sqrt{5}h}{10\sqrt{mqEL}}$이다. 따라서 $\dfrac{\lambda_1}{\lambda_2}=\sqrt{5}$이다.

17 알짜힘이 하는 일

A가 p에서 r까지 운동하는 동안 A에 작용하는 알짜힘이 한 일만큼 A의 운동 에너지는 증가한다.

ㄱ. q에서 A의 속력이 $2\sqrt{gs}$이므로 q에서 A의 운동 에너지는 $\frac{1}{2}\times 3m\times 4gs=6mgs$이다. 따라서 p에서 q까지 A에 작용하는 알짜힘이 $6mg$이므로 A의 가속도의 크기는 $\dfrac{6mg}{3m}=2g$이다.

ㄴ. A가 p에서 q까지 운동하는 동안 A, B에 작용하는 알짜힘의 크기가 $7mg+3mg\cos\theta+2mg$이다. 따라서 A가 p에서 q까지 운동하는 동안 A, B의 가속도의 크기가 $2g$이므로 $7mg+3mg\cos\theta+2mg=(3m+2m)\times 2g=10mg$의 식이 성립하고, $\cos\theta=\dfrac{1}{3}$이다.

ㄷ. q에서 r까지 A에 작용하는 알짜힘의 크기는 mg이므로 r에서 A의 속력을 v라고 하면 $mgs=\frac{1}{2}\times 3m\times(v^2-4gs)$의 식이 성립한다. 따라서 $v=\sqrt{\dfrac{14gs}{3}}$이므로 r에서 A의 속력은 $\sqrt{\dfrac{14gs}{3}}$이다.

18 포물선 운동과 역학적 에너지

p, q, r에서 물체 속도의 수평 방향 성분은 $\sqrt{\dfrac{E}{m}}$이고, 연직 방향 성분은 각각 $\sqrt{\dfrac{E}{m}}$, $-\sqrt{\dfrac{E}{3m}}$, $-\sqrt{\dfrac{3E}{m}}$이다.

ㄱ. q에서 물체의 운동 에너지는 $\frac{1}{2}\times m\times\left(\dfrac{E}{m}+\dfrac{E}{3m}\right)=\dfrac{2}{3}E$이다.

ㄴ. r에서 물체의 운동 에너지가 $\frac{1}{2}\times m\times\left(\dfrac{E}{m}+\dfrac{3E}{m}\right)=2E$이고, 물체가 포물선 운동을 하는 동안 물체의 역학적 에너지는 보존되므로 q와 r 사이의 연직 거리를 h라고 하면 $\dfrac{2}{3}E+mgh=2E$의 식이 성립한다. 따라서 $h=\dfrac{4E}{3mg}$이다.

ㄷ. 물체가 p에서 최고점까지 운동하는 데 걸리는 시간을 t라고 하면, 최고점에서 q, r까지 운동하는 데 걸리는 시간은 각각 $\dfrac{1}{\sqrt{3}}t$, $\sqrt{3}t$ 이다. 따라서 p에서 r까지 운동하는 데 걸리는 시간 $(\sqrt{3}+1)t$가 p에서 q까지 운동하는 데 걸리는 시간인 $\left(1+\dfrac{1}{\sqrt{3}}\right)t$의 $\sqrt{3}$배이므로 p와 r 사이의 수평 거리는 p와 q 사이의 수평 거리의 $\sqrt{3}$배이다.

19 전자기 유도

금속 고리 내부를 통과하는 자기 선속이 변화하면 자기 선속의 변화를 방해하는 방향으로 금속 고리에 유도 전류가 생성되며 금속 고리에 유도되는 유도 기전력의 크기는 금속 고리 내부를 통과하는 자기 선속의 시간당 변화량에 비례한다.

$t=\dfrac{T}{8}$, $\dfrac{3T}{8}$, $\dfrac{5T}{8}$, $\dfrac{7T}{8}$일 때 금속 고리의 위치는 그림과 같다.

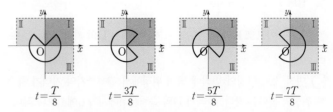

$t=\dfrac{T}{8}$ $t=\dfrac{3T}{8}$ $t=\dfrac{5T}{8}$ $t=\dfrac{7T}{8}$

ㄷ. Ⅰ의 자기장의 방향이 xy 평면에서 수직으로 나오는 방향인데도 $t=0\sim t=\dfrac{T}{4}$ 동안 금속 고리에 유도되는 유도 전류의 방향이 시계

방향이므로 Ⅱ에서 자기장의 방향은 xy 평면에서 수직으로 나오는 방향이고 자기장의 세기는 $B_Ⅱ > B_Ⅰ$이다.

ㄴ. $t = \frac{3}{4}T \sim t = T$ 동안 금속 고리에 유도되는 유도 전류 세기가 $t = \frac{T}{2} \sim t = \frac{3}{4}T$ 동안 금속 고리에 유도되는 유도 전류 세기의 $\frac{4}{3}$배이므로 $\frac{B_Ⅱ}{B_Ⅲ} = \frac{4}{3}$이다.

✗. $t = \frac{T}{4} \sim t = \frac{T}{2}$ 동안 금속 고리에 유도되는 유도 전류가 $-5I_0$이고 $t = \frac{T}{2} \sim t = \frac{3T}{4}$ 동안 금속 고리에 유도되는 전류가 $3I_0$이므로 $t = \frac{T}{2} \sim t = \frac{3T}{4}$ 동안 Ⅰ에 의한 금속 고리 내부의 자기 선속은 시간당 $2I_0R$만큼 변한다. 따라서 $B_Ⅰ \times \frac{1}{2}r^2 \times \frac{2\pi}{T} = 2I_0R$의 식이 성립하므로 $B_Ⅰ = \frac{2I_0RT}{\pi r^2}$이다.

20 물체의 평형

x가 최대일 때, 실이 막대에 작용하는 힘은 0이고, 막대와 닿아 있는 받침대의 오른쪽 끝을 회전축으로 할 때, 막대에 작용하는 돌림힘의 합은 0이다.

④ 막대의 질량을 M, 중력 가속도를 g라고 하면 $x = \frac{14}{3}L$일 때, 막대와 닿아 있는 받침대의 오른쪽 끝을 회전축으로 하는 막대에 작용하는 돌림힘에 대해 $3mg \times \left(7L - \frac{14}{3}L\right) - MgL - mg \times 5L = 0$의 식이 성립하므로 $M = 2m$이다. 따라서 $x = \frac{1}{3}L$일 때, 막대와 닿아 있는 받침대의 왼쪽 끝을 회전축으로 하는 막대에 작용하는 돌림힘에 대해 $3mg \times \left(5L - \frac{1}{3}L\right) - 2mg \times 3L - mg \times 7L - T \times 9L = 0$의 식이 성립하므로 $T = \frac{1}{9}mg$이다.

실전 모의고사 3회				본문 130~134쪽
01 ①	02 ⑤	03 ④	04 ⑤	05 ④
06 ⑤	07 ③	08 ⑤	09 ③	10 ⑤
11 ①	12 ⑤	13 ③	14 ④	15 ②
16 ①	17 ④	18 ⑤	19 ③	20 ④

01 전자의 회절과 불확정성 원리

불확정성 원리에 따르면 위치와 운동량을 동시에 정확하게 측정하는 것은 불가능하다. 위치의 불확정성이 증가하면 운동량의 불확정성은 감소한다.

Ⓐ. 드브로이 물질파 이론에 따르면 전자의 물질파 파장은 전자의 운동량의 크기에 반비례한다.

✗. 단일 슬릿을 통과하는 전자의 y방향 위치 불확정성은 슬릿의 폭 a에 비례한다. a가 감소하면 전자의 y방향 위치 불확정성이 감소하므로 전자의 y방향 운동량의 불확정성은 증가한다.

✗. 전자가 단일 슬릿을 지날 때 파동의 성질에 의해 스크린에 회절 무늬가 나타난다. 슬릿의 폭 a가 증가하면 스크린의 회절 무늬의 폭 D는 감소한다.

02 역학적 평형

막대가 기울어지기 시작할 때 A가 막대를 받치는 힘의 크기는 0이다.

⑤ 중력 가속도가 g일 때 힘의 평형을 적용하면, $F_1 + F_2 = (m + 2m + m_1)g$이고, 막대의 무게중심을 회전축으로 돌림힘의 평형을 적용하면, $m_1g \times \frac{3}{8}L = F_1 \times \frac{L}{4} + 2mg \times \frac{L}{4}$이 성립한다. 학생이 막대 오른쪽 끝까지 이동했을 때 막대의 무게중심을 회전축으로 돌림힘의 평형을 적용하면 $m_1g \times \frac{3}{8}L = 2mg \times \frac{L}{2}$이 성립한다. $m_1 = \frac{8}{3}m$이므로 $F_1 = 2mg$, $F_2 = \frac{11}{3}mg$이다. 따라서 $\frac{F_2}{F_1} = \frac{11}{6}$이다.

03 상호유도와 변압기

2차 코일에 전달된 전력은 1차 코일에 공급된 전력과 같고 코일의 감은 수와 코일에 걸리는 전압이 서로 비례하므로 코일의 감은 수와 코일에 흐르는 전류의 세기는 서로 반비례한다.

㉠. 1차 코일과 2차 코일에 흐르는 전류의 비는 S_1만을 닫았을 때와 S_2만을 닫았을 때가 서로 같으므로 $I : \frac{5}{2}I_0 = \frac{8}{5}I_0 : I$에서 $I = 2I_0$이다.

✗. $N_1 : N_2 = \frac{5}{2}I_0 : 2I_0$이므로 $N_1 : N_2 = 5 : 4$이다.

㉢. 1차 코일에 걸린 전압이 $5V_0$이므로 2차 코일에 걸린 전압은 $4V_0$이다. 병렬로 연결된 저항에 걸린 전압은 같고 저항의 소비 전력은 저항에 걸린 전압과 저항에 흐르는 전류의 곱과 같으므로 S_1, S_2만을 각각 닫았을 때 저항의 소비 전력은 각각 $4V_0 \times \frac{5}{2}I_0 = 10I_0V_0$, $4V_0 \times 2I_0 = 8I_0V_0$이다. 따라서 S_1, S_2를 모두 닫았을 때 2차 코일에 연결된 저항에서 소비하는 전력의 합은 $18I_0V_0$이고, 교류 전원에서 공급하는 전력도 $18I_0V_0$이다.

04 평면에서의 운동

A의 가속도의 x성분, y성분의 크기는 각각 $a_x = \frac{v_0}{t_0}$, $a_y = \frac{2v_0}{3t_0}$이다.

㉠. A가 q를 통과하는 순간 속도의 x성분의 크기와 B의 발사 속력이 같고 같은 시간 동안 변위의 x성분의 크기가 같으므로 가속도의 x성분의 크기는 A와 B가 같다.

㉡. B의 가속도의 크기는 $a = \frac{v_0}{t_0}$이므로 $t = 3t_0$일 때 속력은 $v_0 + \frac{v_0}{t_0} \times 2t_0 = 3v_0$이고 평균 속력은 $2v_0$이므로 B의 변위의 크기는 $2v_0 \times 2t_0 = 4v_0t_0$이다. $t = 0$에서 $t = t_0$까지 A의 x축 방향 평균 속력은 $\frac{v_0}{2}$이고 변위의 x성분의 크기는 d이므로 $d = \frac{1}{2}v_0t_0$이다. 따라서 $t = t_0$에서 $t = 3t_0$까지 B의 변위의 크기는 $8d$이다.

㉢. $t = 0$에서 $t = t_0$까지 A의 변위의 y성분의 크기는 $Y = v_0t_0 -$

$\left(\dfrac{1}{2}\right)\dfrac{2v_0}{3t_0}(t_0)^2=\dfrac{2}{3}v_0t_0$이므로 $Y=\dfrac{4}{3}d$이다.

05 저항의 연결과 소비 전력

저항의 연결은 다음 그림과 같고 표시된 영역에 걸리는 전압은 $\dfrac{V}{2}$이다.

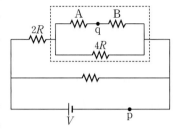

㉠. 직렬 연결된 저항 양단에 걸리는 전압은 저항의 저항값에 비례한다. 저항 양단의 전위차는 B에서가 A에서의 3배이므로 A, B의 저항값은 각각 R, $3R$이다.

✗. 표시된 영역의 합성 저항값은 $2R$이고 저항값이 $2R$인 저항과의 합성 저항값은 $4R$이다. 따라서 회로의 전체 합성 저항값은 $\dfrac{4R\times 8R}{4R+8R}=\dfrac{8}{3}R$이다. 저항의 소비 전력은 전압의 제곱에 비례하고 저항값에 반비례한다. 따라서 A, B의 소비 전력의 합은 $P=\dfrac{\left(\dfrac{V}{2}\right)^2}{4R}=\dfrac{V^2}{16R}$이고, 회로 전체의 소비 전력은 $\dfrac{V^2}{\dfrac{8}{3}R}=\dfrac{3V^2}{8R}=6P$이다.

㉢. p에 흐르는 전류의 세기는 $\dfrac{3V}{8R}$이고, 저항값이 $2R$인 저항에 흐르는 전류의 세기는 $\dfrac{3V}{8R}\times\dfrac{2}{3}=\dfrac{V}{4R}$이지만 $\dfrac{V}{4R}$는 A에 흐르는 전류의 세기와 저항값이 $4R$인 저항에 흐르는 전류의 세기의 합이므로 q에 흐르는 전류의 세기는 $\dfrac{V}{8R}$이다. 따라서 전류의 세기는 p에서가 q에서의 3배이다.

06 렌즈 방정식과 배율

물체와 렌즈 사이의 거리를 a, 렌즈와 상 사이의 거리를 b라 할 때 배율 $M=\left|\dfrac{b}{a}\right|$이다. 렌즈의 초점 거리가 f일 때 $\dfrac{1}{a}+\dfrac{1}{b}=\dfrac{1}{f}$이 성립한다.

✗. A의 배율이 1이므로 물체와 A 사이의 거리와 A와 상 사이의 거리는 같다. A와 상 사이의 거리가 $3d$이므로 물체와 A의 거리도 $3d$이다. $\dfrac{1}{3d}+\dfrac{1}{3d}=\dfrac{1}{f_A}$이므로 A의 초점 거리 $f_A=\dfrac{3}{2}d$이다. A에 의한 상이 B에 대해서는 물체이고 B의 배율이 3이므로 P와 B 사이의 거리가 $2d$이면 상과 B 사이의 거리는 $6d$이고, Q는 렌즈를 기준으로 물체와 같은 쪽에 있으므로 허상이다. 따라서 렌즈 방정식을 적용하면 $\dfrac{1}{2d}-\dfrac{1}{6d}=\dfrac{1}{f_B}$이고, B의 초점 거리 $f_B=3d$이다. 즉, 초점 거리는 B가 A의 2배이다.

㉡. 물체가 볼록 렌즈의 초점 안쪽에 있을 때 허상이 생긴다. R는 B의 오른쪽에 생겼으므로 실상이다. 즉, 물체가 B의 초점 바깥쪽에 위치해야 하므로 B는 오른쪽으로 움직였고, p의 크기가 물체의 크기보다 작기 때문에 P와 B 사이의 거리가 $6d$보다 커야 하므로 $L>9d$이다.

㉢. R는 렌즈를 기준으로 물체와 반대쪽에 위치하므로 R는 실상이다.

07 광전 효과

방출되는 광전자의 최대 운동 에너지가 E_k, 운동량의 크기가 p, 전자의 질량이 m, 광전자의 물질파 파장이 λ일 때 $E_k=\dfrac{p^2}{2m}=\dfrac{h^2}{2m\lambda^2}$ (h: 플랑크 상수)이다.

㉠. 방출되는 광전자의 최대 운동 에너지는 금속에 비춘 광전자의 에너지(hf)와 금속의 일함수의 차와 같다. 광전자의 물질파 파장이 $3\lambda_0$, λ_0일 때 광전자의 최대 운동 에너지를 각각 E_{k1}, E_{k2}라 하면 $E_{k2}=9E_{k1}$이다. A, B의 일함수를 각각 W_A, W_B라 하면, p, q를 B에 비췄을 때 $hf-W_B=E_{k1}$, $3hf-W_B=9E_{k1}$이다. 따라서 $E_{k1}=\dfrac{1}{4}hf$이고 $W_B=\dfrac{3}{4}hf$이다. 따라서 B의 일함수는 $\dfrac{3}{4}hf$이다.

㉡. 금속판을 비추는 단색광 광자의 에너지가 금속판의 일함수보다 작으면 광전자가 방출되지 않는다. q를 A에 비추었을 때 $3hf-W_A=E_{k1}=\dfrac{1}{4}hf$이므로 $W_A=\dfrac{11}{4}hf$이다. A의 일함수 $\dfrac{11}{4}hf$가 p의 광자의 에너지 hf보다 크기 때문에 p를 A에 비추었을 때 광전자는 방출되지 않는다.

✗. 정지 전압은 광전자의 최대 운동 에너지에 비례하므로 q를 A, B에 각각 비출 때 $V_1:V_2=1:9$이다.

08 속도와 가속도

3초 동안 물체의 변위의 x성분의 크기는 9 m이므로 평균 속력은 3 m/s이고 x축 방향의 처음 속력이 0이므로 3초일 때 속도의 x성분의 크기는 6 m/s이다. 따라서 가속도의 x성분의 크기는 2 m/s^{2}이다.

㉠. 물체의 가속도는 속도-시간 그래프의 기울기와 같으므로 가속도의 y성분은 -4 m/s^{2}이다. 물체의 $+y$방향 변위의 크기보다 $-y$방향 변위의 크기가 더 크기 때문에 0에서 3초까지 물체의 변위의 y성분은 -3 m이다. 따라서 등가속도 운동의 관계식을 적용하면, $2\times(-4)\times(-3)=4^2-v_{0y}{}^2$이므로 $v_{0y}=5$ m/s이다.

㉡. 물체에 작용하는 알짜힘의 크기는 물체의 질량과 가속도의 크기의 곱이다. 가속도의 x, y성분은 각각 2 m/s^2, -4 m/s^{2}이므로 물체의 가속도의 크기는 $\sqrt{2^2+4^2}=2\sqrt{5}$(m/s^2)이다. 물체의 질량이 1 kg이므로 물체에 작용하는 알짜힘의 크기는 $2\sqrt{5}$ N이다.

㉢. 2초일 때 물체의 속도의 x성분은 2 m/s$^2\times 2$ s$=4$ m/s이고, y성분은 5 m/s-4 m/s$^2\times 2$ s$=-3$ m/s이다. 따라서 2초일 때 물체의 속력은 $\sqrt{4^2+3^2}=5$(m/s)이다.

09 축전기에 저장된 에너지

(나)에서 A는 저항값이 $3R$인 저항에 병렬로 연결되어 있고, B는 저항값이 $2R$인 저항에 병렬로 연결되어 있다.

㉠. (가)에서 A, B 양단에 걸린 전압은 V로 같으므로 A, B에 저장된 전기 에너지는 A, B의 전기 용량에 비례한다. B에 저장된 전기 에너지가 A에 저장된 전기 에너지의 3배이므로 A의 전기 용량을 C라고 하면, B의 전기 용량은 $3C$이다. A의 전기 용량은 $C=\varepsilon_0\dfrac{S}{d}$이고 B의 전기 용량은 $3C=\varepsilon_1\dfrac{S}{2d}+\varepsilon_0\dfrac{S}{2d}=3\varepsilon_0\dfrac{S}{d}$이므로 $\varepsilon_1=5\varepsilon_0$이다.

ⓒ. 축전기 양단에 걸린 전압이 V일 때 전기 용량이 C인 축전기에 저장된 전기 에너지 $E=\frac{1}{2}CV^2$이다. 직렬로 연결된 저항 양단에 걸린 전압은 저항의 저항값에 비례한다. (나)에서 저항값이 $3R$인 저항에 걸린 전압은 $\frac{3}{4}V$이므로 A에 저장된 전기 에너지는 $\frac{1}{2}C \times \left(\frac{3}{4}V\right)^2=\frac{9}{32}CV^2=\frac{9}{16}E$이다.

✗. 축전기에 충전된 전하량은 축전기 양단에 걸린 전압과 축전기의 전기 용량의 곱과 같다. 따라서 A에 충전된 전하량은 $\frac{3}{4}CV$이고, B에 충전된 전하량은 $3CV$이므로 (나)에서 축전기에 충전된 전하량은 B가 A의 4배이다.

10 단진동과 역학적 에너지 보존

천장에서 A, B까지의 연직 방향 거리가 같으므로 이 거리를 h라 하면, A, B에 각각 연결된 실의 길이 L_A, L_B는 각각 $2h$, $\frac{5}{4}h$이다.

ⓐ. A와 B는 각각 힘의 평형 상태에 있고, A와 B에 수평하게 연결된 실이 A, B를 당기는 힘의 크기는 같다. A, B의 질량을 각각 m, M이라고 하면, $mg\tan60°=Mg\tan\theta$이다. $\tan\theta=\frac{3}{4}$이므로 $m=\frac{\sqrt{3}}{4}M$이다. 즉, 질량은 A가 B의 $\frac{\sqrt{3}}{4}$배이다.

ⓑ. 추가 최고점에서 최저점으로 운동할 때 중력이 한 일만큼 추의 운동 에너지가 증가하고, 운동 에너지가 증가하는 만큼 중력 퍼텐셜 에너지는 감소한다. 실의 길이가 l이고 실과 연직선이 이루는 각이 θ일 때 최고점과 최저점의 높이차는 $l(1-\cos\theta)$이다. 실을 끊은 순간부터 최저점까지 운동하는 동안 중력이 A에 한 일은 $2mgh(1-\cos60°)=mgh$이고, 중력이 B에 한 일은 $Mg \times \frac{5}{4}h(1-\cos\theta)=\frac{4}{\sqrt{3}}mg \times \frac{5}{4}h \times \frac{1}{5}=\frac{1}{\sqrt{3}}mgh$이다. 따라서 실을 끊은 순간부터 최저점까지 운동하는 동안 중력이 한 일은 B가 A의 $\frac{1}{\sqrt{3}}$배이다.

ⓒ. 역학적 에너지가 보존되므로 중력 퍼텐셜 에너지의 감소량은 운동 에너지의 증가량과 같다. 추의 처음 속력이 0이므로 최저점에서 A의 운동 에너지 $\frac{1}{2}mv^2=mgh$이다. 따라서 최저점에서 A의 속력은 $v=\sqrt{2gh}$이다. 추가 최저점에 있을 때 구심력의 크기를 F, 실이 당기는 힘의 크기를 T, 중력의 크기를 W라 하면, $F=T-mg$이므로 $\frac{mv^2}{2h}=\frac{m(\sqrt{2gh})^2}{2h}=T-mg$이고 $T=2mg$이다. 따라서 최저점에서 실이 A를 당기는 힘의 크기는 A에 작용하는 중력의 크기의 2배이다.

11 중력에 의한 시공간의 휘어짐

탈출 속력은 물체가 천체의 중력을 벗어나 무한히 먼 곳까지 가기 위한 최소한의 속력이다. 질량이 M이고 반지름이 R인 천체 표면에서의 탈출 속력은 $\sqrt{\frac{M}{R}}$에 비례한다

ⓐ. 질량이 큰 천체일수록 주변 시공간을 휘게 하는 정도가 크다. A 주변의 시공간이 B 주변의 시공간보다 더 크게 휘어졌으므로 질량은 A가 B보다 크다. A, B의 반지름이 같으므로 천체 표면에서의 탈출

속력은 A가 B보다 크다.

✗. 일반 상대성 이론에 따르면 중력이 크게 작용하는 곳일수록 시간이 느리게 간다. 질량이 A가 B보다 크므로 시간은 A의 표면에서가 B의 표면에서보다 느리게 간다.

✗. 빛은 질량을 가진 천체 주위에서 휘어져 진행하며 질량이 큰 천체 주위에서 더 많이 휘어져 진행한다. Q가 P보다 더 많이 휘어져 진행하므로 P는 B 주변에서 휘어진 빛의 진행 경로이고, Q는 A 주변에서 휘어진 빛의 진행 경로이다.

12 이중 슬릿에 의한 간섭 실험

빛의 간섭 실험에서 보강 간섭은 경로차 $\Delta=\frac{\lambda}{2}(2m)$, 즉 반파장의 짝수배가 되는 지점에서 일어나고, 상쇄 간섭은 경로차 $\Delta=\frac{\lambda}{2}(2m+1)$, 즉 반파장의 홀수배가 되는 지점에서 일어난다.

ⓐ. A를 비출 때 $x=x_0$에서 어두운 무늬가 생기므로 (나)에서 $x=x_0$에서 A는 상쇄 간섭을 한다.

ⓑ. (나)에서 A를 비출 때 $x=2x_0$에서 $x=0$으로부터 3번째 밝은 무늬가 생기므로 두 슬릿으로부터 $x=2x_0$인 점 사이의 경로차는 3λ이다. B의 파장이 $\frac{3}{4}\lambda$이므로 $3\lambda=m \times \frac{3}{4}\lambda$가 성립하고, $m=4$이다. 따라서 (다)에서 $x=2x_0$에서 B는 보강 간섭을 한다.

ⓒ. 이웃한 밝은 무늬 사이의 간격을 Δx, 슬릿 사이의 간격을 d, 슬릿과 스크린 사이의 거리를 L, 단색광의 파장을 λ라 할 때 $\Delta x=\frac{L}{d}\lambda$이다. 슬릿의 간격이 $2d$로 증가하면 무늬 사이의 간격은 $\frac{1}{2}$배로 감소하므로 (라)에서 $x=x_0$에서 $x=0$으로부터 세 번째 보강 간섭이 일어난다. 간섭무늬는 어두운 무늬와 밝은 무늬가 교대로 반복되므로 (라)에서 $x=0$과 $x=x_0$ 사이에 상쇄 간섭이 일어나는 지점의 개수는 3개이다.

13 원운동

질량 m인 물체가 반지름이 r인 원 궤도를 일정한 속력 v로 운동할 때 물체에 작용하는 구심력의 크기는 $F=\frac{mv^2}{r}$이고, 각속도의 크기가 ω일 때 구심 가속도의 크기는 $a=\frac{v^2}{r}=r\omega^2$이다.

ⓐ. (나)에서 원운동의 주기는 6π이고 물체의 각속도의 크기는 $\omega=\frac{2\pi}{6\pi}=\frac{1}{3}(\text{rad/s})$이므로 반지름은 $r=\frac{a}{\omega^2}=\frac{2}{\frac{1}{9}}=18(\text{m})$이다.

✗. 물체의 속력은 $v=r\omega=18 \times \frac{1}{3}=6(\text{m/s})$이다.

ⓒ. 실이 물체를 당기는 힘의 크기를 T, 수평면이 물체를 받치는 힘의 크기를 N, 연직선과 실이 이루는 각을 θ라 하면, $\sin\theta=\frac{3}{5}$, $\cos\theta=\frac{4}{5}$이다. 힘의 평형을 적용하면 $T\sin\theta=\frac{mv^2}{r}=\frac{1 \times 36}{18}=2(\text{N})$, $T=\frac{10}{3}\text{N}$이고, $T\cos\theta+N=mg$, $N=1 \times 10-\frac{10}{3} \times \frac{4}{5}=\frac{22}{3}(\text{N})$이다. 즉, 수평면이 물체를 받치는 힘의 크기는 $\frac{22}{3}\text{N}$이다.

14 케플러 법칙

B의 타원 궤도의 긴반지름이 A의 원 궤도 반지름의 2배이므로 주기는 B가 A의 $2\sqrt{2}$배이다.

✗. 반지름 $2d$인 원 궤도를 도는 A의 각속도의 크기가 ω일 때, $\omega=\sqrt{\dfrac{a}{2d}}$이고, 주기 $T=\dfrac{2\pi}{\omega}=2\pi\sqrt{\dfrac{2d}{a}}$이다. B의 주기는 $2\sqrt{2}\times 2\pi\sqrt{\dfrac{2d}{a}}=8\pi\sqrt{\dfrac{d}{a}}$이다.

Ⓛ. 위성의 가속도의 크기는 행성의 질량 M에 비례하고, 행성과 위성 사이의 거리의 제곱에 반비례한다. 중력 상수가 G일 때 A의 가속도 $a=\dfrac{GM}{(2d)^2}=\dfrac{GM}{4d^2}$이고, s에서 B의 가속도는 $a_1=\dfrac{GM}{(7d)^2}=\dfrac{GM}{49d^2}=\dfrac{4}{49}a$이다.

Ⓒ. 행성과 위성을 연결한 선분이 단위 시간 동안 쓸고 지나간 면적을 면적 속도라고 하며, 케플러 제2법칙에 따라 위성의 면적 속도는 일정하다. B가 p에서 r까지 이동하면서 B와 행성을 연결한 선분이 쓸고 지나가는 면적은 $\dfrac{1}{4}S-\dfrac{1}{6}S=\dfrac{1}{12}S$이고, r에서 s까지 이동하면서 쓸고 지나간 면적은 $\dfrac{1}{4}S+\dfrac{1}{6}S=\dfrac{5}{12}S$이다. 면적 속도가 일정하므로 B가 이동하는 데 걸리는 시간은 B와 행성을 연결한 선분이 쓸고 지나간 면적에 비례한다. 따라서 B가 p에서 r까지 이동하는 데 걸리는 시간은 r에서 s까지 이동하는 데 걸리는 시간의 $\dfrac{1}{5}$배이다.

15 전류에 의한 자기장

A와 B 사이의 영역에서 전류에 의한 자기장의 방향은 $+y$방향이므로 A에 흐르는 전류의 방향은 xy 평면에서 수직으로 나오는 방향이고 B에 흐르는 전류의 방향은 xy 평면에 수직으로 들어가는 방향이다. (다)에서 A와 가까운 지점에서 자기장의 방향이 $+y$방향이므로 (다)는 (가)에서 B의 방향을 바꾼 경우에 해당한다.

✗. A, B에 흐르는 전류의 세기를 각각 I_A, I_B라 하면, $\dfrac{I_A}{\frac{3}{2}d}-\dfrac{I_B}{\frac{1}{2}d}=0$이므로 $I_A=3I_B$이다. 즉, 전류의 세기는 A에서가 B에서의 3배이다.

Ⓛ. p, q에서 A, B에 의한 자기장의 세기가 각각 같고, 방향은 y축에 대칭이므로 (가)에서 자기장의 세기는 p에서와 q에서가 서로 같다.

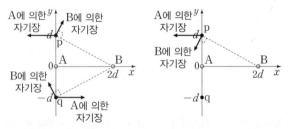

✗. B에 의한 자기장의 방향이 반대가 되므로 p에서 자기장의 세기는 (가)에서 전류의 방향을 바꾸기 전보다 전류의 방향을 바꾼 후가 더 크다.

16 전자기파의 발생과 수신

직선 안테나에서 발생한 전자기파가 공명에 의해 수신 회로에 수신될 때 수신 회로에 흐르는 전류가 최대이므로 송수신되는 전자기파의 진동수와 원형 안테나에 연결된 수신 회로의 공명 진동수는 같다.

Ⓖ. 전자기파는 전기장과 자기장이 서로 수직으로 진동하며 전기장과 자기장의 진동 방향에 각각 수직인 방향으로 진행하고 전기장과 자기장의 위상은 같다. t_1일 때 전기장의 세기가 최대이므로 자기장의 세기도 최대이다.

✗. (나)에서 전기장이 반파장만큼 진행하는 데 걸린 시간이 t_1이므로 전자기파의 주기는 $2t_1$이고 수신 회로의 공명 진동수는 $\dfrac{1}{2t_1}$이다.

✗. 축전기의 극판 사이의 간격을 증가시키면 전기 용량은 감소하고 수신 회로의 공명 진동수는 증가한다. 따라서 주기가 감소하므로 $t=0$ 이후 처음으로 전기장의 세기가 최대가 되는 시간은 t_1보다 감소한다.

17 전기장

전하량의 크기가 q인 점전하로부터 거리 r인 곳에서 전기장의 세기는 $E=k\dfrac{q}{r^2}$ (k: 전기력 상수)이다.

Ⓖ. p에서 A에 의한 전기장의 세기는 $E=k\dfrac{Q}{d^2}$이고 방향은 $+x$방향이다. p에서 A, B에 의한 전기장의 세기는 E이고 방향이 $-x$방향이므로 B는 양(+)전하이고, $k\dfrac{Q_B}{d^2}-k\dfrac{Q}{d^2}=E$이므로 $Q_B=+2Q$이다.

✗. q, r에서 A, B에 의한 전기장의 세기와 방향은 그림과 같다. q에서 A, B에 의한 전기장의 x성분은 모두 $-x$방향이고 r에서 A, B에 의한 전기장의 x성분은

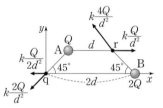

$k\dfrac{Q}{d^2}-E_{Bx}=k\dfrac{Q}{d^2}-\dfrac{\sqrt{2}}{2}\times k\dfrac{4Q}{d^2}=k\dfrac{Q}{d^2}-k\dfrac{2\sqrt{2}Q}{d^2}<0$이므로 $-x$방향이다. 따라서 전기장의 x성분의 방향은 서로 같다.

Ⓒ. A에서 q까지의 거리는 B에서 r까지의 거리와 같고 x축과 이루는 각의 크기도 같으므로 전기장의 y성분의 크기는 전하량의 크기에 비례한다. 전하량의 크기는 B가 A의 2배이므로 전기장의 y성분의 크기는 r에서가 q에서의 2배이다.

18 도플러 효과

음원이 진동수가 f이고 속력이 V인 음파를 발생하면서 정지해 있는 관찰자를 향해 속력 v로 다가올 때 관찰자가 측정한 진동수는 $f'=\dfrac{V}{V-v}f$이다.

Ⓖ. A의 속력 $v=\dfrac{d}{2}$일 때 B는 A로부터 1초 동안 d만큼 멀어지므로 B의 속력은 $3v$이다. 음파 측정기에서 측정한 A에서 발생한 음파의 파장이 $\dfrac{9}{10}\lambda_0$이므로 음파 측정기에서 측정한 A에서 발생한 음파의 진동수는 $\dfrac{10}{9}f_0$이다. 따라서 $\dfrac{10}{9}f_0=\dfrac{V}{V-v}f_0$이므로 $V=10v$이다. 즉, 음속은 A의 속력의 10배이다.

Ⓛ. B는 속력 $3v$로 멀어지고 있으므로 $f_1=\dfrac{V}{V+3v}f_0=\dfrac{10}{13}f_0$이다.

ㄷ. B가 음파 측정기에서 멀어지고 있으므로 음파 측정기가 측정한 B에서 발생한 음파의 파장은 λ_0보다 길다 .

19 유도 기전력

금속 막대가 Ⅰ을 지날 때 A에 $-y$방향으로 전류가 흐르므로 유도된 자기장의 방향은 xy 평면에서 수직으로 나오는 방향이다. 막대가 움직이는 동안 자기 선속이 증가하므로 Ⅰ에 형성된 자기장의 방향은 xy 평면에 수직으로 들어가는 방향이다.

ㄱ. 금속 막대가 Ⅰ, Ⅱ를 지날 때 B에 흐르는 전류의 세기는 Ⅰ에서가 Ⅱ에서의 2배이므로 유도 기전력의 크기도 Ⅰ에서가 Ⅱ에서의 2배이다. 금속 막대가 Ⅰ을 지날 때 유도 기전력의 크기는 $V_Ⅰ = B_0 \times 2d \times v = 2dB_0v$이다. Ⅲ에서 자기장의 세기를 $B_Ⅲ$이라고 하면, 금속 막대가 Ⅱ를 지날 때 유도 기전력의 크기는 $V_Ⅱ = 3B_0 \times \frac{d}{2} \times 2v + B_Ⅲ \times \frac{d}{2} \times 2v = \frac{1}{2}V_Ⅰ = dB_0v$이므로 $B_Ⅲ = -2B_0$이다. 즉, Ⅲ에서 자기장의 세기는 $2B_0$이다.

✗. A와 B가 병렬 연결되어 있으므로 저항의 소비 전력은 저항의 저항값에 반비례한다. 따라서 금속 막대가 Ⅰ을 지날 때 저항의 소비 전력은 B가 A의 2배이다.

ㄷ. 금속 막대에 흐르는 전류의 세기 I는 A, B에 흐르는 전류의 세기의 합과 같다. 즉, $I = \frac{V_Ⅰ}{2R} + \frac{V_Ⅰ}{R} = \frac{3V_Ⅰ}{2R} = \frac{3B_0dv}{2R}$이다.

20 일과 에너지

x축 방향으로 1초당 변위가 1 m씩 증가하고 있으므로 x축 방향의 가속도는 $a_x = +1 \text{ m/s}^2$이다. y축 방향으로는 1초당 변위가 2 m씩 감소하고 있으므로 y축 방향 가속도는 $a_y = -2 \text{ m/s}^2$이다.

✗. 처음 속도의 x성분과 y성분을 각각 v_{0x}, v_{0y}라고 하면, 처음 1초 동안 x방향 변위와 y방향 변위가 각각 1 m, 5 m이므로 $1 = v_{0x} \times 1 + \frac{1}{2} \times 1 \times 1^2$, $5 = v_{0y} \times 1 - \frac{1}{2} \times 2 \times 1^2$이 성립하고, $v_{0x} = \frac{1}{2}$ m/s, $v_{0y} = 6$ m/s이다. 따라서 $v_0 = \sqrt{\left(\frac{1}{2}\right)^2 + 6^2} = \sqrt{\frac{145}{4}}$(m/s)이다.

ㄴ. 알짜힘이 물체에 한 일은 물체의 운동 에너지 변화량과 같다. 3초일 때 속도의 x성분은 $v_x = \frac{1}{2} + 1 \times 3 = \frac{7}{2}$(m/s)이고, 속도의 y성분은 0이므로 3초일 때 물체의 속도의 크기는 $\frac{7}{2}$ m/s이다. 물체의 운동 에너지 변화량은 $\frac{1}{2} \times 2 \times \left(\frac{7}{2}\right)^2 - \frac{1}{2} \times 2 \times \left(\sqrt{\frac{145}{4}}\right)^2 = -24$(J) 이다. 따라서 Ⅰ에서 운동하는 동안 알짜힘이 물체에 한 일은 -24 J 이다.

ㄷ. Ⅱ에서 물체의 y축 방향 운동은 가속도가 $a_{yⅡ}$인 등가속도 운동 이다. 3초부터 5초까지의 변위가 -9 m이므로, $-9 = \frac{1}{2} \times a_{yⅡ} \times (5-3)^2$으로부터 $a_{yⅡ} = -\frac{9}{2}$ m/s^{2}이다. 따라서 5초일 때 물체의 속도의 y성분은 크기가 9 m/s이다. x축 방향으로는 등속도 운동을 하고 Ⅱ에 입사하는 순간 y방향의 속도가 0이므로 운동 에너지의 변화량은 $\frac{1}{2} \times 2 \times 9^2 = 81$ J이다. 따라서 Ⅱ에 입사한 순간부터 x축을 통과할 때까지 물체의 운동 에너지 변화량은 81 J이다.

---

01 ③	02 ②	03 ⑤	04 ④	05 ⑤
06 ③	07 ②	08 ③	09 ①	10 ⑤
11 ②	12 ⑤	13 ②	14 ②	15 ⑤
16 ⑤	17 ③	18 ②	19 ②	20 ⑤

01 보어의 수소 원자 모형

보어의 수소 원자 모형에서 제1가설(양자 조건)에 의해 원자 속의 전자가 궤도 운동하는 원의 둘레가 물질파 파장의 정수배가 되는 파동을 이룰 때 전자는 전자기파를 방출하지 않고 안정한 궤도 운동을 계속한다.

③ 전자의 궤도 반지름 $r_n = a_0 n^2$ (a_0: 보어 반지름)으로 n^2에 비례한다. 따라서 전자의 궤도 반지름은 $n_A = 3$, $n_B = 4$이므로 $\frac{r_A}{r_B} = \frac{3^2}{4^2} = \frac{9}{16}$이다.

02 상호유도

1차 코일에 흐르는 전류의 세기 또는 방향이 변할 때 2차 코일에 유도 기전력이 발생하는 현상을 상호유도라고 한다.

✗. 스위치를 닫고 열 때 전류의 세기의 변화가 발생하고 그 방향은 반대이므로, 이때 2차 코일에 흐르는 유도 전류의 방향은 서로 반대이다.

✗. 스위치를 닫으면 1차 코일과 연결된 전원 방향으로 1차 코일에 전류가 흐른다. 따라서 1차 코일에 흐르는 전류의 방향은 전원에서 스위치, 가변 저항기 방향으로 흐르므로, 이때 1차 코일 내부에 발생한 자기장의 방향은 $+x$방향이다.

Ⓒ 스위치를 닫고 가변 저항의 저항값을 증가시키면 1차 코일에 흐르는 전류의 세기는 작아진다. 이때 1차 코일이 형성하는 자기 선속이 작아지므로 2차 코일에서는 작아지는 자기 선속을 증가시키는 방향으로 유도 기전력이 형성되어 유도 전류가 흐른다. 따라서 2차 코일에 흐르는 유도 전류의 방향은 b → Ⓐ → a이다.

03 열의 일당량

추가 등속도 운동을 하는 동안 추의 중력 퍼텐셜 에너지 감소량은 액체가 얻은 열량과 같다.

ㄱ. 추가 P에서 Q까지 낙하하는 동안 액체가 얻은 열량은 100 cal 이다. 따라서 추의 중력 퍼텐셜 에너지 감소량은 $42 \text{ kg} \times 10 \text{ m/s}^2 \times h\text{(m)}$이고 열의 일당량이 4.2 J/cal이므로 $100 \text{ cal} = \frac{42 \text{ kg} \times 10 \text{ m/s}^2 \times h\text{(m)}}{4.2 \text{ J/cal}}$에 의해 $h = 1$ m이다.

ㄴ. 액체의 질량을 m(g)이라고 하면 액체가 얻은 열량(=액체의 비열×액체의 질량×액체의 온도 변화)은 $1 \text{ cal/g} \cdot \text{℃} \times m\text{(g)} \times 2 \text{ ℃} = 100$ cal이므로 $m = 50$ g이다.

ㄷ. 추가 P, Q 구간에서 등속도 운동을 하는 동안 추에 작용하는 알짜힘은 0이다. 따라서 실이 추에 작용하는 힘의 크기는 추의 중력의 크기와 같은 $42 \text{ kg} \times 10 \text{ m/s}^2 = 420$ N이다.

04 힘의 분해와 힘의 평형

물체에 작용하는 알짜힘은 0이다. 따라서 각 물체에 작용하는 힘의 수평 성분과 연직 성분의 합은 각각 0이어야 한다.

④ p, q, r, s가 물체에 작용하는 힘의 크기를 F_p, F_q, F_r, F_s, 물체의 질량을 m, 중력 가속도를 g라 하면 그림과 같이 힘을 분해할 수 있다.

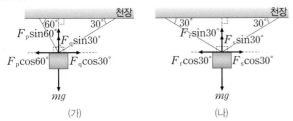

(가), (나)에서 힘의 연직 성분과 수평 성분을 각각 나누어 정리하면

(가)에서는 $F_p\sin60° + F_q\sin30° = mg$, $F_p\cos60° = F_q\cos30°$

에서 $F_p = \sqrt{3}F_q$, $F_q = \frac{1}{2}mg$, $F_p = \frac{\sqrt{3}}{2}mg$ … ①

(나)에서는 $F_r\sin30° + F_s\sin30° = mg$, $F_r\cos30° = F_s\cos30°$에서 $F_r = F_s = mg$ … ②이다.

따라서 ①, ②를 통해 F_p, F_q, F_r의 힘의 크기를 비교하면 $F_r > F_p > F_q$이다.

05 물체의 평형과 안정성

막대가 수평을 이루며 정지해 있으므로 막대에 작용하는 돌림힘의 합은 0이다.

⑤ 중력 가속도를 g, (가), (나)에서 실이 막대에 작용하는 힘의 크기를 각각 $T_{(가)}$, $T_{(나)}$라 하면 막대에 작용하는 힘은 그림과 같다.

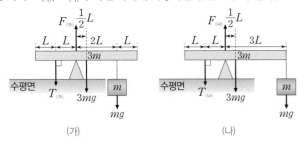

(가)에서 돌림힘의 평형은 받침대를 회전축으로 할 때

$T_{(가)}L = \frac{3}{2}mgL + 2mgL$ … ①이고,

(나)에서 돌림힘의 평형은 받침대를 회전축으로 할 때

$T_{(나)}L = \frac{3}{2}mgL + 3mgL$ … ②이다.

(가)에서 힘의 평형은 $T_{(가)} + 3mg + mg = F_{(가)}$ … ③이고,

(나)에서 힘의 평형은 $T_{(나)} + 3mg + mg = F_{(나)}$ … ④이다.

①, ③을 연립하면 $\frac{7}{2}mg + 4mg = \frac{15}{2}mg = F_{(가)}$이고,

②, ④를 연립하면 $\frac{9}{2}mg + 4mg = \frac{17}{2}mg = F_{(나)}$이다.

따라서 $\frac{F_{(나)}}{F_{(가)}} = \frac{17}{15}$이다.

06 평면에서의 등가속도 운동

A는 y축 방향으로 등가속도 운동을, x축 방향으로 등속도 운동을 한

다. x축 방향의 속력은 $v\cos30° = \frac{\sqrt{3}}{2}v$, 원점에서 y축 방향의 속력은 $v\sin30° = \frac{v}{2}$이다.

㉠. 원점으로부터 1초 동안 y축 방향으로 7 m 이동하였고 2초 동안 y축 방향으로 12 m 이동하였다. 즉, y축 방향의 가속도를 a라 하면 $7\,\text{m} = \left(\frac{1}{2}v(\text{m/s}) \times 1\,\text{s}\right) + \left(\frac{1}{2}a(\text{m/s}^2) \times (1\,\text{s})^2\right)$ … ①, $12\,\text{m} = \left(\frac{1}{2}v(\text{m/s}) \times 2\,\text{s}\right) + \left(\frac{1}{2}a(\text{m/s}^2) \times (2\,\text{s})^2\right)$ … ②이고 ①, ②를 연립하면 $a = -2\,\text{m/s}^2$, $v = 16\,\text{m/s}$이다.

✗. A가 x축을 따라 $2d$만큼 이동하는 동안 걸린 시간은 2초이다. x축 방향의 속력은 $\frac{\sqrt{3}}{2} \times 16\,\text{m/s} = 8\sqrt{3}\,\text{m/s}$이므로 2초 동안 A가 이동한 거리 $2d = 8\sqrt{3} \times 2 = 16\sqrt{3}\,\text{m}$이다.

㉢. A의 질량은 1 kg이고, A의 가속도의 크기는 2 m/s²이므로 A에 작용하는 알짜힘의 크기는 2 N이다.

07 중력 법칙과 케플러 법칙

행성의 공전 주기의 제곱은 타원 궤도의 긴반지름의 세제곱에 비례한다.

✗. A의 타원 궤도의 긴반지름은 $2r$이고 B의 타원 궤도의 긴반지름은 $3r$이다. A, B의 주기를 각각 T_A, T_B라 할 때 $\frac{T_A^2}{(2r)^3} = \frac{T_B^2}{(3r)^3}$이므로 $T_A = \frac{2\sqrt{6}}{9}T_B$이다.

✗. 중력 법칙에 의해 B의 가속도의 크기는 B와 행성 사이의 거리의 제곱에 반비례한다. 따라서 Q와 S에서의 B의 가속도의 크기를 각각 a_Q, a_S라 하면 $a_Q : a_S = \frac{1}{r^2} : \frac{1}{(5r)^2} = 25 : 1$이므로 B의 가속도의 크기는 S에서가 Q에서의 $\frac{1}{25}$배이다.

㉢. 두 위성의 질량이 같고, Q와 행성, R과 행성 사이의 거리는 모두 r로 같다. 따라서 중력 법칙에 의해 중력의 크기는 위성과 행성의 질량의 곱에 비례하고 위성과 행성 사이의 거리의 제곱에 반비례하므로 R에서 A가 행성에 의해 받는 중력의 크기는 Q에서 B가 행성에 의해 받는 중력의 크기와 같다.

08 관성력

관성력의 방향은 가속도의 방향의 반대이고, 관성력의 크기는 물체의 질량과 가속도의 크기의 곱과 같다.

㉠. 0초부터 2초까지 엘리베이터는 등속도 운동을 한다. 등속도 운동을 하는 동안 B에 관성력이 작용하지 않으므로 1초일 때 저울이 측정한 B의 무게는 $4\,\text{kg} \times 10\,\text{m/s}^2 = 40\,\text{N}$이다.

✗. 4초일 때가 1초일 때보다 용수철이 0.01 m 더 늘어났다. 따라서 A에 작용한 관성력의 방향은 연직 아래 방향이므로 엘리베이터의 가속도 방향은 관성력의 반대 방향인 연직 위 방향이다.

㉢. 4초일 때 용수철은 1초일 때보다 0.01 m 더 늘어났지만 9초일 때 용수철은 1초일 때보다 0.03 m 압축되었으므로 A에 작용하는 관성력의 크기는 4초일 때가 9초일 때보다 작다. 또한, A에 작용하는 관성력의 방향은 4초일 때는 연직 아래 방향이고 9초일 때는 연직 위 방향이다.

09 일과 운동 에너지

마찰 구간에서 A는 등속도 운동을 하므로 마찰력이 A에 한 일은 마찰 구간에 마찰이 없을 때 A가 P에서 Q까지 운동하는 동안 운동 에너지 변화량과 같다.

ㄱ. B가 빗면을 따라 L만큼 이동하는 동안 B의 속력이 v에서 0으로 변했다. A, B의 가속도의 크기는 같고, A도 동일한 빗면을 따라 L만큼 이동하는 동안 운동 에너지 변화량은 B와 같아야 하므로 P에서 A의 속력은 v이다. A는 마찰 구간에서 등속도 운동을 하므로 마찰 구간인 P에서 Q까지 A의 속력은 v로 일정하다.

ㄴ. P에서 Q까지 A가 이동하는 동안 A에 작용하는 마찰력의 크기는 A에 빗면 방향으로 작용하는 중력의 크기와 같다. 따라서 빗면의 경사각이 30°이므로 A에 작용하는 마찰력은 $-mg\sin30° = -\frac{1}{2}mg$이고 A가 마찰 구간을 이동한 변위는 $2L$이므로 마찰력이 A에 한 일은 $-\frac{mg}{2}\times2L = -mgL$이다. 따라서 마찰력에 의해 감소한 A의 역학적 에너지는 mgL이다.

ㄷ. A가 마찰 구간을 제외하고 빗면을 따라 이동한 변위가 $3L$이다. 따라서 S에서 A의 속력을 v_{3L}이라고 하면 일·운동 에너지 정리에 의해 $mg\sin30°\times3L = \frac{1}{2}mv_{3L}^2$이고 이를 정리하면 $v_{3L} = \sqrt{3}v$이다.

10 저항의 합성과 전기 회로에 흐르는 전류의 세기

저항의 병렬연결에서 전류의 세기는 저항값에 반비례하고 저항의 직렬연결에서 전류의 세기는 저항값에 비례한다.

ㄷ. S_1만 닫았을 때 병렬로 연결된 저항의 합성 저항은 $\frac{1}{3R}+\frac{1}{R} = \frac{4}{3R}$에 의해 $\frac{3}{4}R$이다. 또한 전체 합성 저항 양단에 걸린 전압은 V로 일정하므로 전류계 3에서 측정되는 전류값은 $\frac{V}{\frac{7}{4}R} = \frac{4V}{7R}$(ㄷ)이다. 따라서 전류계 1에서 측정되는 전류값은 $\frac{4V}{7R}$의 $\frac{3}{4}$배이므로 $\frac{3V}{7R}$(ㄱ)이다.

S_2만 닫았을 때 병렬로 연결된 저항의 합성 저항은 $\frac{1}{4R}+\frac{1}{2R} = \frac{3}{4R}$에 의해 $\frac{4}{3}R$이다. 또한 전체 합성 저항 양단에 걸린 전압은 V로 일정하므로 전류계 3에서 측정되는 전류값은 $\frac{V}{\frac{4}{3}R} = \frac{3V}{4R}$(ㄹ)이다. 따라서 전류계 2에서 측정되는 전류값은 $\frac{3V}{4R}$의 $\frac{2}{3}$배이므로 $\frac{V}{2R}$(ㄴ)이다.

즉, ㄱ~ㄹ을 정리하면 ㄱ은 $\frac{24V}{56R}$, ㄴ은 $\frac{32V}{56R}$, ㄷ은 $\frac{28V}{56R}$, ㄹ은 $\frac{42V}{56R}$이므로 전류의 세기를 비교하면 ㄹ > ㄴ > ㄷ > ㄱ이다.

11 트랜지스터와 전류 증폭

이미터에서 베이스로 전류가 흐르므로 p-n-p형 트랜지스터이다. 이미터의 전류는 베이스와 컬렉터에 나누어 흐른다.

ㄱ. 트랜지스터 기호의 화살표 방향을 통해 전류가 흐르는 방향을 확인할 수 있다. 그림은 p-n-p형 트랜지스터 기호이다.

ㄴ. p-n-p형 트랜지스터이므로 이미터와 베이스 사이에는 순방향 전압이 연결되어 있다.

ㄷ. 이미터 단자 E, 베이스 단자 B, 컬렉터 단자 C에 각각 흐르는 전류의 세기를 I_E, I_B, I_C라 하면 $I_E = I_B + I_C$이다. 따라서 R_1에 흐르는 전류의 세기(이미터 단자에 흐르는 전류)는 R_2에 흐르는 전류의 세기(컬렉터 단자에 흐르는 전류)보다 크다.

12 정전기 유도

대전체에 대전된 전하의 종류가 다르면 서로 당기는 방향으로 전기력이 작용하고 대전된 전하의 종류가 같으면 서로 미는 방향으로 전기력이 작용한다.

ㄱ. A, B는 서로 같은 종류의 전하로 대전되어 있다.

A, D 사이에는 서로 당기는 방향으로 전기력이 작용하고 B, C 사이에는 서로 미는 방향으로 전기력이 작용하므로 D는 A, B와 다른 종류의 전하로 대전되어 있고, C는 A, B와 같은 종류의 전하로 대전되어 있다. 따라서 C, D에 대전된 전하의 종류는 서로 다르다.

ㄴ. A, B, C는 P와 대전된 전하의 종류가 같다. 따라서 P를 검전기 금속판에 가까이 가져갔을 때 벌어진 금속박이 오므라들었으므로 C가 양(+)전하로 대전되어 있는 경우 금속박은 음(−)전하로 대전되어 있다.

ㄷ. A, B는 P에 의해 서로 같은 전하의 종류로 대전된다. 따라서 A, B 사이에는 서로 미는 방향으로 전기력이 작용한다.

13 축전기와 저항의 연결

축전기를 저항에 병렬로 연결하면 축전기에 걸리는 전압은 저항에 걸리는 전압과 같다.

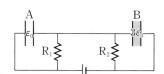

ㄱ, ㄴ. A, B의 단면적과 간격은 같고 유전율은 A가 B보다 작으므로 전기 용량은 A가 B보다 작다. 또한 A, B에 저장된 전기 에너지가 같으므로 저항에 걸리는 전압은 R_1에서가 R_2에서보다 크다. 따라서 R_1, R_2는 전원에 직렬로 연결되어 있어 저항값이 클수록 저항에 걸리는 전압이 크므로 저항값은 R_1이 R_2보다 크다.

ㄷ. A는 두 극판 사이가 진공이므로 A의 유전율은 ε_0이다. 또한 A, B에 저장된 전기 에너지는 서로 같으므로 A, B의 전기 용량을 각각 C_A, C_B라 하고, A, B에 걸리는 전압을 각각 V_A, V_B라 하면 $C_A V_A^2 = C_B V_B^2$이 성립한다. 따라서 $3C_A = C_B$이므로 $V_A = \sqrt{3}V_B$이다.

14 전자기 유도

금속 고리에 유도되는 유도 전류의 세기는 단위 시간당 금속 고리를 통과하는 자기 선속의 변화량의 크기에 비례한다.

ㄱ. $t=0$ 이후부터 $t=\frac{\pi}{4\omega}$까지 xy 평면에서 수직으로 나오는 방향의 Ⅱ에 의한 자기장의 자기 선속이 단위 시간에 따라 증가한다. 따라

서 $t=0$부터 $t=\dfrac{\pi}{4\omega}$까지 금속 고리에 흐르는 유도 전류의 세기는 증가한다.

✗: $t=\dfrac{3\pi}{4\omega}$일 때 xy 평면에 수직으로 들어가는 방향의 자기장에 의한 자기 선속이 시간에 따라 증가한다. 따라서 $t=\dfrac{3\pi}{4\omega}$일 때 금속 고리에는 자기 선속을 감소시키는 방향인 시계 반대 방향으로 유도 전류가 흐른다.

ⓒ. $t=\dfrac{\pi}{8\omega}$일 때 금속 고리는 시계 방향으로 $45°$를 회전하지 못했다. 따라서 $t=\dfrac{\pi}{8\omega}$일 때 전체 금속 고리 면적 중 Ⅰ에 걸쳐 있는 면적이 Ⅱ에 걸쳐 있는 면적보다 크므로 Ⅰ에 의한 자기 선속은 Ⅱ에 의한 자기 선속보다 크다.

15 전자기파의 송·수신

수신 회로의 공명 진동수와 안테나에서 수신한 전자기파의 진동수가 같을 때 수신 회로에는 최대 전류가 흐른다.

Ⓐ. 교류 전원에 의해 송신 회로의 1차 코일의 자기 선속은 변하게 되고 상호유도에 의해 2차 코일에는 유도 기전력이 발생하게 된다.

Ⓑ. 송신 회로의 2차 코일에 발생한 변하는 유도 기전력에 의해 2차 코일에 연결된 송신 안테나의 전자가 진동하여 안테나 외부로 전자기파를 송신시킨다.

Ⓒ. 외부 전자기파를 수신한 수신 회로의 안테나에는 방향이 변하는 전류가 흐르게 되고 이러한 전류 흐름에 의한 상호유도에 의해 2차 코일에 유도 전류가 발생한다. 또한 수신 회로의 공명 진동수와 동일한 전자기파를 수신 안테나에서 수신하면 수신 회로의 2차 코일에는 세기가 가장 큰 유도 전류가 흐른다.

16 볼록 렌즈에 의한 상

볼록 렌즈에 의한 물체의 상의 위치가 렌즈를 기준으로 물체의 반대쪽에 생길 때 상은 렌즈에서 굴절된 빛이 실제로 모여서 생긴 실상이고 물체가 있는 쪽에 생길 때 상은 렌즈에서 굴절된 광선의 연장선이 모여서 만들어진 허상이다.

㉠. P와 A 사이의 거리가 초점 거리 2배일 때 물체와 같은 크기의 상이 생기므로 (가)에서 상의 배율은 1이다.

㉡. (나)에서 B의 중심과 상 사이의 거리를 b, B의 초점 거리를 f_0이라 하면 렌즈 방정식은 $\dfrac{1}{a}-\dfrac{1}{b}=\dfrac{1}{f_0}$이다. 또한 배율이 2이므로 $b=2a$이다. 따라서 $\dfrac{1}{a}-\dfrac{1}{2a}=\dfrac{1}{f_0}$을 정리하면 $f_0=2a$이다.

㉢. Q가 B의 초점 거리 밖에 위치할 때 Q의 상은 실상이다. 따라서 렌즈 방정식 $\dfrac{1}{3a}+\dfrac{1}{b}=\dfrac{1}{2a}$에 의해 $b=6a$이다.

17 광학 현미경

광축에 나란하게 입사한 광선은 렌즈에서 굴절된 후 렌즈 뒤의 초점을 지나고 렌즈 앞 초점을 지나서 입사한 광선은 렌즈에서 굴절 후 광축에 나란하게 진행한다. 따라서 p, q는 각각 대물렌즈의 초점이고 C는 대물렌즈 초점 위에 놓여 있다.

㉠. 대물렌즈의 중심과 A, B의 중심 사이 거리를 각각 a_0, b_0이라 하면 대물렌즈의 초점 거리가 a, b_0은 $2.5a$이므로 $\dfrac{1}{a_0}+\dfrac{1}{2.5a}=\dfrac{1}{a}$에서 a_0은 $\dfrac{5}{3}a$이다.

㉡. 접안렌즈 중심으로부터 B, C까지의 거리는 각각 $2a$, $5.5a$이므로 접안렌즈의 상의 배율은 $\dfrac{11}{4}\left(=\left|\dfrac{5.5a}{2a}\right|\right)$이다.

✗. 접안렌즈의 초점 거리를 $f_{접}$이라 하면 접안렌즈의 렌즈 방정식은 $\dfrac{1}{2a}-\dfrac{1}{5.5a}=\dfrac{1}{f_{접}}$이다. 따라서 $f_{접}=\dfrac{22}{7}a$이므로 접안렌즈의 초점 거리는 대물렌즈의 초점 거리의 $\dfrac{22}{7}$배이다.

18 포물선 운동과 역학적 에너지

물체가 포물선 운동을 하는 동안 수평 방향으로는 등속도 운동을 하고 연직 방향으로는 등가속도 운동을 한다.

✗. B를 가만히 놓은 후 A와 충돌하기 직전까지 걸린 시간을 t, 충돌하기 직전 B의 속력을 v_B, 중력 가속도를 g라 하면 $gh=\dfrac{1}{2}v_B{}^2$에 의해 $v_B=\sqrt{2gh}$이고, $\sqrt{2gh}=gt$에 의해 $t=\sqrt{\dfrac{2h}{g}}$이다. 또한 $S=v\cos30°t=v\dfrac{\sqrt{3}}{2}\times\sqrt{\dfrac{2h}{g}}=v\sqrt{\dfrac{3h}{2g}}$ … ①이고, A가 최고점까지 이동한 거리는 $h=\dfrac{v^2(\sin30°)^2}{2g}$ … ②, ②를 v^2으로 정리하면 $v^2=8gh$ … ③이므로 ①, ③을 서로 연립하면 $S=\sqrt{12h}=2\sqrt{3h}$이다.

✗. $v_B=\sqrt{2gh}$이고 ③에 의해 $h=\dfrac{v^2}{8g}$ … ④이므로 ④를 v_B에 대입시키면 $v_B=\dfrac{1}{2}v$이다.

ⓒ. A, B의 질량을 m이라 하면 충돌 전 A의 역학적 에너지는 $\dfrac{1}{2}mv^2=\dfrac{1}{2}mv^2(\cos30°)^2+mgh$ … ⑤이고 B의 역학적 에너지는 $2mgh$ … ⑥이다. ⑤를 정리하면 $8gh=v^2$이므로 $\dfrac{1}{2}mv^2=4gmh$가 되어 충돌 전 A의 역학적 에너지는 B의 역학적 에너지의 2배이다.

19 단일 슬릿에 의한 빛의 회절

단일 슬릿에 의한 빛의 회절에서 가운데 가장 밝은 무늬의 중심에서 첫 번째 어두운 무늬의 중심까지의 거리는 파장이 길수록, 슬릿의 폭이 좁을수록 크다.

✗. $x_1>x_2$이다. 따라서 슬릿의 폭이 좁을수록 x_1, x_2가 커지므로 슬릿의 폭은 a가 b보다 좁다.

㉡. 단일 슬릿에 의한 빛의 회절에서 가운데 가장 밝은 무늬를 중심으로 양쪽 첫 번째 어두운 무늬의 중심 사이의 거리 x는 빛의 파장에 비례한다. 따라서 Ⅰ에서 파장만 $\dfrac{1}{2}\lambda$인 레이저로 바꾸어 실험할 경우 x는 x_1보다 작다.

✗. 단일 슬릿에 의한 빛의 회절에서 가운데 가장 밝은 무늬를 중심으로 양쪽 첫 번째 어두운 무늬의 중심 사이의 거리 x는 슬릿과 스크린까지의 거리에 비례한다. 따라서 Ⅱ에서 슬릿과 스크린까지 거리만 $\dfrac{1}{4}L$로 바꾸어 실험할 경우 x는 x_2보다 작다.

20 현대적 원자 모형

파동 함수는 전자를 발견할 확률을 알려주는데, 수소 원자에서 전자를 발견할 확률은 보어 모형에서 기술한 것과 다르게 3차원으로 분포된 전자구름의 형태를 보인다.

X. (가)는 $n=2$일 때를, (나)는 $n=1$일 때를 각각 나타낸 확률 밀도 그래프이다.

Ⓛ. (나)는 주 양자수가 $n=1$, 궤도 양자수 $l=0$, 자기 양자수 $m=0$인 상태의 확률 밀도 그래프이다.

Ⓓ. 전자는 공간에 반드시 존재해야 하므로 전 공간에서 전자를 발견할 확률을 더하면 그 값은 1이어야 한다. 따라서 확률 밀도 그래프 아래의 전체 넓이는 (가), (나) 모두 1이다.

	실전 모의고사 5회		본문 140~144쪽	
01 ③	02 ④	03 ③	04 ⑤	05 ②
06 ①	07 ⑤	08 ⑤	09 ③	10 ⑤
11 ⑤	12 ②	13 ⑤	14 ③	15 ⑤
16 ③	17 ①	18 ⑤	19 ④	20 ④

01 불확정성 원리

전자가 통과하는 슬릿의 폭이 좁아지면 전자의 위치에 대한 불확실성은 감소하지만, 전자의 운동량에 대한 불확실성은 증가하므로 불확정성 원리가 성립된다.

⑤. 슬릿을 통과하기 전 전자의 운동량 크기가 p이므로 드브로이의 물질파 이론에 따라 전자의 물질파 파장은 $\lambda=\dfrac{h}{p}$이다.

Ⓛ. 전자가 통과하는 슬릿의 폭이 좁아지면 전자의 위치에 대한 불확실성이 감소한다. 슬릿의 폭은 (가)에서가 (나)에서보다 좁으므로 전자의 위치 불확실성은 (가)에서가 (나)에서보다 작다.

X. 전자가 통과하는 슬릿의 폭이 좁아지면 전자의 운동량에 대한 불확실성이 증가한다. 슬릿의 폭은 (가)에서가 (나)에서보다 좁으므로 $\varDelta p_{y1}$은 $\varDelta p_{y2}$보다 크다.

02 쿨롱 법칙과 전기장

p에서 전기장의 방향이 x축과 45°의 각을 이루므로 A와 B는 모두 양(+)전하이다.

X. p에서 A에 의한 전기장의 x성분은 y성분보다 크다. 또한 p에서 전기장의 방향이 x축과 45°의 각을 이루므로 p에서 B에 의한 전기장의 방향은 $-y$방향이어야 한다. 따라서 B는 양(+) 전하이므로 A와 B 사이에는 서로 미는 전기력이 작용한다.

Ⓛ. p에서 전기장의 방향이 x축과 45°의 각을 이루므로 p에서 A와 B에 의한 전기장의 세기는 x성분과 y성분이 같다. A와 B의 전하량의 크기를 각각 q_A, q_B, 쿨롱 상수를 k라 하면 p에서 A에 의한 전기장의 세기의 x성분과 y성분은 각각 $E_{Ax}=k\dfrac{q_A}{5d^2}\times\dfrac{2}{\sqrt5}$, $E_{Ay}=$

$k\dfrac{q_A}{5d^2}\times\dfrac{1}{\sqrt5}$이고, p에서 B에 의한 전기장의 세기는 $E_B=k\dfrac{q_B}{d^2}$이다. $E_{Ax}=E_{Ay}+E_B$이므로 $q_A=5\sqrt5q_B$이다. 따라서 전하량의 크기는 A가 B의 $5\sqrt5$배이다.

Ⓓ. p에서 전기장의 세기가 E_0이고 방향은 x축과 45°의 각을 이루므로 $E_0=\dfrac{E_{Ax}}{\cos45°}=2\sqrt2k\dfrac{q_B}{d^2}$이다. q에서 전기장의 세기는 $k\dfrac{5\sqrt5q_B}{d^2}-k\dfrac{q_B}{d^2}=(5\sqrt5-1)k\dfrac{q_B}{d^2}=\dfrac{5\sqrt5-1}{2\sqrt2}E_0$이다. 따라서 q에서 전기장의 세기는 $\dfrac{5\sqrt{10}-\sqrt2}{4}E_0$이다.

03 중력 렌즈 효과

아인슈타인은 일반 상대성 이론에서 중력을 시공간의 휘어짐으로 설명하였다. 지문은 질량이 큰 천체 주변에서 이러한 빛의 휘어짐의 대표적인 예인 중력 렌즈 효과에 관한 설명이다.

⑤. 아인슈타인은 일반 상대성 이론을 통해 중력을 시공간의 휘어짐으로 설명하였다.

X. 별의 실제 위치(㉠)는 Q이지만 빛의 휘어짐으로 인해 지구에서 별이 보이는 위치(㉡)는 P이다.

Ⓓ. 태양의 질량이 지금보다 크면 중력에 의한 시공간의 휘어짐이 더 크므로 별의 실제 위치와 별이 보이는 위치의 차이는 더 크다.

04 전기 에너지와 소비 전력

전기 저항을 직렬로 연결하면 각각의 저항에 흐르는 전류의 세기가 같고, 전기 저항을 병렬로 연결하면 각각의 저항 양단에 걸리는 전압이 같다.

⑤. 저항값을 R라 하면, A는 합성 저항값이 $\dfrac{2}{3}R$인 저항과 직렬로 연결되어 있으므로 A의 양단에 걸리는 전압은 $\dfrac{3}{5}V$이고 B의 양단에 걸리는 전압은 $\dfrac{2}{5}V$이다. 따라서 저항 양단에 걸리는 전압은 A에서가 B에서의 $\dfrac{3}{2}$배이다.

Ⓛ. D는 D의 저항값과 같은 저항과 병렬로 연결되어 있으므로 저항에 흐르는 전류의 세기는 C에서가 D에서의 2배이다.

Ⓓ. B와 C의 저항값이 같으므로 저항의 소비 전력은 저항의 양단에 걸리는 전압의 제곱에 비례한다. B와 C 양단에 걸리는 전압이 $\dfrac{2}{5}V$로 같으므로 저항의 소비 전력은 B와 C가 같다.

05 일·운동 에너지 정리

그림은 물체의 속력의 x, y성분 v_x, v_y를 t에 따라 나타낸 것이다.

X. 3초일 때 물체의 가속도의 크기는 $\sqrt{1^2+2^2}=\sqrt5$(m/s²)이고, 5초일 때 가속도의 크기는 $\sqrt{3^2+2^2}=\sqrt{13}$(m/s²)이므로 알짜힘의 크

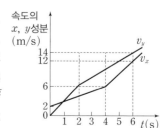

기는 5초일 때가 3초일 때의 $\sqrt{\dfrac{13}{5}}$배이다.

ㄴ. 3초일 때 $v_x=5$ m/s, $v_y=6+2\times1=8$ m/s이므로 물체의 운동 에너지는 $\dfrac{1}{2}\times2\times(5^2+8^2)=89$(J)이다.

✗. 4초일 때 물체의 속력은 $\sqrt{6^2+10^2}=\sqrt{136}$(m/s)이고, 6초일 때의 속력은 $\sqrt{12^2+14^2}=\sqrt{340}$(m/s)이다. 알짜힘이 한 일은 운동 에너지의 변화량이므로 $W=\varDelta E_k=\dfrac{1}{2}\times2(340-136)=204$(J)이다.

06 포물선 운동

공을 던진 순간 수평 방향의 속력과 연직 방향의 속력은 같다. 연직 방향으로 등가속도 운동을 하고 t일 때 연직 방향 속력이 0이므로 던져진 순간 물체의 연직 방향 속력을 v_0이라 하면, $4t$일 때 $y=-3v_0$이다. 최고점 도달 시간이 t이므로 $2t$일 때 물체의 높이는 h이다. $4t$일 때 수평면에 도달하므로 $2t$부터 $4t$까지 연직 방향의 이동 거리는 h이다.

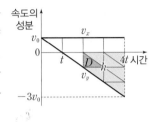

ㄱ. $\tan\theta=\dfrac{v_0}{v_0}=1$이므로 $\theta=45°$이다.

✗. 그래프에서 삼각형의 넓이를 D라고 하면 $h=8D$이고 수평 이동 거리도 $8D$이므로 수평 이동 거리는 h이다.

✗. $4t$일 때의 속력은 $\sqrt{v_0^2+(3v_0)^2}=\sqrt{10}v_0$이고, $v=\sqrt{2}v_0$이므로 수평면에 도달하는 순간의 속력은 $\sqrt{5}v$이다.

07 이중 슬릿에 의한 간섭

S_1, S_2로부터 스크린상의 한 지점까지의 경로차가 반파장의 짝수 배일 때 보강 간섭이, 홀수 배일 때 상쇄 간섭이 일어난다.

✗. P에는 어두운 무늬가 생기므로 S_1, S_2를 통과한 단색광은 P에서 서로 반대 위상으로 중첩된다.

ㄴ. Q에는 O로부터 세 번째 밝은 무늬가 생기므로 S_1, S_2로부터 Q까지의 경로차는 3λ이다.

ㄷ. 이웃한 밝은 무늬 사이의 간격은 $\varDelta x=\dfrac{L}{d}\lambda$이므로 단색광의 파장만을 $\dfrac{\lambda}{2}$로 바꾸면 이웃한 밝은 무늬 사이의 간격이 $\dfrac{1}{2}$배가 된다. 따라서 P에서 보강 간섭이 일어난다.

08 볼록 렌즈에 의한 상

(가)에서 렌즈의 앞쪽에 물체보다 큰 상이 생기므로 (가)에서 생기는 상은 허상이고, (나)에서는 물체보다 작은 상이 생기므로 (나)에서 생기는 상은 실상이다.

ㄱ. (가)에서 허상이 생기므로 렌즈의 초점 거리를 f라 하면, 렌즈 방정식 $\dfrac{1}{a}-\dfrac{1}{2a}=\dfrac{1}{f}$에서 $f=2a$이다. 따라서 렌즈의 초점 거리는 $2a$이다.

ㄴ. (가)에서 상의 크기는 물체의 크기의 2배이고, 상의 크기는 (가)에서가 (나)에서의 4배이므로 (나)에서 상은 물체의 크기의 $\dfrac{1}{2}$배인 실

상이다. 따라서 렌즈 방정식 $\dfrac{1}{a+d}+\dfrac{1}{\dfrac{1}{2}(a+d)}=\dfrac{1}{2a}$에서 $d=5a$이다.

ㄷ. (나)에서 렌즈를 물체에서 멀리하면 렌즈에 의해 실상이 생긴다. (나)에서 렌즈를 물체에서 $\dfrac{4}{5}d$만큼 더 멀리 이동시키면 렌즈와 물체 사이의 거리는 $a+\dfrac{9}{5}d=10a$이므로 렌즈와 상 사이의 거리를 b라 하면, 렌즈 방정식 $\dfrac{1}{10a}+\dfrac{1}{b}=\dfrac{1}{2a}$에서 $b=\dfrac{5}{2}a$이다. 따라서 배율 $M=\dfrac{b}{10a}=\dfrac{\dfrac{5}{2}a}{10a}=\dfrac{1}{4}$이므로 상의 크기는 물체의 크기의 $\dfrac{1}{4}$배이다.

09 등속 원운동

물체의 주기가 $\pi\sqrt{\dfrac{l}{g}}$이므로 각속도 $\omega=\dfrac{2\pi}{T}=2\sqrt{\dfrac{g}{l}}$이다. 물체에 작용하는 합력은 구심력이므로 구심력 $F=mr\omega^2=ml\sin60°\left(\dfrac{2\pi}{T}\right)^2$ $=ml\dfrac{\sqrt{3}}{2}\left(4\dfrac{g}{l}\right)=2\sqrt{3}mg$이다.

ㄱ. 물체의 속력은 $v=\dfrac{2\pi r}{T}=\dfrac{2\pi l\sin60°}{\pi}\sqrt{\dfrac{g}{l}}=\sqrt{3gl}$이다.

ㄴ. 실이 물체에 작용하는 힘의 크기를 T_L이라고 하면 $T_L\cos60°$ $=mg$에서 $T_L=2mg$이다.

✗. 원통의 면이 물체를 안쪽으로 미는 힘의 크기를 N이라고 하면 $T_L\sin60°+N=F$이므로 $N=2\sqrt{3}mg-\dfrac{\sqrt{3}}{2}2mg=\sqrt{3}mg$이다.

10 자기장과 자기력선

가늘고 무한히 긴 직선 도선에 흐르는 전류에 의한 자기장의 세기는 전류의 세기에 비례하고 도선으로부터의 거리에 반비례한다.

ㄱ. A와 B에 흐르는 전류의 세기가 같고, x축상의 A와 B 사이에서 자기력선의 간격이 좁다. 따라서 x축상의 A와 B 사이에서 A, B에 흐르는 전류에 의한 자기장이 0인 지점이 없으므로 B에 흐르는 전류의 방향은 xy 평면에 수직으로 들어가는 방향이다.

ㄴ. 자기장의 세기는 자기력선의 밀도에 비례한다. 따라서 자기장의 세기는 p에서가 q에서보다 작다.

ㄷ. O에서 A, B까지의 거리가 같고 A와 B에 흐르는 전류의 세기가 같으므로 r에서 A와 B에 흐르는 전류에 의한 자기장의 x성분은 서로 상쇄된다. 따라서 r에서 A와 B에 흐르는 전류에 의한 자기장의 방향은 $+y$방향이다.

11 광전 효과

광전자의 최대 운동 에너지 E_k는 금속에 비춘 광자의 에너지 E와 금속판의 일함수 W의 차와 같고, 전자의 전하량 e와 정지 전압 V_0의 곱과 같다. ($E_k=E-W=eV_0$)

ㄱ. 플랑크 상수를 h라 하면, 금속판에 A를 비출 때 $hf_0=E_0+W$가 성립하고, 금속판에 B를 비출 때 $2hf_0=3E_0+W$가 성립한다. 따라서 $W=E_0$이므로 금속판의 일함수는 E_0이다.

ⓒ 광전자의 최대 운동 에너지는 정지 전압의 크기에 비례한다. 따라서 ㉠은 $3V_0$이다.
ⓒ 금속판의 일함수는 단색광의 진동수와 관계없이 일정하다. 따라서 금속판에 C를 비출 때, 광전자의 최대 운동 에너지는 $E_k = 3hf_0 - W = 6E_0 - E_0 = 5E_0$이므로 ㉡은 $5E_0$이다.

12 유도 기전력

자기장의 세기가 같을 때 금속 고리를 통과하는 자기 선속은 자기장 영역을 통과하는 금속 고리의 면적에 비례한다.

X. 금속 고리를 통과하는 자기장 영역의 면적이 $t = \dfrac{T}{2}$일 때가 $t = 0$일 때의 4배이므로 금속 고리를 통과하는 자기장에 의한 자기 선속은 $t = \dfrac{T}{2}$일 때가 $t = 0$일 때의 4배이다.

ⓒ $t = \dfrac{1}{8}T$일 때 금속 고리를 통과하는 자기 선속의 변화량의 크기는 Ⅱ영역이 Ⅰ영역의 4배이고, $t = \dfrac{3}{8}T$일 때 금속 고리를 통과하는 자기 선속의 변화량의 크기는 Ⅱ영역과 Ⅲ영역이 같다. 따라서 금속 고리에 유도되는 기전력의 크기는 $t = \dfrac{1}{8}T$일 때가 $t = \dfrac{3}{8}T$일 때의 $\dfrac{5}{8}$배이다.

X. $t = \dfrac{7}{8}T$일 때, 금속 고리를 통과하는 Ⅰ영역의 자기 선속이 증가하고, Ⅳ영역의 자기 선속이 감소한다. 따라서 금속 고리에 유도되는 기전력의 크기는 $B_0 \times \dfrac{1}{2}d^2\dfrac{2\pi}{T} + B_0 \times \dfrac{1}{2}4d^2\dfrac{2\pi}{T} = \dfrac{5B_0\pi d^2}{T}$이므로 $t = \dfrac{7}{8}T$일 때, 금속 고리에 흐르는 유도 전류의 세기는 $\dfrac{5B_0\pi d^2}{RT}$이다.

13 속도와 가속도

빗면이 수평면과 이루는 각을 θ라 하면 빗면에서 물체의 가속도의 크기는 $g\sin\theta$이다. 빗면의 높이를 h라 하면 A, B의 가속도의 크기는 각각 $g\dfrac{h}{3L} = 2a$, $g\dfrac{h}{2L} = 3a$이고 방향은 운동 방향과 반대이다. B가 Q에서 R까지 운동하는 데 걸린 시간을 t_0, R에서 S까지 걸린 시간을 $2t_0$이라고 하면, B의 R와 S에서의 속력은 각각 $v_B - 3at_0$, $v_B - 9at_0$이다. A가 P에서 S까지 운동하는 데 걸린 시간은 $3t_0$이므로 A의 S에서의 속력은 $v_A - 6at_0$이다. QR 사이에서 B의 평균 속력은 R와 S 사이에서의 평균 속력의 2배이므로 $\dfrac{v_B + v_B - 3at_0}{2} = 2 \times \dfrac{v_B - 3at_0 + v_B - 9at_0}{2}$이다.

따라서 $v_B = \dfrac{21}{2}at_0$이다.

P와 S 사이에서 A의 평균 속력과 Q와 S 사이에서 B의 평균 속력은 $\dfrac{3L}{3t_0} : \dfrac{2L}{3t_0} = 3 : 2$이므로 $\dfrac{v_A + v_A - 6at_0}{2} \times 2 = \dfrac{v_B + v_B - 9at_0}{2} \times 3$이다. 따라서 $v_A = 12at_0$이다.

㉠ A와 B의 가속도의 크기는 각각 $2a$, $3a$이므로 가속도의 크기는 A가 B의 $\dfrac{2}{3}$배이다.

ⓒ R과 S에서의 B의 속력은 각각 다음과 같다.

R: $v_B - 3at_0 = \dfrac{21}{2}at_0 - 3at_0 = \dfrac{15}{2}at_0$

S: $v_B - 9at_0 = \dfrac{21}{2}at_0 - 9at_0 = \dfrac{3}{2}at_0$

따라서 B의 속력은 R에서가 S에서의 5배이다.

ⓒ $\dfrac{v_A}{v_B} = \dfrac{12}{\dfrac{21}{2}} = \dfrac{8}{7}$이다.

14 직선 전류에 의한 자기장

전류의 세기가 A가 B보다 크므로 O에서 전류에 흐르는 자기장의 세기는 A에 의해서가 B에 의해서보다 크다.

㉠ 전류의 세기는 A가 B보다 크므로 O에서 A, B에 흐르는 전류에 의한 자기장의 방향은 xy 평면에 수직으로 들어가는 방향이다.

ⓒ O에서 A와 B에 흐르는 전류에 의한 자기장의 세기를 각각 B_A, B_B라 하면 $B_A + B_B = 4B_0$, $B_A - B_B = B_0$이 각각 성립한다. 따라서 $B_A = \dfrac{5}{2}B_0$, $B_B = \dfrac{3}{2}B_0$이므로 B에 흐르는 전류의 세기는 $\dfrac{3}{5}I_0$이다.

X. O에서 A와 B에 흐르는 전류에 의한 자기장의 세기가 B_0이면, A와 B에 흐르는 전류의 방향은 같다. 따라서 p에서 A와 B에 흐르는 전류에 의한 자기장의 방향은 같은 방향이고, 세기는 각각 $\dfrac{1}{3}B_A = \dfrac{5}{6}B_0$, $B_B = \dfrac{3}{2}B_0$이다. 따라서 p에서 A, B에 흐르는 전류에 의한 자기장의 세기는 $\dfrac{7}{3}B_0$이다.

15 마찰력이 한 일

물체에 작용한 힘의 크기가 F이고 힘이 작용한 시간이 Δt일 때 $F\Delta t = ma\Delta t = m\Delta v$이므로 A, B에서의 속도 변화량은 같다. A, B에서 속도 변화량의 크기를 Δv라고 하면 A를 통과하기 전의 속력은 $2\sqrt{gh}$이고 A를 통과한 후에 속력은 $2\sqrt{gh} - \Delta v$이다. B를 통과한 후에 정지하였으므로 수평면에 도달한 순간의 속력은 Δv이다. 따라서 $\dfrac{1}{2}m(2\sqrt{gh} - \Delta v)^2 + mgh = \dfrac{1}{2}m(\Delta v)^2$에서 $\Delta v = \dfrac{3}{2}\sqrt{gh}$이다.

⑤ 물체가 A를 통과하기 전 속력은 $2\sqrt{gh}$, A를 통과한 후 속력은 $2\sqrt{gh} - \Delta v = \dfrac{1}{2}\sqrt{gh}$, B를 통과하기 전 속력은 $\dfrac{3}{2}\sqrt{gh}$, B를 통과한 후 속력은 0이다. A와 B에서 마찰력이 한 일은 물체의 운동 에너지의 변화량과 같으므로 $-W_A = \dfrac{1}{2}m\left(\dfrac{1}{4}gh - 4gh\right)$에서 $W_A = \dfrac{15}{8}mgh$이고, $-W_B = \dfrac{1}{2}m\left(0 - \dfrac{9}{4}gh\right)$에서 $W_B = \dfrac{9}{8}mgh$이다.

따라서 $\dfrac{W_A}{W_B} = \dfrac{5}{3}$이다.

16 도플러 효과

음원이 관찰자를 향해 다가오면 관찰자가 듣는 소리의 진동수가 증가하고, 음원이 관찰자로부터 멀어지면 관찰자가 듣는 소리의 진동수가 감소한다.

정답과 해설 63

ㄱ. $t=t_0$일 때 A의 속력은 v이므로 B의 속력은 $\frac{3}{2}v$이다. $t=t_0$일 때 A, B가 발생시킨 음파를 S가 측정한 진동수가 같으므로 $\frac{V}{V+v}f_0$ $=\frac{V}{V-\frac{3}{2}v}\cdot\frac{3}{4}f_0$이다. 따라서 $v=\frac{1}{9}V$이다.

ㄴ. $v=\frac{1}{9}V$이므로 $f_1=\frac{V}{V+v}f_0=\frac{V}{V+\frac{1}{9}V}f_0$이다. 따라서 $f_1=\frac{9}{10}f_0$이다.

✗. $t=3t_0$일 때, B의 속력은 $\frac{1}{2}v$이다. 따라서 f_2는 $\frac{V}{V+\frac{1}{2}\times\frac{1}{9}V}$ $\times\frac{3}{4}f_0=\frac{27}{38}f_0$이므로 $f_2=\frac{15}{19}f_1$이다.

17 축전기에 저장된 전기 에너지

두 극판의 면적이 S, 두 극판 사이의 간격이 d, 두 극판 사이에 채워진 물질의 유전율이 ε인 평행판 축전기의 전기 용량은 $C=\varepsilon\frac{S}{d}$이다. 또한 축전기 양단에 걸리는 전압을 V라 하면, 축전기에 저장되는 전기 에너지는 $U=\frac{1}{2}CV^2$이다.

✗. 두 극판의 면적을 S라 하면, B와 C의 전기 용량은 각각 $C_B=3\varepsilon_0\frac{S}{d}$, $C_C=\varepsilon_0\frac{2S}{d}$이다. 따라서 축전기의 전기 용량은 B가 C의 $\frac{3}{2}$배이다.

ㄴ. A와 B는 직렬로 연결되어 있으므로 A와 B에 충전되는 전하량은 같다.

✗. 축전기의 전기 용량은 C가 A의 2배이고, 축전기 양단에 걸리는 전압은 A가 C의 $\frac{3}{4}$배이므로 축전기에 저장된 전기 에너지는 A가 C의 $\frac{9}{32}$배이다.

18 진자에서의 역학적 에너지

진자에서의 역학적 에너지는 보존되므로 최저점에서 진자의 속력은 $mgl(1-\cos\theta)=\frac{1}{2}mv^2$이므로 $v=\sqrt{2gl(1-\cos\theta)}$이다.

ㄱ. A가 p에서 r로 운동하는 동안 역학적 에너지는 보존된다. 마찬가지로 B가 q에서 s로 운동하는 동안 역학적 에너지가 보존된다. r에서 A의 운동 에너지는 $mg(2l-2l\cos60°)=mgl$이고, s에서 B의 운동 에너지는 $2mg(l-l\cos60°)=mgl$이다. 즉, r와 s에서 A와 B의 운동 에너지는 같다.

✗. r와 s에서의 A, B의 속력은 다음과 같다.
$$mgl=\frac{1}{2}mv_r^2 \quad\therefore v_r=\sqrt{2gl}$$
$$mgl=\frac{1}{2}(2m)v_s^2 \quad\therefore v_s=\sqrt{gl}$$

실이 끊어진 후 t까지 A와 B가 운동하는 데 걸린 시간은 같은 높이이므로 같다. 따라서 $d_1:d_2=\sqrt{2}:1$이므로 $\frac{d_1}{d_2}=\sqrt{2}$이다.

ㄷ. r에서 t까지의 높이를 h라고 한다면 A의 역학적 에너지는 $mgl+mgh$이고 B의 역학적 에너지는 $mgl+2mgh$이다. 따라서 역학적 에너지는 A가 B보다 작다.

19 교류 회로에서 축전기와 코일의 역할

교류 전원의 진동수가 증가할수록 축전기의 저항 역할은 감소하고, 코일의 저항 역할은 증가한다.

ㄱ. (나)의 P에서는 교류 전원의 진동수가 증가할수록 회로에 흐르는 전류의 최댓값이 증가한다. 따라서 P는 축전기에 연결한 결과인 S를 a에 연결했을 때의 결과이다.

✗. (나)의 Q에서는 교류 전원의 진동수가 증가할수록 회로에 흐르는 전류의 최댓값이 감소하므로 (나)에서 S를 b에 연결한 결과는 Q이다. 따라서 S를 b에 연결했을 때, 교류 전원의 진동수가 증가할수록 저항 양단에 걸리는 전압의 최댓값은 감소한다.

ㄷ. 교류 전원의 진동수가 f_0일 때, 회로에 흐르는 전류의 최댓값이 P에서와 Q에서가 같다. 저항의 저항값은 일정하므로 교류 전원의 진동수가 f_0일 때, 저항 양단에 걸리는 전압의 최댓값은 P에서와 Q에서가 같다.

20 물체의 평형

x의 최솟값을 x_1이라 할 때, $x=x_1$은 C가 왼쪽으로 기울어지기 직전의 평형을 이루는 위치이다. 이때 회전의 중심은 받침대 왼쪽 모서리이고, 물체에 연결된 실은 크기가 mg인 힘으로 C를 당긴다.

④ B의 중심이 받침대 왼쪽 모서리 위인 경우
$4mg(5L)>mg(4L)$이므로 B는 받침대 왼쪽으로 갈 수 없다. 따라서 B의 중심은 받침대 왼쪽 모서리를 기준으로 오른쪽에 위치한다.
$4mg(5L)=mg(4L)+8mg\left(x_1+\frac{3}{2}L-7L\right)$에서 $x_1-\frac{11}{2}L=2L$이므로 $x_1=\frac{15}{2}L$이다.

x의 최댓값을 x_2라고 할 때, $x=x_2$는 C가 오른쪽으로 기울어지기 직전의 평형을 이루는 위치이다. 이때 회전의 중심은 받침대 오른쪽 모서리이고, 물체에 연결된 실이 C를 당기는 힘은 없다.
$4mg(7L)+2mg(2L)=8mg\left(x_2+\frac{3}{2}L-9L\right)$에서 $x_2-\frac{15}{2}L=4L$이므로 $x_2=\frac{23}{2}L$이다. 따라서 최댓값과 최솟값의 차는 $\frac{23-15}{2}L=4L$이다.

정시 단과대학 통합선발 | 희망학과 **100%** 바로 수학 ※ 일부 모집단위 제외

대구대학교

대구경북 빅3 대한민국 빅7

대구·경북 졸업생 3,000명 이상 (2022.12. 훈시)
4년제 대학 취업률 1위

대학알리미 정보공시기준 (2023년)
사립대학 학생정원 순위

2026학년도 모집인원 **4,325명**! **80개** 학과·전공! **초대형** 대학!

🎓 수요자 중심 학과 개편

그린인프라	조경산림정원학과 **+15명** | 친환경에너지학과 | 반도체전자공학전공 **+10명**
뷰티&컬쳐콘텐츠	뷰티학부(헤어디자인전공/메이크업·피부전공) **+15명** | 문화콘텐츠학부
보건의료	보건의료학과 | 재활상담심리치료학과 | 난임의료산업학과 **신설**

자유전공학부 모집인원 대폭 확대

자유전공학부 **262명** **+61 증원** → **323명**

🐯 학생부교과(면접전형) 신설 | **154명 모집**

1단계 학생부 100% (10배수 선발) | 2단계 1단계 성적 60% + 면접 40%

수시합격자 전원 장학혜택 가능

장학금 수혜율 **93.8%**
1인당 평균 **466만원**

연간 약 **686억** 장학금 지급
※ 2024학년도 지급액 및 재학생수 (10.1.자) 기준

수시/정시 최초합격자 **첫학기 수업료**

A	상위 10% 이내	▶ 70% (최대 322만원)
B	상위 30% 이내	▶ 50% (최대 230만원)
C	상위 50% 이내	▶ 30% (최대 138만원)
장려	상위 50% 초과	▶ 20% (최대 92만원)

기숙사 지원 장학
수시모집 충원합격자 전체
"기숙사비 **50만원** 지원"
※ 호실별 차액은 본인 부담

☑ DU만의 탄탄한 취업전략

연간 200여 개 진로·취업 프로그램 운영	입학부터 졸업 후까지 취업 지원
All in Care 취업지원	진로·취업 일자리 매칭 전문컨설턴트 23명 상주
대경권 유일 창업중심대학 선정 대구대, 한양대, 부산대, 강원대, 전북대, 호서대 최초 선정	2022년 부터 5년간 **375억원**

☑ 글로벌 인재를 키우는 DU

★ 35개국 494개 기관과 MOU 체결
★ 유학생 36개국 2,051명 (2024.10 기준)
★ 교환학생 및 장기연수 지원 (연간 150여 명)

☑ 캠퍼스 속 편의시설

캠퍼스 안에 대형 프랜차이즈!
SUBWAY 다이소 BURGER KING Stellar MIES_container

#헬스장 #야구장 #골프장

☑ 기숙사

국내 최고 수준 기숙환경
비호생활관

15개동 4,124명 수용 가능

수시모집 합격자 전원 입사 가능 ★

600명 수용규모 **행복기숙사** 신축

국가고시 지원자를 후원하는 쾌적한 기숙형 교육기관 인재양성원 운영
(LEET, 행정고시, 회계사, 변리사, 교원임용, 공무원 등)

하양역 | 대구대 순환버스 타고 강의실 앞까지

통학이 더 여유로운 DU **5분**

대구도시철도 1호선 연장 및 **하양역** 개통

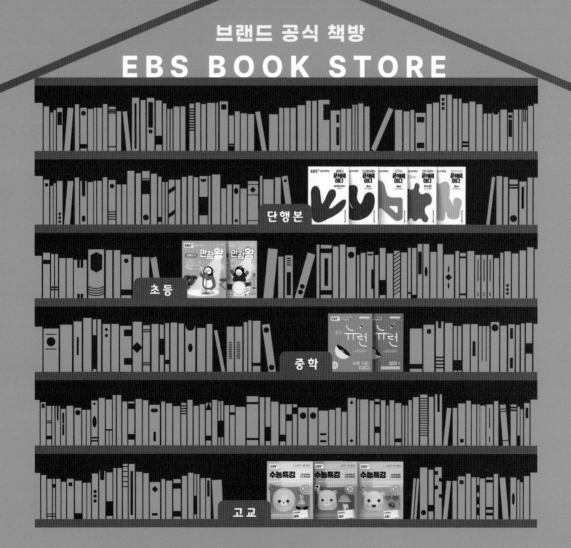

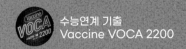 수능연계 기출
Vaccine VOCA 2200

휴대용 **포켓 단어장** 제공

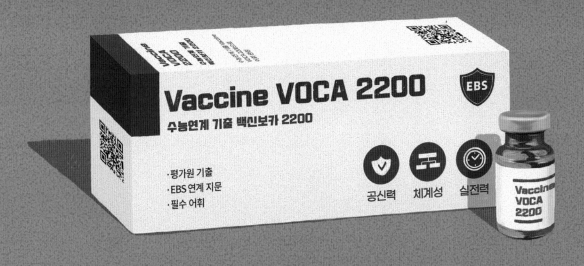

Vaccine VOCA 2200
수능연계 기출 백신보카 2200

· 평가원 기출
· EBS 연계 지문
· 필수 어휘

공신력   체계성   실전력

⬤ 수능 영단어장의 끝판왕!
　　10개년 수능 빈출 어휘 + 7개년 연계교재 핵심 어휘

⬤ 수능 적중 어휘 자동암기 3종 세트 제공
　　휴대용 포켓 단어장 / 표제어 & 예문 MP3 파일 / 수능형 어휘 문항 실전 테스트

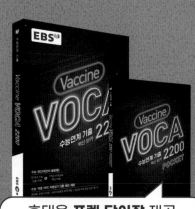

휴대용 **포켓 단어장** 제공